高等学校应用型特色规划教材

网络操作系统

杜文才　主　编
钟杰卓　徐绍春　副主编

清华大学出版社
北　京

内 容 简 介

本书基于先进的网络操作系统平台进行理论和应用的讲解，能够充分反映最新的技术动态，具有新颖性和前瞻性。针对教育部颁布的应用型本科专业建设目标，按照网络管理员对网络操作系统实施管理的具体要求规范教学内容，在必备理论知识的基础上，加强学生技术分析的能力，提高学生的应用素质，并提高其动手能力和解决问题的综合能力。针对所涉及的操作系统管理功能和网络服务的相关概念、原理，力求提供较为完整的解释，并通过图形化的方式，对操作流程做出详细的讲解和说明。全书共 14 章，分为三大部分：网络操作系统概述；网络操作系统管理基础；网络管理与服务。

本书可作为高等院校计算机网络工程专业的本科教材，也可作为其他对于计算机网络理论和应用方法感兴趣的各界人士的自学参考书。

图书在版编目(CIP)数据

网络操作系统/杜文才主编. --北京：清华大学出版社，2013（2016.9 重印）
(高等学校应用型特色规划教材)
ISBN 978-7-302-33342-5

Ⅰ. ①网…　Ⅱ. ①杜…　Ⅲ. ①网络操作系统—高等学校—教材　Ⅳ. ①TP316.8

中国版本图书馆 CIP 数据核字(2013)第 173582 号

责任编辑：温　洁
封面设计：杨玉兰
责任校对：周剑云
责任印制：李红英

出版发行：清华大学出版社
网　　址：http://www.tup.com.cn，http://www.wqbook.com
地　　址：北京清华大学学研大厦 A 座　　**邮　　编**：100084
社 总 机：010-62770175　　**邮　　购**：010-62786544
投稿与读者服务：010-62776969，c-service@tup.tsinghua.edu.cn
质 量 反 馈：010-62772015，zhiliang@tup.tsinghua.edu.cn
课 件 下 载：http://www.tup.com.cn，010-62791865
印 装 者：北京鑫海金澳胶印有限公司
经　　销：全国新华书店
开　　本：185mm×260mm　　**印　　张**：17.5　　**字　　数**：419 千字
版　　次：2013 年 9 月第 1 版　　**印　　次**：2016 年 9 月第 4 次印刷
印　　数：5501～7000
定　　价：32.00 元

产品编号：052191-01

前　言

现代网络设施是由硬件和软件构成的复合体，仅凭设计高效的硬件平台已不足以提供高效率、低成本、可持续操作的网络产品，网络操作系统在网络应用发展和确保设备可用性方面扮演着重要的角色。

网络操作系统(Network Operating System，NOS)是一种包含特定组件和程序的操作系统平台，这些组件允许一台计算机能够根据网络中的其他计算机提出的请求提供数据，并提供访问打印机和文件系统等其他资源的权限。网络操作系统提供的服务类型与运行在工作站上的单用户操作系统(如 Windows 98 等)或多用户操作系统有很大差别。一般的计算机操作系统，如 DOS 和 OS/2 等，其作用是为用户提供一个使用系统的良好环境，使用户能有效地组织自己的工作流程，并实现操作系统上运行的各种应用之间的交互；网络操作系统的作用是使网络上的计算机能方便而有效地共享网络资源，为网络用户提供所需要的各种服务和有关规程的集合，是以优化网络相关特性为目的的。

随着 Internet 和 Extranet 的快速发展，商业、工业、银行、财政、教育、政府、娱乐等各个行业的主要业务和相关数据都移植到网络环境中，从而提供基于 Web 的应用服务。网络操作系统作为网络应用软件运行和网络用户操作的平台，一旦发生故障，网络应用服务将陷入瘫痪状态。因此，网络操作系统管理是网络管理员在维护网络运行环境时的核心任务之一。

作为网络工程专业的必修课，要求学生在计算机网络的预备知识基础上，了解网络操作系统管理的理论和技能，在网络运行过程中，熟练地利用系统提供的各种管理工具软件，实时监督系统的运转情况，及时发现故障征兆并进行处理；能够熟悉各种常用网络服务的基本原理及管理方法，掌握网络服务配置情况及配置参数变更情况，并根据系统环境变化、业务发展需要和用户需求，动态调整服务配置参数，优化服务性能。

本书特色

基于先进的网络操作系统平台

本书根据目前网络应用平台的管理需求，基于 Windows 和 Linux 两大主流操作系统平台，分别选择了其最具先进性和代表性的网络操作系统：Windows Server 2008 和 Red Hat Enterprise Linux AS4.0。其中 Windows Server 2008 是微软公司推出的最新的网络操作系统，除了继承以前版本的强大功能、友好界面、使用便捷的优点外，新增了很多独特的功能，在安全性、稳定性、可靠性等方面都有很大的提高，已有越来越多的企业应用开始向 Windows Server 2008 迁移；而与 Windows 相比，开源系统 Linux 具有更低的价格，且随着不断规范的知识产权保护制度及其实施，Linux 在服务器市场已占据 20%～30%的份额，而 Red Hat Enterprise Linux AS4.0(Red Hat Linux 高级服务器)作为企业级 Linux 解决方案系列的旗舰产品，为大中型企业部门级服务器配置提供了高性能、高安全性的解决方案。

本书基于先进的网络操作系统平台进行理论和应用的讲解，能够充分反映最新的技术

动态，具有新颖性和前瞻性。

高度贴近应用型本科专业建设目标

本书主要面向计算机网络、网络工程专业的在校学生，针对教育部颁布的应用型本科专业建设目标，按照网络管理员对网络操作系统实施管理的具体要求规范教学内容，在必备理论知识的基础上，加强学生技术分析的能力，提高学生的应用素质，并提高其动手能力和解决问题的综合能力。

理论基础坚实、贴近应用

本书针对所涉及的操作系统管理功能和网络服务的相关概念、原理，都力求提供较为完整的解释，并通过图形化的方式，对操作流程做出详细的讲解和说明。特别是针对学生没有机会应用过的网络服务，设计简单易懂的案例，从而强化对相关服务的理解，帮助学生提高解决实际问题的能力和应用能力。

本书的结构

共有 14 章，分为三大部分。

第一部分　网络操作系统概述

第一部分(含第 1 章)介绍网络操作系统的基本概念、功能、特征、分类，以及网络操作系统的工作模式，并对目前流行的几种网络操作系统平台的特点及其发展进行了简要介绍。让学生能够对网络操作系统有一个初步的认识。

第二部分　网络操作系统管理基础

第二部分包括第 2～6 章。网络操作系统所能够提供的网络服务是建立在对系统的基本管理功能基础上的，这些管理功能包括用户和组管理、进程管理、磁盘管理、文件系统等。本部分基于 Windows Server 2008 和 Red Hat Linux AS4.0 系统环境，介绍了系统常用管理功能的基本原理及操作方法。通过这一部分的学习，学生能够熟练使用系统提供的基本管理功能，进行网络操作系统的日常维护，为各种网络服务提供稳定的运行环境。

第三部分　网络管理与服务

第三部分包括第 7～14 章。本部分基于 Windows Server 2008 和 Red Hat Linux AS4.0 系统，介绍了各种网络服务的基本概念和配置方法，并根据不同系统平台的特点，以及所提供的服务，提供了安全管理的解决方案。通过本部分的学习，学生能够对网络管理与配置、各种网络服务的应用以及网络操作系统的安全有一个全面的了解，并能够在 Windows 和 Linux 两种系统环境下完成文件共享、DHCP、DNS、Web 服务、FTP、E-mail 等网络服务的配置。

本书内容丰富，作为应用型本科教材，可根据具体情况对各章节有所侧重，建议教学学时 40 学时，实验学时 40 学时。

本书编者

本书由海南大学杜文才教授统筹策划并担任全书主编，钟杰卓、加拿大阿尔哥玛大学计算机系终身教授徐绍春(Simon Xu)博士任副主编，由杜文才、钟杰卓、徐绍春、赵颂璋编写。

在本书编写过程中引用了一些他人的研究成果和参考文献，在此谨向被引用文献的著(作)者表示真挚的谢意。

由于作者的水平有限，加之时间较紧，书中难免存在谬误或不足之处，敬请广大读者和专家批评指正。

编 者

目　　录

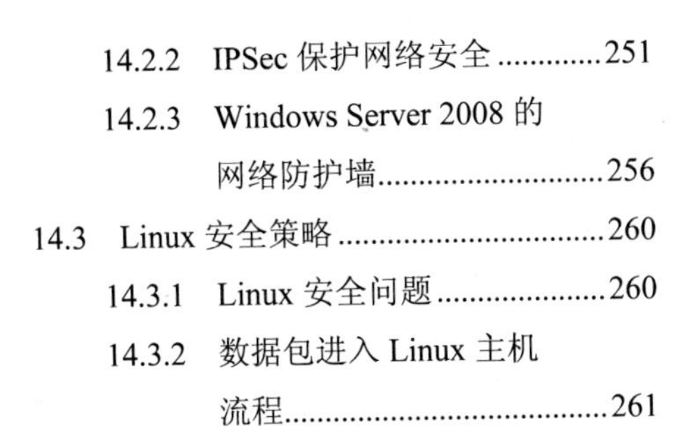

第 1 章　概　　述

学习目标：

- 掌握网络操作系统的概念和基本功能
- 了解网络操作系统的工作模式
- 了解常用的网络操作系统
- 了解网络服务

1.1　网络操作系统概述

1.1.1　网络操作系统的概念

操作系统(Operating System，OS)管理着计算机系统的全部软硬件资源，对程序的执行进行控制，能够使用户方便地使用硬件提供的功能，使硬件的功能发挥得更好。总之，操作系统可以提高资源使用效率、方便用户使用计算机。

从资源管理的观点来看，操作系统的功能包括作业管理、进程管理、存储管理、文件管理和设备管理。

从用户角度看，操作系统是用户与计算机之间的接口，为用户提供一个清晰、整洁、易于管理的友好界面，不同的使用者，对操作系统的理解是不一样的。

对于一个普通用户来说，一个操作系统就是能够运行自己应用软件的平台。

对于一个软件开发人员来说，操作系统是提供一系列的功能、接口等工具来编写和调试程序的裸机。

对于系统管理员来说，操作系统则是一个资源管理者，包括对使用者的管理、对 CPU 和存储器等计算机资源的管理、对打印机和绘图仪等外部设备的管理。

而网络操作系统(Network Operating System，NOS)可以理解为网络用户与计算机网络之间的接口，它是专门为网络用户提供操作接口的系统软件，除了管理计算机的软件和硬件资源，具备单机操作系统所有的功能外，还具有向网络计算机提供网络通信和网络资源共享功能的操作系统，并且为网络用户提供各种网络服务。当然，网络操作系统不仅要为网络用户提供实现数据传输、资源共享的功能，同时还要能够提供对资源的排他访问和安全保证的功能。由于网络操作系统是运行在被称为服务器的计算机上的，所以有时也把它称为服务器操作系统。

1.1.2　网络操作系统的基本功能

通常计算机操作系统的目的是让用户与系统及在此系统上运行的各种应用之间的交互作用最佳。而网络操作系统的基本任务是用统一的方法管理各主机之间的通信和共享资源

的利用，它是以使网络相关特性达到最佳为目的的，如共享数据文件、软件应用以及共享硬盘、打印机、调制解调器、扫描仪等。为完成此任务，网络操作系统必须具有以下基本功能。

1. 网络通信

网络通信是网络最基本的功能，其任务是在源主机和目标主机之间，实现无差错的透明的数据传输，它能完成以下主要功能。

- 建立和拆除通信链路：为通信双方建立一条暂时性的通信链路。
- 传输控制：对传输中的分组进行路由选择和流量控制。
- 差错控制：对传输过程中的数据进行差错检测和纠正等。

这些功能通常由数据链路层、网络层和传输层硬件，以及相应的网络软件共同完成。

2. 资源管理

资源管理是指采用有效的方法统一管理网络中的共享资源(硬件和软件)，协调各用户对共享资源的使用，保证数据的安全性和一致性，使用户在访问远程共享资源时能像访问本地资源一样方便。

3. 网络服务

在前两个功能的基础上，为了方便用户，提供多种有效网络服务。如电子邮件服务，文件传输、存取和管理服务，共享硬件服务以及共享打印服务。

4. 网络管理

网络管理最主要的任务是安全管理，主要反映在通过“存取控制”来确保数据的安全性，通过“容错技术”来保证系统故障时数据的安全性。此外，还包括对网络设备故障进行检测，对使用情况进行统计，以及为提高网络性能和记账而提供必要的信息。

5. 互操作

互操作就是把若干相同或不同的设备和网络进行互联，使用户可以透明地访问各服务点、主机，以实现更大范围的用户通信和资源共享。

6. 提供网络接口

提供网络接口是指向用户提供一组方便有效的、统一的、取得网络服务的接口，以改善用户界面，如命令接口、菜单、窗口等。

总之，网络操作系统要处理资源的最大共享及资源共享的受限性之间的矛盾。一方面网络操作系统能够提供用户所需的资源以及对资源的操作、使用，为用户提供一个透明的网络；另一方面网络操作系统对网络资源要有一个完善的管理，对各个等级的用户授予不同的操作使用权限，保证在一个开放的、无序的网络里，数据能够有效、可靠、安全地被用户使用。

1.1.3 网络操作系统的特征

网络操作系统具有操作系统的基本特征，如并发性，包括多任务、多进程、多线程；共享性，包括资源的互斥访问，同时访问；虚拟性，把一个物理上的对象变成多个逻辑意义的对象。网络操作系统也具有以下特征。

(1) 硬件独立。网络操作系统应独立于具体的硬件平台，支持多平台，其系统应该可以运行于各种硬件平台之上。例如，可以运行于基于X86的Intel系统，也可以运行于基于RISC(精简指令集)的系统，诸如DEC Alpha、MIPS R4000等。用户作系统迁移时，可以直接将基于Intel系统的机器平滑转移到RISC系列主机上，不必修改系统。为此Microsoft提出了HAL(硬件抽象层)的概念。HAL与具体的硬件平台无关，改变具体的硬件平台，无须作别的变动，只要改换其HAL，系统就可以作平稳转换。

(2) 网络特性。能够连接不同的网络，提供必要的网络连接支持；能够支持各种网络协议和网络服务；具有网络管理的工具软件，能够方便地完成网络的管理。

(3) 有很高的安全性。能够进行系统安全性保护和各类用户的存取权限控制。能够对用户资源进行控制，提供用户对网络的访问方法。

当然，网络操作系统还具有可移植性和可集成性。在多用户环境下，网络操作系统给应用程序及其数据文件提供了足够的、标准化的保护。在多进程系统中，为了避免两个进程并行处理所带来的问题，可以采用多线程的处理方式。抢先式多任务就是操作系统无须专门等待某一线程完成后，再将系统控制交给其他线程，而是主动将系统控制交给首先申请得到系统资源的其他线程，这样使得系统具有更好的操作性能。另外，支持SMP(对称多处理器)技术也是对现代网络操作系统的基本要求。

1.2 网络操作系统的工作模式

网络操作系统的工作模式主要有以下3种。

1. 对等式网络

在对等式网络结构中，没有专用的服务器，每个节点之间的地位相同，因此对等网络也常被称为工作组。对等网一般采用星形拓扑结构，最简单的对等网就是使用双绞线直接相连的两台计算机。在对等网络中，计算机的数量通常不会超过10台，网络结构相对比较简单。

对等网除了共享文件外，还可以共享打印机以及其他网络设备。因为对等网不需要专门的服务器来支持网络，也不需要其他组件来提高网络的性能，因此它的成本相对其他模式的网络来说要便宜很多。当然，它的缺点也是非常明显的，那就是仅能提供较少的服务功能，并且难以确定文件的位置，使得整个网络难以管理。

2. 文件服务器模式

文件服务器是通过若干个工作站与一台文件服务器通信线路连接起来，存取服务器文件，共享存储设备的工作模式。在这种模式下，数据的共享大多是以文件形式通过对文件

的加锁、解锁来实施控制的。各用户之间的文件共享只能依次进行，不能对相同的数据做同时更新。文件服务器的功能有限，它只是简单地将文件在网络中传来传去，增加了大量不必要的网络流量。当加入数据库系统和其他复杂而又被不断增加的用户使用的应用系统时，服务器便不能承担这样的任务了，因为随着用户的增多，为每个用户服务的程序也会相应增多，每个程序都是独立运行的大文件，会让用户感觉操作极慢。因此产生了客户机/服务器模式。

3. 客户机/服务器模式

作为文件服务器模式的发展，在网络中通常采用客户机/服务器(Client/Server，C/S)模式。Server 是提供服务的逻辑进程。它可以是一个进程，也可以是由多个分布进程所组成的。向 Server 请求服务的进程称为该服务的 Client。Client 和 Server 可以在同一机器上，也可以在不同的机器上。一个 Server 可以同时又是另一个 Server 的 Client，并向后者请求服务。通常其中一台或几台较大的计算机集中进行共享数据库的管理和存取，而将其他的应用处理工作分散到网络中的其他计算机上去完成，构成分布式的处理系统，服务器控制管理数据的能力已由文件管理方式上升为数据库管理方式，因此，客户机/服务器结构的服务器也称为数据库服务器，注重于数据定义、存取安全备份及还原，并发控制及事务管理，执行诸如选择检索和索引排序等数据库管理功能，它有足够的能力做到把通过其处理后用户所需的那一部分数据而不是整个文件通过网络传送到客户机，减轻了网络的传输负荷。

浏览器/服务器(Browser/Server，B/S)是一种特殊形式的客户机/服务器模式，在这种模式中客户端为一种特殊的专用软件——浏览器。这种模式下由于对客户端的要求很少，不需要另外安装附加软件，在通用性和易维护性上具有突出的优点。这也是目前各种网络应用提供基于 Web 的管理方式的原因。在浏览器/服务器模式中，往往在浏览器和服务器之间加入中间件，构成浏览器—中间件—服务器结构。

1.3　常用的网络操作系统

1.3.1　Windows 系列

1. Windows 2000

Windows 2000 是微软公司发布于 2000 年的 32 位图形商业性质的操作系统。Windows 2000 有 4 个版本：Professional、Server、Advanced Server 和 Datacenter Server。

Windows 2000 Professional 是桌面操作系统，适合移动家庭用户使用，也适用于任何规模商务环境中的桌面操作系统以及网络应用的客户端软件。

Windows 2000 Server 是服务器版本，它包含了 Professional 版的所有功能和特性，并提供了简单而有效的网络管理服务，是集成终端仿真服务器的服务器操作系统，可作为一些中小型企业内部网络服务器，也可以应付大型网络中的各种应用程序需要。

Windows 2000 Advanced Server 是 Windows 2000 Server 的企业版，具有更强大的特性和功能，对多处理器的支持比 Windows 2000 Server 更好，除了包含 Windows 2000 Server

版的所有功能和特性，同时增强了扩展性和系统可用性，另外还提供了 Windows 集群和负载均衡功能。该版本的设计目的和适用范围是用于大型企业网和需要较强数据库功能的场合。

Windows 2000 Datacenter Server 包含了 Windows 2000 Advanced Server 版的所有功能，支持更好的内存和更多的 CPU，是 Windows 2000 系列产品中功能最强的操作系统。

2. Windows Server 2003

Windows Server 2003 是微软向.NET 战略进发而迈出的真正的第一步。它是微软针对企业客户开发的服务器操作系统，是一个与互联网充分集成的多功能、多任务网络操作系统。Windows Server 2003 为加强联网应用程序、网络和 XML Web 服务的功能(从工作组到数据中心)提供了一个高效的结构平台。在 Windows 2000 Server 系列的基础上，Windows Server 2003 集成了功能强大的.NET 应用程序环境以开发创新的 Web 服务和企业解决方案，无论对大、中、小型企业网络，都可以提供一个高性能、高效率、高稳定性、高安全性、高扩展性、低成本以及便于管理的企业网络解决方案。

Windows Server 2003 家族有四个不同的版本。

- Standard Edition(标准版)：是适用于小型商业环境的网络操作系统。为部门和中小型组织提供了理想的解决方案，包括：针对基本文件的打印和共享服务、互联网的安全连接、对于常规用途应用程序的支持。
- Enterprise Edition(企业版)：适用于大中型企业的服务器。具有构建企业基础设施、应用程序及电子商务的功能。
- Web Edition(网络版)：是专门为 Web 服务及 Web 主机托管应用程序量身定制的单一用途版本，支持 ASP.NET、DFS(分布式文件系统)、IIS 6.0、.NET Framework 及影子拷贝(Shadow Copy)回复等功能。
- Datacenter Edition(数据中心版)：是功能最强大的版本，用于支持高端应用程序，为数据库、金融建模以及联机分析处理等方案的解决奠定了坚实的基础。

3. Windows Server 2008

Windows Server 2008 是专为强化下一代网络、应用程序和 Web 服务的功能而设计，是当时最先进的 Windows Server 操作系统。借助 Windows Server 2008，可在企业中开发、提供和管理丰富的用户体验及应用程序，提供高度安全的网络基础架构，提高和增加技术效率与价值。Windows Server 2008 虽是建立在 Windows Server 先前版本的成功与优势上，但它已针对基本操作系统进行改善，以提供更具价值的新功能及更进一步的改进。新的 Web 工具、虚拟化技术、安全性的强化以及管理公用程序，不仅可帮助用户节省时间、降低成本，并可为 IT 基础架构提供稳固的基础。

1) Windows Server 2008 操作系统的性能和特点

(1) 为企业其他应用提供稳定的运行平台。Windows Server 2008 可为所有的服务器工作负载和应用程序需求，提供稳固的基础以及易于部署和管理的特性。全新设计的 Server Manager 提供了一个可使服务器的安装、设定及后续管理工作简化及效率化的整合管理控制台；Windows PowerShell 是全新的命令行接口，可让系统管理员将跨多部服务器的例行

系统管理工作自动化。此外，Windows Server 2008 的故障转移群集(Failover Clustering)向导，以及对 Internet 协议第 6 版(IPv6)的完整支持，加上网络负载平衡(Network Load Balancing)的整合管理，更可使一般 IT 人员也能够轻松地实现高可用性。

(2) 内建虚拟化技术。利用 Windows Server 2008 的集中化应用程序访问技术，可有效地将应用程序虚拟化，使客户不需要使用复杂的虚拟私人网络(Virtual Private Network，VPN)，即可在终端机服务器上执行标准 Windows 程序，而非直接在用户端计算机上执行，然后更轻松地从任何地方远程访问标准 Windows 程序。

(3) 增强的 Web 服务平台。Windows Server 2008 整合了 Internet Information Services 7.0(IIS 7.0)。IIS 7.0 服务器，是一个安全性强且易于管理的平台，可用以开发并可靠地存放 Web 应用程序和服务，它更是一种增强型的 Windows Web 平台，具有模块化的架构，可提供更佳的灵活性和控制，并可提供简化的管理，具有可节省时间的强大诊断和故障排除能力，以及完整的可扩展性。IIS 7.0 和 .NET Framework 3.0 所提供的全方位平台，可构建让用户彼此连接以及连接到其资源的应用程序，以便用户能够虚拟化、分享和处理信息。

(4) 高安全性。Windows Server 2008 是史上最安全的 Windows Server，此操作系统在经过强化后，不仅可协助避免运作失常，更可运用诸多新技术协助防范未经授权即连接至网络、服务器、资料和用户账户的情形。其拥有网络访问保护(NAP)，可确保尝试连接至网络的电脑皆能符合企业的安全性原则，而技术整合及部分增强项目则使得 Active Directory 服务成为强而有效的统一整合式身份识别与访问(IDA)解决方案。

2) Windows Server 2008 最主要的四个版本

(1) Windows Server 2008 Standard：是一个基础版本，包含了 Windows Server 2008 的大量专有功能。主要用于中小型网络环境中提供域名服务。支持多路和四路对称多处理器(SMP)系统，在 32 位版本中最多可支持 4GB 的内存，64 位版本中则可支持 32GB 的内存。

(2) Windows Server 2008 Enterprise：主要可用于大中型网络环境，尤其是在跨部门环境下使用。与 Standard 版不同，Enterprise 支持群集功能，最多可包含 8 个群集节点，通过使用超大规模内存技术，可以在 32 位系统上支持 32GB 的内存，在 64 位系统上支持 2TB 的内存。

(3) Windows Server 2008 Datacenter：适用于托管关键业务系统和解决方案，最少需要 8 颗处理器，最大可以支持 64 颗。该版本不仅包含了 Enterprise 版的所有功能，还支持超过 8 个节点的群集。

(4) Windows Web Server 2008：是专为单一用途或作为向外扩充(scale-out)前端 Web 服务器而设计。Web Server 可在 Windows 服务器作业系统中提供下一代的 Web 基础架构功能，最适合网络服务供应商使用。Web Server 可提供一个既经济又有效率的 Web 服务器作业系统解决方案。

1.3.2 UNIX 操作系统

UNIX 最早是由肯·汤普森和丹尼斯·利奇于 1969 年在 AT&T 的贝尔实验室开发。此后的 10 年，UNIX 在学术机构和大型企业中得到了广泛的应用。UNIX 是一个功能强大的多用户、多任务网络操作系统，支持多种处理器架构，技术成熟，可靠性高，网络和数据库功能强，伸缩性突出，开放性好。UNIX 主要有以下几个突出特点。

(1) 系统安全、稳定。UNIX 的服务器很少出现死机、系统瘫痪等现象。UNIX 采取许多安全技术措施，它对文件和目录权限、用户权限及数据都有非常严格的保护措施，这为网络多用户环境中的用户提供了必要的安全保障。

(2) 多用户、多任务操作系统。多用户是指系统资源可以被不同的用户各自拥有使用，每个用户对自己的资源有特定的权限且互不影响。多任务是指计算机同时执行多个程序，而且各个程序的运行相互独立。

(3) 良好的用户界面。UNIX 向用户提供了两种界面：用户界面和系统调试。除了传统的基于文本的命令行界面 Shell 外，UNIX 还为用户提供了图形用户界面。

(4) 设备独立性。UNIX 的设备独立性是指操作系统把文件、目录与设备统一当成文件来看待，只要安装它们的渠道程序，任何用户都可以像使用文件一样使用这些设备，而不必知道它们的具体存储形式。

(5) 良好的移植性。UNIX 是一种可移植的操作系统，能够在从微型计算机到大型计算机的任何环境和任何平台上运行。

(6) 丰富的网络功能。UNIX 从一开始就使用了 TCP/IP 作为主要的通信协议，从而使它与 Internet 之间最早建立了紧密的联系。UNIX 服务器在 Internet 服务器中占 80%以上，占绝对优势。此外，UNIX 还支持所有常用的网络通信协议，以及各种局域网和广域网相连接。

当然，从应用的角度看，UNIX 也存在一些不足。UNIX 对于一般用户来说难以掌握，尤其是对没有网络安装和维护经验的用户，在短时间内掌握 UNIX 是非常困难的。目前 UNIX 的重点是大型的高端网络应用领域，如建立 Internet 网站、组建广域网或大型局域网等，在一般的中小型局域网中没有必要使用 UNIX。

1.3.3 Linux 操作系统

1. Linux 的起源

Linux 的出现，最早开始于一名叫 Linus Torvalds 的芬兰赫尔辛基大学的学生。他最初以 MINIX(由 Andrew Tannebaum 教授编写的一个微型 UNIX 操作系统示教程序)为开发平台，开发了第一个程序。随着程序的不断完善，他想设计一个代替 MINIX 的操作系统，这个系统可以用于 80386、80486 或奔腾处理器的个人计算机上，并且具有 UNIX 操作系统的全部功能，于是有了 Linux 的设计雏形。

1993 年，Linus 的第一个产品 Linux 1.0 问世，并按完全自由发行版权发行，所有的源代码公开，任何人都不得从中获利；从 1.3 版开始 Linux 向其他硬件平台移植；Linux 从 2.1 版开始走向高端，并在 2.4.17 版开始支持超线程。

2. Linux 的主要特点

Linux 是全面的多任务和真正的 32 位操作系统，性能高，安全性强。Linux 是 UNIX 的变种，因此也就具有了 UNIX 系统的一系列优良特性。此外，Linux 还具有以下特点。

(1) 与 UNIX 兼容。现在 Linux 已经成为具有 UNIX 全部特征，遵从 POSIX 标准的操作系统。所谓 POSIX 是指可移植操作系统接口，遵从此标准，为一个 POSIX 兼容的操作

系统编写的程序，可以在任何其他的 POSIX 操作系统上编译执行。事实上，几乎所有 UNIX 的主要功能，都有相应的 Linux 工具和实用程序。因此 Linux 实际上就是一个完整的 UNIX 类操作系统。Linux 系统上使用的命令多数都与 UNIX 命令在名称、格式、功能上相同。

(2) 自由软件，源码开放。Linux 项目从一开始就与 GNU 项目紧密结合起来，它的许多重要组成部分直接来自 GNU 项目。任何人只要遵循通用性公开许可证(GPL)条款，就可以自由使用 Linux 源程序。这样就激发了世界范围内热衷于计算机事业的人们的创造力。通过 Internet，这一系统被迅速传播和使用。

(3) 便于定制和再开发。在遵从 GPL 版权协议的条件下，各部门、企业、单位或个人可以根据自己的实际需要和使用环境对 Linux 系统进行裁剪、扩充、修改，或者再开发。

3. Linux 的版本

1) 核心版本

一般地，可以从 Linux 内核版本号来区分系统是 Linux 稳定版还是测试版。核心版本的序号由 3 部分数字构成，其形式为：major.minor.patchlevel，其中 major 为主版本号，minor 为次版本号，两者构成当前核心版本号；patchlevel 表示对当前版本的修改次数。例如，2.4.18 表示对核心 2.4 版本的第 18 次修改。根据约定，次版本号为奇数时，表示该版本加入新内容，但不一定很稳定，相当于测试版；次版本号为偶数时，表示这是一个可以使用的稳定版本。

2) 发行版本

发行版是各个公司推出的版本，它们与核心版本是各自独立发展的。发行版本通常内附一个核心源码，以及很多针对不同硬件设备的核心映像，所以发行版本是一些基于 Linux 内核的软件包。目前最常见的 Linux 发行版本有 RedHat、Slackware、Debian、SuSE、ubuntu 等。简体中文 Linux 发行版有 TurboLinux、BluePoint、RedFlag 等。

4. Red Hat Enterprise Linux AS

国内乃至全世界的 Linux 用户最熟悉的发行版想必就是 Red Hat 了，Red Hat 公司最早由 Bob Young 和 Marc Ewing 在 1995 年创建，随着 Linux 被越来越多的用户所接受，Red Hat 逐渐深入到企业级计算机环境中。目前 Red Hat Linux 分为两个系列：由 Red Hat 公司提供收费技术支持和更新的 Red Hat Enterprise Linux，以及由社区开发的免费的 Fedor Core。Red Hat 自 9.0 以后，不再发布桌面版的，而是把这个项目与开源社区合作，于是就有了 Fedora 这个 Linux 发行版，它的定位是桌面用户，适用于在非关键任务计算环境中使用 Linux 的软件开发人员或计算机爱好者。Red Hat Enterprise Linux 主要面向商业市场，包括大型机。

Red Hat Enterprise Linux AS(Advanced Server)是企业级 Linux 解决方案系列的旗舰产品，它支持与 X86 兼容的服务器，提供了大量的技术改进和新功能，包括新的安全性、服务器性能和扩展性以及对桌面计算的支持。Red Hat Enterprise Linux AS 包括了最全面的技术支持，能够支持到 16 个 CPU、64GB 内存的最大型服务器架构，这使它成为大型企业部门及计算中心的最佳解决方案。

Red Hat Enterprise Linux AS 4.0 是基于 Linux 社区的 2.6.9 内核的系统，它是一个稳定高效的商业产品，主要功能特点如下。

- 通用的逻辑 CPU 调度器：处理多内核和超线程 CPU。
- 基于目标的反向映射 VM(虚拟机)：提高了内存管理系统的性能。
- 读复制更新：对操作系统数据结构的 SMP 算法优化。
- 多 I/O 调度：基于应用程序环境进行选择。
- 增强的 SMP 和 NUMA 支持：提高了大型服务器的性能和扩展性。
- 网络中断缓和：提高了大流量网络的性能。

在数据存储方面，Red Hat Enterprise Linux AS 4.0 提高了数据存储系统的扩展性，提供了动态的文件系统扩展功能，实现对大到 8TB 文件系统的支持；增强的存储 LUN 管理功能可以配置更大的存储子系统；提供了优良的设备访问控制，实现可浏览的挂载。

Red Hat Enterprise Linux 产品系列中还提供了丰富易用的桌面计算环境。其中包括办公软件、对即插即用设备的支持、多媒体、用户环境管理工具、跨平台操作等。

在安全方面，安全增强的 SELinux 提供了一个 MAC 基础结构，它是对标准的 Linux 所提供的自由访问控制安全性的补充。在基于 MAC 的环境中，应用程序的功能和权限是被预先定义的规则所限制的，并被内核强制执行，从而防止了一个不正确的程序对系统安全性的破坏。此外，内存管理的改进可防止恶意程序利用应用程序的缓存溢出错误对系统的安全性进行破坏。

1.3.4 NetWare

NetWare 是 Novell 公司推出的网络操作系统，也是第一个不使用 UNIX 来实现个人计算机(PC)之间文件共享的网络操作系统。NetWare 最重要的特征是基于基本模块设计思想的开放式系统结构。NetWare 是一个开放的网络服务器平台。可以方便地对其进行扩充。NetWare 系统对不同的工作平台(OS/2、Macintosh)等、不同的网络协议环境以及各种工作站操作系统提供了一致的服务。该系统可以增加自选的扩充服务(如替补备份、数据库、电子邮件以及记账等)，这些服务可以取自 NetWare 本身，也可取自第三方开发者。

NetWare 是多任务、多用户的网络操作系统，它的较高版本提供系统容错能力。使用开放协议技术，各种协议的结合使不同类型的工作站可与公共服务器通信。这种技术满足了广大用户在不同种类网络间实现相互通信的需要，实现了各种不同网络的无缝通信。NetWare 通常为需要在多厂商产品环境下运用复杂的网络技术的企事业单位提供了高性能的综合平台。

1.4 网 络 服 务

网络操作系统除了具有单机操作系统所具有的作业管理、处理机管理、存储器管理、设备管理和文件管理外，还应具有高效、可靠的网络通信能力和多种网络服务功能。主要的网络服务包括如下几种。

1. 文件服务与打印服务

文件服务是网络操作系统中最重要与最基本的网络服务。文件服务器以集中方式管理

共享文件，为网络用户的文件安全与保密提供必需的控制方法，网络工作站可以根据所规定的权限对文件进行读、写以及其他各种操作。

打印服务也是最基本的网络服务。共享打印服务可以通过设置专门的打印服务器或由文件服务器担任。通过打印服务功能，局域网中设置一台或几台打印机，网络用户可以远程共享网络打印机。打印服务实现对用户打印请求的接收、打印格式的说明、打印机的配置、打印队列的管理等功能。

2. 数据库服务

随着网络的广泛应用，网络数据库服务变得越来越重要了。选择适当的网络数据库软件，依照客户机/服务器工作模式，客户端可以使用结构化查询语言(SQL)向数据库服务器发送查询请求，服务器进行查询后将查询结果传送到客户端。

3. 分布式服务

网络操作系统为支持分布式服务功能提出了一种新的网络资源管理机制，即分布式目录服务。它将分布在不同地理位置的互联局域网中的资源组织到一个全局性、可复制的分布数据库中，网络中的多个服务器都有该数据库的副本，用户在一个工作站上注册，便可与多个服务器连接。对于用户来说，分布在不同位置的多个服务器资源都是透明的，分布在多个服务器上的文件都如同位于网络上的一个位置。用户在访问文件时不再需要知道和指定它们的实际物理位置。使用分布式服务，用户可以用简单的方法去访问一个大型互联局域网系统。

4. Active Directory 与域控制器

Active Directory 即活动目录，它是 Windows 系统分布式网络的基础。Active Directory 可采用可扩展的对象存储方式，存储网络上所有对象的信息并使这些信息更容易被网络管理员和用户查找和使用。安装了 Active Directory 的 Windows Server 成为域控制器，网络中无论有多少个服务器，只需要在域控制器上登录一次，网络管理员就可以管理整个网络中的目录数据和单位，而获得授权的网络用户就可以访问网络上任何地方的资源，大大简化了网络管理的复杂性。

5. 邮件服务

通过邮件服务，可以以非常低廉的价格、快速的方式，与世界上任何一个网络用户联络，这些电子邮件可以包含文字、图像、声音或其他多媒体信息。邮件服务器提供了邮件系统的基本功能，包括邮件传输、邮件分发、邮件存储等，以确保邮件能够发送到 Internet 的任意地方。

6. DHCP 服务

DHCP 称为动态主机配置协议，用于向网络中的计算机分配 IP 地址及一些 TCP/IP 配置信息，目的是减轻 TCP/IP 网络的规划、管理和维护的负担，解决 IP 地址空间缺乏问题。DHCP 服务器把 TCP/IP 网络设置集中起来，动态处理工作站 IP 地址的配置，通过 DHCP

租约和预置的 IP 地址相联系。DHCP 租约提供了自动在 TCP/IP 网络上安全地分配和租用 IP 地址的机制，实现 IP 地址的集中式管理，基本上不需要网络管理人员的人为干预，降低了管理 IP 地址的负担，有效提高了 IP 的利用率。

7. DNS 服务

DNS 即域名系统，是 Internet/Intranet 中最基础也是非常重要的一项服务，提供了网络访问中域名到 IP 地址的自动转换，即域名解析。DNS 依靠一个分布式数据库系统对网络中主机域名进行解析，并及时地将新主机的信息传播给网络中的其他相关部分，给网络维护及扩充带来了极大的方便。

8. FTP 服务

FTP 是文件传输协议的简称。FTP 的主要作用就是让用户连接上一个运行着 FTP 服务器程序的远程计算机，查看该远程计算机有哪些文件，然后把文件从远程计算机上传或下载到本地计算机中。用户通过支持 FTP 协议的客户机程序连接到远程主机的 FTP 服务器，并向服务器发出指令，服务器执行客户的指令，并将执行结果返回给客户机。

9. Web 服务

Web 服务是当前 Internet 上应用最为广泛的服务。当 Web 浏览器(客户端)连接到 Web 服务器上并请求文件时，服务器将处理该请求并将文件发送到该浏览器上，附带的信息会告诉浏览器如何查看该文件。Web 服务器不仅能够存储信息，还能在 Web 浏览器提供的信息的基础上运行脚本和程序。Web 服务器可驻留于各种类型的计算机，从常见的 PC 到巨型的 UNIX 网络，以及其他各种类型的计算机。

10. 网络管理服务

网络管理是指对网络系统进行有效的监视、控制、诊断和测试所采用的技术和方法。在网络规模不断扩大、网络结构日益复杂的情况下，网络管理是保证计算机网络连接、稳定、安全和高效地运行，充分发挥网络作用的前提。网络管理的任务是收集、监控网络中各种设备和相关设施的工作状态、工作参数，并将结果提交给管理员进行处理，进而对网络设备的运行状态进行控制，实现对整个网络的有效管理。网络操作系统提供了丰富的网络管理服务工具，可以提供网络性能分析、网络状态监控、存储管理等多种管理服务。

本章小结

本章介绍了计算机网络操作系统的概念、功能、特征和分类。对目前流行的几种网络操作系统，如 Windows、UNIX、Linux 和 NetWare 的发展及其特点进行了简要介绍。此外，介绍了网络操作系统中的各种网络服务。通过对本章内容的学习，能够对网络操作系统有一个基本的了解，对本门课程有一个初步认识。

习　题

1. 什么是网络操作系统？网络操作系统具有哪些基本功能？
2. 网络操作系统具有哪些特征？
3. 常用的网络操作系统有哪些？它们各具有什么特点？
4. 在网络操作系统中主要可提供哪些网络服务？

第 2 章 用户和组管理

学习目标：

- 掌握 Windows Server 2008 账户的基本概念
- 掌握 Windows Server 2008 本地用户和组的管理方法
- 掌握 Linux 下用户和组的管理

2.1 Windows Server 2008 账户的基本概念

作为管理员，管理用户、组以及计算机通常是日常工作中很重要的一部分，通过对用户和组的管理，使得对系统的操作可以在便利性、性能、容错性以及安全性之间取得最佳的平衡。

2.1.1 用户账户

Windows Server 2008 支持以下用户类型。

- 用户：在 Windows Server 2008 中，可以使用本地用户账户或域用户账户。本章只涉及本地账户管理，域用户的相关操作将在第 7 章详细介绍。本地用户账户包含用户名、密码、该用户隶属的组关系、描述信息以及其他和用户的描述及属性有关的信息(例如安全和远程访问配置信息)。
- InetOrgPerson：InetOrgPerson 是最早出现在 Windows Server 2003 中的一种用户类型，可被 X.500 和轻量级目录访问协议(LDAP)目录服务使用。
- 联系人：有时可能希望创建仅用于电子邮件账户的账户，这时候就可以创建联系人。这种用户并非安全主体，而且没有安全标识符(SID)。另外对于联系人账户，没有密码或登录功能，但这种用户可以是发布组的成员。
- 默认用户账户：是 Windows Server 2008 安装过程中内建的用户账户。其中包括下列账户。
  - ◆ Administrator：这是对计算机具有完整控制权的账户，对于该账户，必须有非常强的密码。Administrator 账户无法删除，但可以将其禁用或重命名，这样做有利于确保网络的安全。
  - ◆ Guest：Guest 账户可被在计算机中没有账户的用户使用。为确保网络的安全，Guest 账户默认是禁用的。

2.1.2 用户组

为了简化网络的管理工作，系统在用户的基础上，提出了用户组的概念，用户组是指具有相同或者相似特征的用户的集合。只要给用户组设置了相关的权限，位于这个用户组

的用户就会自动继承这个组的权限，这样可以大大减少用户账户管理配置的工作量。

在安装 Windows Server 2008 时，系统会自动创建内置组，主要有下面几种类型。

(1) 管理员组。其成员具有对计算机的完全控制权限。

(2) 备份操作员组。其成员可以备份和还原计算机上的文件，不管这些文件的权限如何。他们可以登录和关闭计算机，但不能更改安全设置。

(3) 超级用户组。其成员可以创建用户账户，但是只能修改和删除由他们创建的账户。超级用户组可以创建本地组，并从他们创建的本地组中删除用户，也可以从超级用户、用户和来宾组中删除用户。他们不能修改管理员或备份操作员组，也不能拥有文件的所有权，备份、还原目录，以及加载和卸载设备驱动程序。

(4) 用户组。该组成员可以执行大部分普通任务，如运行程序、使用本地和网络打印机以及关闭和锁定工作站。用户可以创建本地组，但是只能修改自己创建的本地组，他们不能共享目录或者创建本地打印机。

(5) 来宾组。来宾组允许偶尔或临时用户登录工作站的内置来宾账户，并被赋予有限的权限。

2.2 Windows Server 2008 本地用户和组管理

2.2.1 本地用户账户管理

1. 创建本地用户账户

用户在 Windows Server 2008 中创建的新账户一般都是本地用户账户。在这个账户中包括了用户名、密码、所属的用户组、个人信息等。创建新账户的步骤如下。

(1) 在“管理工具”中，选择“计算机管理”，打开计算机管理控制台。

(2) 在如图 2-1 所示的左侧窗格中依次展开“系统工具”\“本地用户和组”\“用户”节点，此时，可在中部窗格中查看到当前计算机中内置的用户名称。

(3) 在右侧的“操作”窗格中，单击“更多操作”，选择“新用户”，打开如图 2-2 所示的“新用户”对话框。输入用户名、密码等相关信息，并根据需要选中“用户下次登录时须更改密码”、“账户已禁用”等复选框，然后单击“创建”按钮。

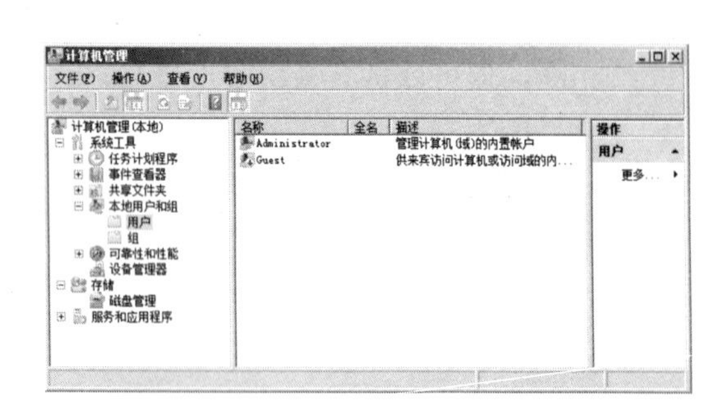

图 2-1　本地用户账户列表

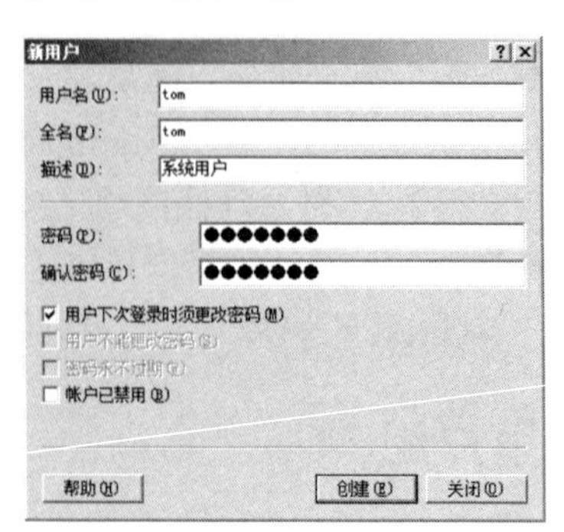

图 2-2　新建用户账户

其中，密码必须符合复杂性要求：密码不能包含用户账户的名称，必须包含至少 6 个字符，同时必须包含大小写字母、数字。

Windows Server 2008 对于账户密码的约束可在“管理工具”\“本地安全策略”\“账户策略”\“密码策略”中进行管理配置，如图 2-3 所示，其中包括密码长度最小值、密码最短使用期限、密码最长使用期限、密码必须符合复杂性要求等，管理员可根据对系统账户的要求做出相应的修改和配置。

2. 管理本地用户账户

在创建好用户账户后，管理员有时还需要对账户进行重新设置密码、修改和重新命名等操作。

1)　重新设置密码

在“计算机管理”控制台的用户列表中，右击需要更换密码的用户账号，在弹出的快捷菜单中选择“设置密码”命令，在弹出的密码重置警示对话框中单击“继续”按钮，打开如图 2-4 所示的密码设置对话框。按照系统的密码约束，两次输入完全一致的新密码，单击“确定”按钮，即可完成密码的重置。重启系统后，新密码生效。

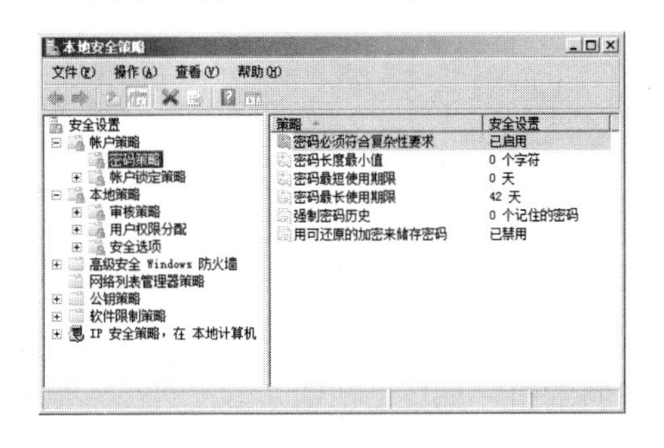

图 2-3　管理本地密码策略

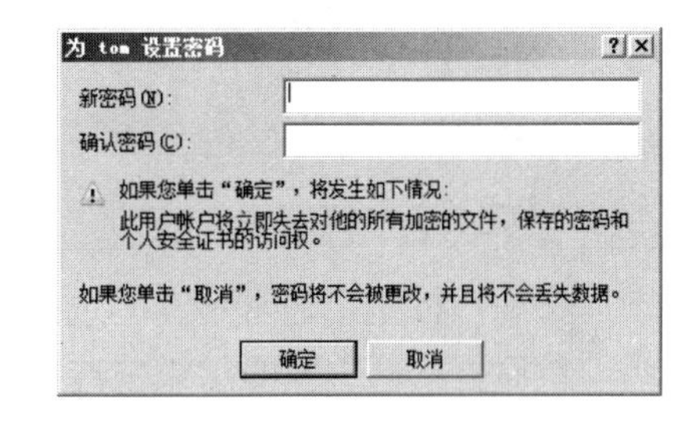

图 2-4　重新设置密码

出于系统安全性考虑，建议系统管理员每隔一定的时间就对用户账号的密码重新设置，以确保密码安全性。

2)　删除用户账户

随着工作变动等原因，可能有一些用户账户不再需要使用，这时需要将用户账号删除。在用户列表中，右击要删除的用户账号，在弹出的快捷菜单中选择“删除”命令，然后在弹出的删除用户警告对话框中单击“是”按钮，即可完成对该账号的删除。

3)　用户禁用

对于一些暂时不使用的用户账户，从安全考虑，可将其禁用。在用户列表中，右击要禁用的用户，在弹出的快捷菜单中选择“属性”命令，打开其属性对话框，在如图 2-5 所示的“常规”选项卡中，选中“账户已禁用”复选框。

在“常规”选项卡中，还有一些与账户密码相关的选项。

- 用户下次登录时须更改密码：在创建用户时，这是默认设置。该选项会要求用户在第一次登录的时候更改密码，这样就只有用户本人知道自己的密码了。不过管理员可以在不知道密码的情况下修改密码。
- 用户不能更改密码：该设置可防止用户更改自己的密码，这样管理员可以对账号

进行更好的控制，例如对 Guest 账户可做此设置。

- 密码永不过期：该选项可防止密码过期，对于服务账户，建议使用该设置。同时对于将密码硬编码到应用程序或服务内的服务或应用程序账户，也建议使用该设置。

4) 更改用户所属组

在创建一个用户时，系统会将它添加到 Users 用户组中，通常需要根据用户操作的具体需求，重新设置其账户所属的用户组。右击用户账户，在弹出的快捷菜单中选择“属性”命令，打开其属性对话框，切换至“隶属于”选项卡，如图 2-6 所示。

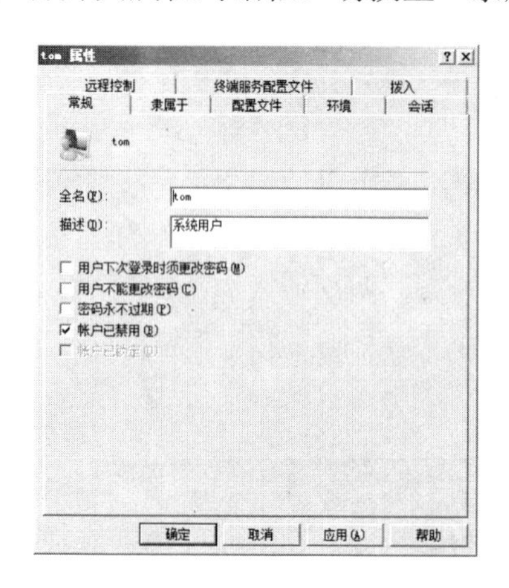

图 2-5　禁用账户

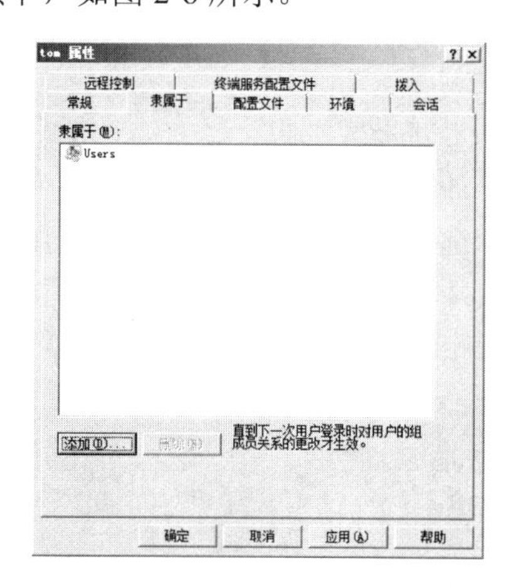

图 2-6　设置用户所属组

单击“添加”按钮，通常可在“选择组”对话框中单击“高级”按钮，在本机中查找已有的组，然后直接从查找的结果中选择用户所隶属的组，如图 2-7 所示。

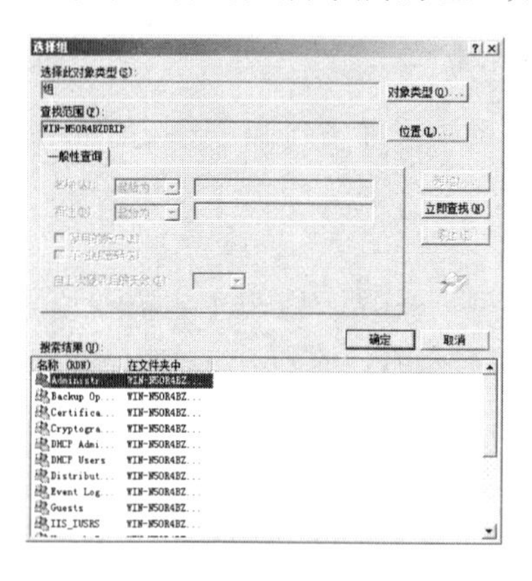

图 2-7　选择用户隶属的组

一个用户可隶属于多个用户组，从而获得多个组的权限，当需要将用户从某个组中脱离出来，可在“隶属于”列表中，选择对应的组名，单击“删除”按钮。

2.2.2　本地用户组管理

除去 Windows Server 2008 内置组之外，用户还可以根据实际需要来创建自己的用户

组。例如可将一个部门的用户放置在一个用户组中，然后针对这个用户组进行属性设置，以便快速完成对部门内所有用户的属性更改。

和本地用户的管理一样，对本地用户组的管理操作也需要在“计算机管理”控制台中完成。在“计算机管理”\“系统工具”\“本地用户和组”中，单击“组”节点，可以在控制台的中部看到当前的本地用户组列表，如图 2-8 所示。

1. 创建本地用户组

在如图 2-8 所示的窗口右侧“操作”窗格中，单击“更多操作”，选择“新建组”，打开如图 2-9 所示的“新建组”对话框。输入组名以及描述信息，同时，可单击“添加”按钮，从计算机中已有的用户中指定用户，添加成为该组成员。然后单击“创建”按钮，完成对该用户组的新建。

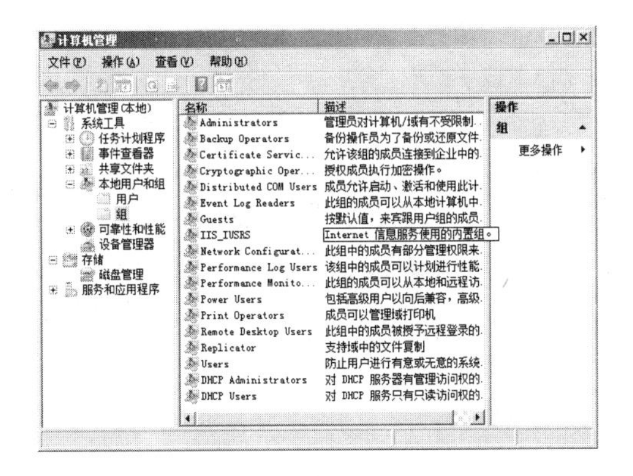

图 2-8　本地用户组列表

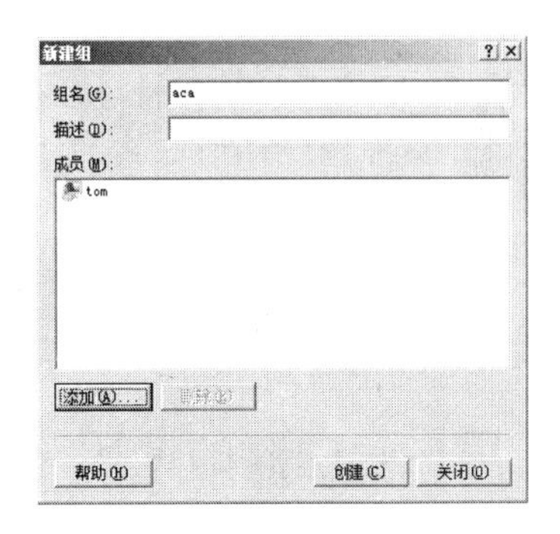

图 2-9　“新建组”对话框

2. 添加组成员

一个用户组创建完成后，仍可以在这个用户组中添加更多用户，在用户组列表中右击需要添加成员的组，在弹出的快捷菜单中选择“属性”命令，打开其属性对话框，如图 2-10 所示，单击“添加”按钮，可从本机搜索所有用户，选择目标用户，将其添加到本组中即可，添加后，该用户名将会出现在本组成员列表中。

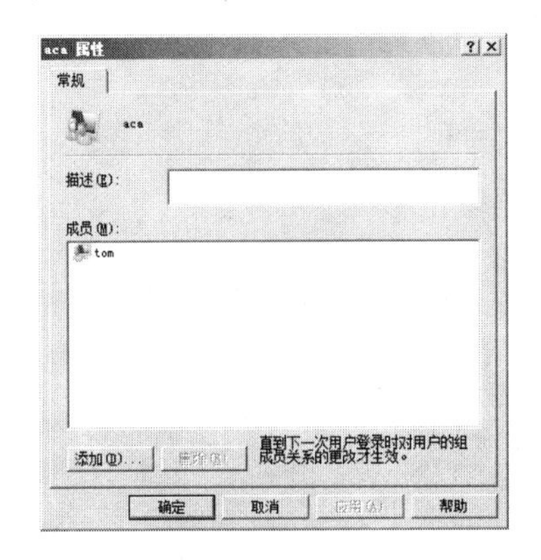

图 2-10　添加用户组成员

3. 删除用户组

有时系统管理员需要将一些用户组删除，此操作只需在组列表中，右击想删除的用户组名，在弹出的快捷菜单中选择“删除”命令即可。删除用户组并不会将该组中的成员删除。

2.3 Linux 下用户和组管理

在 Linux 操作系统中，每个文件和程序必须属于某一个“用户”。每个用户都有一个唯一的身份标识，叫做用户 ID(User ID，UID)。每个用户也至少需要属于一个“用户组群”，也就是由系统管理员建立的用户小团体。用户可以归属于多个用户组群。与用户一样，用户组群也有一个唯一的身份标识，叫做用户组群 ID(Group ID，GID)。

用户对某个文件或程序的访问是以它的 UID 和 GID 为基础的。一个执行中的程序继承了调用它的用户的权利和访问权限。每个用户根据其权限可以被定义为普通用户或者根用户。普通用户只能访问他们拥有的或者有权限执行的文件。分配给他们这样的权限是因为这个用户或者属于这个文件的用户组群，或者因为这个文件能够被所有的用户访问。根用户能够访问系统中全部的文件和程序，而不管根用户是否拥有它们。根用户通常也被称为“超级用户”。

2.3.1 用户管理器的使用

使用用户管理器来管理用户非常方便，类似于 Windows 下的用户账号管理。在“应用程序”→“系统设置”中选择“用户和组群”，弹出“用户管理器”窗口，其中包括“用户”和“组群”两个选项卡，如图 2-11 所示。

用户管理器在默认窗口中显示现有用户列表，窗口上方的工具栏中有“添加用户”和“添加组群”等图标按钮。

1. 新建用户

单击工具栏中的“添加用户”按钮，弹出“创建新用户”对话框，如图 2-12 所示。

图 2-11　“用户管理器”窗口

图 2-12　“创建新用户”对话框

分别在“用户名”和“口令”、“确认口令”文本框中输入要创建的用户名及密码。注意，密码要求不少于 6 个字符；根据用户的使用习惯，可选择用户“登录 Shell”的方式；创建用户时，系统会为用户创建默认的主目录：“/home/用户名”，如果需要修改，可在“主目录”文本框中输入创建的主目录完整路径。

2. 修改用户属性

要对系统中已存在用户的信息进行修改，可从用户列表中选择要修改的用户名，单击工具栏中“属性”按钮，打开“用户属性”对话框，如图 2-13 所示。

“用户属性”对话框包括“用户数据”、“账号信息”、“口令信息”和“组群”4 个选项卡，默认显示的是“用户数据”选项卡，其中包括用户的基本信息，可修改包括用户名、密码、用户主目录等用户基本信息，也可以重新选择用户登录的 Shell。

在“账号信息”选项卡中，用户可以设置账号过期的时间，然后选中“启用账号过期”复选框使时间生效。还可以选中“本地口令被锁”复选框，从而锁定用户，禁止其登录，如图 2-14 所示。

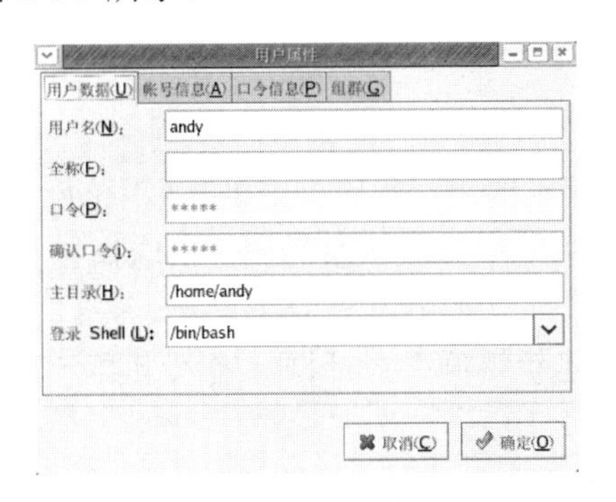

图 2-13 “用户属性”对话框

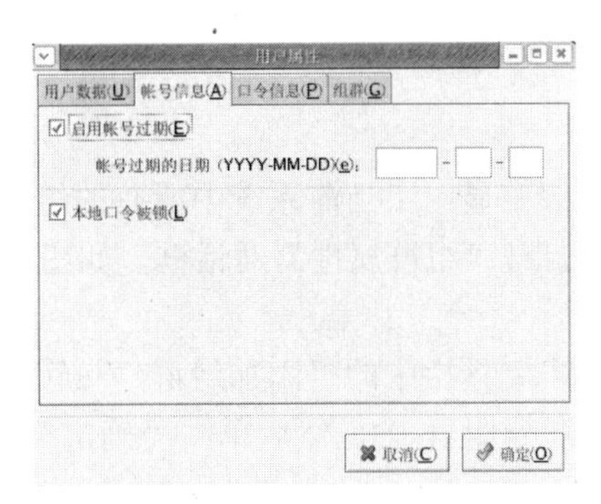

图 2-14 “账号信息”选项卡

在“口令信息”选项卡中，最上面显示用户最后一次更换口令的时间。可以设置口令过期时间，选中“启用口令过期”复选框，然后输入指定时间，如图 2-15 所示。

在“组群”选项卡中，列出了系统现有的组群，可以选中组群前的复选框将用户添加到组群中，如图 2-16 所示，一个用户可以属于多个组群。

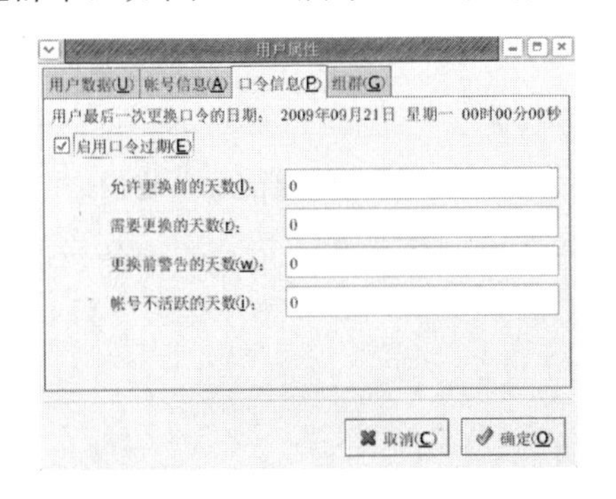

图 2-15 “口令信息”选项卡

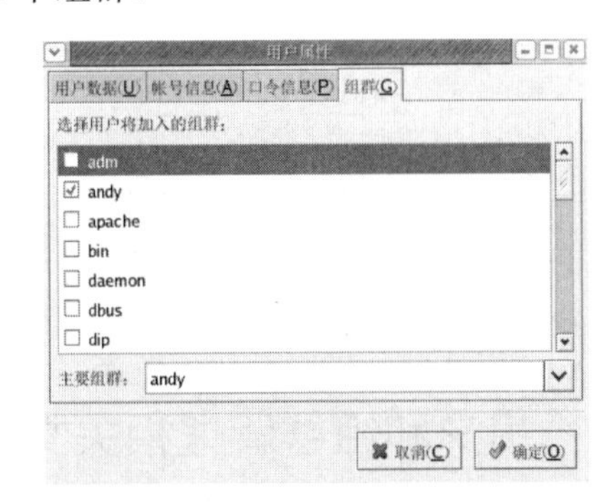

图 2-16 设置用户所属的组群信息

用户属性修改完成后，单击“确定”按钮，使修改生效。

3. 删除用户

在“用户管理器”窗口的用户列表中，选择要删除的用户，然后单击工具栏中的“删除”按钮，就可以完成删除用户账号操作了。

4. 组管理

在“用户管理器”窗口中选择“组群”选项卡，打开“组群”管理界面，如图 2-17 所示。

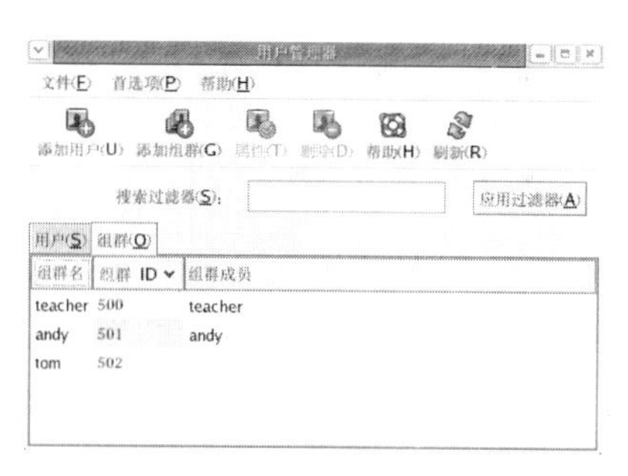

图 2-17 “组群”选项卡

列表中显示了当前系统中所有的组，选择需要编辑的组，然后单击工具栏中的“属性”按钮，打开“组群属性”对话框，如图 2-18 所示，可从中修改该组的属性，选择加入该组的用户。

单击工具栏中的“添加组群”按钮，打开“创建新组群”对话框。输入组群名，也可以选择指定组群 ID，然后单击“确定”按钮，如图 2-19 所示。

图 2-18 “组群属性”对话框

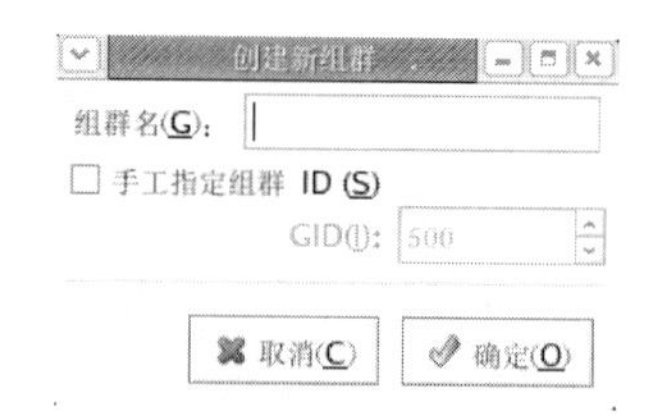

图 2-19 “创建新组群”窗口

删除组只需要在“组群”选项卡中，选择要删除的组，然后单击工具栏中的“删除”按钮即可。

2.3.2 用户和组群管理相关文件

/etc/passwd 文件是 Linux 系统安全的关键文件之一，该文件用于用户登录时校验用户的口令。此文件仅对 root 可写，成功创建一个新用户后，在/etc/passwd 文件中就会增加一行该用户的信息。文件中每行的一般格式为：

```
用户名:密码:UID:GID:注释行描述:主目录:登录 Shell
```

如图 2-20 所示，这是通过 cat 命令查看到的/etc/passwd 文件部分内容：

系统中的任何用户都可以读取/etc/passwd 文件，因此他们可以得到其他用户的名字，也可以得到密码(第二个域)。/etc/passwd 文件已经过加密，从安全上是较为可靠的。但加密毕竟有破解的可能，尤其是口令较为简单时。因此，将密码保存在/etc/passwd 文件中并不好。

很多 Linux 系统使用影子密码(shadow passwords)文件。其做法是将加密的口令存放在另一个文件/etc/shadow 中，而这个文件只有 root 权限能读取。图 2-21 所示为使用 cat 命令查看/etc/shadow 文件的部分内容。

```
[root@localhost ~]# cat /etc/passwd
root:x:0:0:root:/root:/bin/bash
bin:x:1:1:bin:/bin:/sbin/nologin
daemon:x:2:2:daemon:/sbin:/sbin/nologin
adm:x:3:4:adm:/var/adm:/sbin/nologin
lp:x:4:7:lp:/var/spool/lpd:/sbin/nologin
sync:x:5:0:sync:/sbin:/bin/sync
shutdown:x:6:0:shutdown:/sbin:/sbin/shutdown
halt:x:7:0:halt:/sbin:/sbin/halt
mail:x:8:12:mail:/var/spool/mail:/sbin/nologin
news:x:9:13:news:/etc/news:
```

图 2-20 /etc/passwd 文件部分内容

```
[root@localhost ~]# cat /etc/shadow
root:$1$sr0ueMm$2e2qS591hZBSP3XBMeffg.:14509:0:99999:7:::
bin:*:14485:0:99999:7:::
daemon:*:14485:0:99999:7:::
adm:*:14485:0:99999:7:::
lp:*:14485:0:99999:7:::
sync:*:14485:0:99999:7:::
shutdown:*:14485:0:99999:7:::
halt:*:14485:0:99999:7:::
mail:*:14485:0:99999:7:::
news:*:14485:0:99999:7:::
```

图 2-21 /etc/shadow 文件部分内容

此外，系统使用/etc/group 文件记录组群信息。组群的添加、删除和修改实际上就是对/etc/group 文件的更新。图 2-22 所示为使用 cat 命令查看/etc/group 文件的部分内容。

```
[root@localhost ~]# cat /etc/group
root:x:0:root
bin:x:1:root,bin,daemon
daemon:x:2:root,bin,daemon
sys:x:3:root,bin,adm
adm:x:4:root,adm,daemon
tty:x:5:
disk:x:6:root
lp:x:7:daemon,lp
mem:x:8:
```

图 2-22 /etc/group 文件部分内容

其中包含了系统中所有用户组的相关信息，每个用户组对应文件中的一行，并用冒号分成四个域，每一行的格式如下：

```
用户组名:加密后的组口令:组 ID:组成员列表
```

2.3.3 使用命令管理普通账号

1. 新建用户

要在系统中新建用户，可以使用 useradd 或 adduser 命令来创建一个用户账号：

```
useradd [选项] <username>
```

在 Red Hat Linux AS 4.0 中，无论执行 adduser 命令还是 useradd 命令，其实都是调用/usr/sbin/usradd 程序，因此两个命令的执行效果是一样的。useradd 的命令行选项如表 2-1 所示。

表 2-1　useradd 命令行选项

选　项	描　述
-c comment	用户的注释
-d home-dir	用来取代默认的/home/username 主目录
-e date	禁用账号的日期，格式为：YYYY-MM-DD
-f days	口令过期后，账号禁用前的天数(若指定了 0，账号在口令过期后会被立刻禁用。若指定了-1，口令过期后，账号将不会被禁用)
-g group-name	用户默认组群的组群名或组群号码(该组群在指定前必须存在)
-G group-list	用户是其中成员的额外组群名或组群号码(默认以为的)列表，用逗号分隔(组群在指定前必须存在)
-m	若主目录不存在则创建它
-M	不要创建主目录
-n	不要为用户创建用户私人组群
-r	创建一个 UID 小于 500 的不带主目录的系统账号
-p password	使用 crypt 加密的口令
-s	用户的登录 Shell，默认为/bin/bash
-u uid	用户的 UID，它必须是独一无二的，且大于 499

运行 useradd username 命令后，系统除了新增一个名为 username 的账号之外，还会自动执行以下操作。

(1) 设置用户标识符。系统将查找目前 UID 编号超过 500 的最大值，再加上 1 即为用户标识符；若没有任何 UID 编号超过 500，则以 500 作为用户标识符。

(2) 新增该用户的用户组，其名称和用户账号相同。同时赋予该用户组一个 GID，通常 GID 的编号和 UID 的编号相同。

(3) 在/usr 或/home 目录下，创建一个以用户登录名为名称的目录作为其主目录。

(4) 指定用户 Shell 环境，一般是/bin/bash。

(5) 设定用户可随时更改密码。

(6) 设置用户账号将于 99999 天后预期失效。

(7) 设置账号于失效前 7 天开始警告用户。

用户在添加用户时，可以直接在 useradd 命令后面加上参数，设置账号的属性。例如：

```
# useradd -u 550 -g 100 -d /home/test -s /bin/hash -e 02/01/11 -p 123456 test
```

该命令新增 test 用户，UID 为 550，把 test 用户加入到 users 用户组(users 用户组的标识符为 100)，用户主目录为/home/test，用户的 Shell 为/bin/bash，账号的期限是 2011 年 2 月 1 日，用户密码为 123456。

2. 修改用户账号

修改用户账号就是根据实际情况更改用户的有关属性，如用户名、主目录、用户组、登录 Shell 等。

修改已有用户的信息使用 usermod 命令，格式如下：

```
usermod [选项] 用户名
```

常用的选项包括-c、-d、-m、-g、-G、-s、-u 以及-o 等，这些选项的意义与 useradd 命令的选项一样，可以为用户指定新的属性值。例如：

```
# usermod -s /bin/ksh -d /var/ftp -g ftp test
```

此命令将用户 test 的登录 Shell 修改为 ksh，主目录改为/var/ftp，用户组改为 ftp。

另外，还可以使用：-l 新用户名，这个选项指定一个新的账号，也就是将原来的用户改为新的用户名。

用户管理的一项重要内容是用户口令的管理。用户账号刚创建时没有口令，但是被系统锁定，无法使用，必须为其指定口令后才能使用，即使指定空指令。

指定和修改用户口令的 Shell 命令是 passwd。超级用户可以为自己和其他用户指定口令，普通用户只能用它修改自己的口令。命令格式为：

```
passwd [选项] 用户名
```

可使用的选项如表 2-2 所示。

表 2-2 passwd 命令选项

选 项	说 明
-l	锁定口令，即禁用账号
-u	口令解锁
-d	使账号无口令
-f	强迫用户下次登录时修改口令

如果是超级用户，可以使用以下形式指定任何用户的口令：

```
# passwd test
Changing password for user test
New password:              →输入 test 用户密码
Retype new password:       →重新输入一次，出于安全考虑，屏幕不显示
passwd:all authentication tokens updated successfully
```

如果当前用户是 test，可用以下命令修改该用户自己的口令：

```
    $ passwd
    Changing password for user test.
    Changing password for test
    (current) UNIX password:
    passwd:Authentication token manipulation error
→原密码输入错误，不允许修改密码
$ passwd
Changing password for user test.
    Changing password for test
    (current) UNIX password:     →输入 test 原密码
    New password:                →输入新密码
```

普通用户修改自己的口令时，passwd 命令会先询问原口令，如果验证不通过则不允许

修改；验证通过后再要求用户两次输入新口令，如果两次输入的口令一致，则将这个口令指定给用户；而超级用户为用户指定口令时，不需要知道原口令。出于安全考虑，所有的密码输入都不会在屏幕上显示，因此用户输入时需注意。

3. 删除用户

当某些账号不再使用时，可以用 userdel 命令将其删除。删除用户与增加用户的工作正好相反，首先在/etc/passwd 和/etc/group 文件中删除用户的条目，然后删除用户的 home 目录和所有文件。命令格式如下：

```
userdel [选项] username
```

常用的选项如下。

-r：将用户目录下的文档一并删除，同时该用户放在其他地方的文档也将一一被找出来删除。例如：

```
# userdel -r test
```

执行此命令后，系统删除 test 账号时，同时将 test 账户的用户目录及邮件目录都删除。若不加-r 参数，则只会删除 test 账号，而保留 test 的相关目录。

4. 临时禁止用户

有时需要临时禁止一个用户，而不删除它。例如用户没有付费，或管理员怀疑黑客得到了某个账户的口令。可以将/etc/passwd 或/etc/shadow 中关于用户的 passwd 域第一个字符前加上一个“*”，从而实现禁止一个用户的目的。在需要回复的时候，只要删除这个“*”即可。

例如，要禁用 news 账号，打开/etc/passwd，找到 news 用户，在其账号前加“*”：

```
* news:x:9:13:news:/etc/news:
```

2.3.4 管理超级账号

在 Linux 中，首要的管理员用户为 root，拥有此账号的用户通常称为超级用户。当以 root 用户登录时，Shell 以“#”作为提示符。root 用户对整个系统有完全的控制权，包括增加账号、变更使用者密码、查看日志和安装软件等，因此必须是有经验的 Linux 用户才能使用 root 账户进行操作，否则如果误操作将会造成严重的后果。

root 账号是不受任何限制和约束的。因为系统认为 root 知道自己在做什么，而且会按 root 的配置去做，不提出任何质疑。因此，可能会因为敲错了一个命令，导致重要的系统文件被删除。使用 root 账号时，一定要格外小心。

1. 修改 root 密码

root 账号的密码是在系统安装时就设定的，如果要修改 root 密码，可以从“应用程序”→“系统设置”中，选择“根口令”命令，打开“根口令”对话框，两次输入密码后，单击“确定”按钮完成修改操作，如图 2-23 所示。

也可以通过命令完成 root 口令的修改：

```
# passwd root
Changing password for user root.
New password:
Retype new password:
passwd: all authentication tokens updated successfully
```

图 2-23　设置根口令

2. root 账号的安全管理

1)　要知道使用 root 的原因

在必要的情况下才使用 root 登录系统。比如查看其他用户不能查看的日志文件、关闭不响应的作业、调度时钟守护程序、定时执行任务等。执行这些任务时才使用 root 账号，其他情况下，尽量用普通账户登录。

2)　不要删除 root

用户可以在文件/etc/passwd 中找到 root 账户，它位于文件的第一条，格式如下：

```
root:x:a:0:root:/root:/bin/bash
```

不要删除这一行，也不要从其他管理工具中将它关闭。

3)　root 账号密码尽量不要告诉许多人

root 账号密码只告诉的确需要用 root 账号完成操作且经验丰富的管理员，以避免误操作带来的灾难性损失。

3. 忘记 root 密码

使用过程中，如果出现忘记 root 密码的情况，会使得很多系统配置无法进行，这时，需要以单用户模式进入 Linux 系统，重新设置密码。操作步骤如下。

(1)　系统启动过程中，在出现 grub 画面时，用上下键选择平时启动 Linux 的那一项，然后按 E 键。

(2)　再次用上下键选中平时启动 Linux 的那一项：

```
kernel/boot/vmlinuz-2.4.18-14 ro root=LABEL=/
```

按 E 键进行编辑。

(3)　修改此时看到的命令行，在最后面加入 single，结果如下：

```
kernel/boot/vmlinuz-2.4.18-14 single ro root=LABEL=/ single
```

(4)　按 Enter 键返回，然后按 B 键启动系统，当看到 Linux 命令提示行时，标识系统进入了单用户模式。

(5) 用 passwd root 命令重新设置 root 密码。

(6) 重新启动 Linux，用新设置的密码登录。

2.3.5 使用命令管理用户组

每个用户都属于一个用户组，系统可以对一个用户组中的所有用户进行集中管理。不同 Linux 系统对用户组的规定有所不同，如果 Linux 下的用户属于与它同名的用户组，则这个用户组是在创建用户时同时创建的。

1. 新建用户组

有两个命令可以用来添加组：addgroup 和 groupadd。这两个命令的工作方式是完全相同的。输入“addgroup [选项] groupname”开始添加一个新组。例如：

```
# groupadd mytest
```

groupadd 的命令行选项如表 2-3 所示。

表 2-3 groupadd 的命令行选项

选 项	描 述
-g GID	组的 GID，它必须是独一无二的，且大于 499
-r	创建小于 500 的系统组
-f	若组已存在，退出并显示错误(组不会被改变)。如果指定了-g 和-f 选项，而组群已存在，-g 选项就会被忽视

2. 修改用户组

修改用户组的属性使用 groupmod 命令。输入“groupmod [选项] groupname”开始修改用户组。groupmod 的命令行选项如表 2-4 所示。

表 2-4 groupmod 的命令行选项

选 项	描 述
-g GID	为用户组指定新的组标识号
-o 和-g	-o 和-g 选项同时使用，用户组的新 GID 可以与系统已有用户组的 GID 相同
-n	新用户组将用户的名字改为新名字

例如：

```
# groupmod -g 102 group2
```

此命令将组 group2 的组标志修改为 102。

```
# groupmod -g 1000 -n group3 group2
```

此命令将组 group2 的组标志修改为 1000，组名改为 group3。

如果一个用户同时属于多个用户组，那么用户可以在用户组之间切换，以便具有其他用户组的权限。用户可以在登录后，使用命令 newgrp 切换到其他用户组，这个命令的参数就是目的用户组。例如：

```
# newgrp ftp
```

此命令将当前用户切换到 ftp 用户组，前提是 ftp 用户组确实是当前用户的主组或附加组。

3. 删除用户组

删除组也有两个不同的命令：delgroup 和 groupdel。输入“delgroup groupname”删除一个组。当删除一个用户组后，允许把系统中原来属于该组的文件修改为属于其他组。例如：

```
# groupdel mytest
```

如果该用户组内有用户在线时，就不能删除该用户组，必须把这个用户组内所有在线用户运行的程序关掉后才能进行删除。

本章小结

本章介绍了用户和用户组的基本概念，讲解了在 Windows Server 2008 中用户和组的创建、删除及属性的修改。在 Linux 部分，首先通过图形配置工具介绍了 Linux 中用户及组的相关属性，然后讲解了与用户和组相关的配置文件，最后介绍了如何使用命令完成对用户和组的管理。

习　题

1. Windows Server 2008 中的用户有哪些类型？系统默认的用户有哪些？
2. 如何在 Windows Server 2008 中管理本地用户和组？
3. Linux 中与用户和组相关的配置文件有哪些？
4. Linux 中如何增加用户账户“tom”，并设置其密码、主目录、有效期及其所属组？

第3章　进 程 管 理

学习目标：

- 掌握程序、进程与线程的基本概念
- 掌握 Windows Server 2008 进程管理工具的使用
- 掌握 Linux 进程管理的常用方法

3.1　进 程 概 述

Windows Server 2008 和 Linux 都是多用户多任务的操作系统。多用户是指多个用户可以在同一时间使用计算机系统；多任务是指系统可以同时执行多个任务，它可以在还未执行完一个任务的同时执行另一项任务。操作系统上运行的所有任务都可以称为一个进程。每个用户任务、每个系统管理进程，都可以称为进程。操作用分时管理方法使所有的任务共同分享系统资源。本章中，我们讨论进程时，不会去关心这些进程究竟是如何分配的，或内核是如何管理分配时间片的，我们所关心的是如何去控制这些进程，让它们更好地为用户服务。

为了能够更好地使用操作系统的进程管理工具实现对系统的监控和管理，首先我们需要了解几个与其密切相关的基本概念：进程、程序以及线程。

3.1.1　进程的定义

关于进程，有很多定义，例如：

- 进程是程序的一次执行。
- 进程是可以和别的进程并发执行的计算。
- 进程就是一个程序在给定活动空间和初始条件下，在一个处理机上的执行过程。
- 进程是程序在一个数据集合上的运行过程，它是系统进行资源分配和调度的一个独立单位。
- 进程是动态的，有生命周期的活动。内核可以创建一个进程，最终将由内核终止该进程使其消亡。

总的来说，进程是在自身的虚拟地址空间运行的一个单独的程序。

3.1.2　进程与程序

进程和程序是两个完全不同的概念，但又有密切的联系。它们之间的主要区别有如下几个方面。

- 程序是静态的概念；而进程则是程序的一次执行过程。它是动态的概念。
- 进程是一个能独立运行的单位，能与其他进程并发执行；而程序是不能作为一个独立运行的单位而并发执行的。

- 程序和进程无一一对应的关系。
- 各个进程在并发执行过程中会产生相互制约关系，而程序本身是静态的，不存在这种异步特征。

3.1.3　线程

线程(thread)是进程中执行运算的最小单位，亦即执行处理机调度的基本单位。在引入线程的操作系统中，可以在一个进程内部进行线程切换，现场保护工作量小。

线程与进程相比，具有以下一些特点。

- 进程是资源分配的基本单位。同一进程的所有线程共享该进程的所有资源。
- 线程是分配处理机的基本单位，它与资源分配无关。
- 一个线程只能属于一个进程，而一个进程可以有多个线程，且至少有一个线程。
- 线程在执行过程中，需要协作同步。

引入线程的好处有以下几点。

- 易于调度。
- 提高了系统的效率。
- 创建一个线程比创建一个进程花费的开销少，创建速度快。
- 有利于发挥多处理器的功能，提高进程的并行性。

3.2　Windows Server 2008 的进程管理工具

3.2.1　进程管理工具概述

任务管理器是 Windows Server 2008 中最为重要的进程管理工具，通过它可以了解运行中的应用程序和进程，并判断资源的使用情况，这有助于理解服务器的运行情况以及是否存在问题。例如，应用程序无法运行，或进程消耗了大量的系统资源。要是有任务管理器，可按 Ctrl+Alt+Esc 组合键，以调出任务管理器，或单击“开始”按钮，在搜索框中输入 taskmgr 并按 Enter 键，如图 3-1 所示。

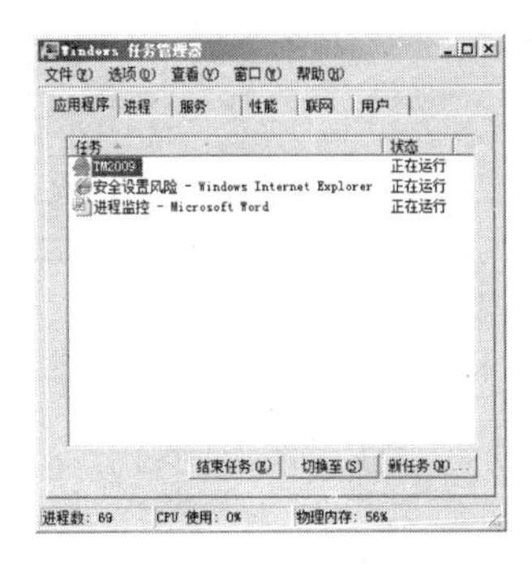

图 3-1　任务管理器

要使用任务管理器，首先需要了解应用程序、映像名和进程这些概念的区别。

应用程序的可执行文件的名称(如 Taskmgr.exe)对于操作系统来说，就是映像名，无论何时，在启动某个应用程序时，操作系统就会启动一个或多个用于支持该应用程序的进程。Windows 任务管理器有 6 个选项卡。

- 应用程序：显示系统中以用户身份运行的程序，并显示程序状态是正常运行还是停止响应。在这里可以和应用程序进行交互并终止它们的执行。
- 进程：列出系统中运行的进程的映像名，包括由操作系统运行的以及用户运行的进程。另外，这里还显示分配给每个进程的系统资源信息(CPU 和内存)，并可以与进程交互或结束进程。
- 服务：显示服务器上配置的系统服务，包括其状态，例如正在运行或已停止。
- 性能：显示当前的处理器和内存使用情况，包括图形信息以及详细信息。
- 联网：显示系统和网络的每个连接的当前网络使用情况。
- 用户：列出当前已经登录到系统的用户，也包括本地用户以及通过远程桌面会话连接的用户，可用于将这些用户断开和注销，或给这些用户发送控制台消息。

3.2.2 任务管理器的使用

1. 为排错获取处理器和内存的使用情况信息

如果怀疑系统有性能问题，如图 3-2 所示的 Windows 任务管理器“性能”选项卡应该是第一个需要查看的地方。这里可以显示当时的处理器和内存的使用情况，同时会将启动任务管理器后一段时间内的历史状态用图表的形式表现出来。

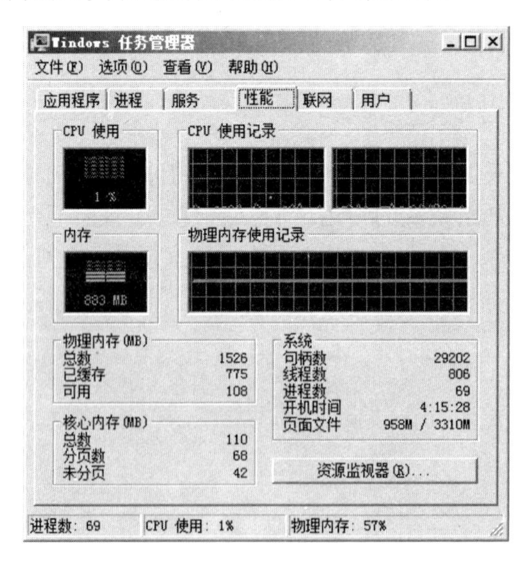

图 3-2 “性能”选项卡

CPU 使用记录可以显示处理器资源使用情况的百分率。如果系统有多块 CPU，则还会看到每块 CPU 的使用情况。

内存和物理内存使用记录图表显示了被系统使用的物理内存的信息。物理内存的使用

并不包括页面文件，其中最主要的信息显示在图表下方：

“系统”选项组显示了句柄、线程、进程、开机时间以及页面文件的状态信息。“句柄数”显示了使用中的输入输出(I/O)文件句柄的数量，因为每个句柄都需要使用一定的系统内存，因此这个信息很重要。“线程数”是指使用中的线程数量，线程可以让进程的请求并发执行。“进程数”是指使用中的进程数量。“开机时间”是指系统自上一次重启动后的持续运行时间。“页面文件”信息则是指当前页面文件的大小(MB)，以及页面文件的最大可用数。页面文件的最大可用数是由服务器的虚拟内存配置决定的。

“物理内存”选项组显示了系统中所有物理内存的信息。其中总数显示了可用物理内存的总量。“已缓存”显示了被系统用做缓存的内存数量。“可用”显示了没有被使用但可供随时使用的物理内存的数量。

“核心内存”选项组显示了被操作系统内核使用的内存信息。其中，“总数”显示了被操作系统内核使用的内存总数，包括物理内存(RAM)和虚拟内存。“未分页”显示了被操作系统内核使用但不能被写入到硬盘上的内存数量。“分页数”显示了如果需要，可以被分页到虚拟内存中的内存数量。

如果 CPU 使用率为中等，但是页面文件活动很少，则需要用额外的监视操作判断是否需要给系统添加资源。首先要确定这样的情况是否为平均使用状态，或者为峰值使用状态。如果是平均使用状态，则需要通过提高处理器速度，或添加处理器即可改善系统性能。如果这种状态是峰值使用状态，则表示系统可能不需要额外的资源。有时如果系统内存不足，CPU 的使用率也会很高，因此还需要检查服务器的内存使用情况。

2. 获取运行中的应用程序的信息

如图 3-3 所示的 Windows 任务管理器的“应用程序”选项卡中列出了计算机上所有由用户运行的程序，以及代表程序是在正常运行还是停止响应的状态信息。如果应用程序打开了文件，例如 Word 文档，文件的名字也会显示在此。

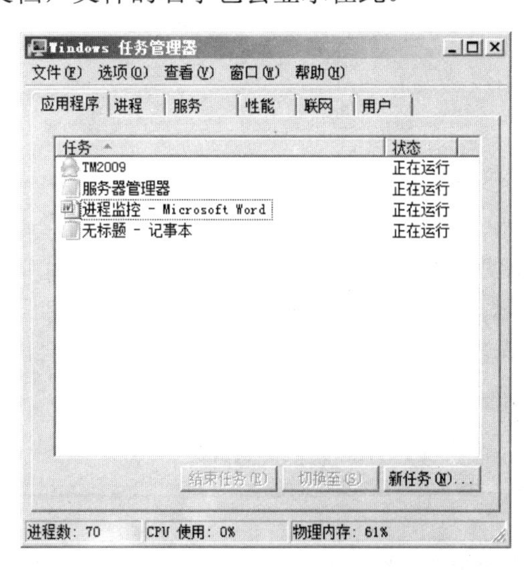

图 3-3　任务管理器的“应用程序”选项卡

要操作某个应用程序，可从任务列表中将其单击选中，随后右击应用程序的名称，然

后在弹出的快捷菜单中选择“切换至”、“前置”、“最小化”或“最大化”命令。另外，请注意右键快捷菜单中的“转到进程”命令，如果希望了解特定应用程序对应的主要进程，就可以在选中应用程序的名称后使用该命令在“进程”选项卡中突出显示出对应的进程。选择“创建转储文件”可以为应用程序的调试创建转储文件。

如果某个应用程序的状态显示为“不响应”，这代表应用程序可能挂起了，这时应该将其选中，然后单击“结束任务”。需要注意的是，不响应信息可能还代表应用程序正在忙于运行，在运行完毕之前应该继续等待。一般来说，不要使用结束任务选项停止正在运行且没有出错的应用程序；相反，可使用“切换至”按钮切换到该应用程序，然后按照常规方式退出。

3. 进程的监控和排错

使用任务管理器的“进程”选项卡可以查看有关系统中正在运行的进程的信息，如图3-4所示。默认情况下，“进程”选项卡会显示运行中的所有进程，包括操作系统、本地服务、网络服务、交互式用户以及远程用户运行的进程。其中，交互式用户是指登录到本地控制台的用户账户。如果不希望看到远程用户的进程，例如使用远程桌面连接的用户，可取消选中“显示所有用户的进程”复选框。

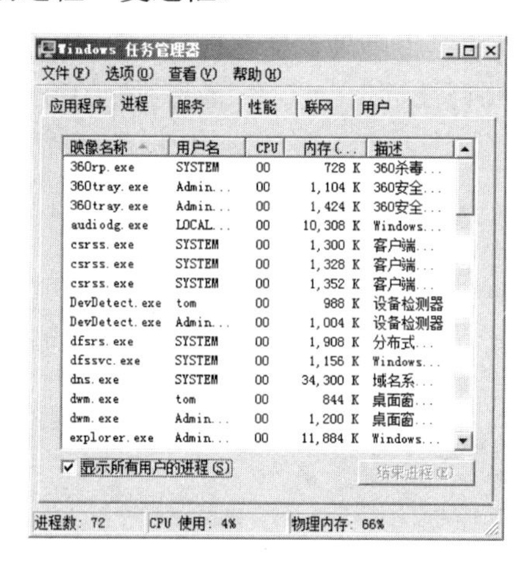

图 3-4 “进程”选项卡

“进程”选项卡的默认视图会按照映像名和用户名显示每个运行中的进程。CPU一栏显示的是每个进程的CPU使用百分率，内存一栏显示的是进程正在使用的内存数量。默认情况下，进程会根据用户名排序，但只要单击任何一个属性列的名称，即可将所有进程按照对应的属性进行排序。再次单击同一个属性列可以进行逆向排序。

表3-1列出了与进程有关状态的详细信息。

表 3-1 进程状态和使用方式

属 性 名	描 述
基本优先级	显示进程的优先级。优先级决定了可以为进程分配多少系统资源，标准的优先级包括低(4)、低于标准(6)、普通(8)、高于标准(10)、高(13)以及实时(24)

续表

属性名	描述
CPU 时间	显示自动启动后该进程使用的 CPU 时间的总数。单击属性列的名称可以快速看到使用 CPU 时间最多的进程，如果某个进程使用了大量 CPU 时间，那么相关的应用程序可能存在配置问题
CPU 使用	显示该进程的 CPU 使用百分率。其中，System Idle Process 进程代表 CPU 空闲的百分率
句柄数	显示由该进程维持的文件句柄的数量。使用的句柄数量同时代表进程对文件系统的依赖情况，有些进程可能有上千个打开的文件句柄，每个文件句柄都要求通过一定的内存进行维护
映像名称	显示进程名称
映像路径名称	显示进程的可执行文件的完整路径
内存-提交大小	显示为进程分配和预留的虚拟内存的数量。虚拟内存是指硬盘上的内存，访问速度要比内存池慢很多，通过配置应用程序使用更多的物理内存，可以提高性能
内存-非页面池	显示进程中可以被写入到硬盘的虚拟内存数量。页面池中保存了可以在不使用时写入到磁盘的对象。随着进程活动的增加，进程使用的页面池内存数量也会增加
内存-高峰作业集	显示进程使用的内存数量的最大值，包括专用工作集以及非专用工作集。如果峰值内存非常大，则可能代表内存泄露
内存-工作集	显示正在被进程使用的内存数量，包括专用工作集以及非专用工作集。专用工作集是指被进程使用，并且不能和其他进程共享的内存；非专用工作集是指被进程使用，并且可以被其他进程共享的内存
内存-工作增量	显示自上次更新之后进程在内存使用方面的变化。持续变化的内存增量代表进程可能正在被使用，但也有可能代表有故障
页面错误增量	显示自上一次更新后进程在页面错误方面的变化。与内存的使用类似，当进程处于活动状态时，可能会看到页面错误数量的增长，而活动减缓后页面错误数量也会减少
页面错误	显示由进程导致的页面错误的数量。如果进程请求内存中的页面，而系统无法在被请求的位置找到，就会发生页面错误
PID	显示进程运行时标记的号码
会话 ID	显示运行该进程的用户(会话)的标识编号，对应“用户”选项卡下列出的 ID 值
线程数	显示进程使用的线程的数量。大部分服务器应用程序都是多线程的，这样就可以并发处理多个进程请求

4. 服务监控和排错

要查看系统中运行的所有服务的信息，可使用任务管理器的“服务”选项卡。默认情况下，“服务”选项卡会显示系统中配置的所有服务，无论是否运行、停止，或者处于其他状态。如图 3-5 所示，服务可以按照名称、进程 ID(PID)、描述、状态以及工作组进行排列。

因为多个服务通常会在同一进程 ID 下运行，因此根据相关的进程 ID，就可以快速对

服务进行分组，为此可单击相关的属性栏标题。单击“状态”一栏名称即可将服务按照停止或运行的状态排列，如果右击任务管理器中列出的服务，则可以在弹出的快捷菜单中选择命令启动被停止的服务，停止正在运行的服务，或在“进程”选项卡中选择相关进程。

“工作组”一栏提供了运行该服务的进程的有关标识符或服务宿主上下文的额外信息。使用受限标识符运行的服务也存在同样的限制。例如，使用 Local Service 标识符运行的服务就会被显示为 LocalServiceNoNetwork，代表该服务器无法访问网络；如果显示为 LocalSystemNetworkRestricted，则代表该服务的网络访问受到限制。

5. 获得网络使用的信息

任务管理器的“联网”选项卡中可以显示系统连接到的每个网络，以及网络使用的信息，如图 3-6 所示。

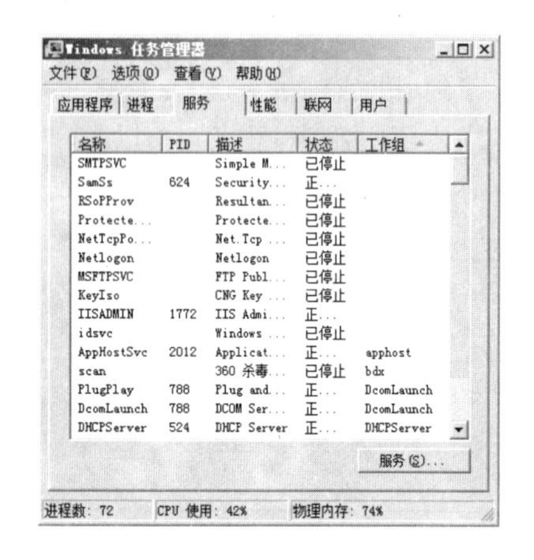

图 3-5 “服务”选项卡

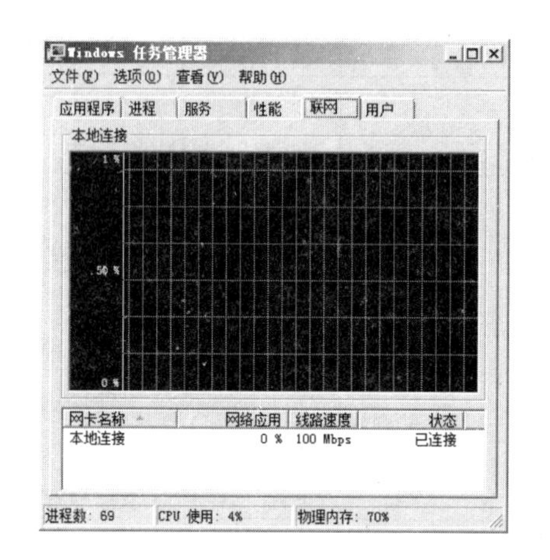

图 3-6 使用“联网”选项卡查看网络活动

通过“联网”选项卡提供的信息，可以快速确定下列内容。

- 安装在计算机上的网络适配器数量。
- 每个网络适配器的使用率。
- 每个网络适配器的连接速度。
- 每个网络适配器的状态。

网络活动图表显示了从计算机上发送和接收的通信，以及已经使用的网络流量信息。如果系统只有一块网络适配器，图表就会显示该适配器一段时间内的详细通信信息；如果系统中有多块网络适配器，则图表就会显示所有网络连接的综合信息，并可以代表所有网络通信。

6. 获得用户和远程用户会话信息

Administrator 组的成员和明确分配了远程访问权限的用户都可以通过终端服务器或远程桌面连接功能连接到系统。这两种方式都可以让用户远程访问系统，并直接使用系统，好像使用他们自己的计算机一样。如果通过使用终端服务配置服务器，那么多个用户都可以登录到系统，直至达到允许的最大授权数量。为了在配置好终端服务器后跟踪会话，可以使用任务管理器的“用户”选项卡。如图 3-7 所示，其中会根据下列因素列出用户连接。

- 用户：显示用户账户的登录名。
- 标识：会话 ID，所有用户连接都有唯一的会话 ID，而任何本地登录用户的会话 ID 都是 0。
- 状态：连接的状态(活动或断开)。
- 客户端名：用户连接所用的计算机的名称，控制台会话显示为空白。
- 会话：会话的类型，“Console”代表用户本地登录，否则会显示连接的类型和所用协议。

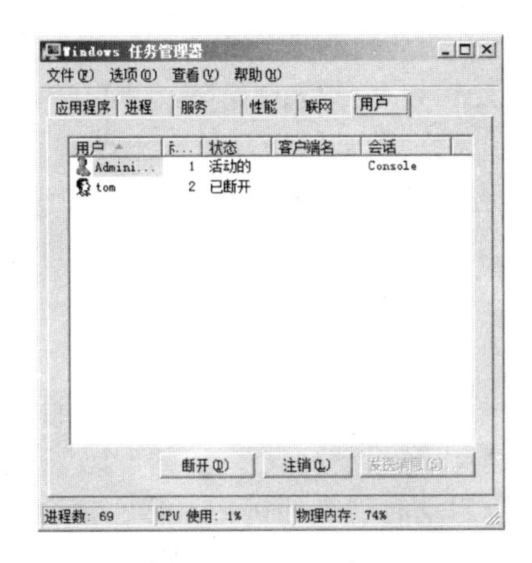

图 3-7 使用“用户”选项卡跟踪远程用户会话

“用户”选项卡有助于判断谁已经登录，以及每个用户的状态是活动的还是不活动的。右击活动的会话后，选择“发送消息”命令即可给用户发送控制台消息，这个消息会显示在用户会话的屏幕上。

如果必须结束某个用户会话，则可以通过两种方式完成。

(1) 右击会话，在弹出的快捷菜单中选择“注销”命令，可以使用常规的注销流程将用户注销，这样应用程序数据和系统状态信息都可以在常规的注销过程中保存下来。

(2) 右击会话，在弹出的快捷菜单中选择“断开”命令，可以强制中断用户的会话，不保存应用程序或系统状态信息。

另外，还可以连接到不活动的会话。右击不活动的会话，在弹出的快捷菜单中选择“连接”命令即可。在询问时，需提供该用户的密码。

在默认情况下，用于结束远程控制会话的快捷键是 Ctrl+*(或者 Ctrl+Shift+8)。如果希望对某个会话使用不同的快捷键，可右击目标会话，在弹出的快捷菜单中选择“远程控制”命令，随后即可设置用于结束远程控制会话的快捷键。

3.3 Linux 的进程管理

3.3.1 Linux 进程概述

进程构成了 Linux 系统的基本调度单位，它由以下元素组成。

- 程序的读取上下文，它表示程序读取执行的状态。

- 程序当前执行目录。
- 程序服务的文件和目录。
- 程序的访问权限。
- 内存和其他分配给进程的系统资源。

Linux 进程中最知名的属性就是它的进程号(PID)和它的父进程号(PPID)。一个 PID 唯一地标识一个进程，一个进程创建新进程称为创建了子进程，创建子进程的进程称为父进程。所有进程追溯其祖先最终都会落到进程号为 1 的进程身上，这个进程叫做 init 进程，是内核自举后第一个启动的进程。init 进程的作用是扮演终结父进程的角色。因为 init 进程永远不会被终止，所以系统总是可以确信它的存在，并在必要时以它为参照。如果某个进程在它派生出来的全部子进程结束之前被终止，就会出现必须以 init 进程为参照的情况。此时，那些失去了父进程的子进程都会以 init 进程作为它们的父进程。Linux 提供了一条 pstree 命令，允许用户查看系统内正在运行的各个进程之间的继承关系。直接在命令行中输入 pstree，程序会以树状结构方式列出系统中正在运行的各进程之间的继承关系。

Linux 操作系统包括了 3 种不同类型的进程。

- 交互进程：由一个 Shell 启动的进程。可在前台运行，也可以在后台运行。
- 批处理进程：这种进程和终端没有联系，是一个进程序列。
- 守护进程：Linux 系统启动时启动的进程，并在后台运行。

守护进程(Daemon)是运行在后台的一种特殊进程。它独立于控制终端并且周期性地执行某种任务或等待处理某些发生的事件。Linux 服务器在启动时需要启动很多系统服务，它们向本地和网络用户提供了 Linux 的系统功能接口，直接面向应用程序和用户。提供这些服务的程序是由运行在后台的守护进程来执行的。它们独立于控制终端并且周期性地执行某种任务或等待处理某些发生的事件。它们常常在系统引导装入时启动，在系统关闭时终止。Linux 系统有很多守护进程，大多数服务器都是用守护进程实现的。同时，守护进程完成许多系统任务，比如，作业规划进程 crond、打印进程 lqd 等。有些书籍和资料也把守护进程称为“服务”。选择运行哪些守护进程，要根据具体需求决定。

3.3.2 Linux 进程的启动

输入需要运行的程序名，执行一个程序，其实就是启动了一个进程。在 Linux 系统中，每个进程都具有一个进程号，用于系统识别和调度进程。启动一个进程有两种途径：手工启动和调度启动。后者是事先进行设置，根据用户需要自行启动。

1. 手工启动

由用户输入命令，直接启动一个进程便是手工启动进程。手工启动进程又分为很多种，根据启动的进程类型、性质不同，实际结果也不一样。下面主要针对前台启动和后台启动两种启动方式进行介绍。

(1) 前台启动。这是手工启动一个进程的最常用方式。当用户输入一个命令，例如“ls -l”，其实就已经启动了一个进程。而且是一个前台的进程。这时候系统其实已经处于一个多线程状态。

(2) 后台启动。直接从后台手工启动一个进程用得比较少些，除非该进程非常耗时，且用户并不急需结果。假设用户要启动一个需要长时间运行的格式化文本文件的进程，为了不使整个 Shell 在格式化过程中都处于“瘫痪”状态，需要从后台启动这个进程。

例如，从根目录起在系统中查找所有的 jpg 格式图片，并将查找结果记录到 findresult.txt 文件中，命令如下：

```
[root@localhost ~]# find / -name *.jpg>findresult.txt&
[1] 5301
[root@localhost ~] #
```

由上例可见，从后台启动进程其实就是在命令结尾加上一个“&”。输入命令后，出现一个数字，这个数字就是该进程的编号，也就是 PID，然后就出现了提示符，用户可以继续其他工作。

以上介绍的前、后台启动的两种情况有个共同的特点：新进程都是由当前 Shell 进程产生的。也就是说，Shell 创建了新进程，于是称这种关系为进程间的父子关系，Shell 是父进程，新进程是子进程。一个父进程可以有多个子进程，通常，子进程结束后才能继续父进程；当然，如果是从后台启动，就不需要等待子进程结束了。

一种比较特殊的情况是管道进程，例如：

```
# ls -al | more
```

这时实际上同时启动了 3 个进程。所有放在管道“|”两边的进程都将被同时启动，它们都是当前 Shell 的子进程，相互之间可以称为兄弟进程。

2. 调度启动

作为一名系统管理员，很多时候需要把事情安排好，然后让其自动运行。因为管理员不是机器，总有要离开的时候，所以有些必须在特定时间完成的工作而恰好管理员不能亲自操作，这时就需要使用调度启动进程了。

例如，有时候需要对系统进行一些比较费时而且占用资源的维护工作，这些工作适合在深夜完成，这时管理员可以事先进行调度安排，指定任务运行的时间和场合，到时候系统会自动完成这一切工作。

要使用调度启动进程的功能，需要掌握以下几个启动命令。

1) at 命令

用户使用 at 命令在指定时刻执行指定的命令序列。也就是说，该命令至少需要指定一个命令、一个执行时间才能正常运行。at 命令可以只指定时间，也可以时间和日期一起指定。需要注意的是，指定时间有个系统判别问题。例如，用户指定了一个执行时间：凌晨 2:30，而发出 at 命令的时间是头天晚上 20:00，那么究竟在哪一天执行该命令呢？如果用户在 2:30 以前仍然在工作，那么该命令将在这个时候完成，如果用户 2:30 以前就退出了工作状态，那么该命令将在第二天凌晨才能得到执行。at 命令的语法格式为：

```
at [-V] [-q队列] [-f 文件名] [-mldbv] 时间
```

主要参数说明见表 3-2。

表 3-2　at 命令参数表

参　数	说　明
-V	将标准版本号打印到标准错误中
-q queue	使用指定的队列。队列名称是由单个字母组成，合法的队列名可以由 a～z 或者 A～Z。a 队列是 at 命令的默认队列
-m	作业结束后发送邮件给执行 at 命令的用户
-f file	使用该选项将使命令从指定的 file 读取，而不是从标准输入读取
-c	将命令行上所列的作业送到标准输出

at 允许使用一套相当复杂的指定时间的方法，它可以接受在当天的 hh:mm(小时:分钟)格式的时间指定，如果该时间已经过去，那么就放在第二天执行。当然也可以使用 midnight(深夜)、noon(中午)、teatime(饮茶时间，一般是下午 4 点)等比较模糊的词语来指定时间。用户还可以采用 12 小时计时制，即在时间后面加上 am(上午)或 pm(下午)来说明是上午还是下午。

也可以指定命令执行的具体日期，格式为 month day(月 日)或 mm/dd/yy(月/日/年)或 dd.mm.yy(日.月.年)。指定的日期必须跟在指定时间的后面。

除了以上所说的绝对计时法，还可以使用相对计时法，这对于安排不久就要执行的命令非常有用。指定格式为：now + count time-units，其中 time-units 是时间单位，可以为 minutes(分钟)、hours(小时)、days(天)、weeks(星期)；count 是时间的数量。

也可以直接使用 today(今天)、tomorrow(明天)来指定完成任务的时间。

例如：

```
# at 4:30pm
# at 16:30
# at now +5 hours
# at 16:30 2/20/2010
```

对于 at 命令，需要定时执行的命令是从标准输入或使用-f 选项指定的文件中读取并执行的。例如，在三天后下午 4 点执行文件 work 中的作业：

```
# at -f work 4pm +3 days
```

也可以使用命令序列的方式，来完成任务指派。例如，要找出系统中所有以 conf 为后缀的文件，并将其打印。打印结束后给用户 admin 发出邮件通知取件。指定时间为 2010 年 2 月 23 日凌晨 3 点。

首先输入：

```
# at 3:00 2/23/2010
```

按 Enter 键后，系统出现“at>”提示符，等待用户继续输入信息，也就是需要执行的命令序列：

```
at> find / -name "*.conf" | lpr
at> echo "admin:All conf file have been printed. you can take them over. "
|mail -s "Job Finish" admin
```

输入每一行指令后按 Enter 键，所有指令序列输入完毕后，使用 Ctrl+C 组合键结束 at

命令的输入，这时，屏幕将出现如下提示：

```
Warning: Command will be executed using /bin/sh.
job 1 at 2010-2-23 03:00
```

这是提醒用户将使用哪个Shell来执行该命令序列。实际上如果命令序列较长或经常被执行时，一般都采用将该序列写到一个文件中，然后将文件作为at命令的输入来处理。这样不容易出错。

2) batch命令

batch用低优先级运行作业，该命令几乎和at命令的功能完全相同，唯一的区别在于，at命令是在指定时间，很精确的时刻执行指定命令；而batch是在系统负载较低，资源比较空闲时执行命令。该命令适合于执行占用资源较多的命令。

batch命令的语法格式也和at命令十分相似：

```
batch [-V] [-q队列] [-f 文件名] [-mv] [时间]
```

具体参数解释可参考at命令。通常不需要为batch命令指定时间参数，因为batch本身的特点就是由系统决定执行任务的时间，如果用户再指定一个时间，就失去了本来的意义。并且batch和at命令都将自动转入后台运行，所以启动时也不需要加上&符号。

3) cron命令

at和batch命令都会在一定时间内完成一定任务，但是它们都只能执行一次。当指定了运行命令后，系统在指定时间完成任务，一切就结束了。但是在很多情况下需要不断重复一些命令。例如，某公司周一自动向员工报告上一周公司的活动情况，这时候就需要使用cron命令来完成任务了。

实际上，cron命令是不应该手工启动的。cron命令在系统启动时就由一个Shell脚本自动启动，进入后台(所以不需要使用&符号)。一般的用户没有运行该命令的权限，虽然超级管理员可以手工启动cron，不过还是建议将其放到Shell脚本中由系统自行启动。

cron命令的执行不需要用户干涉，用户可以创建自己的crontab文件，例如：

一个名为admin的用户，可先使用任何文本编辑器建立一个新文件，在其中写入需要运行的命令和要定期执行的时间，可将其保存在/tmp/text.cron。然后可用crontab命令来安装这个文件，使之成为该用户的crontab文件：

```
# crontab test.cron
```

这样，即可在/var/spool/cron目录下建立好一个名为admin的文件，这个文件就是admin用户的crontab文件。cron命令启动后，会自动搜索/var/spool/cron目录，检查是否有用户设置了crontab文件，如果没有就转入“休眠”状态，释放系统资源。所以该后台进程占用资源极少。它每分钟“苏醒”一次，查看当前是否有需要运行的命令。命令执行结束后，任何输出都将作为邮件发送给crontab的所有者，或是环境变量中指定的用户。

3.3.3 Linux进程的查看

Linux是一个多用户多任务的操作系统，因此时常需要了解其他用户的联机操作情况，以及当前的进程情况，以便对这些进程进行调配和管理。以下将介绍几种常用的进程相关工具。

1. who 命令

该命令主要用于查看当前在线的用户情况。例如需要与其他用户建立即时通信，那么首先要确定该用户是否在线，否则无法与对方建立连接。又如，管理员希望监视每个登录用户此时的所作所为，也需要使用 who 命令。该命令语法格式如下：

```
who [imqsuwHT] [--count] [--idle] [--heading] [--help] [--message] [--mesg]
[--version] [--writable] [file] [am i]
```

who 命令的常用参数说明如表 3-3 所示。

表 3-3　who 命令参数

参　数	说　明
-m	和“who am i”的作用一样，显示运行该程序的用户名
-q	只显示用户的登录账号和登录用户的数量，该选项优先级高于其他任何选项
-u	查看登录的用户
-i	在登录时间后显示该用户最后一次对系统进行操作至今的时间，也就是“发呆”的时间
-H	显示一行列标题

例如，以标题方式查看登录的用户详细情况：

```
# who -uH
NAME        LINE        TIME            IDLE        PID COMMENT
root        :0          Oct 6 23:45      ?          2888
root        pts/1       Oct 7 01:06      .          29072(:0.0)
root        pts/2       Oct 7 01:07      .          29072(:0.0)
```

其中：

- NAME——登录用户账号。
- LINE——登录使用的终端。
- TIME——登录时间。
- IDLE——显示用户空闲时间(“.”表示该用户前 1 秒仍是活动的)。
- COMMENT——用户从什么地方登录的网络地址。

2. w 命令

该命令也用于显示登录到系统的用户情况，与 who 命令不同的是，w 命令功能更加强大，它不但可以显示谁登录到系统，而且可以显示出这些用户当前正在进行的工作，可以认为 w 命令是 who 命令的一个增强版。其语法格式为：

```
w - [husfV] [user]
```

参数说明如表 3-4 所示。

表 3-4　w 命令参数

参　数	说　明
-h	不显示标题
-u	当列出当前进程和 CPU 时间时忽略用户名

续表

参 数	说 明
-s	使用短模式。不显示登录时间、JCPU 和 PCPU 时间
-f	切换显示 FROM 项，也就是远程主机名项。默认值是不显示远程主机名
-V	显示版本信息
User	只显示指定用户的相关情况

例如，显示当前登录到系统的用户的详细情况：

```
[root@localhost ~]# w
02:42:00 up 3:20. 3users. load average: 0.08, 0.11, 0.06
USER     TTY     FROM     LOGIN@   IDLE     JCPU    PCPU    WHAT
root     :0      -        23:45    ?xdm?    7:17    0.62s   /usr/bin/gnome-
root     pts/1   :0.0     01:06    1.00s    0.10s   0.02s   w
root     pts/2   :0.0     01:07    1.34m    0.02s   0.02s   bash
```

W 命令的显示项目按以下顺序排列：当前时间，系统启动到现在的时间，登录用户的数目，系统最近 1s、5s 和 15s 的平均负载。

然后是每个用户的各项数据，项目显示顺序如下：登录账号、终端名称、远程主机名、登录时间、空闲时间、JCPU、PCPU、当前正在运行的进程命令行。其中，JCPU 和 PCPU 的含义如下。

- JCPU：与该终端连接的所有进程占用的时间，其中不包括过去的后台作业时间，但包括当前正在运行的后台作业所占用的时间。
- PCPU：当前进程(what 项中显示的进程)所占用的时间。

3. ps 命令

要对进程进行监测和控制，首先必须了解当前进程的情况，也就是需要查看当前进程，ps 命令是最基本也是非常强大的进程查看命令。使用该命令可以确定有哪些进程正在运行以及运行的状态、进程是否结束、进程有没有僵死、哪些进程占用了过多的资源等。ps 命令最常用于监控后台进程的工作情况，因为后台进程是不和屏幕键盘这些标准输入/输出设备进行通信的。该命令的语法格式如下：

```
ps [选项]
```

ps 命令最常用的 3 个参数是 u、x、a。其中：

- u 选项可用来查看进程所有者及其他详细信息。
- x 选项用于查看没有控制终端的进程。
- a 选项用来查看当前系统所有用户的所有进程，通常使用 aux 组合选项显示最详细的进程情况。

```
[root@localhost ~]# ps aux
USER     PID %CPU %MEM   VSZ  RSS TTY    STAT START   TIME  COMMAND
root       1  0.0  0.3  2004  556  ?     S    Oct06   0:01  init[5]
root       2  0.0  0.0     0    0  ?     SN   Oct06   0:00  [ksoftirqd/0]
root       3  0.0  0.0     0    0  ?     S<   Oct06   0:00  [events/0]
root       4  0.0  0.0     0    0  ?     S<   Oct06   0:00  [khelper]
root       5  0.0  0.0     0    0  ?     S<   Oct06   0:00  [kacpid]
```

其中，%CPU 指该进程占用的 CPU 时间相对于总时间的百分比；%MEM 指该进程占用的内存相对于总内存的百分比。

4. top 命令

top 命令与 ps 命令的基本作用是相同的，显示系统当前的进程和其他状况；但是 top 是一个动态显示过程，即通过用户按键来不断刷新当前状态。如果在前台执行该命令，它将独占前台，直到用户终止该程序为止。top 命令提供了实时的对系统处理器的状态监视，它将显示系统 CPU 最“敏感”的任务列表。该命令可以按 CPU 使用、内存使用和执行时间对任务进行排序；而且该命令的很多特性都可以通过交互式命令或在个人定制文件中进行设置。top 命令的语法格式为：

```
top [-] [d delay] [q] [c] [s] [S] [i]
```

参数说明见表 3-5。

表 3-5　top 命令参数说明

参　数	说　明
d	指定每两次屏幕信息之间的时间间隔。用户可使用 s 交互命令来改变它
q	该选项将使 top 没有任何延迟地进行刷新。如果调用程序有超级用户权限，那么 top 将以尽可能高的优先级运行
S	指定累计模式
s	使 top 命令在安全模式中运行。这将去除交互命令带来的潜在危险
i	使 top 不显示任何闲置或僵死进程
c	显示整个命令行而不是显示命令名

输入 top 命令查看系统状况：

```
[r0Ot@localhost~]#.top

top-08: 12:39 up 1 day , 23:08 , 2 users , load average : 0.02, 0.01, 0.00
Tasks: 81 total, 1 running , 80 sleeping, 0 stopped, O zonbie
Cpu(s): 1.4% us , 2.8% sy, 0.4% ni, 94.0% id , 0.0% wa, 0.0% hi, 1.4% si
Mem: 256044k total, 244596k used. 11448K free. 51052k buffers
Swap: 1534196k total, 160k used, 1534036k free, 71256k cached
 PID  USER   PR  NI   VIRT   RES   SHR   S  %CPU  %MEM  TIME+     OOMMAND
2623  root   15   0   42584  20m   5800  S  2.6   8.1   38:47.06  X
2902  root   25  10   30188  15m   9.9m  S  1.0   6.3   32:39.58  rhn-applet-gui
5281  root   15   0   47020  13m   9352  S  0.7   5.4   0:12.63   gnome-terminal
  1   root   16   0   2292   560   480   S  0.0   0.2   0:05.90   init
  2   root   34  19      0     0     0   S  0.0   0.0   0:00.00   ksoftirqd/0
  3   root    5 -10      0     0     0   S  0.0   0.0   0:12.36   events/0
  4   root    5 -10      0     0     0   S  0.0   0.0   0:00.00   khelper
  5   root   15 -10      0     0     0   S  0.0   0.0   0:00.00   kacpid
 18   root    5 -10      0     0     0   S  0.0   0.0   0:00.67   kblockd/0
 28   root   15   0      0     0     0   S  0.0   0.0   0:00.11   pdflush
 29   root   15   0      0     0     0   S  0.0   0.0   0:04.24   pdflush
 31   root   13 -10      0     0     0   S  0.0   0.0   0:00.00   aio/0
 19   root   15   0      0     0     0   S  0.0   0.0   0:00.00   khubd
```

其中：

第一行的项目依次为当前时间、系统启动时间、当前系统登录用户数目、平均负载。

第二行为进程情况，依次为进程总数、运行进程数、休眠进程数、僵死进程数、终止进程数。

第三行为 CPU 状态，依次为用户占用、系统占用、优先进程占用、闲置进程占用。

第四行为内存使用状态，依次为平均可用内存、已用内存、空闲内存、共享内存、缓存使用内存。

第五行为交换状态，依次为平均可用交换容量、已用容量、闲置容量、高速缓存容量。

接下来是与 ps 相仿的各进程情况列表，对其中的部分项目说明如下。

- PRI：每个进程的优先级。
- NI：该进程的优先级值。
- LIB：使用的库页的大小。
- SIZE：进程的代码大小+数据大小+堆栈空间大小(单位 KB)。
- RSS：该进程占用的物理内存总数量(单位 KB)。
- SHARE：该进程使用共享内存数量。
- STAT：该进程的状态。S：休眠状态；D：不可中断的休眠状态；R：运行状态；Z：僵死状态；T：停止或跟踪状态。

3.3.4 结束进程

终止一个进程或终止一个正在运行的程序，可通过 kill、killall、pkill、xkill 等命令进行。比如一个程序已经死掉，但又不能退出，这时就应该考虑应用这些工具。

但是通常不对数据库服务器程序的父进程使用 kill 命令，因为这些命令在强行终止数据库服务器时，会让数据库产生更多的文件碎片，当碎片达到一定程度时，数据库就有崩溃的危险。而对于占用资源过多的数据库子进程，我们可以使用 kill 来杀掉。实际应用中，有多种 kill 命令。

1. kill 命令

kill 是和 ps 或 pgrep 命令结合起来使用的。其命令格式为：

```
kill [信号强度代码] 进程 ID
```

其中，信号强度代码可以省略，常用的信号强度代码是-9，表示强制终止。

例如，通过 ps 命令查看 httpd 服务器的进程：

```
[root@localhost ~]#  ps  auxf|grep httpd
root     4059 0.0  3.9  19072    10204 ?       Ss  Sep22 0:16  /usr/sbin/httpd
apache   4150 0.0  4.0  19072    10352 ?       S   Sep22 0:00  \_/usr/sbin/httpd
apache   4151 0.0  4.0  19072    10328 ?       S   Sep22 0:00  \_/usr/sbin/httpd
apache   4152 0.0  4.0  19072    10332 ?       S   Sep22 0:00  \_/usr/sbin/httpd
apache   4153 0.0  4.0  19072    10352 ?       S   Sep22 0:00  \_/usr/sbin/httpd
apache   4154 0.0  4.0  19072    10328 ?       S   Sep22 0:00  \_/usr/sbin/httpd
apache   4155 0.0  4.0  19072    10348 ?       S   Sep22 0:00  \_/usr/sbin/httpd
apache   4156 0.0  4.0  19072    10328 ?       S   Sep22 0:00  \_/usr/sbin/httpd
apache   4157 0.0  4.0  19072    10332 ?       S   Sep22 0:00  \_/usr/sbin/httpd
root     5802 0.0  0.2  5096     652   pts/1   S+  04:07 0:00  \_grep  httpd
```

从上述的进程查看结果可见 4059 是 httpd 服务器的父进程，从 4150～4157 的进程是 httpd 的子进程。如果我们杀掉父进程 4059，其下的所有子进程都会跟着被杀死。

```
[root@localhost~]# kill 4059
[root@localhost~]# ps auxf |grep httpd
root 5804 0.0 0.2 4096 652 ptS/1 S+ 04:11 0:00 \_grep httpd
[root@localhost~]#
```

此外，对于一些僵尸程序，程序已经彻底死掉，如果不加信号强度代码是没法退出的，此时最好的办法就是在命令中加上信号强度代码-9，直接杀死父进程。

```
# kill -9 PID
```

2. killall 命令

killall 可通过程序的名字，直接杀死所有与程序相关的进程。

```
# killall 正在运行的程序名
```

本 章 小 结

程序的运行是通过进程来完成的，在层次结构的操作系统中，进程不仅是系统分配资源的基本单位，而且是 CPU 调度的基本单位，进程管理是操作系统的最重要功能之一。本章在进程基本概念和功能基础上介绍了如何使用 Windows Server 2008 的任务管理器进行进程管理和监控，以及在 Linux 系统中，进程启动、监控和关闭的常用方法。

习 题

1. 试对程序、进程、线程的概念和功能进行比较。
2. Windows Server 2008 任务管理有哪些重要功能？
3. Linux 进程调度的方法有哪些？它们的功能有何不同？
4. 在 Linux 中，可通过哪些命令查看进程？

第4章 磁盘管理

学习目标：

- 了解磁盘的物理结构和数据结构
- 能够使用 Windows Server 2008 磁盘管理工具管理磁盘，并进行磁盘的配额管理
- 了解和掌握 Linux 的磁盘分区、磁盘管理以及磁盘配额的常用工具与命令

4.1 磁盘概述

与其他记录介质相比，磁盘的读取速度快、容量大，是计算机系统中最重要的存储设备。为了能够理解磁盘存储的基本原理，先对磁盘的物理结构和数据结构加以介绍，以便于更好地应用操作系统对磁盘的管理功能。

4.1.1 磁盘的物理结构

尽管在外部结构方面，各种不同的磁盘之间有着一定的区别，但是其内部结构是基本相同的。作为数据存储的核心，磁盘的盘体从物理的角度分为磁面(Side)、磁道(Track)、柱面(Cylinder)与扇区(Sector)等四部分。

(1) 磁面。磁面是组成盘体各盘片的上下两个盘面，第一个盘片的第一面为 0 磁面，下一个为 1 磁面；第二个盘片的第一面为 2 磁面，以此类推。

(2) 磁道。磁道是在格式化磁盘时盘片上被划分出来的许多同心圆。最外层的磁道为 0 道，并向着磁面中心增长。其中，在最靠近中心的部分不记录数据，称为着陆区(Landing Zone)，是磁盘每次启动或关闭时，磁头起飞和停止的位置。

(3) 扇区。扇区是磁盘存取数据的最基本单位，也就是将每个磁道等分后相邻两个半径之间的区域，每个磁道包含的扇区数目相等，扇区的起始处包含了扇区的唯一地址标识 ID，扇区与扇区之间以空隙隔开，便于操作系统识别。每个扇区可以存放 512 个字节的信息。

(4) 柱面。磁盘通常由重叠的一组盘片构成，每个盘面都被划分为数目相等的磁道，并从外缘的“0”开始编号，具有相同编号的磁道形成一个圆柱，称为磁盘的柱面。磁盘的柱面数与一个盘面上的磁道数是相等的。

通常我们所关注的磁盘容量是由磁盘的 CHS 值决定的。CHS 即 Cylinder(柱面)、Head(磁头)、Sector(扇区)，只要知道了磁盘的 CHS 的数目，即可确定磁盘的容量：

磁盘的容量=柱面数×磁头数×扇区数×512B

4.1.2 磁盘的数据结构

初买来一块磁盘是没有办法使用的，需要将它分区、格式化，然后再安装上操作系统

才可以使用。一般要将磁盘分成主引导扇区、操作系统引导扇区、文件分配表、目录区和数据区等五部分。

1. 主引导扇区

主引导扇区位于整个磁盘的 0 磁道 0 柱面 1 扇区，包括磁盘主引导记录(Main Boot Record，MBR)和分区表(Disk Partition Table，DPT)。其中主引导记录的作用是检查分区表是否正确以及确定哪个分区为引导分区，并在程序结束时把该分区的启动程序(也就是操作系统引导扇区)调入内存加以执行。MBR 是由分区程序产生的，不同的操作系统可能这个扇区不相同。

2. 操作系统引导扇区

操作系统引导扇区(OS Boot Record，OBR)，通常位于磁盘的 0 磁道 1 柱面 1 扇区(这是对于 DOS 来说的，对于那些以多重引导方式启动的系统则位于相应的主分区/扩展分区的第一个扇区)，是操作系统可直接访问的第一个扇区，它也包括一个引导程序和一个被称为 BPB(BIOS Parameter Block)的本分区参数记录表。每个逻辑分区都有一个 OBR，其参数视分区的大小、操作系统的类别而有所不同。引导程序的主要任务是判断本分区根目录前两个文件是否为操作系统的引导文件。PB 参数块记录着本分区的起始扇区、结束扇区、文件存储格式、磁盘介质描述符、根目录大小、FAT 个数、分配单元(Allocation Unit，也称为簇)的大小等重要参数。OBR 由高级格式化程序产生。

3. 文件分配表

文件分配表(File Allocation Table，FAT)，是系统的文件寻址系统，为了数据安全起见，FAT 一般做两个，第二 FAT 为第一 FAT 的备份, FAT 区紧接在 OBR 之后，其大小由本分区的大小及文件分配单元的大小决定。关于 FAT 的格式历来有很多选择，Microsoft 的 DOS 及 Windows 采用我们所熟悉的 FAT12、FAT16 和 FAT32 格式，但除此以外并非没有其他格式的 FAT，Windows NT、OS/2、UNIX/Linux、Novell 等都有自己的文件管理方式。

4. 目录区

DIR 是 Directory 即根目录区的简写，DIR 紧接在第二 FAT 表之后，只有 FAT 还不能定位文件在磁盘中的位置，FAT 还必须和 DIR 配合才能准确定位文件的位置。DIR 记录着每个文件(目录)的起始单元、文件的属性等。定位文件位置时，操作系统根据 DIR 中的起始单元，结合 FAT 表就可以知道文件在磁盘的具体位置及大小了。在 DIR 区之后，才是真正意义上的数据存储区，即 DATA 区。

5. 数据区

数据区虽然占据了磁盘的绝大部分空间，但没有了前面的各部分，它也只能是一些枯燥的二进制代码，没有任何意义。在这里有一点要说明的是，通常所说的格式化程序(指高级格式化，例如 DOS 下的 Format 程序)，并没有把 DATA 区的数据清除，只是重写了 FAT 表而已，至于分区磁盘，也只是修改了 MBR 和 OBR，绝大部分的 DATA 区的数据并没有被改变，这也是许多磁盘数据能够得以修复的原因。

4.2 Windows Server 2008 的磁盘管理

4.2.1 磁盘管理概述

Windows 操作系统中提供的磁盘管理工具是一个用于管理硬盘以及硬盘所包含的卷或分区的系统实用工具。使用“磁盘管理”，可以初始化磁盘，创建卷，使用 FAT、FAT32 或 NTFS 文件系统格式化卷，以及创建容错磁盘系统。通过“磁盘管理”，无须重新启动系统或中断用户，即可执行多数与磁盘相关的任务。此后，大多数配置更改将立即生效。

Windows Server 2008 内置的磁盘管理工具中，有一些必要的概念。

(1) 分区。分区是物理磁盘的一部分，通常指主要磁盘分区或扩展磁盘分区。

(2) 卷。卷是磁盘经格式化后由文件系统使用的分区或分区集合。在 Windows Server 2008 中可为卷指定驱动器名，并使用它来组织目录和文件。

(3) 磁盘分区。将物理磁盘(硬盘驱动器)分成若干部分，每个部分可以单独使用。当用户在磁盘上创建分区时，磁盘就被分割成一个或多个不同文件系统格式的区域。

(4) 主分区。主分区是一个比较单纯的分区，通常位于磁盘的最前面一块区域中，构成逻辑 C 磁盘。在主分区中，不允许再建立其他逻辑磁盘。

(5) 扩展分区。所谓扩展分区，严格地讲它不是一个实际意义的分区，它仅仅是一个指向下一个分区的指针，这种指针结构将形成一个单向链表。这样在主引导扇区中除了主分区外，仅需要存储一个被称为扩展分区的分区数据，通过这个扩展分区的数据可以找到下一个分区的起始位置，以此起始位置类推可以找到所有的分区。无论系统中建立多少个逻辑磁盘，在主引导扇区中通过一个扩展分区的参数就可以逐个找到每一个逻辑磁盘。

(6) 逻辑分区。扩展分区是不能直接用的，它以逻辑分区的方式来使用，扩展分区可分成若干逻辑分区。所有的逻辑分区都是扩展分区的一部分。

(7) 逻辑驱动器。在扩展分区上创建的独立的卷，逻辑驱动器可被格式化和指派驱动器号，只有基本分区可以包含逻辑驱动器，而逻辑驱动器不能跨越多个磁盘。

(8) 引导分区。引导分区包含 Windows Server 2008 的操作系统引导文件。

在 Windows Server 2008 中，通常选择“管理工具”→“计算机管理”，在计算机管理控制台的左侧树形菜单中，单击“存储”节点下的“磁盘管理”，可打开磁盘管理图像视图，如图 4-1 所示。

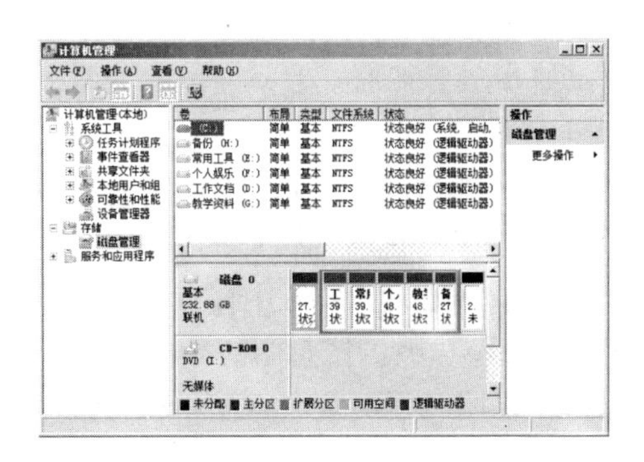

图 4-1 磁盘管理窗口

4.2.2 Windows Server 2008 的磁盘存储类型

“存储类型”是指对于磁盘和内容划分结构的方式。Windows Server 2008 提供了 3 种存储类型：基本磁盘、动态磁盘和可移动磁盘。在使用固定磁盘时，任何版本的 Windows Server 2008 都可以使用基本磁盘或动态磁盘，或者也可以同时使用，在使用非固定磁盘时，磁盘将自动使用可移动存储类型。

基本磁盘和旧版本 Windows 操作系统中使用了相同的磁盘结构。在使用基本磁盘时，我们被限制只能在每个磁盘上创建 4 个主分区或 3 个主分区加 1 个扩展分区。在扩展分区内，还可以创建一个或多个逻辑驱动器。为了便于介绍，基本磁盘上的主分区和逻辑驱动器都可以叫做简单卷。

动态磁盘功能最初发布于 Windows 2000，用于增强磁盘支持，在磁盘配置变动后需要重启动的次数更少，同时对于磁盘的联合使用支持也更好，另外还能通过 RAID 配置实现故障容错。动态磁盘上的所有卷都叫做动态卷。

Windows Server 2008 中，有 5 种类型的动态卷：简单卷、跨区卷、带区卷、镜像卷和 RAID-5 卷。镜像卷和 RAID-5 卷具有容错能力，仅在运行 Windows 2000 Server/Advanced Server/Datacenter Server、Windows Server 2003 和 Windows Server 2008 操作系统的计算机上可用。

- 简单卷：是单独的动态磁盘中的一个卷，它与基本磁盘的分区比较相似。但是它没有空间的限制以及数量的限制。当简单卷的空间不够用时，也可以通过扩展卷来扩充其空间，而这丝毫不会影响其中的数据。
- 跨区卷：是一个包含多块磁盘上的空间的卷(最多 32 块)，向跨区卷中存储数据信息的顺序是存满第一块磁盘再逐渐向后面的磁盘中存储。通过创建跨区卷，可以将多块物理磁盘中的空闲空间分配成同一卷，从而达到充分利用资源的目的。但是，跨区卷并不能提高性能或容错。
- 带区卷：是由两个或多个磁盘中的空闲空间组成的卷(最多 32 块磁盘)，在向带区卷中写入数据时，数据被分割成 64KB 的数据块，然后同时向阵列中的每块磁盘写入不同的数据块。这个过程显著提高了磁盘效率和性能，但是，带区卷不具备容错能力。
- 镜像卷：为一个带有一份完全相同的副本的简单卷，它需要两块磁盘，一块存储运作中的数据，一块存储完全一样的副本，当一块磁盘失败时，另一块磁盘可以立即使用，这样可以避免丢失数据。镜像卷提高了容错功能，但是它不提供性能的优化功能。
- RAID-5 卷：是含有奇偶校验值的带区卷，系统为卷集中的每个磁盘添加一个奇偶校验值，这样在确保了带区卷优越的性能的同时，还提供了容错功能。RAID-5 卷至少包含 3 块磁盘，最多 32 块，阵列中任意一块磁盘失败时，都可以由另两块磁盘中的信息做运算，并将失败的磁盘中的数据恢复。

Windows Server 2008 系统可以同时使用基本磁盘和动态磁盘，然而不能在使用卷集时混合使用不同类型的磁盘。

基本磁盘和动态磁盘通过不同方式管理，对于基本磁盘，需要使用主分区和扩展分区，扩展分区中还可以包含逻辑驱动器。动态磁盘则可以将磁盘链接到一起，以创建跨区卷，或为磁盘创建镜像，称为镜像卷；另外还可以使用 RAID-0 将磁盘组合起来，成为带区卷。不仅如此，还可以创建 RAID-5 卷，以便在动态磁盘上实现更高的可用性。

我们可将存储类型由基本改为动态，或者由动态改为基本。在将基本磁盘转换为动态磁盘时，现有分区都将被自动转换成相应类型的卷，而现有数据都会被保留。但在将动态磁盘转换为基本磁盘时，就需要做一些较大的变动才能实现。首先必须删除动态盘上的卷，然后才能将磁盘转换为基本盘。删除卷会导致卷上的所有数据都丢失。

对于这两种类型的磁盘，如果扇区大小超过 512 字节，那么都将无法进行转换。如果磁盘扇区过大，必须在转换前重新对磁盘进行格式化。

要进行磁盘类型转换，例如将基本磁盘转换为动态磁盘，可在磁盘管理控制台中，右击要转换的基础磁盘，在弹出的快捷菜单中选择“转换到动态磁盘”命令，如图 4-2 所示。

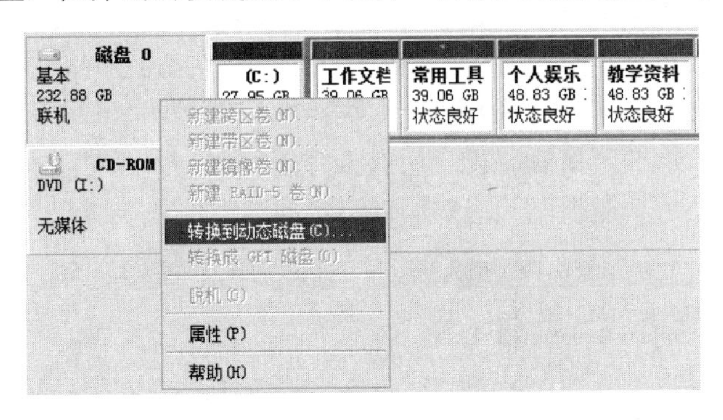

图 4-2　选择“转换到动态磁盘”命令

在如图 4-3 所示的“转换为动态磁盘” 对话框中，选择系统进行转换的磁盘，单击“确定”按钮。

随后将显示“要转换的磁盘”对话框，如图 4-4 所示，其中列出了要转换的磁盘的详细信息。单击“详细信息”按钮，可查看关联到该磁盘的分区驱动器号或映射点。在开始转换前，必须留意所有提醒内容。

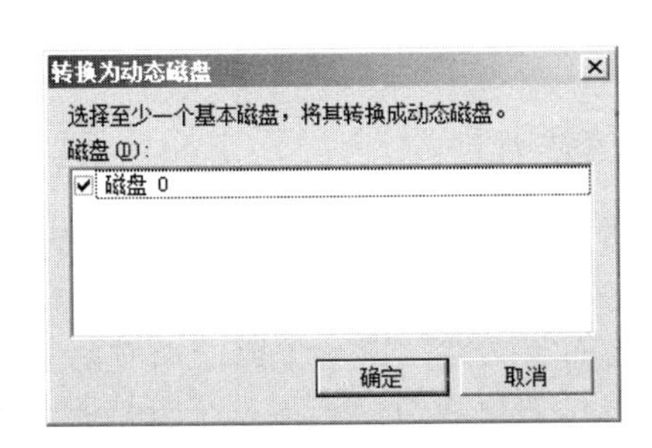

图 4-3　选择需转换类型的磁盘

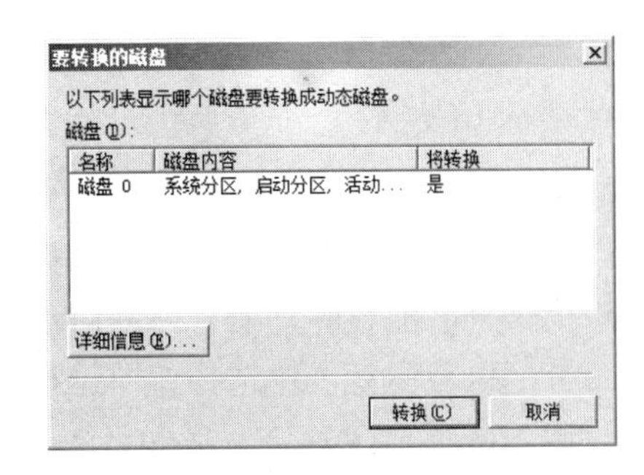

图 4-4　要转换的磁盘信息

4.2.3　管理磁盘

Windows Server 2008 通过使用一系列对话框和向导简化了在磁盘管理器控制台中设置分区和卷的操作。在基本盘上创建的前 3 个卷会被自动创建成主分区，如果希望在基本盘

上创建第四个卷，那么驱动器上的其余可用空间都将被自动转换为扩展分区，其大小等于使用新建卷功能新建卷时指定的大小。在扩展分区里创建的其他额外卷都将自动成为逻辑驱动器。

1. 创建分区和简单卷

在磁盘管理控制台中，可以按照下列步骤创建分区、逻辑驱动器和简单卷。

(1) 在磁盘管理控制台的图形视图中，右击磁盘中的未分配空间或可用空间，在弹出的快捷菜单中选择“新建简单卷”命令。将打开新建简单卷向导欢迎窗口，单击“下一步”按钮。

(2) 在如图 4-5 所示的“指定卷大小”界面中，使用“简单卷大小”文本框设置希望用多少可用空间创建这个简单卷。设置卷大小要注意两个方面。

- 可以设置让主分区使用整个磁盘的空间，或者也可以根据要配置的系统的需要设置大小。由于目前使用的 FAT32 和 NTFS 文件系统，不再需要担心 FAT16 文件系统 4GB 卷大小限制和 2GB 文件大小限制，因此可放心输入需要的卷大小。
- 可以设置让扩展分区填满磁盘上所有未分配空间，因为扩展分区中可以包含多个逻辑驱动器，每个逻辑驱动器都可以有不同的文件系统。

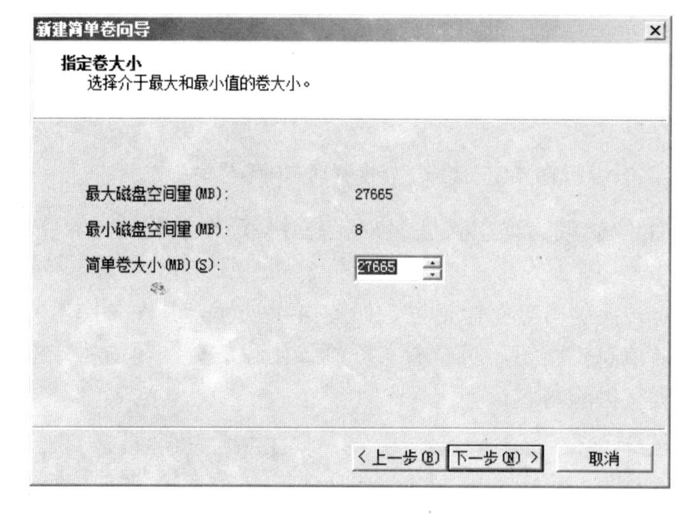

图 4-5　按需求设置分区的大小

(3) 单击“下一步”按钮，可弹出如图 4-6 所示的“分配驱动器号和路径”界面，在这里可以为该分区配置驱动器号或映射点。

- 分配以下驱动器：选择该单选按钮为新创建的驱动器指派一个驱动器号。
- 装入以下空白 NTFS 文件夹中：选择该单选按钮可将分区装入一个支持驱动器路径的文件夹中，这时，系统将驱动器路径而不是驱动器号指派给该驱动器。但该文件必须位于 NTFS 卷上。
- 不分配驱动器号或驱动器路径：选择该单选按钮则先不指派驱动器号或驱动器路径，待创建完成后再重新指派驱动器号。若不指派驱动器号或驱动器路径则不能使用该驱动器。

(4) 单击“下一步”按钮，通过如图4-7所示的“格式化分区”界面，可选择立即格式化该分区，或选择其他格式化选项。格式化操作可在新的分区上创建需要的文件系统，并永久性删除其中的现有数据。

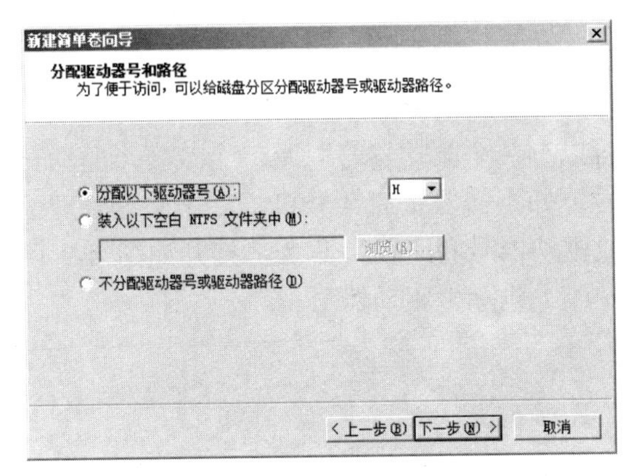

图4-6 分配驱动器号和路径

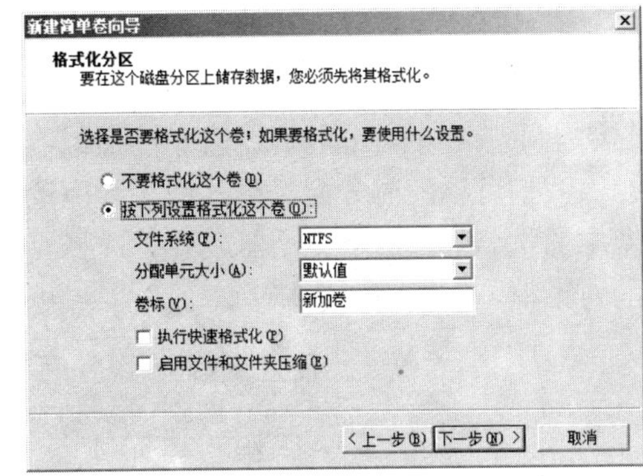

图4-7 选择格式化分区方式

(5) 单击“下一步”按钮，可完成对分区的创建。

2. 格式化分区、逻辑驱动器或卷

在使用主分区、逻辑驱动器和卷之前，必须将其格式化。格式化操作可以在分区上创建保存文件和文件夹是所需的文件系统结构。如果希望清空分区、逻辑驱动器和卷上保存的数据，则可以对其进行格式化操作。

(1) 在磁盘管理控制台中，右击需要格式化的主分区、逻辑驱动器或卷，在弹出的快捷菜单中选择“格式化”命令，弹出如图4-8所示的对话框。

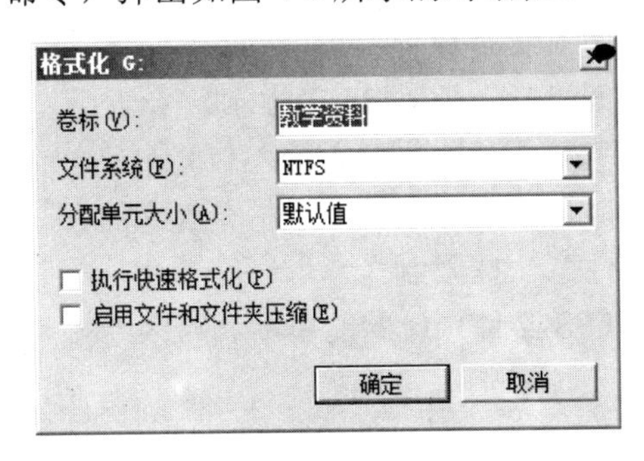

图4-8 选择格式化选项

(2) 在“卷标”文本框中，为该分区、逻辑驱动器或卷输入描述性卷标，该卷标应该有助于管理员了解其中存放了什么样的数据。

(3) 选择要使用的文件系统类型FAT、FAT32或NTFS。需注意的是，只有NTFS可以使用Windows Server 2008中所有高级文件系统功能。

(4) 使用“分配单元大小”下拉列表框可指定要分配的磁盘空间的基本单位，通常使用默认设置即可。

(5) 如果希望只格式化分区，但不检查错误，可选中“执行快速格式化”复选框。虽然这个选项可以节约几分钟，但将无法标记磁盘上的坏扇区或将其锁定，这可能导致以后

数据遇到不完整的问题。

(6) 如果希望文件和文件夹被自动压缩，可以选中“启用文件和文件夹压缩”复选框。这个功能只能用于NTFS文件系统。

(7) 单击“确定”按钮开始使用上述选项进行格式化。

3. 配置驱动器号和路径

磁盘上的每个主分区、逻辑驱动器或卷都可以有一个驱动器号以及一个或多个驱动器路径。我们可以随时分配、更改或删除驱动器号，并不需要重启计算机。右击磁盘管理控制台中的主分区、逻辑驱动器或卷，选择“更改驱动器号和路径”命令，打开如图4-9所示的对话框。根据需要选择“添加”、“更改”或“删除”驱动器号。

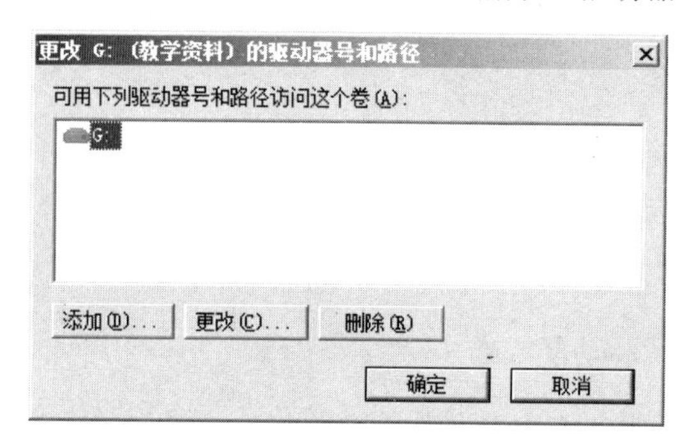

图4-9　更改驱动器号和路径

4. 扩展分区

在Windows Server 2008中，可使用磁盘管理控制台扩展基本磁盘和动态磁盘上的卷。如果创建的分区太小，希望将其扩展以保存更多的程序和数据，则可以进行扩展卷操作。扩展卷实际上是对未分配空间进行转换，将其添加到现有卷中。对于动态磁盘上的跨区卷，用于扩展的空间可以来自任何可用的动态盘，而不仅是最初创建该卷的动态磁盘。因此可以将多个动态磁盘上的可用区域联合起来并用于扩充现有的卷。

在尝试扩展卷之前，要注意一些限制。

- 只有被格式化为NTFS文件系统的简单卷和跨区卷才可以被扩展。
- 带区卷无法扩展。
- 无法扩展被格式化为FAT或FAT32文件系统。
- 不能扩展没有格式化的卷。

在磁盘管理控制台中，可按如下步骤扩展简单卷或跨区卷。

(1) 右击要扩展的卷，在弹出的快捷菜单中选择“扩展卷”命令。只有目标卷满足上文中讨论的所有要求，同时在系统中的一个或多个磁盘上可用可以空间时，该选项才可用。

(2) 在如图4-10所示的“选择磁盘”界面中，选择要扩展卷的可用空间所在的磁盘，同时该卷目前使用的任何磁盘都将被自动选中。默认这些磁盘上的所有可用空间都将被使用。

(3) 对于动态磁盘，可以指定位于其他磁盘上的额外可用空间。选中目标磁盘，单击“添加”按钮，将其加入到“已选的”列表中。在已选的列表中，选中每个要使用的磁盘，

然后在“选择空间量”文本框中输入要将该磁盘上多少容量的可用空间扩充到所选卷中。

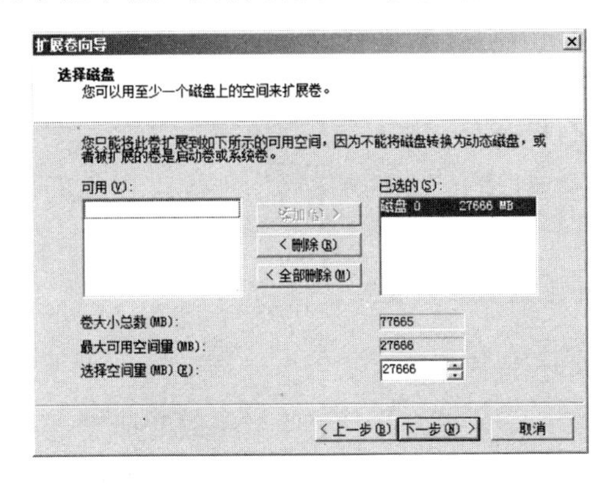

图4-10　指定要扩展卷的空间数量

(4) 单击“下一步”按钮，确认操作，并单击“完成”按钮。

5. 压缩卷

如果创建的分区太大，而希望将其压缩，以便给其他分区留出更多空间，这时压缩卷的功能就会比较有用。在压缩卷时，实际上是将已经分配给卷但尚未被使用的空间释放出来，并转换成未分配空间。

与可扩展卷类似，在压缩卷时也有一些局限性。首先，只有被格式化为 NTFS 文件系统的简单卷和跨区卷可以被压缩，带区卷无法压缩；且被格式化为 FAT 或 FAT32 文件系统的分区无法被压缩。不过我们可以压缩未被格式化的卷。如果某个卷已经包含了大量碎片，那么在压缩前可能还需要整理碎片以整理出足够的可用空间。

可按如下步骤压缩简单卷或跨区卷。

(1) 在磁盘管理控制台中右击要压缩的卷，在弹出的快捷菜单中选择“压缩卷”命令。该选项只有在目标卷满足上述条件后才可用。

(2) 在如图 4-11 所示的“压缩”对话框中，输入要压缩的空间数量。通过“压缩”对话框可以获得下列信息。

- 压缩前的总计大小：以 MB 为单位列出卷的总容量，这是卷格式化后的容量。

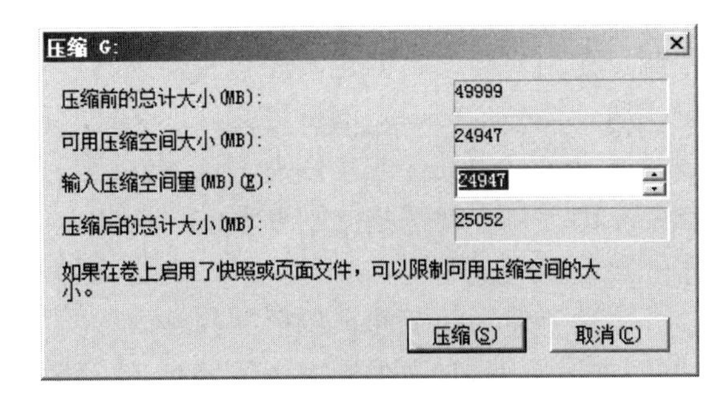

图4-11　“压缩”对话框

- 可用压缩空间大小：列出该卷上可以被压缩出来的空间数量。这个值通常不会等同于该卷上的可用空间总量；相反，只能代表可以从该卷中排除的空间量，但并

不能包含主文件配置表、卷快照、页面文件和临时文件等预留数据。

- 输入压缩空间量：列出将要从该卷中压缩出来的空间数量。该选项的默认值是可用压缩空间大小的总量，但为了改善性能，建议确保在压缩操作后，原卷上至少要保留 10%的可用空间。
- 压缩后的总计大小：列出了压缩操作后，该卷可用空间大小，这也是新卷的格式化大小。

(3) 单击“压缩”按钮开始压缩该卷。

6. 删除分区、逻辑驱动器或卷

删除分区、逻辑驱动器或卷将删除相应文件系统以及所有保存在其中的数据。在删除逻辑驱动器时，驱动器会从相应的扩展分区中删除，而对应的空间会被标记为“可用”。如果删除分区或卷，整个分区或卷将被删除，而对应的空间会被标记为“未分配”。如果希望删除包含逻辑驱动器的扩展分区，则必须首先删除所有的逻辑驱动器，才能删除扩展分区。

要删除分区、逻辑驱动器或卷，右击需删除的目标，在弹出的快捷菜单中按需要选择“删除分区”、“删除逻辑驱动器”或“删除卷”命令即可。

4.2.4 管理磁盘配额

尽管现在的大容量磁盘越来越普及，不过仍然发现磁盘空间并不够用，因此需要使用磁盘配额功能。磁盘配额是 NTFS 文件系统内建的功能，有助于帮助管理和限制磁盘空间的使用。

通过使用磁盘配额，能够监视并控制用户可通过网络访问和使用的磁盘空间的数量。磁盘配额系统可执行的任务包括：

- 配置磁盘配额系统只监控磁盘空间的使用情况，让管理员手工检查空间的使用。
- 配置磁盘配额系统监控磁盘空间的使用情况，并在用户超出预定配额时发出警告。
- 配置磁盘配额系统监控磁盘空间的使用情况，在用户超出预定配额时发出警告，并通过禁止超额用户继续保存新文件的方式强制实施限制。

磁盘配额是以卷为基础进行配置的。在启用磁盘配额后，所有在这个卷上存储数据的用户都将受到磁盘配额限制。在用户给卷上创建文件和文件夹时，每个人自己创建的项目上都会有一个所有者标记，通过该标记可以知道特定文件或文件夹的所有者是谁。因此，如果某位用户在卷上创建了属于自己的文件或文件夹，该文件或文件夹占用的空间量就会被计算在用户的磁盘配额中。因为每个卷都是分别管理的，因此无法针对服务器上的所有卷或企业中的所有服务器一次设置所有限制。

另外需要注意的是，卷上所有使用的空间，包括回收站内的文件，都会被算作磁盘使用量。因此，如果用户的配额超限，同时被强制应用了警告，虽然尝试通过删除一些文件的方法获得空间，但是在清空回收站之前，该用户将继续受到警告，也无法给卷上继续写入新的文件。为了解决这个问题，在删除了不需要的文件后，要清空回收站。

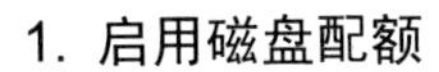

1. 启用磁盘配额

磁盘配额功能是禁用的，如果希望使用磁盘配额，则必须针对要使用磁盘配额的每个卷，分别进行启用。另外只能对格式化 NTFS 文件系统，并具有驱动器号或映射点的卷启用磁盘配额。为要在 NTFS 卷上启用磁盘配额，可按以下步骤操作。

(1) 在磁盘管理控制台中，右击要启用配额的卷，在弹出的快捷菜单中选择“属性”命令。

(2) 切换到“配额”选项卡，选中“启用配额管理”复选框，如图 4-12 所示。

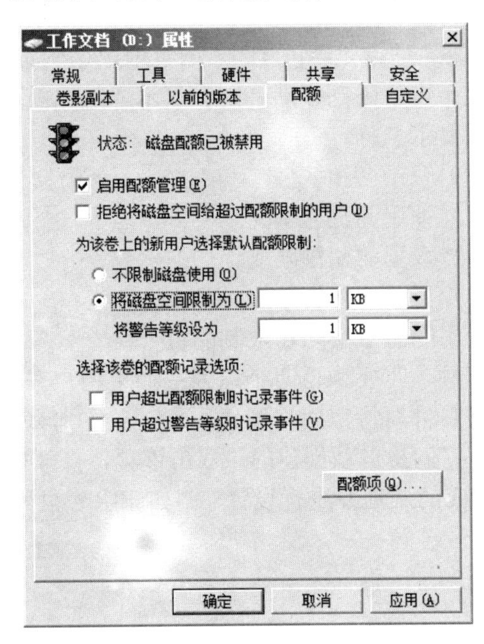

图 4-12 在卷上启用配额管理

(3) 如果希望为所有用户定义一套统一的默认配额限制，可选择“将磁盘空间限制为”单选按钮，然后以 KB、MB、GB、TB 等为单位设置权限。随后，使用“将警告等级设为”选项设置默认警告等级。大部分情况下，建议将警告等级的空间大小设置为限制大小的 90%～95%，这样可以在达到警告等级以及达到限制级别之间产生一个较好的间隔。

(4) 为了防止用户使用超过配额限制的磁盘空间，可选中“拒绝将磁盘空间给超过配额限制的用户”复选框，这样就会对用户设置物理的限制，禁止他们在达到限制后保存新的数据。

(5) 当用户达到警告或限制级别后，NTFS 会为用户发出警告。为了确保获得警告的记录，还可以配置配额记录，按照需要选择相应的记录事件选项。

(6) 单击“确定”按钮。如果配额系统当前未启用，则会看到一个对话框询问是否要启用配额系统，单击“确定”按钮，让 Windows Server 2008 重新扫描整个卷，并更新磁盘使用状态。同时需注意的是当用户超出当前的警告或限制级别后要进行的操作，可用的选项包括防止给该卷中写入额外的数据，或在用户下一次访问该卷时进行提示，以告知用户达到警告或限制级别，同时将相应的事件记录到应用程序日志中。

2. 为特定用户自定义配额项

在启动磁盘配额后，所设置的配置会被应用给所有在该卷上存储了数据的用户。唯一例外的是 Administrators 组的成员，默认的磁盘配额并不会应用到这些用户。如果希望为管理员设置一个专门的配额限制和警告等级，则需要为这些用户账号创建自定义的配额项。另外，也可以为具有特殊需求和限制的用户创建自定义配额项。

要查看和设置配额项，可在图 4-12 所示的“配额”选项卡中，单击“配额项”按钮，在如图 4-13 所示的窗口中，可以看到每个在该卷上存储了数据的用户对应的配额项。这些项会显示下列信息。

- 状态：磁盘项的状态，通常是“正常”。如果用户达到了警告等级，则会显示“警告”；如果达到或超过了限制级别，则会显示“超出限制”。
- 名称：用户账户的显示名称。
- 登录名：用户账户的登录名和域名。
- 使用量：该用户已经使用的磁盘空间。
- 配额限制：为该用户设置的配额限制。
- 警告等级：为该用户设置的警告等级。
- 使用的百分比：使用的磁盘空间和限制的百分比。

在上述列表中显示的配额项主要源自两个原因：如果用户在该卷上保存了数据，就会自动限制配额项；如果管理员针对特定用户创建了配额项，那么也会显示在这里。这两类项都可以进行自定义，即使它们是自动创建的。双击该项，打开如图 4-14 所示的的配额设置对话框，随后即可选择相应的选项并进行设置，例如删除磁盘配额限制或设置新的配额。

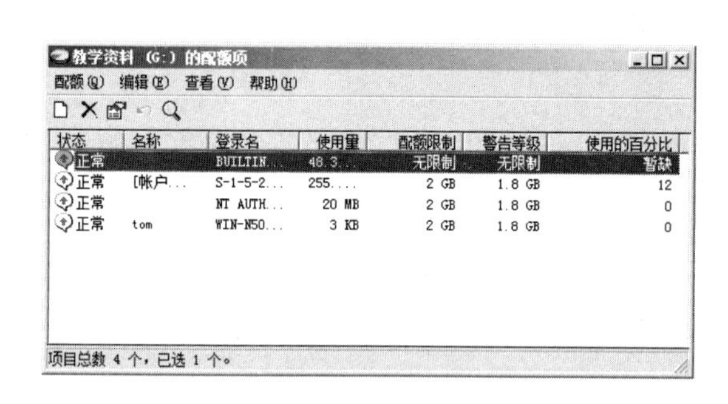

图 4-13　现有配额项

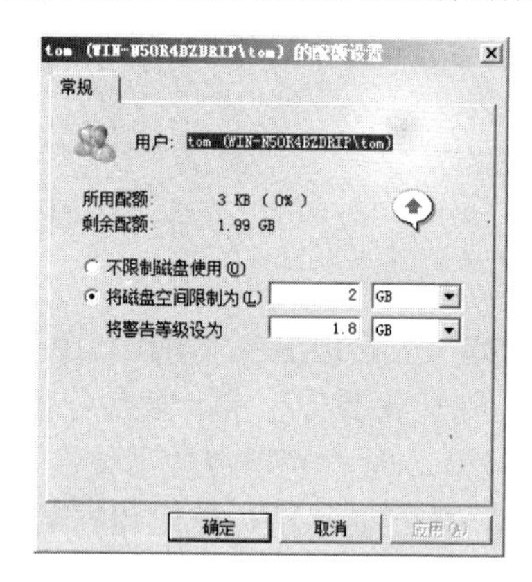

图 4-14　特定用户自定义配额项

如果某个用户在配额项对话框中没有对应的项，这意味着该用户尚未在该卷上存储数据。但仍然可以在需要的时候直接创建自定义的项。为此，可在如图 4-13 所示的配额项窗口的“配额”菜单下选择“新建配额项”命令，打开如图 4-15 所示的“选择用户”对话框。在这里搜索用户并添加到“输入对象名称来选择”容器中，单击“确定”按钮，即可弹出“添加新配置项”对话框，会列出图 4-14 所示对话框中的选项。

如果希望同时管理多个配额项，可在图 4-13 所示的配额项窗口中，按下 Ctrl 键后分别单击选中每个要管理的项，随后右击任何一个被选中的项，在弹出的快捷菜单中选择“属性”命令，即可在同一个对话框中直接修改所选的所有项。

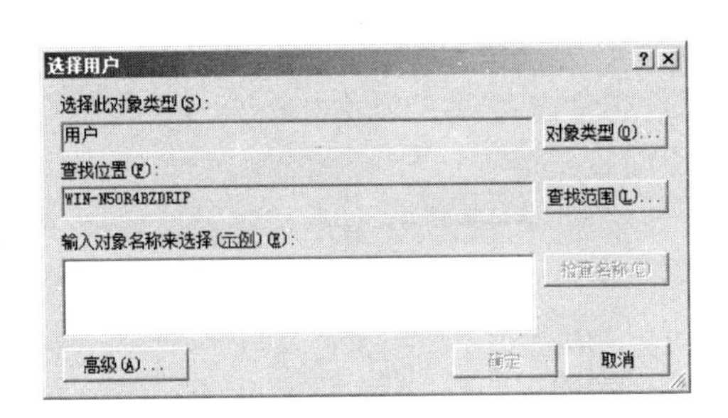

图 4-15 “选择用户”对话框

4.3 Linux 的磁盘管理

4.3.1 Linux 的磁盘分区

在安装 Linux 前要对磁盘做好规划，即确定 Linux 的分区。安装 Linux 至少要建立两个分区：根分区(Linux Native)和数据交换区(Linux Swap)。以 Red Hat Linux AS 4.0 为例，在系统安装过程中，提供了两种分区方式：自动分区和用 Disk Druid 手工分区，如图 4-16 所示。

(1) 自动分区：如果是全新的计算机，上面没有任何操作系统，建议使用“自动分区”功能，它会自动根据磁盘以及内存的大小，分配磁盘空间和 SWAP 空间。且会自动删除原先磁盘上的数据并格式化成为 Linux 的分区文件系统，所以除非计算机上没有任何其他操作系统或是没有任何需要保留的数据，才可以使用“自动分区”功能。

(2) 手工分区：如果磁盘上有其他操作系统或是需要保留其他分区上的数据，建议采用 Disk Druid 程序进行手工分区。Disk Druid 是一个 GUI 的分区程序，它可以对磁盘的分区方便地进行删除、添加和修改等操作。

如果选择手工分区，则打开 Disk Druid 界面，进行系统分区的设置，如图 4-17 所示。

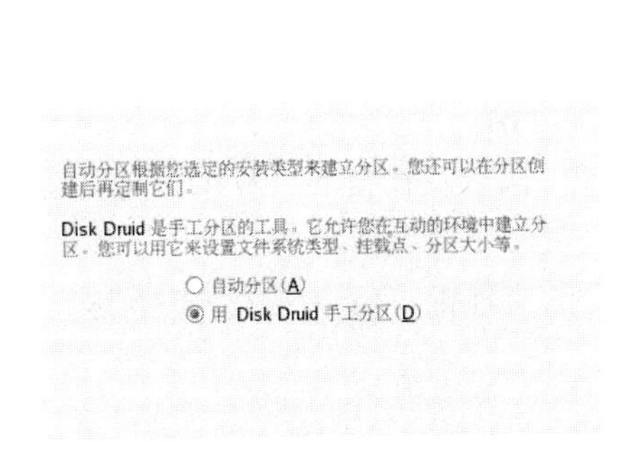

图 4-16 磁盘分区选择

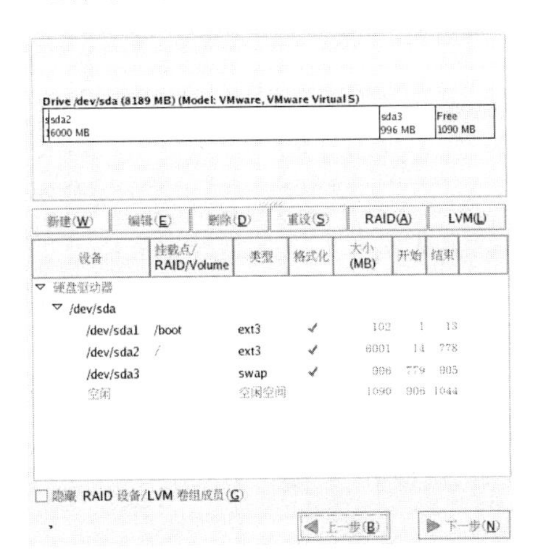

图 4-17 设置分区

为 Linux 建立文件分区可以用两种方法：一种是利用空闲的磁盘空间新建一个 Linux 分区；另一种是编辑一个现有的分区，使它成为 Linux 分区。单击“新建”按钮，打开如图 4-18 所示的“添加分区”对话框。

图 4-18 “添加分区”对话框

在配置“添加分区”选项时，有四个重要的参数需要仔细设定，它们分别是：挂载点、文件系统类型、允许的驱动器、大小。

- 挂载点：它指定了该分区对应 Linux 文件系统的哪个目录，Linux 允许将不同的物理磁盘上的分区映射到不同的目录，这样可以实现将不同的服务程序放在不同的物理磁盘上，当其中一个物理磁盘损坏时，不会影响到其他物理磁盘上的数据。如果分区是根分区，则挂载点为“/”，如果是引导分区，则挂载点为“/boot”，也可以使用下拉菜单为系统选择正确的挂载点。
- 文件系统类型：它指定了该分区的文件系统类型，可选项有 EXT2、EXT3、VFAT、SWAP 等。
- 允许的驱动器：如果计算机上有多个物理磁盘，就可以在这个菜单选项中选中需要进行分区操作的物理磁盘。
- 大小：指分区的大小(以 MB 为单位)。Linux 数据分区的大小可以根据用户的实际需要填写。

这里提供一个推荐的分区方案。

(1) 一个 SWAP 交换分区(至少 256MB)用来支持虚拟内存。交换分区是 Linux 系统中特有的，在物理内存被占满时使用。如果系统需要更多的内存资源，而物理内存已经不足，内存中不活跃的页面就会被移到交换分区去，腾出空间加载新的服务。所以操作系统总是在物理内存不足时，才使用交换分区。SWAP 的大小一般可以设置为物理内存的两倍。例如，当物理内存大于 1GB 时，SWAP 分区可以设置为 2GB。

(2) /boot 引导分区(大小约 100MB)包含操作系统内核以及在自展过程中使用的文件。鉴于 PC BIOS 的限制，创建一个较小的分区容纳这些文件是必要的。

(3) root 根分区“/”(根目录)。Linux 系统的所有的文件都将位于根分区中，因此通常将绝大多数可利用的磁盘空间分配给“/”分区。

4.3.2 Linux 的磁盘管理工具

不管是系统软件还是应用软件，都要以文件的形式存储在计算机的磁盘空间中。因此，

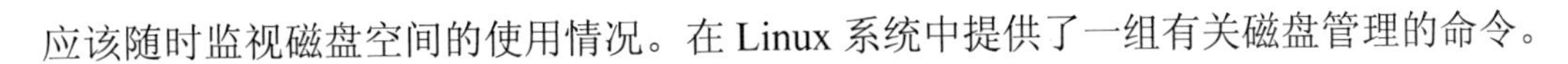

应该随时监视磁盘空间的使用情况。在 Linux 系统中提供了一组有关磁盘管理的命令。

1. 磁盘分区工具 fdisk

fdisk 是 Linux 下的磁盘分区工具，能将磁盘划分成若干个分区，同时也能为每个分区指定文件系统。fdisk 的命令格式如下：

```
fdish [-u] [-b sectorsize] [-C cyls] [-H heads] [-S sects] device
fdisk -l [-u] [device…]
fdisk -s partition...
fdisk -v
```

其中，fdisk device 命令用于执行对具体设备的分区。执行此命令，将进入磁盘分区交互界面。fdisk -l 命令表示已经存在的分区；fdisk -s partition 命令将指定分区的大小输出到标准输出上，单位为区块，partition 为类似于/dev/hda1 的分区编号；fdisk -v 显示 fdisk 工具的版本信息。参数说明如表 4-1 所示。

表 4-1 fdisk 命令行参数说明

参 数	说 明
-u	用分区数目取代柱面数目，来表示每个分区的起始地址
-b	指定每个分区的大小，有效的大小为 512、1024、2048 等
-C	指定磁盘柱面数目
-H	指定磁盘分区头的数目
-s	指定磁盘中每个磁道的扇区数目

当执行 fdisk 命令执行磁盘分区时，就进入了分区交互界面，其中的操作指令如表 4-2 所示。

表 4-2 fdisk 操作指令说明

操作指令	说 明
a	打开可启动标志
b	编辑 bsd 磁盘标签
c	设置和 DOS 系统兼容的标志
d	删除一个分区
l	列出支持分区的类型，可以支持的分区有 FAT16、FAT32/OS2 等
m	显示 fdisk 提示
n	新增分区
o	创建一个新的 DOS 分区表
p	显示目前的分区情况
q	无保存退出
s	创建一个新的 SUN 系统磁盘标签
t	更改一个分区的系统标志
u	更改显示单元
v	验证分区表
w	把分区修改写入磁盘
x	打开额外功能列表

例 1 通过 fdisk 的 d 指令来删除一个分区。

当我们通过 fdisk 设备，进入相应的操作时，会发现如下提示(以 fdisk /dev/sda 设备为例)：

```
[root@localhost~]#  fdisk/dev/sda
Command  (m for help):P:  →显示当前分区情况
Disk/dev/sda:10.7 GB, 10737418240 bytes
255 heads, 63 sectors/track, 1305 cylinders
Units=cylinders of 16065 *512=8225280 bytes

Device     Boot      Start       End     Blocks    Id   System
/dev/sdal   *            1        13     104391    83   Linux
/dev/sda2               14       905    7164990    83   Linux
/dev/sda3              906      1096   1534207+    82   Linux swap
/dev/sda4             1097      1305   1678792+     5   Extended
Command(m for help):d→执行删除分区指令
Partition  number(1-5):4→如果要删除 sda4，就在这里输入 4
```

通过“p:”指令查看到的分区信息中，各列的含义如下。

- Device：已有的分区。在上例中，未执行 d 指令删除分区前，当前共有 4 个分区。
- Boot：如果这一列有“*”，说明该分区可能用来引导系统，也就是引导分区，上例中为 sda1 分区。
- Start：起始的柱面。并不是所有的磁盘的单个柱面大小都是一样的，但是可以从前面的提示信息中看出，本系统中 Units=cylinders of 16065*512=8225280 bytes，大概是 8MB。
- End：结束柱面。
- Blocks：分区所占的块数，块的大小取决于文件系统。
- Id：分区类型对应的数字代码，fdisk 中通过 t 指令指定。其中 82 是交换分区，83 是 Linux 的标准分区，5 是扩展分区。
- System：该分区内安装的系统，和 Id 号码对应。

例 2 通过 fdisk 的 n 指令增加一个分区。

```
Disk  /dev/sda:  10.7GB, 10737418240 bytes
255  heads, 63 sectors/track, 1305  cylinders
Units = cylinders of 16065*512 = 8225280 bytes

Device  Boot          Start       End     Blocks    Id    Systen
/dev/sdal      *          1        13     104391    83    Linux
/dev/sda2                14       905    7164990    83    Linux
/dev/sda3               906      1096    1534207+   82    Linux  swap

Command(m for help):n
Command action
    e  extended
    p  primary  partition(1-4)
e
Selected  partition 4
First  cylinder(1097-1305, default 1097):1097
Last  cylinder  or+size  or+sizeMor+sizeK(1097-1305, default 1305):1200
```

通过 p:指令查看到，当前已有 sda1、sda2、sda3 三个分区，执行 n 指令增加分区时，

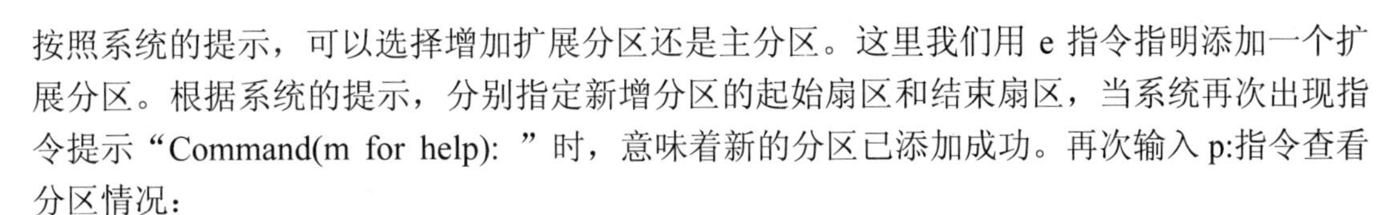

按照系统的提示，可以选择增加扩展分区还是主分区。这里我们用 e 指令指明添加一个扩展分区。根据系统的提示，分别指定新增分区的起始扇区和结束扇区，当系统再次出现指令提示“Command(m for help): ”时，意味着新的分区已添加成功。再次输入 p:指令查看分区情况：

```
Command(mtor help):p:

Disk /dev/sda: 10./GB, 10/3/418240 bytes
255 heads, b3 sectors/track, 1305 cylinders
Units = cylinders of 16065*512 = 8225280 bytes
   Dev1ce Boot      Start    End     Blocks     Id    System
/dev/sdal   *         1       13     104391     83    Linux
/dev/sda2            14      905     /164990    83    Linux
/dev/sda3           906     1096     1534207+   82    Linux  swap
/dev/sda4          1097     1200     835380      5    Extended
```

可看到，当前磁盘中已经增加了一个 sda4 的扩展分区。

随后可用 w:指令保存设置并退出 fdisk。

2. 磁盘操作命令 dd

dd 命令的主要功能是把指定的输入文件复制到指定输出文件中，并在复制过程中可以进行格式转换。系统默认使用标准输入文件和标准输出文件。可以用该命令实现 DOS 下 diskcopy 命令的作用。

语法：dd [选项]

常用选项包括：

```
if=输入文件(或设备名称)。
of=输出文件(或设备名称)。
ibs=bytes  一次读取字节，即读入缓冲区的字节数。
skip=blocks  跳过读入缓冲区开头的 ibs*blocks 块。
obs=bytes  一次写入 bytes 字节，即写入缓冲区的字节数。
bs=bytes 同时设置读/写缓冲区的字节数(等于设置 ibs 和 obs)。
cbs=byte  一次转换 bytes 字节。
count=blocks  只复制输入的 blocks 块。
conv=ASCII  把 EBCDIC 码转换为 ASCII 码。
conv=ebcdid  把 ASCII 码转换为 EBCDIC 码。
conv=ibm  把 ASCII 码转换为 alternate EBCDIC 码。
conv=block  把变动位转换成固定字符。
conv=ublock  把固定位转换成变动位。
conv=ucase  把字母由小写转换为大写。
conv=lcase  把字母由大写转换为小写。
conv=notrunc  不截短输出文件。
conv=swab  交换每一对输入字节。
conv=noerror  出错时不停止处理。
conv=sync  把每个输入记录的大小都调到 ibs 的大小(用 NULL 填充)。
```

例 1　利用/tmp 作为临时存储区，把一张软盘的内容复制到另一张软盘上。

把源盘插入驱动器中，输入如下命令：

```
# dd if=/dev/fdo of=/tmp/tmpfile
```

复制完成后，将源盘从驱动器中取出，插入目标盘，输入命令：

```
# dd if=/tmp/tmpfile of=/dev/fdo
```

软盘复制完后，应该将临时文件删除：

```
# rm /tmp/tmpfile
```

例 2 把 net.i 这个文件写入软盘中，并设定读/写缓冲区的数目(注意：软盘中的内容会被完全覆盖)。

```
# dd if=net.i of=/dev/fd0 bs=16384
```

例 3 将文件 sfile 复制到文件 dfile 中。

```
# dd if=sfile of=dfile
```

3. 查看磁盘空间命令 df

df 命令用来检查文件系统的磁盘空间占用情况，利用该命令可以很方便地获取磁盘被占用了多少空间，目前还剩下多少空闲空间等信息。

df 命令的语法格式为：df [option]。

其中，命令的各个选项的含义见表 4-3。

表 4-3　df 命令参数

参　数	功　能
-a	显示所有文件系统的磁盘使用情况，包括 0 块(block)文件系统
-k	以 KB 为单位显示
-i	显示 i 节点信息，而不是磁盘块
-t	显示各指定类型的文件系统的磁盘空间使用情况
-x	列出不是某一指定文件系统的磁盘空间使用情况(与 t 选项相反)
-T	显示文件系统类型

例 1 列出各文件系统的磁盘空间使用情况。

```
[root@localhost~]#  df
Filesystem      1K-块      已用       可用          已用%      挂载点
/dev/sda2      7052496   1720972   4973276        26%        /
/dev/sda1       101086      8569     87298        9%         /boot
none            128020         0    128020        0%         /dev/shm
```

df 命令的输出清单的第一列代表文件系统对应的设备文件的路径名(一般是磁盘上的分区)；第二列给出分区包含的数据块(每块 1024B)的数目；第三、四列分别表示已用的和可用的数据块数目，通常第三、四列块数之和不等于第二列中的块数，因为默认的每个分区都留了少量空间供系统管理员使用，即使遇到普通用户空间已满的情况，管理员仍能登录和留有解决问题所需的工作空间；清单中第五列(已用%)表示普通用户空间使用的百分比，即使这一数字达到 100%，分区仍然会留出系统管理员使用的空间；最后一列(挂载点)表示文件系统的挂载点。

例 2 列出文件系统的类型。

```
[root@localhost~]#   df-T
Filesystem        Type    1K-块         已用        可用       已用%   挂载点
/dev/sda2         ext3    7052496      120972      4973276    26%     /
/dev/sda1         ext3     101086        8569        87298    9%      /boot
none              tnpfs    128020           0       128020    0%      /dev/shm
```

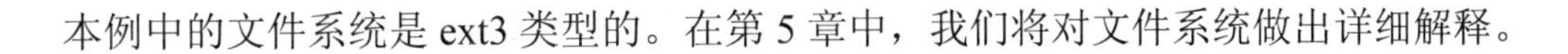

本例中的文件系统是 ext3 类型的。在第 5 章中，我们将对文件系统做出详细解释。

4.3.3 Linux 的磁盘限额

Red Hat Linux AS4.0 的用户在使用磁盘空间时可以通过磁盘限额来限制磁盘空间，通过磁盘限额的设置，当用户使用了过多的磁盘空间或分区时，系统管理员会接到系统发出的警告。磁盘配额可以为个体用户设置，也可以为拥有多个用户的用户组设置，这种灵活的磁盘限额机制能够既给每个用户分配一个较小的限额来处理“私有”文件，同时又允许多个用户之间项目协同工作时拥有一个相对较大的磁盘限额。Red Hat Linux AS4.0 下的 quota 工具能够帮助用户轻松实现磁盘限额。

1. 对文件系统目录设置磁盘限额

使用 quota 命令对文件系统目录设置磁盘限额的步骤如下。

(1) 确保已经安装 quota，然后在 fstab 中对需要限额的分区进行设置。比如对/home 磁盘限额，fstab 就应该做如下设置：

```
# /dev/had /home ext3 rw,userquota,groupquota 1 2
```

(2) /dev/had 就是/home 对应的磁盘分区，/home 是挂载点，rw 表示可读写，userquota 表示对用户进行配额，groupquota 表示对用户组群进行配额。

(3) 重新装载 Linux 分区。

```
# mount -o remount /home
```

(4) 在想要加磁盘限额的文件系统的挂载点目录/home 下创建限额文件 aquota.user 和 aquota.group。

```
# touch /home/aquota.user
# touch /home/aquota.group
```

aquota.user 和 aquota.group 分别是为用户和用户组设置的磁盘限额，这时生成的 aquota.user 和 aquota.group 是空的，不符合系统的要求。

(5) 生成符合系统要求的 aquota. user 和 aquota.group。

```
# quotacheck /home/          →生成符合系统要求的 aquota. user
# quotacheck -g /home/       →生成符合系统要求的 aquota.group
```

如果生成时有错误提示，通常是因为由 touch 命令生成的空文件格式不对，对于 ext3 文件系统需要执行以下命令：

```
# quotacheck -m [-u] /dev/had
# quotacheck -m -g /dev/had
```

即可生成正确的 aquota. user 和 aquota.group。

2. 对用户设置磁盘空间限额

为用户设置磁盘空间限额，可执行以下命令；

```
# edquota [-u] user_name  (对于指定用户)
# edquota -g group_name  (对于指定用户组)
```

本命令将开启一个 vi 窗口，为用户设置磁盘空间和 i 节点数目的限额，其中 soft 限额为一个临时性的限额；hard 限额为一个永久性限额(soft 限额可以略大于 hard 限额)。如要给若干用户 user1、user2、user3 指定相同的磁盘限额，可用下面的命令给这些用户赋予与 protuser 相同的限额。

```
# edquota [-u] -p user1 user2 user3
# edquota -g -p group1 group2 group3
```

3. 启用和取消磁盘限额

在设置好磁盘空间限额后，用户可以通过命令的方式启动或取消磁盘空间限额的限制：

取消磁盘空间限额：`quotaoff /home`
启动磁盘空间限额：`quotaon /home`

本 章 小 结

本章在磁盘基本原理的基础上，讲述了 Windows Server 2008 和 Linux 中的磁盘管理工具。介绍了 Windows Server 2008 磁盘管理的基本概念，基本磁盘和动态磁盘的常用管理方法，简单卷、带区卷、跨区卷、镜像卷和 RAID-5 的概念，以及磁盘配额的概念和管理。在 Linux 部分，介绍了磁盘分区的概念、磁盘管理的基本命令和常用工具，以及磁盘限额的方式。

习 题

1. 磁盘的数据结构包括哪些内容？
2. 什么是基本磁盘和动态磁盘？
3. 动态磁盘有哪几种类型的卷，各自有什么特点？
4. Linux 中如何显示系统磁盘空间的使用情况？

第 5 章　文件系统管理

学习目标：

- 掌握文件系统的基本概念
- 熟悉 Windows 常用的文件系统格式 FAT 和 NTFS 的基本功能和特点
- 掌握 Windows Server 2008 中，文件系统权限、加密和压缩的基本方法
- 了解 Linux 文件系统格式
- 了解 Linux 文件系统结构和文件类型
- 掌握对 Linux 文件系统设置权限的方法，以及文件系统挂载的方法

5.1　文件系统概述

文件系统，是操作系统用于明确磁盘或分区上的文件的方法，是数据在磁盘上组织文件的方法；是操作系统中实现对文件的组织、管理和存取的一组系统程序。文件系统的主要功能包括：

- 文件及目录的管理。如打开、关闭、读、写等。
- 提供有关文件自身的服务。如文件共享机制、文件的安全性等。
- 文件存储空间的管理。如分配和释放。主要针对可改写的外存如磁盘。
- 提供用户接口。文件系统通常向用户提供两种类型的接口：命令接口和程序接口。

5.2　Windows 的文件系统

5.2.1　FAT 文件系统

文件分配表(File Allocation Table，FAT)是用来记录文件所在位置的表格，它对于硬盘驱动器的使用非常重要，假若文件分配表丢失，那么硬盘上的数据将因无法定位而不能使用。该文件系统起初是用于小型磁盘和简单文件结构的文件系统。

FAT 的每个项目都包含了文件名、文件属性、属性字节以及最后修改的时间/日期等属性。此外，FAT 中还有一个指向文件分配单元的每个块的项目——链。通过链，系统在操作文件时才能够跟踪碎片的位置。

FAT 文件系统的卷是以簇的形式进行分配的，默认簇的大小(如表 5-1 所示)由卷的大小决定，其大小可用 16 位二进制数表示，用户 format 命令可自行指定。

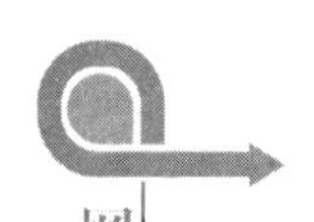

表 5-1 FAT 文件系统默认簇的大小

分区大小/MB	扇区数/每簇	每簇大小/KB
0～31	1	0.5
32～63	2	1
64～127	4	2
128～255	8	4
256～511	16	8
512～1023	32	16
1024～2047	64	32

在一个 FAT 卷上，实际可存储的数据量取决于最大簇大小以及每个卷上最多可以包含的簇的数量，即

簇大小×最大簇数量=最大卷大小

早期操作 FAT16 文件系统有一个极大的缺点：FAT 最多可支持 65 526 个簇，每个簇最大可达 64KB，因此 FAT16 卷最大只能达到 4GB 大小。随着硬件技术的发展，大容量硬盘成为主流，FAT16 文件系统不能适应这种大容量的应用场合。此外，对于 16～32MB 的磁盘，簇的大小是 512 字节，而随着卷大小的增加，在 2GB 到 4GB 的卷上，簇的大小达 64KB，在这一分区中，如果存储的正好是 64KB 大小的文件，那么这个簇就可以完全被利用，如果这个文件只有 63KB，也占有一簇，它就浪费了 1KB 空间，而当存储的文件为 65KB 时，需要 2 个簇才能方法该文件，则浪费的空间为 63KB。显然，这会使得磁盘的实际利用率很低。

FAT32 文件系统是 FAT16 的更新版本，最初在 Windows 95 OS2 中引入。除了早期的 MS-DOS、Windows 3.1、Windows for Workgroups、Windows NT 4.0 以及更早的版本不能访问 FAT32 卷外，包括 Windows 95 OSR2、Windows 98/2000/XP/2003/2008/Vista 都可以对 FAT32 卷进行访问。它使用 512 字节的扇区，因此单个分区大小最大可达到 2TB。而 FAT32 卷最小可允许的簇大小是 512 字节，因此能够很好地提高硬盘的使用效率。但是 FAT32 在向下的兼容性方面受到很大限制，且单个文件不能大于 4GB。

作为一种较为简单的文件系统，从安全和管理的角度看，FAT 文件系统具有以下缺点。

(1) 易受损害：FAT 文件系统缺少错误恢复技术，当文件系统损害时计算机就会瘫痪或不能正常关机。

(2) 单用户：FAT 文件系统是为单用户系统开发的，它只有只读、隐藏等少数几个公共属性，不保存文件权限信息，无法实施安全保护措施。

(3) 非最佳更新策略：FAT 文件系统在磁盘的第一个扇区保存其目录信息。当文件改变时，必须更新 FAT，需要磁盘驱动器不断在磁盘分区表寻找。当复制多个小文件时，这种开销很可观。

(4) 没有防止碎片的措施：FAT 文件系统以第一个可用扇区来分配空间，增加了磁盘碎片。

5.2.2 NTFS 文件系统

NTFS 是随着 Windows NT 操作系统而产生，并随着 Windows NT 4.0 跨入主力分区格式的行列。Windows 的 NTFS 文件系统提供了 FAT 文件系统所没有的安全性、稳定性和可靠性。NTFS 分区对用户权限做出了非常严格的限制，每个用户都能按照系统赋予的权限进行操作。同时，它提供了容错结构日志，可以将用户的操作全部记录下来，从而保护了系统的安全。基于 NT 技术的 Windows 2000/XP/2003/2008/Vista，都提供了完善的 NTFS 分区格式支持。

NTFS 文件系统主要有以下特性。

(1) 提供文件和文件夹安全性。通过为文件和文件夹分配权限来维护本地级和网络级上的安全性。NTFS 分区中的每个文件或文件夹均有一个访问控制列表(ACL)，ACL 包含了用户和组安全标识符(SID)及授予给用户和组的权限。

(2) 可使用长文件名。这意味着文件和文件夹的名称最多可包含 255 个字符，并且可以在文件和文件夹名称中使用 Unicode 字符。

(3) 支持加密。可以加密硬盘上的重要文件，使得只有那些拥有系统管理员权限的用户才能访问这些加密文件，从而保证文件安全。

(4) 高可靠性。NTFS 是一种可恢复的文件系统，在 NTFS 分区上用户很少需要运行磁盘修复程序。NTFS 通过使用标准的事务处理日志和恢复技术来保证分区的一致性。发生系统失败事件时，NTFS 使用日志文件和检查点信息自动恢复文件系统的一致性。

(5) 坏簇映射。NTFS 可以检测坏簇或可能包含错误的磁盘区域。对坏簇做标记以防止用户以后在其中存储数据。如果坏簇上有任何数据，则系统将对其进行检索并将其存储在磁盘的其他区域中。

(6) 支持对分区、文件夹和文件的压缩。NTFS 提供的文件压缩率可高达 50%。任何基于 Windows 的应用程序对 NTFS 分区上的压缩文件进行读写时不需要事先用其他程序进行解压缩。文件关闭或保存时会自动对文件进行压缩。当对文件读取时，将自动进行解压缩。

(7) 更高效的磁盘空间管理。NTFS 采用了更小的簇，甚至当分区大小在 2GB 以上时，簇的大小都仅为 4KB，最大限度地避免了磁盘空间的浪费。

(8) 支持磁盘配额管理。管理员可以为用户所能使用的磁盘空间进行配额限制，每个用户只能使用最大配额范围内的磁盘空间。该项功能的提供，使得管理员可以方便合理地为用户分配存储资源，避免由于磁盘空间使用的失控而可能造成的系统崩溃，提高了系统的安全性。

(9) 审核策略。应用审核策略可以对文件、文件夹及活动目录对象进行审核，审核结果记录在安全日志中，通过安全日志可以查看哪些组或用户对文件、文件夹或活动目录对象进行了什么级别的操作，从而发现系统可能面临的非法访问，通过采取相应的措施，将这种安全隐患减至最低。

5.3 管理 Windows Server 2008 文件系统

5.3.1 管理文件与文件夹权限

文件和文件夹的 NTFS 权限可以看做最基本的权限，对于 NTFS 卷，可以使用文件和文件夹的权限以及所有者功能，在访问权限的基础上，进一步限制用户可以进行的操作。

1. 文件和文件夹所有权

在设置文件和文件夹的权限前，首先应理解所有权这个概念。在 Windows Server 2008 中，文件或文件夹的所有者并不一定就是文件或文件夹的创建者，所有者可以是任何能够直接对文件或文件夹进行控制的人。文件或文件夹的所有者可以指派访问权限，并可以给其他用户指派获得该文件或文件夹所有权的权限。

所有权的指派最开始取决于文件或文件夹的创建位置。默认情况下，创建了文件或文件夹的用户就会被显示为所有者。然而所有权可以通过多种方式进行获取或转移。另外，任何具有还原文件和目录权限的用户，如 Backup Operators 组的成员，也可以获取所有权。任何一个当前所有者都可以将所有权转移给其他用户。

要获取文件或文件夹的所有权，可在资源管理器中，右击文件或文件夹，选择“属性”命令，在属性对话框的“安全”选项卡中单击“高级”按钮，打开文件或文件夹的“高级安全设置”对话框，在此对话框中，打开“所有者”选项卡，单击“编辑”按钮，即可看到如图 5-1 所示的可编辑的“所有者”选项卡。

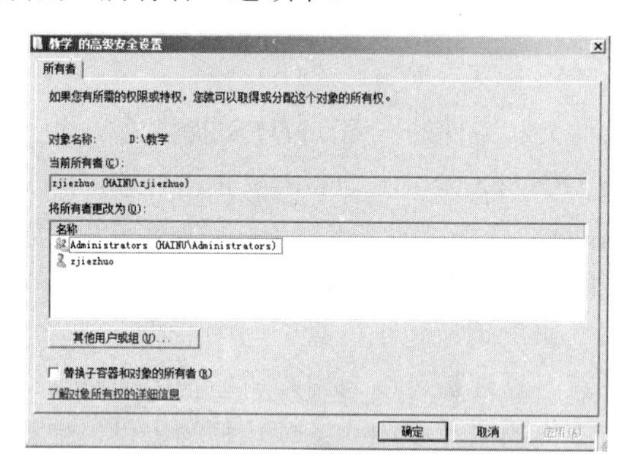

图 5-1 “所有者”编辑对话框

在“将所有者更改为”列表中，可以选择一个新的所有者。如果选中“替换子容器和对象的所有者”复选框，即可同时获得文件夹中所有子文件夹以及文件的所有权。设置完毕后单击“确定”按钮。

如果某人是管理员，或某个文件或文件夹当前的所有者，那么还可以将所有权转移给其他用户，在如图 5-1 所示的对话框中，单击“其他用户或组”按钮，打开“选择用户、计算机或组”对话框，输入用户或组的名字，“确定”后关闭该对话框，可将新的用户或组添加到“将所有者更改为”列表中，在列表中选中该用户或组，单击“确定”按钮，所

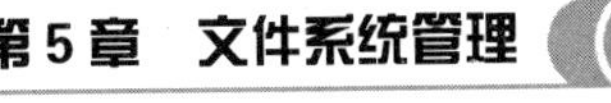

有权就会被转移给对应的用户或组。

2. 配置文件和文件夹的权限

在 NTFS 卷上，可以为文件和文件夹配置访问权限，这些权限会允许或禁止用户和组的访问。

1)　基本权限

在资源管理器中，可以右击文件或文件夹，从弹出的快捷菜单中选择“属性”命令，然后在属性对话框中打开“安全”选项卡，如图 5-2 所示，可查看该文件或文件夹设置的基本权限。“组或用户名”列表显示了已经被分配了权限的组或用户，那么相应的权限就会被列在下方的权限列表中。

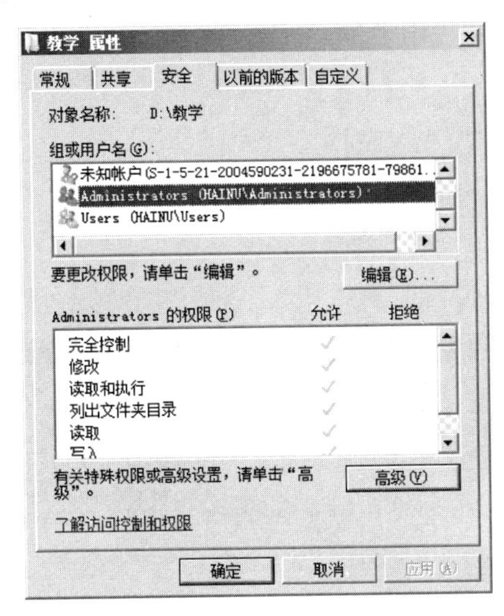

图 5-2　“安全”选项卡显示的基本权限

表 5-2 中列出了可以分配给文件和文件夹的基本权限。

表 5-2　文件和文件夹权限

权　限	描　述
完全控制	该权限允许读取、写入、更改和删除文件或文件夹中的子文件夹。如果用户对某个文件夹具有完全控制权限，那么无论对其中的文件具有怎样的权限，都可以删除其中保存的文件
修改	该权限允许读取和写入文件或文件夹中的子文件夹，同时可允许对文件夹进行编辑
列出文件夹内容	该权限允许查看和列出文件和子文件夹，以及执行文件
读取和执行	该权限可允许查看和列出文件和子文件夹，允许查看和访问文件的内容，以及执行文件
写入	该权限允许在文件夹中添加文件和子文件夹，允许在文件中写入内容
读取	该权限允许查看和列出文件夹中的文件和子文件夹，允许查看或访问文件的内容。运行脚本只需要读取权限即可，同时访问快捷方式以及目标也需要读取操作

可按以下步骤设置文件和文件夹的基本权限。

(1) 在如图 5-2 所示的安全选项卡中，单击“编辑”按钮，打开可编辑的“安全”选项卡。如图 5-3 所示，已经对该文件或文件夹具有权限的用户和组都会被列在名称列表中，如果要修改这些用户或组的权限，只需要选中目标用户或组，然后使用权限列表框进行设置，分配允许或拒绝的权限即可。

(2) 要为额外的用户、计算机或组设置访问权限，可单击“添加”按钮，打开“选择用户、计算机或组”对话框，如图 5-4 所示。

(3) 单击“查找范围”按钮可看到所有当前域、信任域以及其他可访问资源的列表。

(4) 在“输入对象名称来选择”文本框中输入要添加的用户或组的名称，单击“检查名称”按钮，随后可用的选项取决于找到的匹配内容的数量。也可单击“高级”按钮，选择“立即查找”按钮查找用户或用户组，如图 5-5 所示，在“搜索结果”列表中，可选择需添加的用户或组。

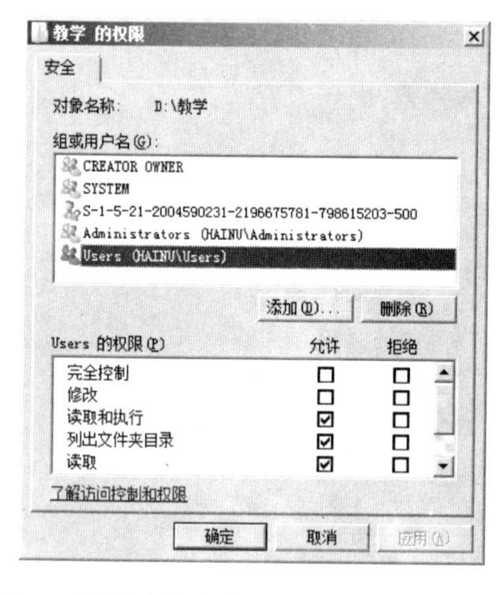

图 5-3 编辑文件或文件夹的“安全”选项卡

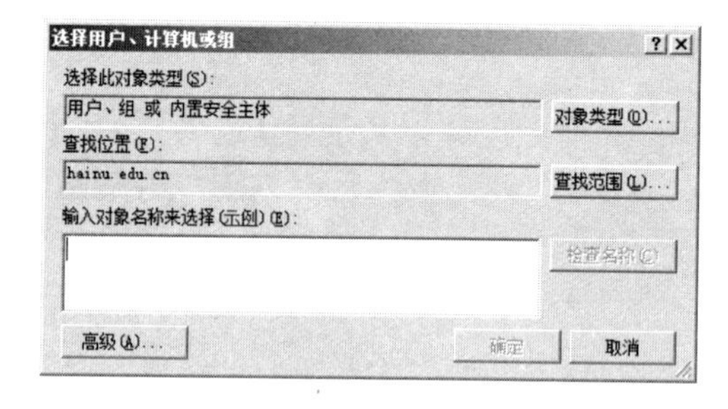

图 5-4 选择用户、计算机或组

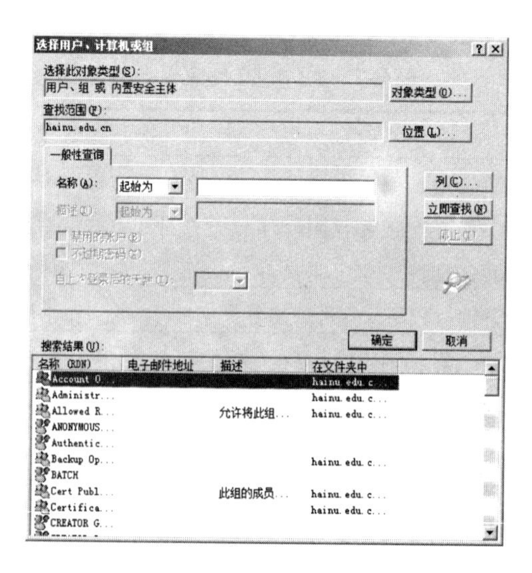

图 5-5 查找用户或组

(5) 选择好需要添加的用户或组后，单击“确定”按钮，添加的用户和组就会出现在共享的名称列表中。为每个添加的用户和组配置需要的访问权限，可选中要设置的用户或组的名称，针对每个选项按照实际需要选择“允许”或“拒绝”。

(6) 设置完成后单击“确定”按钮。

2) 特殊权限

在如图 5-2 所示的“安全”选项卡中，单击“高级”按钮，打开文件或文件夹的“高级安全设置”对话框，可以看到一些“特殊”权限，如图 5-6 所示。

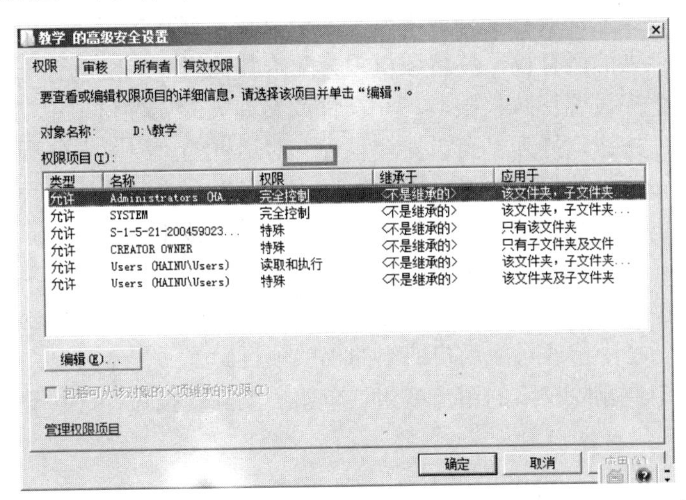

图 5-6　高级安全设置

可用的特殊权限如下。

- 遍历文件夹/执行文件：允许在即使没有读取数据的权限的情况下，直接访问文件夹。执行文件权限可让我们运行可执行文件。
- 列出文件夹/读取数据：允许查看文件和文件夹的名称。读取数据权限允许看到文件的内容。
- 读取属性：允许读取文件或文件夹的基本属性，这些属性包括“只读”、“隐藏”、“系统”和“存档”。
- 读取扩展属性：允许查看关联给文件的扩展属性(命名数据流)，这些属性包括摘要字段，例如标题、主题和作者，以及其他类型的数据。
- 创建文件/写入数据：允许在文件夹中放置新文件。写入数据权限允许覆盖文件中的现有数据(但无法给现有数据添加新数据，因为这个操作是附加数据权限控制的)。
- 创建文件夹/附加数据：允许在文件夹中创建子文件夹。附加数据权限允许在现有文件末尾添加数据(但无法覆盖现有数据，因为这个操作是写入数据权限控制的)。
- 写入属性：允许更改文件或文件夹的基本属性，这些属性包括“只读”、“隐藏”、“系统”和“存档”。
- 写入扩展属性：允许更改关联给文件的扩展属性(命名数据流)，例如标题、主题和作者，以及其他类型的数据。

- 删除子文件夹及文件：允许删除文件夹的内容。如果有这个权限，那么就可以在没有明确对这些子文件夹或文件具有删除权限的情况下删除文件夹中的子文件夹和文件。
- 删除：允许删除文件或文件夹。如果某个文件夹不为空，而对其中包含的文件和子文件夹没有删除权限，就无法删除该文件。
- 读取权限：允许读取指派给文件和文件夹的基本和特殊权限设置情况。
- 更改权限：允许更改指派给文件和文件夹的基本和特殊权限。
- 取得所有权：允许取得文件或文件夹的所有权。默认情况下，管理员总可以获得文件或文件夹的所有权，并将该权限分配给其他用户或组。

要为文件和文件夹设置特殊权限，可在文件或文件夹的属性窗口中切换至“安全”选项卡，单击“高级”按钮，打开“高级安全设置”对话框的“权限”选项卡，如图 5-6 所示，单击“编辑”按钮，随后可选择“添加”、“编辑”、“删除”三种操作。

- 添加：单击“添加”按钮，选择“用户、计算机或组”，添加用户或组，然后在如图 5-7 所示的“权限项目”对话框中，为添加的用户或组设置权限。
- 编辑：选中要修改的用户或组，单击“编辑”按钮，在类似图 5-7 所示的“权限项目”对话框中修改对应用户或组的权限项目。
- 删除：选中要删除权限的用户或组，单击“删除”按钮，即可删除现有的用户或组项目。

3. 文件和文件夹权限的继承

默认情况下，如果将文件夹和文件添加到现有文件夹，被添加的文件或文件夹就会继承应用给现有文件夹的权限设置。当给文件夹指派新的权限时，这个权限也会向下传递，并应用给文件夹中的所有子文件夹和文件，同时会替换这些内容现有的权限设置。

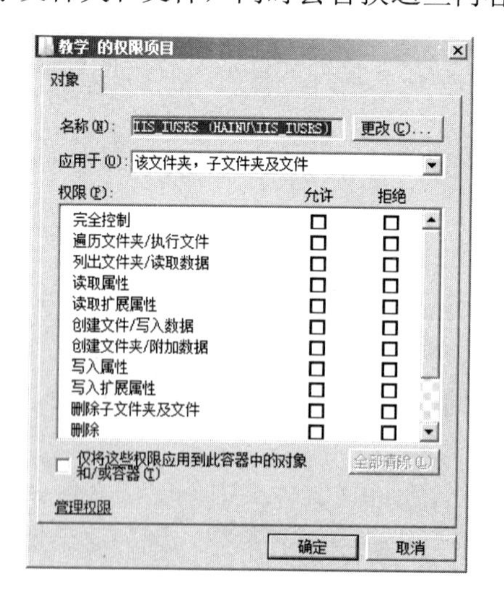

图 5-7　设置特殊权限项目

继承是自动进行的，如果不希望子文件夹和文件的现有权限被补充或替换，则必须从希望不被继承的最顶层文件夹处禁止权限的继承。

要停止“继承”，可在文件或文件夹“高级安全设置”对话框中(“属性”→“安全”

→“高级”)，选择“权限”选项卡，单击“编辑”按钮，打开如图 5-8 所示的可编辑版本“权限”选项卡，取消选中“包括可从该对象的父项继承的权限”复选框。

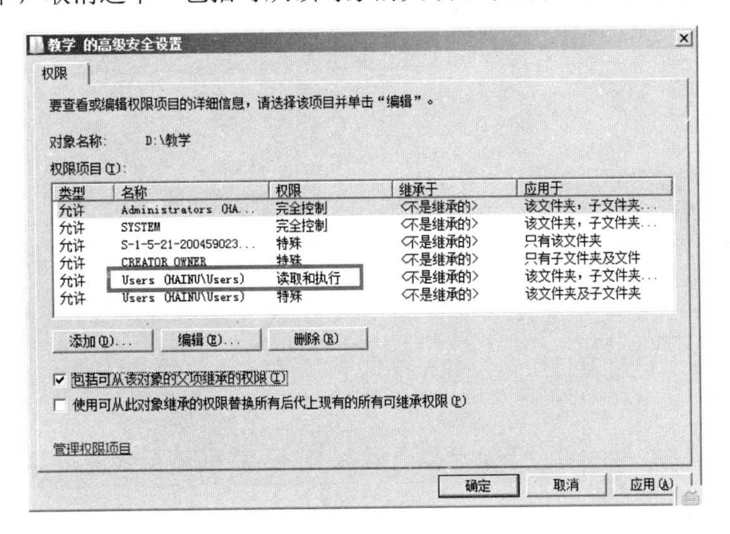

图 5-8 更改继承

5.3.2 审核文件和文件夹的访问

访问权限只能保护数据，无法告诉我们哪些用户删除了重要数据，以及哪些用户曾未经授权尝试访问文件和文件夹。要监控文件和文件夹的访问情况，以及进行的操作，必须为文件和文件夹的访问配置审核。每个完善的安全策略都应该包含审核。

要监控文件和文件夹的访问，须进行如下操作。

- 启用审核。
- 指定要审核的文件和文件夹。
- 监控安全日志。

1. 启用对文件和文件夹的审核

首先需要通过组策略或本地安全策略配置审核策略。本地策略用于为特定的工作站或计算机启用审核。要为特定计算机上的文件和文件夹启用审核，可在“管理工具”中，选择“本地安全策略”命令，启用本地安全策略控制台。在左侧的“本地策略”节点中选择“审核策略”，如图 5-9 所示。

双击“审核对象访问”，打开如图 5-10 所示的“审核对象访问 属性” 对话框，在“审核这些操作”选项下，选中“成功”复选框可以对成功的对象访问进行审核，而选中“失败”复选框则可以对失败的对象访问进行审核。同时选中两个选项，单击“确定”按钮。至此已经启用了审核。

2. 指定要审核的文件和文件夹

要指定被审核的文件和文件夹，可在资源管理器中，打开被审核文件或文件夹的属性对话框，切换至“安全”选项卡，单击“高级”按钮，打开文件或文件夹的“高级安全设

置”对话框，选择“审核”选项卡，并单击“编辑”按钮，如图 5-11 所示，在这里可以查看和管理审核。

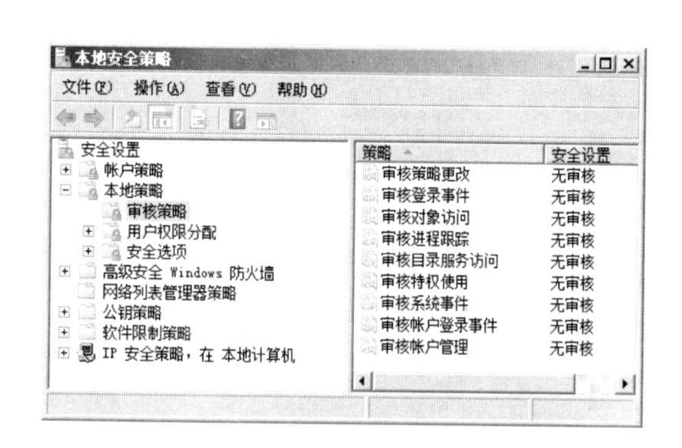

图 5-9　设置本地安全策略控制台

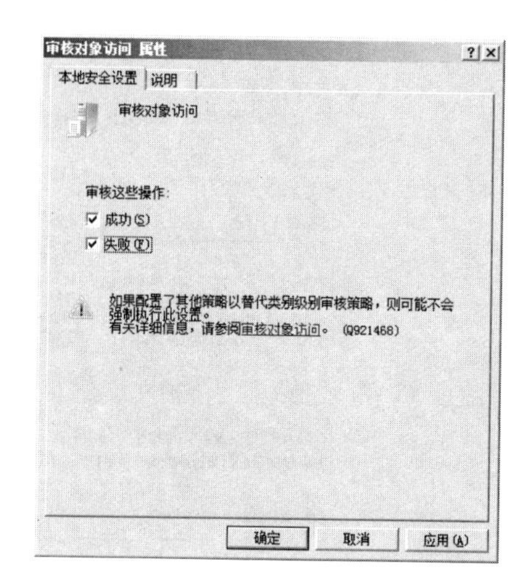

图 5-10　配置对象访问的审核

在“审核项目”列表中，可添加哪些用户对文件或文件夹的哪些操作需要审核。单击“添加”按钮，先添加用户或组，然后在如图 5-12 所示的审核项目对话框中，设置需要审核的操作。

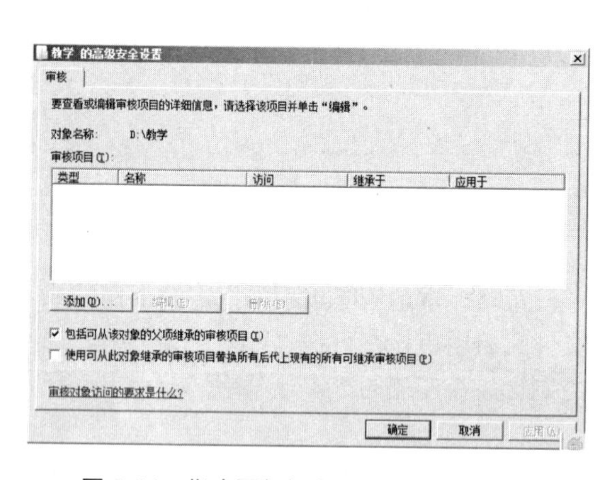

图 5-11　指定要如何应用用户和组的审核

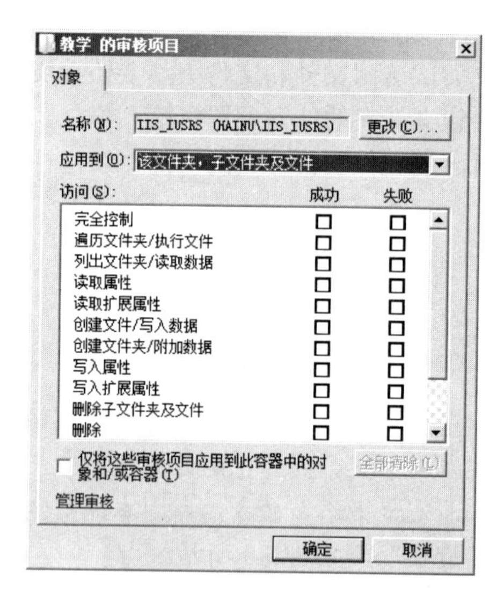

图 5-12　审核项目

3. 监控安全日志

任何情况下，当配置启动了审核的文件或文件夹被访问后，相应的操作就会被写入到系统的安全日志中，供随时查看。安全日志可以通过事件查看器查看。成功的操作会导致成功的事件被记录下来，例如成功删除了文件；失败的操作会导致失败的事件被记录下来，例如执行一个可执行文件失败。

5.3.3 文件与文件夹的加密与压缩

1. 加密

在 Windows Server 2008 中，虽然可以通过 NTFS 权限管理保护用户数据安全，但是这仅存在于硬盘驱动器未被移动的情况下。也就是说，倘若硬盘驱动器被移动到另一台计算机上，NTFS 权限就不起作用了。为了更好地保护用户的数据，在使用 NTFS 权限时可用 EFS 对数据进行加密。

使用 Windows Server 2008 进行文件或文件夹加密或解密的方法如下。

(1) 在资源管理器中，右击需要加密的文件或文件夹，在弹出的快捷菜单中选择“属性”命令，打开属性对话框，如图 5-13 所示。

(2) 单击“高级”按钮，弹出“高级属性”对话框，如图 5-14 所示。

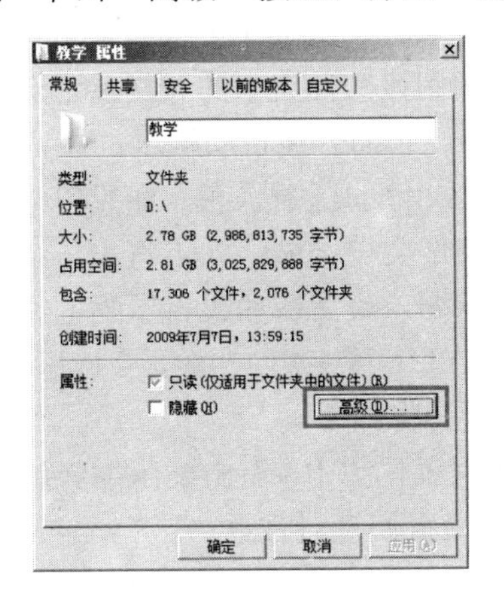

图 5-13 文件夹属性对话框

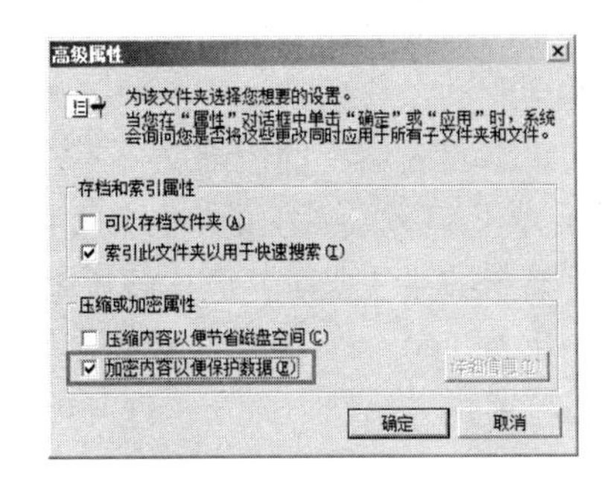

图 5-14 “高级属性”对话框

(3) 选中“加密内容以便保护数据”复选框，单击“确定”按钮，弹出加密警告对话框，如图 5-15 所示。

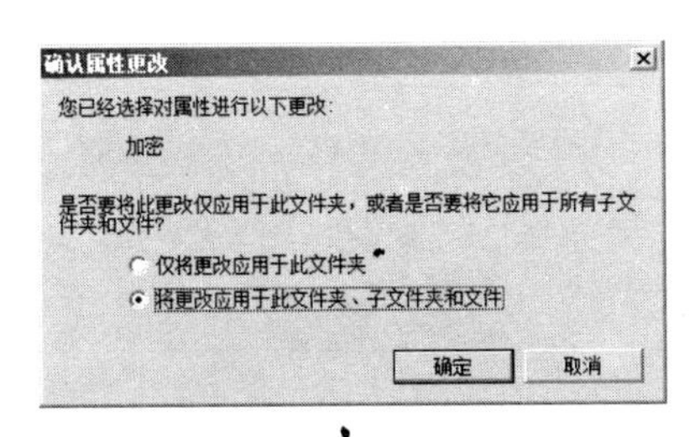

图 5-15 加密警告对话框

如果希望将加密只应用给文件夹中包含的文件，不应用给子文件夹，可选中“仅将更改应用于此文件夹”单选按钮。否则可接受默认设置，将文件夹及子文件夹都应用该选项，单击“确定”按钮。

(4) 单击“确定”按钮，系统便完成对文件加密或解密操作。加密后的文件在资源管理器中，文件名和相关文字描述会变成绿色。

基于 NTFS 的 EFS 文件加密和解密与用户的账户信息和个人配置文件密切相连，如果用户忘记了自己的登录口令或登录口令被系统管理员更改、个人配置文件损坏或丢失，都会造成文件永远处于加密状态，不允许任何人访问，由于 EFS 的加密强度极高，恢复的可能性很小。因此用户做加密操作时，需格外小心。

2. 压缩

Windows 可以让我们在使用 NTFS 文件系统对卷进行格式化操作时直接启用压缩。当卷被压缩后，其中保存的所有文件和文件夹都将在创建时自动被压缩。这个压缩对用户来说是透明的，用户可以像打开未被压缩的文件和文件夹那样，直接打开被压缩的文件和文件夹，然而在内部，Windows 会在打开时自动对文件和文件夹进行解压，并在关闭时重新对其进行压缩。虽然这个过程可能会降低计算机的性能，不过却可以节约大量空间，因为压缩后的文件和文件夹占用的空间更少。

我们还可以在对卷进行格式化之后再启用压缩，如果有必要，还可以只针对特定文件和文件夹启用压缩。在压缩一个文件夹后，添加或复制到该文件夹中的新文件都会被自动压缩，而如果将其移动到 NTFS 卷上的未压缩文件夹中，它们会被自动解压。

移动未压缩的文件到压缩后的文件夹也会改变这些文件的压缩状态。如果将未压缩的文件从不同驱动器移动到被压缩的文件夹或卷中，该文件会被压缩。如果将未压缩的文件移动到同一 NTFS 卷上的压缩文件夹，文件则不会被压缩。最后，如果将压缩的文件移动到 FAT16 或 FAT32 卷上，文件也会被自动解压，因为 FAT16 或 FAT32 卷不支持压缩功能。

要压缩驱动器，或对其进行解压缩，可按以下步骤操作。

(1) 在 Windows 资源管理器或磁盘管理控制台的列表视图中，右击要压缩或解压的驱动器，然后选择“属性”命令，打开如图 5-16 所示的磁盘属性对话框。

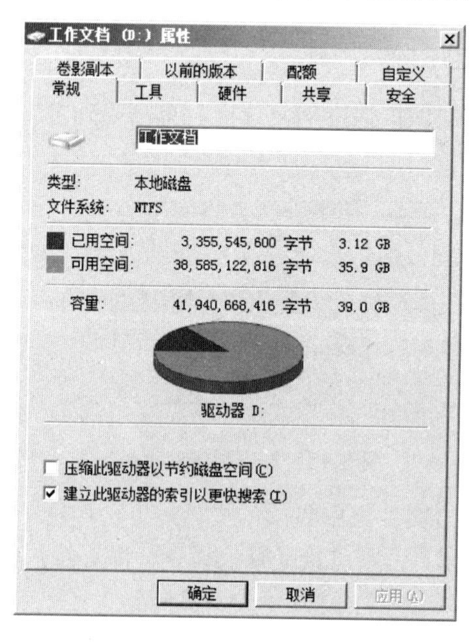

图 5-16 对整个卷进行完全或选择性的压缩

(2) 选中“压缩此驱动器以节约磁盘空间”复选框，在单击“确定”按钮后，会弹出如图 5-17 所示的“确认属性更改”对话框。

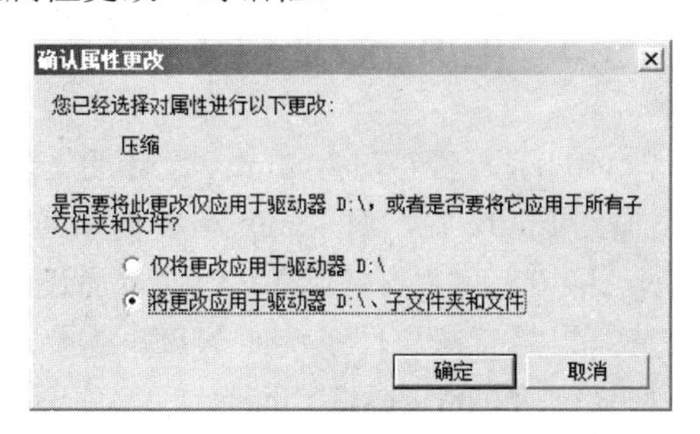

图 5-17 选择一个压缩选项

(3) 如果希望将该变动只应用给该磁盘的根文件夹，可选中“仅将更改应用于驱动器 D:\”单选按钮，否则请使用默认设置，对整个磁盘以及其中包含的内容进行压缩，单击“确定”按钮。

注意 虽然 Windows Server 2008 允许我们压缩系统卷，但并不建议这样做，因为操作系统每次打开时都需要对文件进行解压和压缩，可能会严重影响性能，而且无法同时使用压缩和加密选择，只能使用其中一种。

为了避免影响系统性能，通常我们选择性地压缩和解压特定的文件和文件夹。这样做的好处是只会影响磁盘的部分内容，而不会影响整个磁盘。要压缩或解压特定的文件和文件夹，可按以下步骤操作。

(1) 在 Windows 资源管理器中，右击想要压缩或解压的文件或文件夹，选择“属性”命令。

(2) 在属性对话框的“常规”选项卡上，单击“高级”按钮，弹出如图 5-18 所示的“高级属性”对话框，选中“压缩内容以便节省磁盘空间”复选框，单击“确定”按钮。

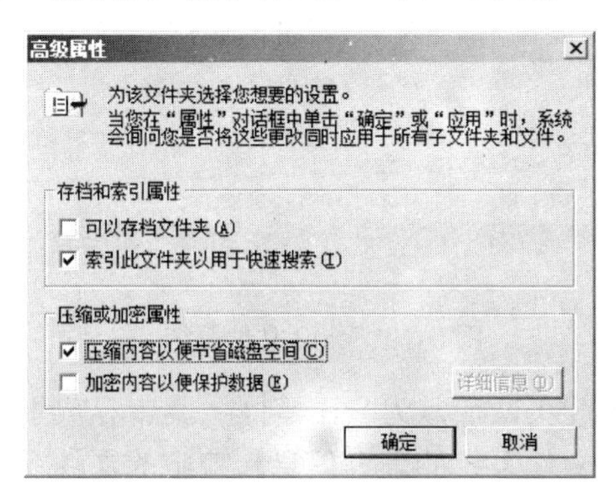

图 5-18 使用“高级属性”对话框压缩特定文件或文件夹

(3) 如果更改的是包含子文件夹的文件夹的压缩属性，随后还会看到“确认属性更改”对话框。如果希望将属性只应用给文件夹中包含的文件，不应用给子文件夹，可选择“仅将此更改应用于此文件夹”。否则可接受默认设置，将文件夹及子文件夹都应用该选项，单击“确定”按钮。

5.4 Linux 文件系统

Linux 最早的文件系统是 MINIX，后专门为 Linux 设计的文件系统——ext2(扩展文件系统第二版)被设计出来并添加到 Linux 中，对 Linux 产生了重大影响。早期的 Linux 内置支持的文件系统不多，自 Kernel 2.0.x 起并支持到 VFAT，以后逐渐增加，到目前可以说绝大多数的文件系统都可以支持，只是有些文件系统如 NTFS 需要重新编译内核才能支持。现在 Linux 可以支持的文件系统包括 ext2、ext3、msdos、vfat、iso9660、smb、ncp、sysv、hpfs 以及 ufs 等。已经安装的 Linux 操作系统究竟支持哪些文件系统类型，需要由文件系统类型注册表来描述。注册表通过 file-system_type 节点来描述已经注册的文件系统类型。Linux 系统也常使用虚拟文件系统(VFS)，通过 VFS 可以直接存取其他已被内核支持的各种文件系统，通过 VFS，Linux 使用其他文件系统就像使用普通 Linux 的 ext 系列文件系统一样。

5.4.1 ext2 文件系统

ext2 文件系统是在 2.2 内核上实现的，支持标准 UNIX 文件类型，如普通文件、目录文件、特别文件和符号链接等。此外还支持在一般 UNIX 文件系统中没有的高级功能，如设置文件属性、支持数据更新时同步写入磁盘、允许系统管理员在创建文件系统时选择逻辑数据块的大小等。

ext2 文件系统把它所占用的磁盘分区首先分为引导区和块组，每个块组都由超级块、记录所有块信息的组描述符表、块位图、i 节点位图、i 节点区和数据区组成，如图 5-19 所示。

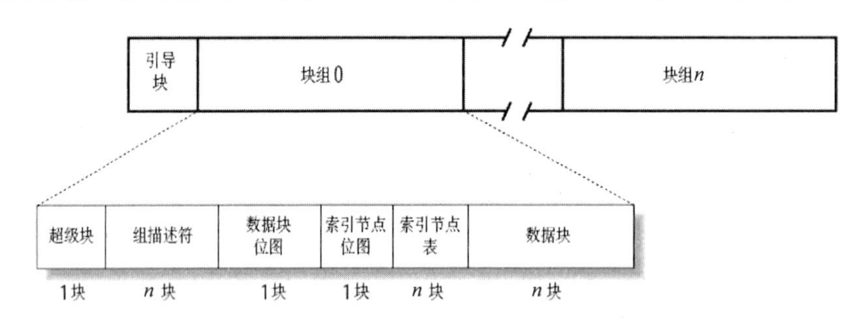

图 5-19 ext2 文件系统

引导块位于文件系统的开头，通常为一个扇区，其中存放引导程序，用于读入并启动操作系统。超级块用于记录文件系统的管理信息，特定的文件系统定义了特定的超级块。inode 区(索引节点)存放文件系统所有的 i 节点，一个文件或目录占据一个索引节点。第一个索引节点是该文件系统的根节点。利用根节点，可以把一个文件系统挂在另一个文件系统的非叶节点上。数据区用于存放文件数据或管理数据。

ext2 文件系统最大的特点包括：

- 当创建 ext2 文件系统时，系统管理员可以根据预期的文件平均长度来选择最佳块大小(从 1024 到 4096 字节)。例如，当文件的平均长度小于几千字节时，块的大小为 1024 字节是最佳的，因为这会产生较少的内部碎片，也就是文件长度与存放它的磁盘分区有较少的不匹配。另外，大的块对于大于几千字节的文件通常比较合适，因为这样的磁盘传送较少，因而减轻了系统的开销。

- 当创建 ext2 文件系统时，系统管理员可以根据在给定大小的分区上预计存放的文件数来选择给该分区分配多少个索引节点。这可以有效地利用磁盘的空间。
- ext2 文件系统把磁盘块分为组。每组包含存放在相邻磁道的数据块和索引节点。正是这种结构，可以用较少的磁盘平均寻道时间对存放在一个单独块组中的文件进行访问。
- 在磁盘数据块被实际使用之前，ext2 文件系统就把这些块预分配给普通文件。因此，当文件的大小增加时，因为物理上相邻的几个块已被保留，这就减少了文件的碎片。

ext2 文件系统高效稳定，但是，随着 Linux 系统在关键业务中的应用，ext2 的弱点也渐渐显露出来。ext2 文件系统是非日志文件系统。ext2 在写入文件内容的同时并没有同时写入文件源数据 meta-data(和文件相关的信息，如权限、所有者、创建和访问时间等)。也就是说，Linux 先写入文件的内容，然后等到空闲时才写入文件的 meta-data。如果在写入文件内容之后，写入 meta-data 之前系统突然断电，就可能造成文件系统处于不一致的状态，尤其是在一个有大量文件操作的系统中出现这种情况会导致很严重的后果。

因此，也便导致了新的日志式文件系统的出现。日志式文件系统用独立的日志文件跟踪磁盘内容的变化。在分区中保存一个日志记录文件，文件系统写操作首先会对记录文件进行操作，如果写操作由于某种原因中断，则在下次系统启动时就会读取日志记录文件的内容来恢复没有完成的写操作。ext3 文件系统即是典型的日志式文件系统。

5.4.2 ext3 文件系统

ext3 文件系统从 ext2 发展而来，它完全兼容 ext2 文件系统，非常稳定可靠。用户可以从 ext2 文件系统平滑地过渡到一个日志功能健全的 ext3 文件系统中。ext3 日志文件系统具有以下特点。

(1) 高可用性：系统使用了 ext3 文件系统后，即使在非正常关机后，系统也不需要检查文件系统。宕机发生后，恢复 ext3 文件系统只要数十秒钟。

(2) 数据的完整性：ext3 文件系统能够极大地提高文件系统的完整性，从而避免意外宕机对文件系统的破坏。在保证数据完整性方面，ext3 文件系统提供了“同时保持文件系统及数据一致性”模式，采用这种方式，不会再看到由于非正常关机而存储在磁盘上的垃圾文件。

(3) 文件系统的速度：尽管使用 ext3 文件系统有时在存储数据时可能要多次写数据，但从总体上看，ext3 比 ext2 的性能还要好。这是因为 ext3 的日志功能对磁盘的驱动器读写头进行了优化，使其读写性能有所提高。

(4) 数据转换：由 ext2 文件系统转换成 ext3 文件系统非常容易，只要简单地输入 tune2fs 命令即可完成整个转换过程，用户不用花时间备份、恢复、格式化分区等。另外，ext3 文件系统可以不经任何更改而直接加载 ext2 文件系统。

(5) 多种日志模式：ext3 提供了多种日志模式，其中包括对所有的文件数据及 meta-data 进行日志记录(data=journal 模式)和只对 meta-data 记录日志(data=ordered/writeback 模式)。系统

管理员可以根据系统的实际工作要求在系统的工作速度与文件数据的一致性之间做出选择。

5.5 Linux 文件系统管理

5.5.1 Linux 文件系统结构

Linux 文件系统采用的是树形结构，整个文件系统以一个树根“/”为起点，所有的文件和外部设备都以文件的形式挂载在这个文件树上，包括硬盘、软盘、光驱、调制解调器等，这和以驱动器盘符为基础的 Windows 系统是大不相同的。虽然 Windows 中也采用树形结构，但在 Windows 中树形结构的根目录是磁盘分区的盘符，有几个分区就有几个树形结构，它们之间的关系是并列的。而在 Linux 文件系统中，无论操作系统管理几个磁盘分区，目录树只有一个。

表 5-3 是 RedHat AS 4.0 文件系统中一些重要的目录位置分布情况和功能清单。

表 5-3 文件系统目录

名 称	说 明
/	根目录，包含了整个 Linux 系统的所有目录和文件
/bin	存放了 Linux 系统所需的几乎所有的命令程序。如 mv、cp、login 等，还有各种类型的 Shell，如 bash、cShell 等
/root	root 用户的专用目录，供系统管理员使用
/boot	存放系统启动时所必需的文件，包括系统核心文件等
/etc	保存与系统设置和管理有关的文件和数据。如用户账号的密码文件 passwd 等
/home	用来存放 Linux 系统中普通用户的专用目录。如 noc 用户的/home/noc 目录等
/dev	存放系统外围设备入口文件，每个外围设备都会在/dev 下对应一个设备文件。如硬盘/dev/had 文件等
/lib	存放系统的共享函数库。如/lib/modules 中存放了系统的一些核心模块，用户可以对其有选择性地加载
/misc	供系统管理员存放公共文件和数据，默认情况下，全部用户都可以读取和执行该目录下的文件和数据，但是只有系统管理员有编辑权限
/mnt	系统提供此目录让用户临时挂载其他的文件系统，如光盘、软盘、NTFS 分区
/proc	该目录的文件并不是真实存在的，而是内存虚拟文件。该目录中的文件只存在于内存中，而不占用外存空间。用于访问系统内核，用户和应用程序可以通过此目录得到系统信息，并修改内核参数
/tmp	供所有系统用户暂时存放文件的目录。默认情况下，所有用户都具有读取、写入、执行的权利。同时某些程序产生的临时文件也存放在这个目录中
/usr	用来存放用户安装的程序、命令、共享库及其他相关文件和数据。如/usr/include 目录下存放了供 C 语言加载的头文件

续表

名　称	说　明
/var	系统运行时，用于存放需要记录的日志或部分临时文件。如/var/log 存放系统日志文件；/var/spool/mail 存放电子邮件
/opt	存放可选文件和程序，主要被第三方开发者用来简易地安装和卸载他们的软件包

5.5.2　Linux 文件类型

Linux 操作系统支持普通文件、目录文件、设备文件及符号链接文件等文件类型。

1. 普通文件

普通文件也称作常规文件，包含各种长度的字符串。内核对这些数据没有进行格式化，只是作为有序的字节序列把它提交给应用程序。应用程序自己组织和理解这些数据，通常把它们归为下述类型之一。

- 文本文件，由 ASCII 字符构成。例如，信件、报告和称作脚本(Script)的命令文本文件。
- 数据文件，由来自应用程序的数字型和文本型数据构成。例如，电子表格、数据及字处理文档。
- 可执行的二进制程序，由机器指令和数据构成。例如，系统提供的命令。

使用 file 命令可以确定指定文件的类型。例如：

```
[root@localhost~]#  file/usr/bin/file
/usr/bin/file:ELF32-bit  LSB  executable,intel80386,version1(SYSV),forGNU
/Linux 2.2.5, dynamically linked(uses shared libs), stripped
```

从以上的输出中，可以看出/usr/bin/file 是可执行文件。

2. 目录文件

目录是一类特殊的文件，利用它可以构成文件系统的分层树结构。与普通文件相同的是，目录文件也包含数据，但目录文件与普通文件的差别是，内核对这些数据加以结构化，它是由成对的 i 节点号/文件名构成的列表。

每个目录的第一项都表示目录本身，并以“.”作为它的文件名。每个目录的第二项的名字是“..”，表示该目录的父目录。

3. 设备文件

在 Linux 系统中，所有设备都作为一类特殊文件对待，用户像使用普通文件那样对设备进行操作，从而实现设备无关性。但是，设备文件除了存放在文件 i 节点中的信息外，它们不包含任何数据，系统用它们来标识各个设备驱动器，内核使用它们与硬件设备通信。

4. 符号链接文件

Linux 具有为一个文件起多个名字的功能，称为链接。被链接的文件可以存放在相同的或不同的目录下。如果在同一目录下，二者必须有不同的文件名，而不用在硬件上为同样

的数据重复备份。如果在不同的目录下，那么被链接的文件可以与原文件同名，只要对一个目录下的该文件进行修改，就可以完成对所有目录下链接文件的修改。链接文件具有如下特性。

- 删除源文件或目录时，只删除了数据，不会删除链接。一旦以同样文件名创建了源文件，链接将继续指向该文件的新数据。
- 在目录长列表中，符号链接作为一种特殊的文件类型显示出来，其第一个字母是“l”。
- 符号链接文件的大小是其所链接文件的路径名的字节数。

5.5.3 Linux 文件及目录权限

在 Linux 中的每个文件或目录都包含了访问权限，这些访问权限决定了谁能访问和如何访问这些文件和目录。通过设置权限可以以下三种访问方式限制访问权限。

- 只允许用户自己访问。
- 运行一个预先制定的用户组中的用户访问。
- 允许系统中的任何用户访问。

同时，用户能够控制一个给定的文件或目录的访问程度。一个文件或目录可能有读、写及执行权限。当创建一个文件时，系统会自动地赋予文件所有者读写的权限，这样可以允许所有者能够显示文件内容和修改文件。文件所有者可以将这些权限改变为任何他想要指定的权限。

1. 用户分类

Linux 中有 3 种不同的用户类型能够访问一个文件或目录。

- 文件和目录的所有者。
- 文件和目录所有者所在的用户组。
- 其他用户。

所有者就是创建文件的用户，每个用户都是他所创建的所有文件和目录的所有者，用户可以允许所在的用户组能访问用户的文件。通常，用户都组合成用户组。例如，某一类或某一项目的所有用户都可以被系统管理员归为一个用户组，一个用户能够授予所在用户组的其他成员访问文件的权限。最后，用户也可以将自己的文件向系统内的所有用户开放，这样，系统中所有的用户都能够访问该用户的目录或文件。

2. 访问权限分类

一个文件或目录可能有读(r)、写(w)和执行(x)三种权限。三类用户中的每一类都有自身的读、写和执行权限。第一套权限是控制访问自己文件的权限，即所有者权限；第二套权限是控制用户组访问一种一个用户的文件的权限；第三套权限是控制其他所有用户访问一个用户的文件的权限，这三套权限赋予不同用户的读、写及执行权限，就构成了一个有 9 种类型的权限组。

可以用文件列表查看命令 ls 显示文件的详细信息，其中包括权限的详细信息：

```
[root@localhost~]# ls-al
总用量 476
drwxr-x---    17  root   root    4096    9月  23 15:32.
drwxr-xr-x    25  root   root    4096    9月  22 09:04..
-rw-r--r--     1  root   root    1158    8月  29 16:23 anaconda-ks.cfg
-rw-----       1  root   root    5486    9月  23 16:56 .bash_history
-rw-r--r--     1  root   root      24    2004-09-23  .bash_logout
-rw-r--r--     1  root   root     191    2004-09-23  .bash_profile
-rw-r--r--     1  root   root     176    2004-09-23  .bashrc
drwxr-xr-x     3  root   root    4096    8月  29 16:30.config
-rw-r--r--     1  root   root     100    2004-09-23 .cshrc
drwxr-xr-x     2  root   root    4096    8月  29 16: 30.Desktop
-rw--------    1  root   root      26    8月  29 16: 30.dmrc
drwxr-x---     2  root   root    4096    8月  29 16:30.eggcups
```

在以上所示的执行命令回显结果中，第 1 个字符一般用来区分文件和目录。

- d：表示是一个目录，在 ext 系统中，目录是一个特殊的文件。
- -：表示是一个普通的文件。
- l：表示是一个符号链接文件，实际上它指向另一个文件。
- b、c：分别表示区块设备和其他的外围设备，是特殊类型的文件。

第 2～10 个字符则用来表示文件的访问权限，它们当中每 3 个为一组，左边 3 个字符表示所有者权限，中间 3 个字符表示与所有者同一组用户的权限，右边 3 个字符是其他用户的权限。这 3 个一组共 9 个字符，代表的含义如下。

- r(Read，读取)：对文件而言，具有读取文件内容的权限；对目录而言，具有浏览该目录信息的权限。
- w(Write，写入)：对文件而言，具有新增、修改文件内容的权限；对目录而言，具有删除、移动目录内文件的权限。
- x(Execute，执行)：对文件而言，具有执行文件的权限；对目录而言，具有进入目录的权限。
- -：表示不具有该项权限。

5.5.4 Linux 文件和目录权限与所有权设置

1. 使用 chmod 命令更改目录或文件的权限

chmod 命令可用于对文件和目录做访问权限的修改。chmod 命令有两种最为常用的操作方式。

- 权限代号修改法，如：chmod a+x file。
- 数字权限修改法，直接赋予文件八进制数字所代表的权限，如：chmod 777 file。

(1) 权限代号修改法

权限代号修改法的设置模式由权限范围+操作符+权限代号组成，并可以用多种模式复合起来表示，例如，要为文件 admin.txt 的所有者赋予读写该文件，但不可执行的权限，且所属组用户不能执行该文件，可用如下命令：

```
# chmod u+rw-x,g-x admin.txt
```

权限范围的表示法如表 5-4 所示。

表 5-4 权限范围表示法

字 符	含 义
u	文件或目录的所有者
g	文件或目录的所属群组
o	除文件或目录拥有者或所属群组之外的其他用户
a	全部用户，包含所有者、所属群组及其他用户

操作符表示法如表 5-5 所示。

表 5-5 操作符表示法

字 符	含 义
+	向权限范围增加权限代号所表示的权限
-	向权限范围取消权限代号所表示的权限
=	向权限范围赋予权限代号所表示的权限

(2) 数字权限修改法

数字权限修改法设置的关键是权限的取值。我们将 rwx 看成二进制数，如果有该权限则用 1 表示，没有则用 0 表示。那么 rwx r-x r--则可以表示为：111 101 100。再将其每三位转换成为一个十进制数，即为 754。

例如，希望 admin.txt 这个文件的权限如表 5-6 所示。

表 5-6 权限列表

	自 己	同组用户	其他用户
可读	是	是	是
可写	是	是	
可执行			

那么，可以先根据表 5-6 得到权限串：rw-rw-r--，那么转换成二进制数就是 110 110 100，再将每三位转换成为一个十进制数，就得到 664。因此我们可执行命令：

```
# chmod 664 admin.txt
```

如果想一次修改某个目录下所有文件的权限，包括子目录的文件权限也修改，要使用参数-R 表示启动递归处理。例如，把/home/user 目录与其中的文件和子目录的权限都设置为 rwxrw-rw-，可用如下命令：

```
# chmod -R 755 /home/user                //数字权限修改法
# chmod -R u+rwx, g-x, o-x /home/user    //权限代号修改法
```

2. 使用 chown 命令改变目录或文件的所有权

文件与目录不仅可以改变权限，其所有权及所属用户组也能修改。

(1) 用 chown 命令修改文件所有者

首先我们执行 ls –l 命令查看以下目录的情况：

```
[root@localhost~]#  lS-1
总用量 200
-rw-------  1 root  root   0       9月23  17:40  admin.txt
-rw-r--r--  1 root  root   1158    8月29  16:23  anaconda-ks.cfg
-rw-------  1 root  root   0       9月23  17:39  apple.txt
drwxr-xr-x  2 root  root   4096    8月29  16:30  Desktop
-rw-------  1 root  root   0       9月23  17:40  httpd.conf.bak
-rw-r--r--  1 root  root   44972   8月29  16:23  install.log
-rw-r--r--  1 root  root   6099    8月29  16:23  install.log.syslog
-rw-r--r--  1 root  root   103807  9月22  18:23  Screenshot.png
```

从以上所示的执行结果可看到，admin.txt 文件的所有者为 root，所属用户组为 root。执行以下命令，把 admin.txt 文件的所有权转移到用户 teacher：

```
# chown teacher admin.txt
```

再执行 ls –l 命令查看目录情况：

```
[root@localhost~]#  ls-1
总用量 200
-rw-------  1 teacher root       0  9月23  17:40  admin.txt
-rw-r--r--  1 root  root      1158  8月29  16:23  anaconda-ks.cfg
-rw-------  1 root  root         0  9月23  17:39  apple.txt
drwxr-xr-x  2 root  root      4096  8月29  16:30  Desktop
-rw-------  1 root  root         0  9月23  17:40  httpd.conf.bak
-rw-r--r--  1 root  root     44972  8月29  16:23  install.log
-rw-r--r--  1 root  root      6099  8月29  16:23  install.log syslog
-rw-r--r--  1 root  root    103807  9月22  18:23  Screenshot.png
```

可以看出 admin.txt 文件的所有者已经发生了变化，从 root 变成了 teacher。

(2) 用 chown 命令修改文件所属组

要改变所属组，需使用 chown :groupname filename 命令。例如，要把 admin.txt 的文件所属组改为 ftp 组，可采用如下命令：

```
# chown :ftp admin.txt
```

(3) 用 chown 命令修改目录所有者和所属组

假如想一次修改某个目录下所有文件的所有者，包括子目录中的文件所有者也要修改，可使用参数-R 表示启用递归处理。例如，要修改 desktop 及其子目录的所有者，命令如下：

```
# chown -R teacher desktop
```

要把 desktop 及其子目录的所属组改为 admin，可采用命令：

```
# chown -R :admin desktop
```

5.5.5 Linux 文件系统挂载

Linux 在启动过程中，会安装文件/etc/fstab 中的设置，把各个分区上的文件系统加载到对应的加载点上去。除了加载 Linux 所必需的文件系统外，Linux 用户还经常需要使用其他

的各种文件系统，特别是一台机器上同时安装了多个操作系统的时候。例如，如果机器上同时安装了 Linux 和 Windows 2008，其中 Windows 的 C 盘采用了 NTFS，E 盘采用了 FAT32 文件系统。而在 Linux 上工作时，常常需要访问 Windows 的 C 盘和 E 盘内容，这时需要通过 mount 命令去加载一个文件系统。

mount 命令格式如下：

```
mount [-t vfstype] [-o options] device dir
```

其中，

- -t vfstype：指定文件系统的类型，也可以不指定。mount 会自动选择正确的类型。
- -o options：用来描述设备或档案的挂接方式。常用参数如下。
    - loop：用于把一个文件当成硬盘分区挂载上系统。
    - ro：采用只读方式挂载设备。
    - rw：采用读写方式挂载设备。
    - iocharset：指定访问文件系统所用字符集。
    - device：要挂载的设备代号。
    - dir：设备在系统上的挂载点(mount point)。

例 1 挂载 FAT32、NTFS 文件系统。

假设要挂载 Windows 的 E 盘，设备编号为/dev/hda6，挂载点为/mnt/E。挂载命令如下：

```
# mount -t vfat /dev/hda6 /mnt/E
```

在实际操作中，中文的文件名和目录名会出现乱码，为了避免这种情况可以指定字符集：

```
# mount -t vfat -o iocharset=cp936 /dev/hda6 /mnt/E
```

其中：cp936 指简体中文。

在目前多数的 Linux 版本上，挂载 NTFS 分区需要重编译 Linux 内核。如果内核支持 NTFS，可用以下命令挂载：

```
# mount -t ntfs -o iocharset=cp936 /dev/hda6 /mnt/E
```

例 2 挂载 U 盘上的文件系统。

Linux 对 USB 设备有很好的支持，U 盘被识别为一个 SCSI 盘，可用以下命令挂载：

```
# mount -t vfat /dev/sda1 -o iocharset=cp936 /mnt/usb
```

例 3 挂载光盘镜像文件。

要挂载光盘镜像文件，可执行如下命令：

```
# mount -o loop -t iso9660 /home/student/mydisk.iso /mnt/vcdrom
```

这样就可以用/mnt/vcdrom 来访问光盘镜像文件 mydisk.iso 里的所有文件了。

本 章 小 结

本章主要介绍了 Windows 和 Linux 所支持的文件系统。介绍了 Windows 系统中使用的

FAT 和 NTFS 的特点和性能。针对 NTFS 文件系统，描述了如何管理文件和文件夹的所有权、权限、审核，以及对文件、文件夹进行压缩和加密的方法。在 Linux 部分，主要介绍了 Linux 操作系统中支持的文件系统类型及各自的特点，并对 Linux 文件系统目录结构、文件系统权限、所有权设置，以及文件系统的挂载进行了详细介绍。

习 题

1. 比较说明 FAT 文件系统和 NTFS 文件系统的特点。
2. NTFS 文件和文件夹的访问权限有哪些？如何设置？
3. 简述 Linux 支持哪些文件系统及其特点。
4. Linux 中如何设置文件和文件夹的权限？

第6章　Windows Server 2008 活动目录

学习目标：

- 了解活动目录的基本概念
- 了解活动目录的逻辑结构和物理结构
- 掌握如何在 Windows Server 2008 中安装活动目录
- 掌握如何管理活动目录中的用户和计算机
- 掌握如何管理活动目录的信任关系
- 掌握活动目录中站点的管理方法

6.1　活动目录概述

活动目录(Active Directory)服务功能是 Windows Server 2008 最为重要的功能之一，它提供了用于存储目录数据并使该数据可由网络用户和管理员使用的方法，它将网络中各种对象组织起来，方便了网络对象的查找，加强了网络的安全性，并大大有利于用户对网络的管理。

活动目录是一个分布式的目录服务。信息可以分散在多台不同的计算机上，并能够保证快速访问和容错；同时，不管用户从何处访问或信息处在何处，都对用户提供统一的视图。

活动目录包括两个方面：目录和与目录相关的服务。目录是存储各种对象的一个物理上的容器，从静态角度来理解它与我们所熟知的“目录”和“文件夹”没有本质区别，仅仅是一个对象、一个实体；而且目录服务是使目录中所有信息和资源发挥作用的服务。目录服务标记管理网络中的所有实体资源(如计算机、用户、打印机、文件、应用等)，并且提供了命名、描述、查找、访问以及保护这些实体信息的一致性的方法，允许相同网络上的其他已授权用户和应用访问这些资源。目录服务区别于目录的地方在于，目录服务能够把目录中存储的信息提供给管理员、用户、网络服务或应用程序。理想情况下，目录服务是网络的物理拓扑结构和协议对用户来说是透明的，用户可以访问任何资源而不用知道它们之间是怎样以及在哪里连接的。

6.2　活动目录的结构

6.2.1　活动目录的逻辑结构

活动目录的结构主要是指网络中所有用户、计算机及其他资源的层次结构。

如图 6-1 所示，活动目录是由组织单元(OU)、域(Domain)、域树(Domain Tree)、森林

(Forest)构成的层次结构。活动目录为每个域建立一个目录数据库的副本，这个副本只存储用于这个域的对象。如果多个域之间有相互关系，它们可以构成一个域树。在每个域树中，每个域都拥有自己的目录数据库副本存储自己的对象，并且可以查找域树中其他目录数据库的副本。如果多个域树之间有相互关系，它们可以构成域林。Windows Server 2008 活动目录的这种层次结构使得企业网络具有很强的扩展性，便于组织、管理以及目录定位。

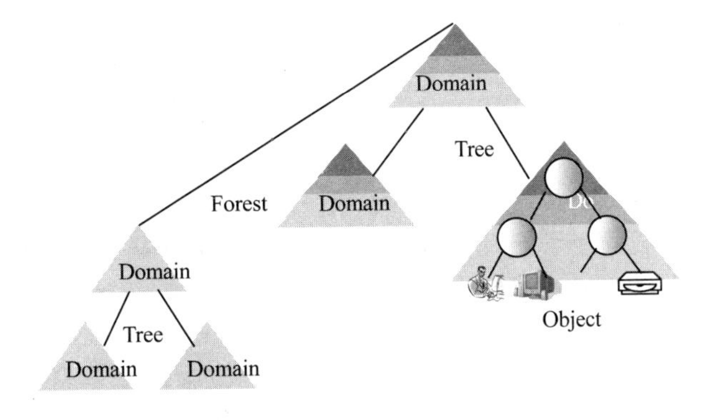

图 6-1 活动目录层次结构

1. 域

域(Domain)是活动目录的核心单元，是共享同一活动目录的一组计算机集合；在 Windows Server 2008 中，域是安全的边界，在默认的情况下，一个域的管理员只能管理他自己的域，一个域的管理员要管理其他的域，需要专门的授权；在活动目录的复制过程中，域也是一个重要的复制单位，一个域可以包含多个域控制器，由于活动目录采用多主机复制模式，所以当某个域控制器的活动目录数据库修改以后，会将此修改复制到其他所有域控制器。

2. 组织单元

组织单元(OU)(见图 6-2)是域下面的容器对象，用于组织活动目录对象的管理，以简化工作；OU 可用来匹配一个企业的实际组织结构，域的管理员可以指定某个用户去管理某个 OU；OU 也可以像域一样做成树状的结构，即 OU 下面还可以有 OU。

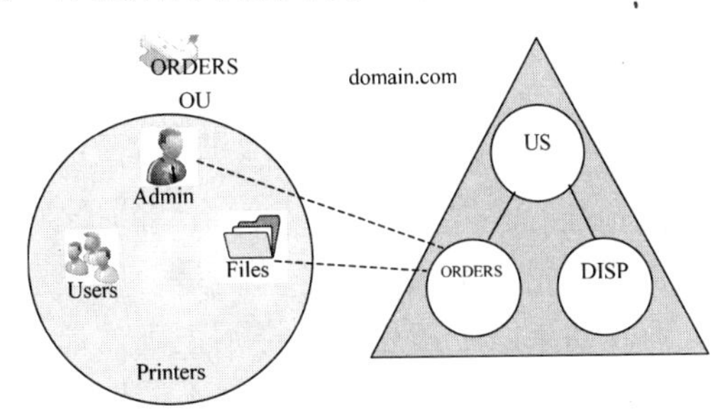

图 6-2 组织单元

由于 OU 层次结构局限于域的内部，所以一个域中的 OU 层次结构和另一个域中的 OU 层次结构没有任何关系，就像 Windows 资源管理器中位于不同的目录下的文件，可以重名

或重复。

组织单元是可以指派组策略设置或委派管理权限的最小作用域或单位，可授予用户对域中所有组织单元或对单个组织单元的管理权限。使用组织单元，可在组织单元中代表逻辑层次结构的域中创建容器，这样就可以根据用户的组织模型管理账户、资源的配置和使用。

3. 域、域树和森林

域是目录服务的基本管理单位，是对象(如计算机、用户等)的容器。这些对象有相同的安全需求、复制过程和管理。域模式最大的好处就是它的单一网络登录能力，任何用户只要在域中有一个账户，就可以漫游网络。同时域还是安全的边界，域管理员只能管理域的内部，除非其他的域显式地赋予了他管理权限，他才能访问或管理其他的域。

一个域可以是其他域的子域或父域，这些子域、父域构成了一棵树——域树(Domain Tree)。域树是由多个域组成的，这些域共享同一结构和配置，形成一个连续的名字空间，共享相同的 DNS 域名后缀。域树中的域层次越深，级别越低，一个“.”代表了一个层次，例如，域 child.Microsoft.com 比 Microsoft.com 这个域的级别低。

多棵树就构成了森林(Forest)。森林中的每棵域树拥有它自己的唯一的命名空间。在森林中创建的第一棵域树默认地被创建为该森林的根树(Root Tree)，如图 6-3 所示。

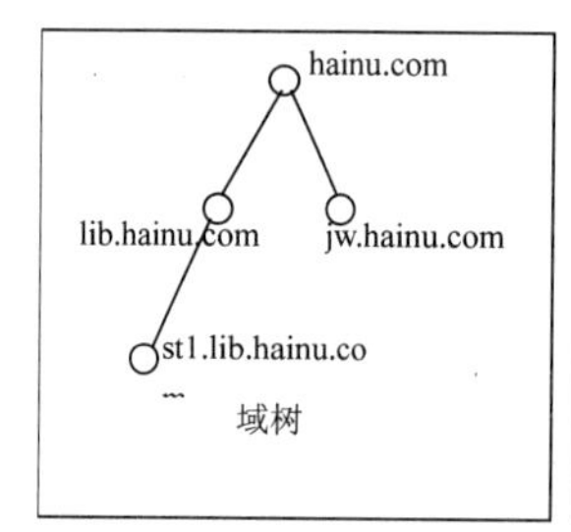

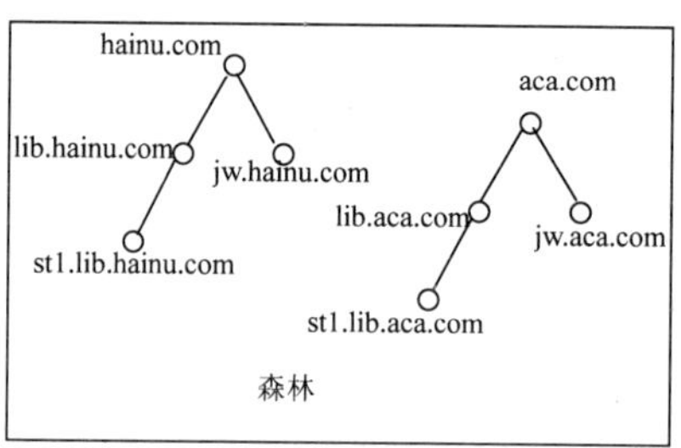

图 6-3　域树与森林

6.2.2　活动目录的物理结构

物理结构与逻辑结构有很大不同，逻辑结构侧重于网络资源的管理，而物理结构则侧重于网络的配置和优化。活动目录的物理结构由域控制器和站点组成。

1. 域控制器

域控制器是实际存储活动目录的数据库，是用来管理用户登录、验证和目录搜索的任务。域控制器中包含了由这个域的账户、密码、属于这个域的计算机等信息构成的数据库。当计算机联入网络时，域控制器首先要鉴别这台计算机是否属于这个域，用户使用的登录账户是否存在、密码是否正确。如果以上信息有一样不正确，那么域控制器就会拒绝这个用户从这台计算机登录。不能登录到域控制器，用户就不能访问服务器上有权限保护的资源，他只能以对等网用户的方式访问 Windows 共享出来的资源，这样就在一定程度上保护了网络上的资源。

在 Windows 2008 的活动目录中每台域控制器都维护着活动目录的读/写的副本，管理其变化和更新。在一个域中各域控制器之间相互复制活动目录的改变。在一个域林中，各域控制器之间把某些信息自动复制给对方。

2. 站点

站点是指包括活动目录域服务器的一个网络位置，通常是一个或多个通过 TCP/IP 连接起来的子网。站点内部的子网通过可靠、快速的网络连接起来。站点的划分使得管理员可以很方便地配置活动目录的复杂结构，更好地利用物理网络特性，使网络通信处于最优状态。使用站点的意义在于以下几点。

(1) 提高了验证过程的效率。当客户使用域账户登录时，登录机制首先搜索与客户处于同一站点内的域控制器，使用客户站点内的域控制器可以使网络传输本地化，加快了身份验证的速度，从而提高了验证过程的效率。

(2) 平衡了复制频率。活动目录信息可在站点内部或站点与站点之间进行信息复制，但由于网络的原因，活动目录在站点内部复制信息的频率高于站点间的复制频率。这样做就可以平衡对最新目录信息的需求和可用网络带宽带来的限制。

(3) 可以提供有关站点链接信息。活动目录可使用站点链接信息费用、链接使用次数、链接何时可用以及链接使用频度等信息确定应使用哪个站点来复制信息，以及何时使用该站点，定制复制计划使复制在特定时间(如网络传输空闲时)进行会使复制更为有效。

6.3 安装活动目录

在 Windows Server 2008 中安装活动目录可以参照以下步骤进行操作。

(1) 在服务器管理器的左侧窗格中选择“角色”节点，单击“添加角色”链接，随后打开“添加角色向导”。阅读欢迎信息，并单击“下一步”按钮。

(2) 在“选择服务器角色”界面中(见图 6-4)，选中“Active Directory 域服务”复选框，然后单击“下一步”按钮两次。

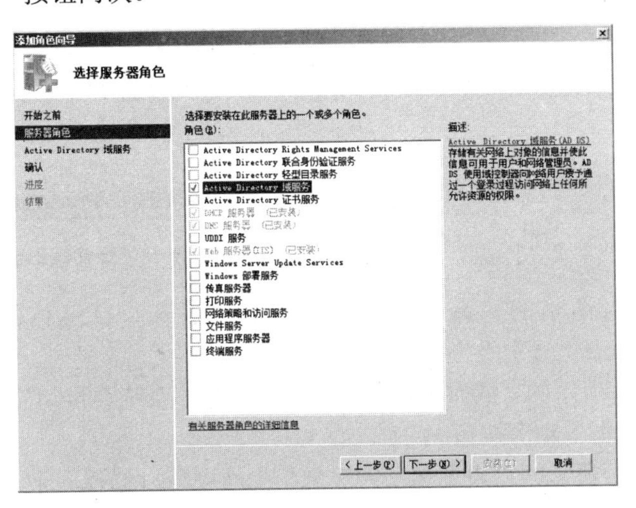

图 6-4 添加“Active Directory 域服务”

(3) 单击“安装”按钮，向导会自动安装 Active Directory 域服务。当出现如图 6-5 所示的安装结果界面时，可单击“关闭”按钮退出添加角色向导。

(4) 返回服务器管理器窗口，在左侧“角色”节点下选择“Active Directory 域服务”，在如图 6-6 所示的界面中，可以看到 Active Directory 域服务已经安装，但是还没有将当前服务器作为域控制器运行，因此需要单击右侧窗格中的“运行 Active Directory 域服务安装向导(dcpromo.exe)”链接来继续安装域服务。

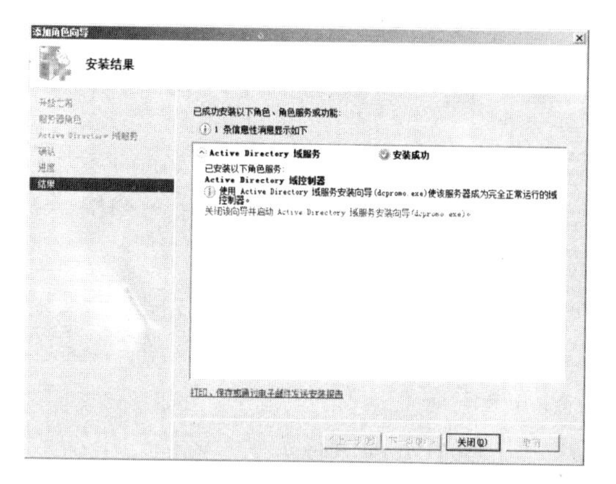

图 6-5　域服务安装成功

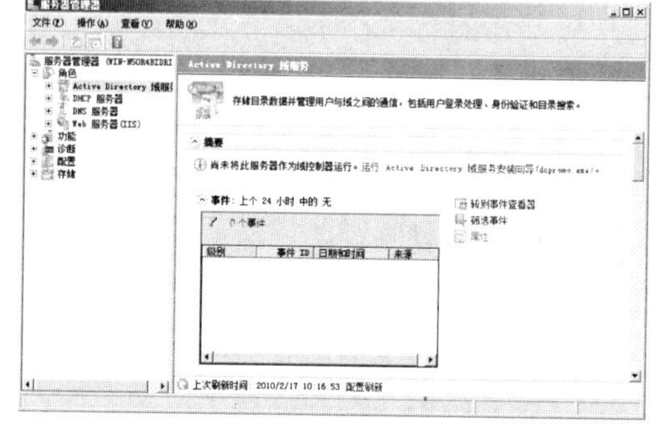

图 6-6　在服务器管理器窗口查看域服务

(5) 在域服务安装向导的欢迎界面中，可选中“使用高级模式安装”复选框，以便可以针对域服务更多的细节部分进行设置，如图 6-7 所示。单击“下一步”按钮两次。

(6) 在如图 6-8 所示的“选择某一部署配置”界面中选中“在新林中新建域”单选按钮，并单击“下一步”按钮。

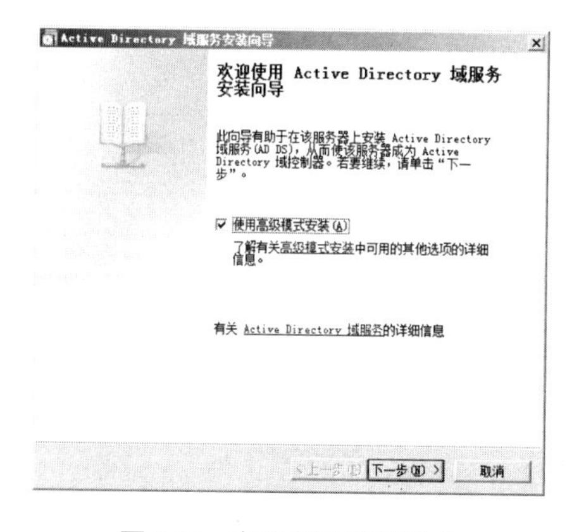

图 6-7　选择高级安装模式

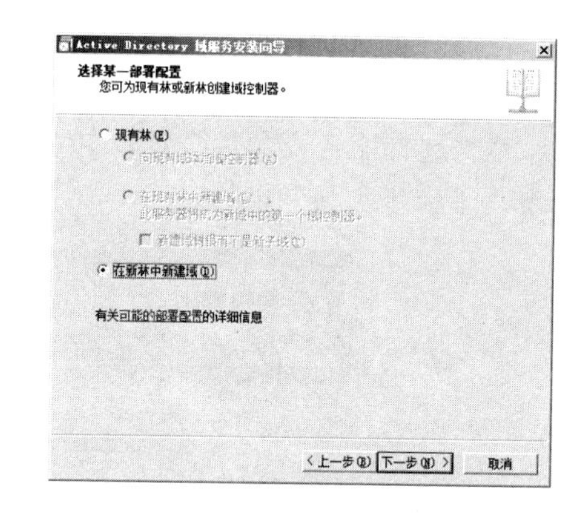

图 6-8　选中“在新林中新建域”单选按钮

(7) 在如图 6-9 所示的“命令林根域”界面中输入新目录林根级域的域名，如 hainu.edu.cn，然后单击“下一步”按钮。

(8) 在如图 6-10 所示的“域 NetBIOS 名称”界面中，系统会自动显示默认的 NetBIOS 名称，可直接单击“下一步”按钮。

(9) 在如图 6-11 所示的“设置林功能级别”界面中可以选择多个不同的 Windows 版本，考虑到网络中可能有低版本的 Windows 系统计算机，此时可以选择 Windows 2000。单击“下一步”按钮，并在接下来的域功能级别对话框中选择“Windows 2000 纯模式”选项。

(10) 系统会自动检测DNS服务器，如果检测到还没有安装该服务器，则可在如图6-12所示的对话框中选中“DNS服务器”复选框，将其一并安装。

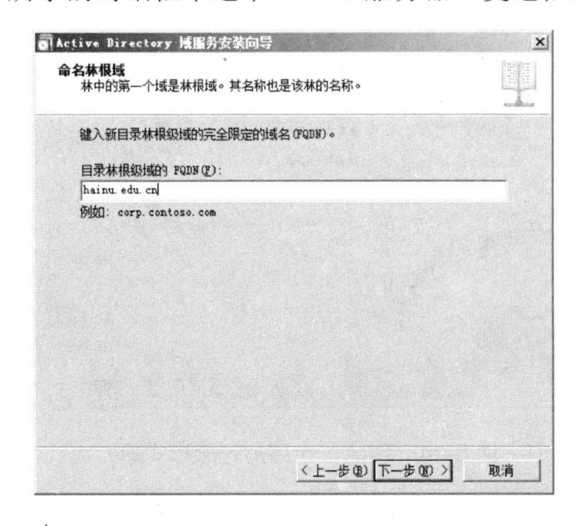

图6-9 输入域名

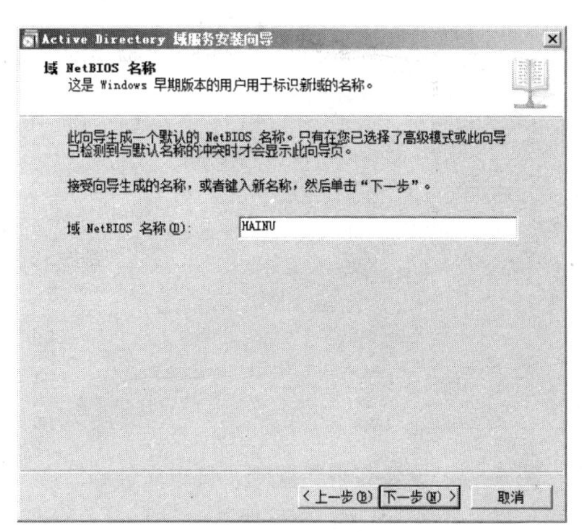

图6-10 设置NetBIOS信息

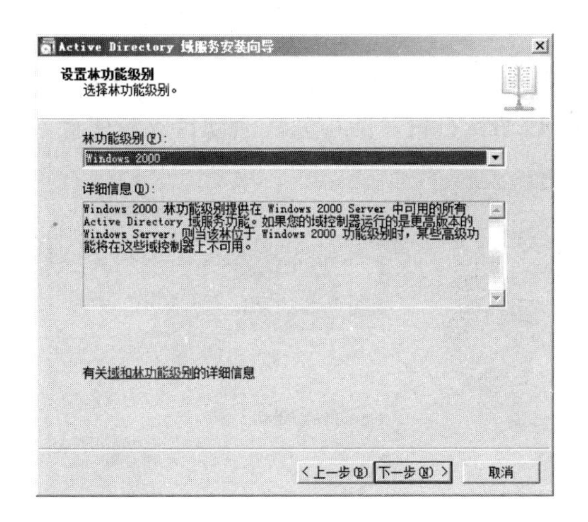

图6-11 选择林功能级别

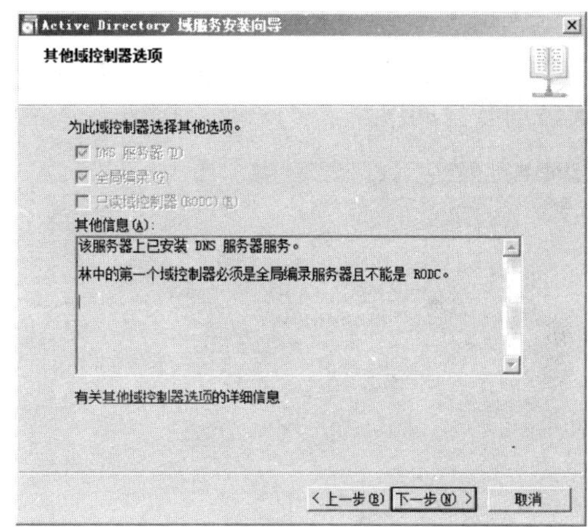

图6-12 设置域控制器选项

(11) 在如图6-13所示的对话框中，可以设置活动目录数据库、日志文件和SYSVOL文件夹存放的位置，这里要求必须是NTFS分区，至少要有250MB的剩余空间。在Windows Server 2008的活动目录中，共享系统卷是一个名为SYSVOL的文件夹，在默认情况下，位于Windows/SYSVOL安装目录下。该文件夹下存放的是域的公用文件，如果在域下有多个域控制器，就需要在域之间复制SYSVOL下的内容。在此通常按照默认设置即可。

(12) 在如图6-14所示的对话框中输入两次完全一致的密码，用以创建目录服务还原模式的Administrator账户密码。当启动Windows Server 2008时，在键盘上按F8键，在出现的启动选择菜单中选择“目录还原模式”选项，启动计算机就需要输入该密码。目录还原模式允许还原系统状态数据，包括注册表、系统文件、启动文件、Windows文件保护下的文件、数字证书服务数据库、活动目录数据库、共享的系统卷等。完成设置后单击“下一步”按钮。

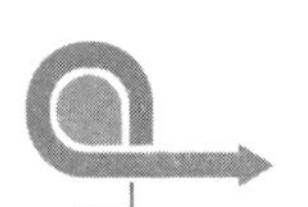

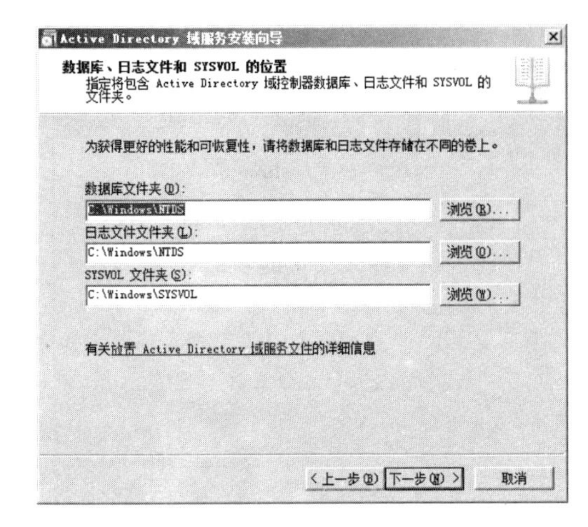

图 6-13　设置获得数据库、日志文件和 SYSVOL 的位置

图 6-14　创建目录服务还原模式的 Administrator 账户密码

(13) 在如图 6-15 所示的“摘要”界面中，可以查看上述配置的信息，确认后单击“下一步”按钮。

(14) 安装向导会自动进行活动目录的安装和配置，随后在如图 6-16 所示的完成活动目录安装向导界面中单击“完成”按钮，并且重新启动计算机，即可完成活动目录的配置。

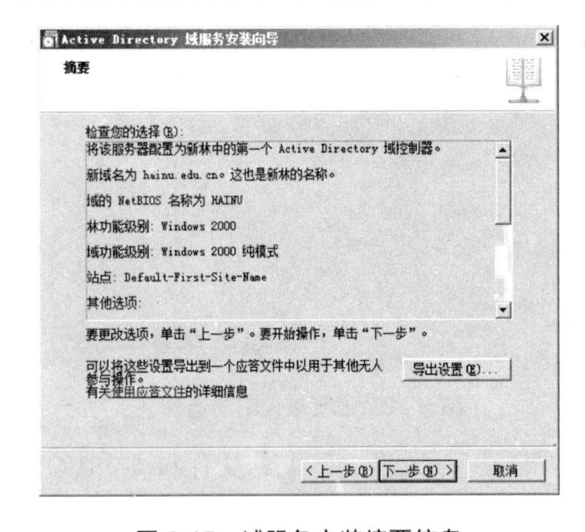

图 6-15　域服务安装摘要信息

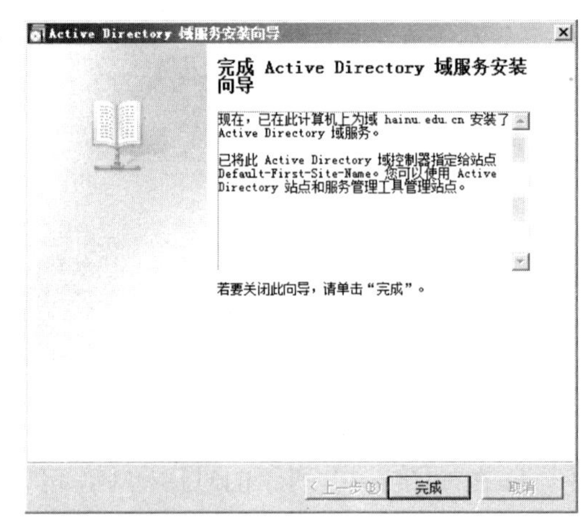

图 6-16　完成域服务安装

活动目录安装好之后，Windows Server 2008 的管理工具中，会增加与活动目录有关的几个管理工具，如图 6-17 所示。

其中：

- “Active Directory 用户和计算机”用于管理活动目录的对象、组策略和权限等。
- “Active Directory 域和信任关系”用于管理活动目录的域和信任关系。
- “Active Directory 站点和服务”用于管理活动目录的物理结构(站点)。

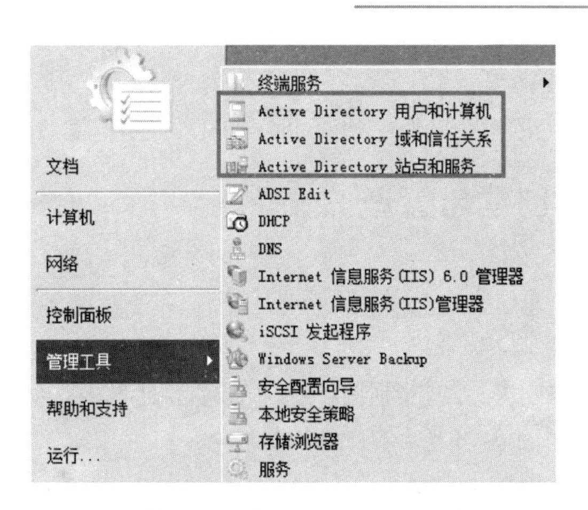

图 6-17 管理工具中新增的活动目录选项

6.4 在 Active Directory 中管理用户和计算机

6.4.1 用户概述

活动目录创建后，作为域控制器的机器上将不再存在本地用户，而只有域用户账户。在互联网中，每个用户要访问网络中的资源，就必须要有自己的用户名，代表使用者的身份。用户的权限不同，则控制计算机或网络的能力和范围也不同。有两种不同类型的用户，即只能用来访问本地计算机的“本地用户账号”和可以访问网络中所有计算机的“域用户账户”。用户组是为了方便管理批量用户、减少管理的复杂程度而创建的。

1. 用户账户

用户账户包括本地用户账户和域用户账户。

(1) 本地用户账户：是对某一台计算机而言的，对网络中的某一计算机，可以创建任意多个本地用户账户，使用这些“本地用户账户”就可以登录或远程访问这台计算机。计算机上不能创建本地账户，用户可使用“本地用户和组”来管理本地用户。

(2) 域用户账户：是在域控制器上创建的用户账户，使用“域用户账户”可以访问网络中所有或某些计算机。用户使用“Active Directory 用户和计算机”命令创建和管理域用户账户。

2. 域用户账户的功能

域用户账户具有如下功能。

(1) 验证用户或计算机的身份。用户账户使用能够被域控制器验证的标识来登录域，从安全性角度考虑，不应有多个用户共享同一个账户。

(2) 管理其他用户账户。在本地域中可使用委派控制，允许对某个用户进行单独的权限委派。

(3) 授权或拒绝访问网络资源。用户登录到域，就可以根据用户的权限来访问网络中

的资源或被拒绝访问某资源。

(4) 审核使用用户或计算机账户执行的操作。

6.4.2 域账户的创建与管理

1. 域账户的创建

创建域用户的步骤如下。

(1) 以域管理员身份登录域控制器，在“管理工具”中选择“Active Directory 用户和计算机”命令，打开如图 6-18 所示的窗口。

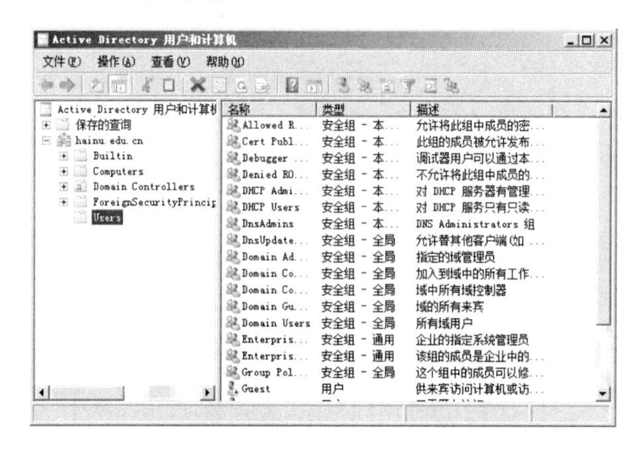

图 6-18 “Active Directory 用户和计算机”窗口

(2) 右击 Users 节点，在弹出的快捷菜单中选择“新建”→“用户”命令，打开如图 6-19 所示的“新建对象-用户”对话框。分别输入用户的姓、名、英文缩写等信息。其中“用户登录名”文本框不能为空，在此处输入域要创建的用户名，与之前的姓名没有什么联系。

(3) 单击“下一步”按钮继续，在如图 6-20 所示的对话框中，输入用户登录时使用的密码，这里的密码必须满足“用户密码要求”，否则设置将不能成功，Windows Server 2008 的密码要求必须为大写字母、小写字母和数字的组合。选中“用户下次登录时须更改密码”复选框，则用户在登录时必须输入密码，不再是域管理员分配的密码，虽然域管理员不知道用户的新密码，但是域管理员可以重设密码，或删除用户。

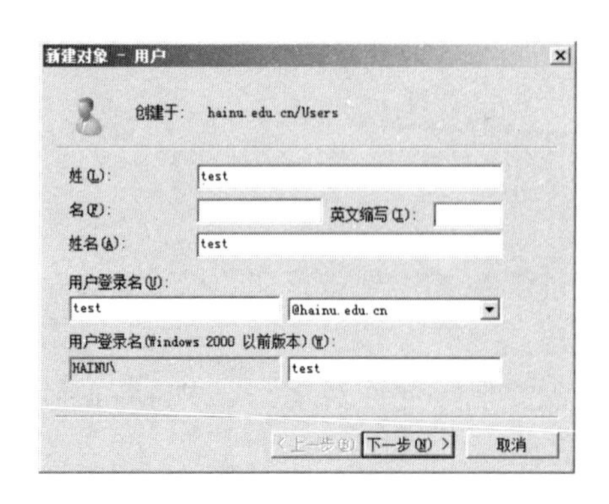

图 6-19 新建用户

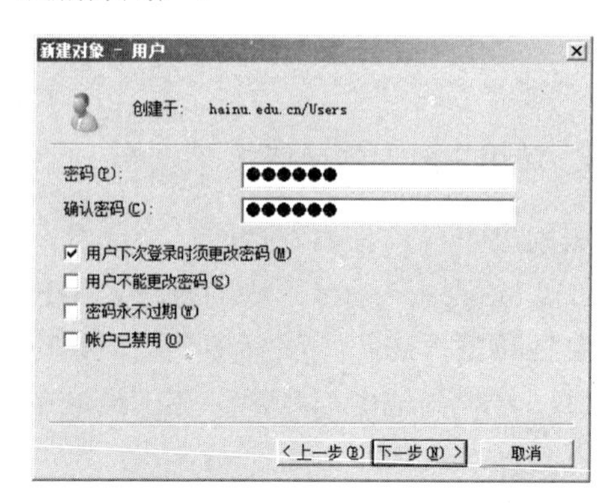

图 6-20 新建密码对话框

(4) 在接下来的用户摘要信息窗口中单击“完成”按钮，即可完成域账户的创建。

2. 域账户的删除和禁用

当系统中的某一账户在被使用或管理员不再希望某个账户存在于安全域中时，可以将该账户删除。要删除一个域账户，只需要在 Users 列表中，右击需要删除的用户名，在弹出的快捷菜单中选择“删除”命令即可。

如果某个用户的账户暂时不使用，例如公司有长期出差人员，可暂停其账户的使用。要禁用一个域账户，只需要在 Users 列表中，右击需要删除的用户名，在弹出的快捷菜单中选择“禁用账户”命令即可。

3. 计算机的添加与管理

右击 Computers 节点，在弹出的快捷菜单中选择“新建”→“计算机”命令，打开如图 6-21 所示的“新建对象-计算机”对话框。

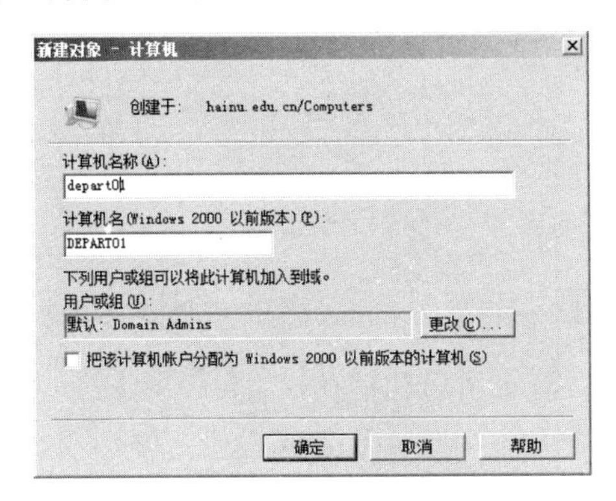

图 6-21 “新建对象-计算机”对话框

完成计算机的添加后，可对计算机进行删除、禁用以及属性修改等操作。

6.4.3 访问域控制器

当域创建成功后，可以将客户端计算机加入到域，这样既便于管理员管理又有利于客户端计算机访问域中的资源。将客户端计算机加入域可通过如下步骤操作。

(1) 以管理员身份登录到要加入域中的客户端计算机，右击“我的电脑”，选择“属性”命令，在打开的属性对话框中，切换至“计算机名”选项卡，如图 6-22 所示。

(2) 单击“更改”按钮，打开“计算机名称更改”对话框。选中“隶属于”选项组中的“域”单选按钮，激活“域”文本框，在此文本框中输入要加入的域的名称，如图 6-23 所示。

(3) 单击“确定”按钮，出现如图 6-24 所示的“计算机名更改”对话框，在“用户名”和“密码”框中输入有加入该域控制器权限的账户的用户名和密码，这个账户必须先在域控制器上创建，否则不能加入域。

(4) 单击“确定”按钮，客户端计算机连接到域控制器进行用户身份的验证，验证通过后显示如图 6-25 所示的信息框，可以知道是否成功加入域。

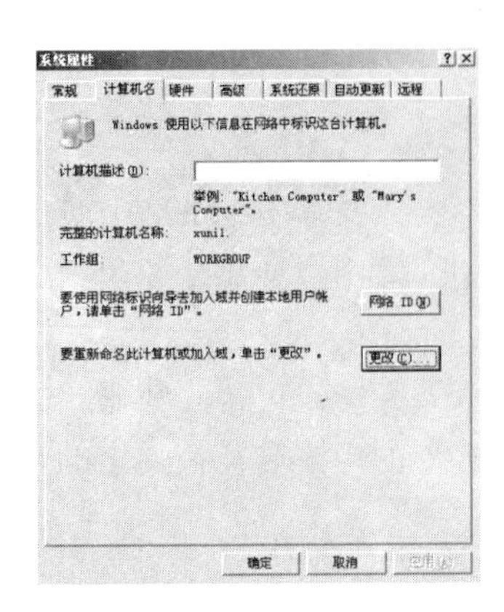

图 6-22 “计算机名”选项卡

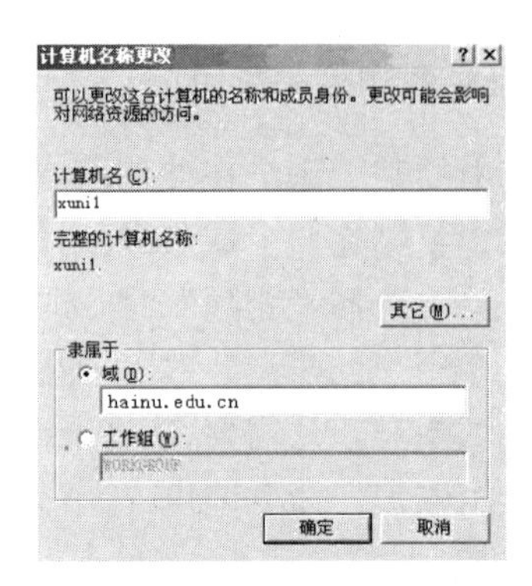

图 6-23 输入域名称

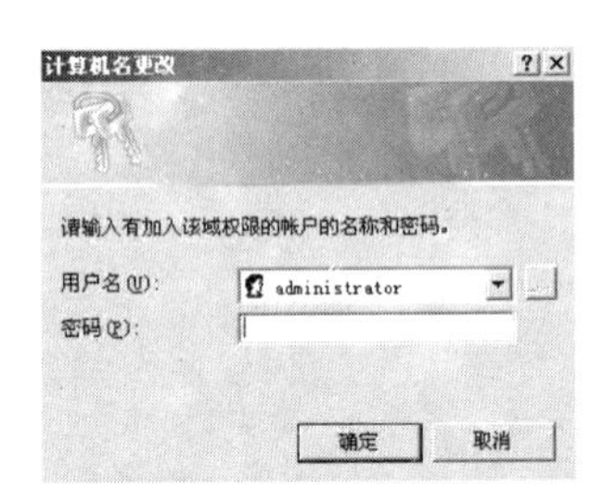

图 6-24 “计算机名更改”对话框

图 6-25 成功加入域的信息提示

(5) 单击“确定”按钮后，重新启动计算机。

(6) 计算机重启后，在如图 6-26 所示的对话框中，分别输入登录的用户名和密码，在“登录到”下列列表框中选择要登录到的域，如选择“本机”则可登录到本地计算机。

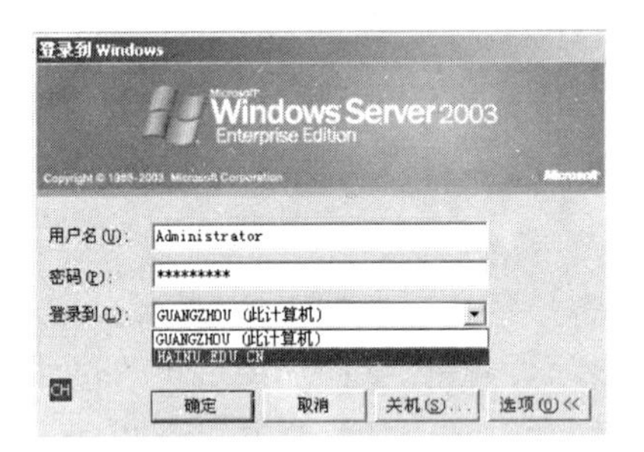

图 6-26 “登录到 Windows”对话框

(7) 单击“确定”按钮即可将该计算机以域用户的身份登录到指定的域中。

6.5 管理活动目录信任

6.5.1 信任概述

1. 信任的概念

信任是域之间建立的关系，它可以使一个域中的用户由处在另一个域中的域控制器进

行验证。域是安全的最小边界，并且域用户一次登录就可以访问整个域。在域树和目录森林的环境中，如果不同的域的用户要相互访问，他们之间就必须建立信任关系，否则不能访问，因而两个域之间只有建立了适当的信任关系后域用户之间才能实现相互访问。

2. 信任方向

信任类型及其指派方向将影响进行身份验证所用的信任路径。信任路径是身份验证请求在域之间必须遵循的一组信任关系。在用户可以访问另一个域中的资源之前，安全系统将计算信任域中的域控制器和受信任域的域控制器之间的信任路径。

所有域信任关系都只能有两个域：信任域和受信任域。而信任类型则分为两种：单向信任和双向信任。

(1) 单向信任。单向信任是两个域之间创建的单向身份验证路径。这意味着在域 A 和域 B 之间的单向信任中，域 A 中的用户可以访问域 B 中的资源。但是域 B 中的用户不能访问域 A 中的资源。根据所创建的信任类型，某些单向信任可以是非传递信任或可传递信任。

(2) 双向信任。Windows Server 2000/2003/2008 树林中的所有域信任都是双向可传递信任。创建新的子域时，双向可传递信任在新的子域和父域之间自动建立。在双向信任中，域 A 信任域 B，且域 B 信任域 A。这意味着身份验证请求可在两个目录中的两个域之间传递。根据所创建的信任类型，某些双向信任可以是非传递信任或可传递信任。

3. 信任的传递性

传递性确定了信任是否可扩展到建立信任的两个域之外。可传递信任用于将信任关系扩展到其他域，而不可传递信任用于拒绝与其他域之间的信任关系。

(1) 可传递信任

每次在树林中创建新的域时，在新域与其父域之间会自动创建双向的可传递信任关系。如果在新域中添加子域，则信任路径将通过域层次结构向上流动，从而扩展新域与其父域之间创建的初始信任路径。

可传递信任关系将以域树形成时的方向沿域树向上流动，最终在域树中的所有域之间创建可传递信任。

身份验证请求遵循这些信任路径，因此来自树林的任何域中的账户可在林中的任何其他域中进行验证。通过单个登录进程，拥有相应权限的账户可访问树林中任何域上的资源。

图 6-27 显示了域树 A 中的所有域和域树 1 中的所有域在默认情况下具有可传递信任关系。因此，对资源指派适当的权限后，域树 A 中的用户可以访问域树 1 中的资源，域树 1 中的用户可以访问域树 A 中的资源。

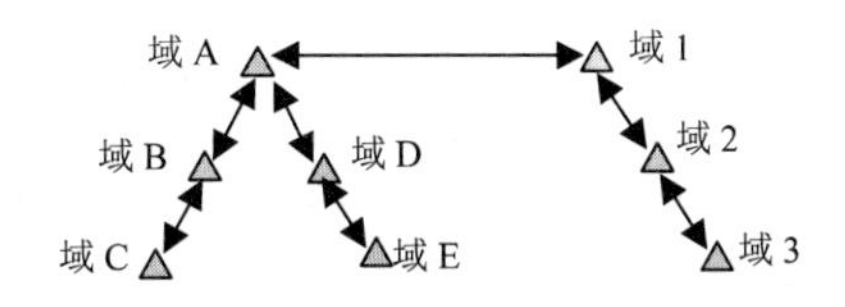

图 6-27　可传递性信任关系

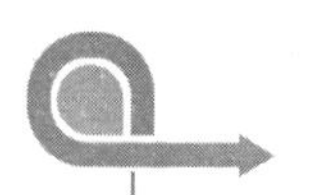

(2) 不可传递信任

不可传递信任受信任关系中的两个域的约束，并不会流向林中的任何其他域。不可传递信任可以是双向信任，也可以是单向信任。默认情况下，不可传递信任为单向信任，但也可通过建立两个单向信任来建立一个双向关系。

6.5.2 管理信任

对信任的管理操作在“Active Directory 域和信任关系”控制台中完成，可为当前活动目录中的域添加或删除信任。

添加信任的步骤如下。

(1) 在“管理工具”中选择“Active Directory 域和信任关系”命令，打开如图 6-28 所示的“Active Directory 域和信任关系”窗口。

(2) 右击 hainu.edu.cn 节点，在弹出的快捷菜单中选择“属性”命令，打开属性对话框，切换至“信任”选项卡，如图 6-29 所示。

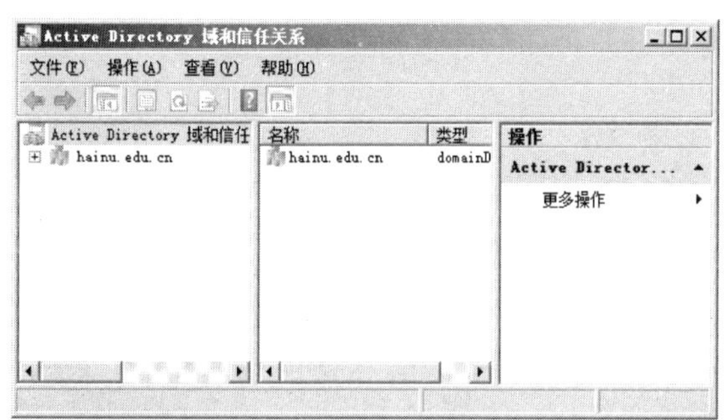

图 6-28 “Active Directory 域和信任关系”窗口

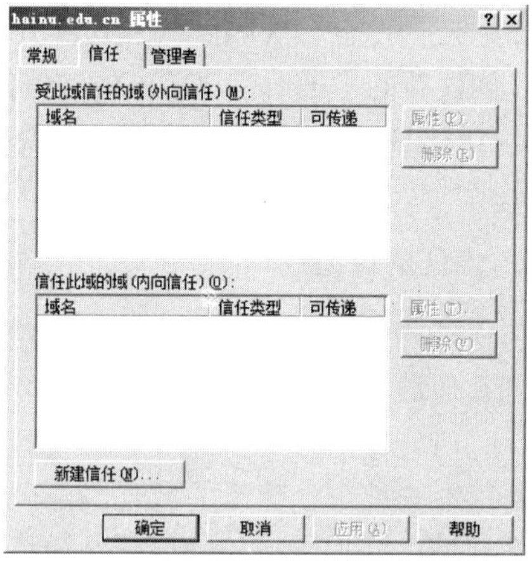

图 6-29 “信任”选项卡

(3) 单击“新建信任”按钮，打开“新建信任向导”对话框，首先在向导中输入信任名称，如图 6-30 所示。

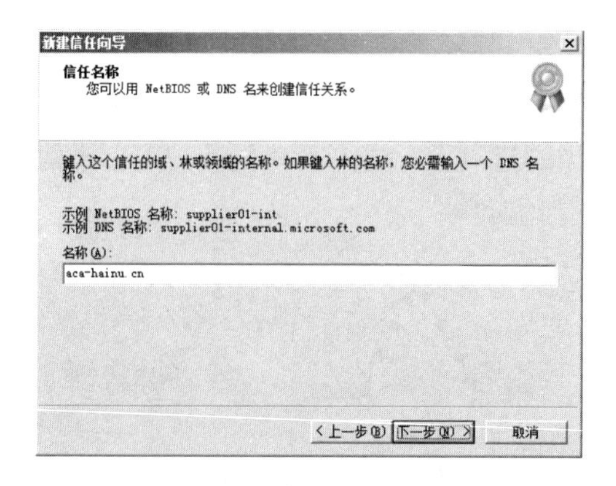

图 6-30 “新建信任向导”对话框

(4) 在如图 6-31 所示的“信任类型”界面中选择“领域信任”。该信任关系允许 Windows Server 2008 域和其他 Kerberos V5 版本(如 UNIX 和 MIT 实现)的安全服务之间进行跨平台的互操作。领域信任可以从不可传递切换为可传递，并可反向切换。领域信任也可以是单向的或双向的。

(5) 单击“下一步”按钮，在如图 6-32 所示的“信任传递”界面中选择该信任的传递性为“可传递”。

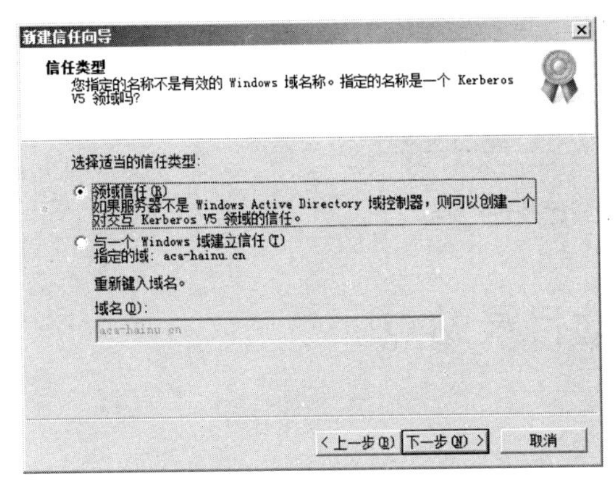

图 6-31 选择信任类型

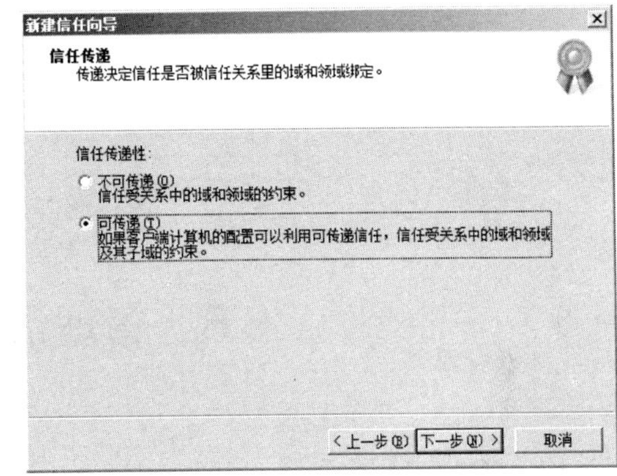

图 6-32 选择信任传递性

(6) 单击“下一步”按钮，在如图 6-33 所示的“信任方向”界面中选择“双向”。

(7) 单击“下一步”按钮，输入信任密码，如图 6-34 所示。此处设置的密码须符合 Windows Server 2008 的密码规范，即密码必须是大写字母、小写字母及数字的组合，且长度大于 6 位。

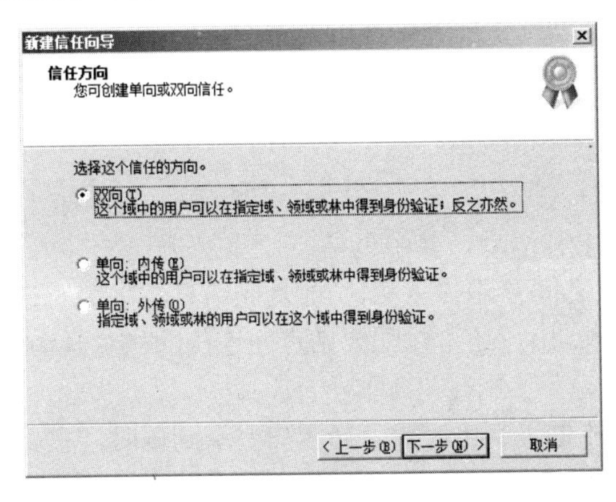

图 6-33 选择信任方向

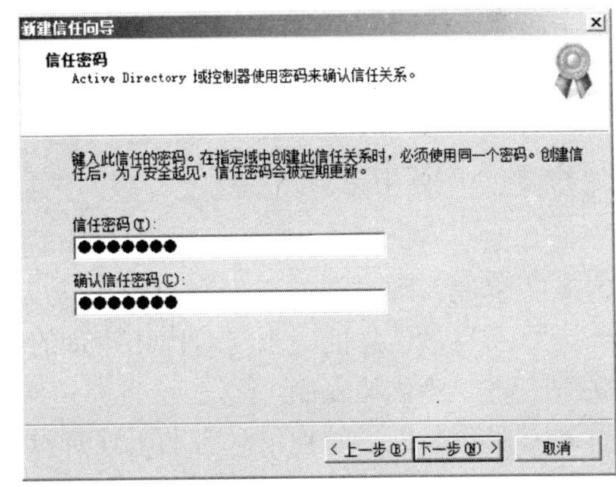

图 6-34 设置信任密码

(8) 单击“下一步”按钮两次，即可完成信任的添加，如图 6-35 所示。

如需删除某个域的信任关系，可在域的属性窗口中，切换至“信任”选项卡，在“受此域信任的域”列表或“信任此域的域”列表中，选择想要删除的信任，然后单击“删除”按钮。

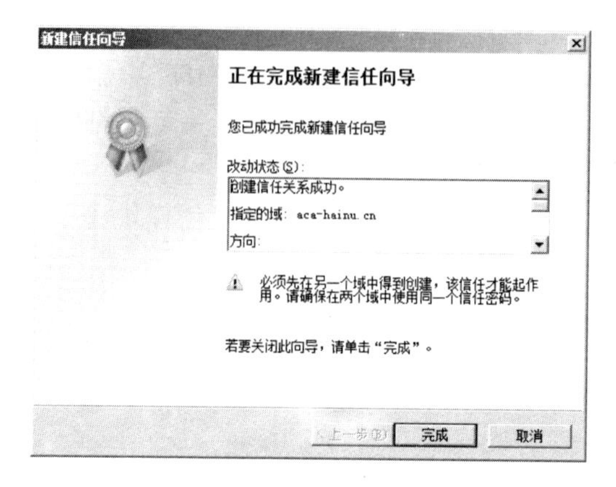

图 6-35　完成新建信任

6.6　管理活动目录站点

6.6.1　站点概述

1. 站点的概念

站点是一个或多个 IP 子网中的一组计算机，目的是确保目录信息的有效交换，站点中的计算机需要很好地连接，尤其是子网内的计算机。站点和域之间没有必然的联系，站点反映网络的物理结构，而域通常反映用户单位的逻辑结构。Active Directory 允许单个站点中有多个域，单个域中有多个站点，Active Directory 使用拓扑信息(在目录中存储为站点和站点链接对象)来建立最有效的复制拓扑，可使用“Active Directory 站点和服务”定义站点和站点链接。

2. 站点的使用

使用站点有助于简化 Active Directory 内的多种活动，其中包括：

- 复制。通过在站点内更为频繁(与站点之间复制信息相比)地复制信息，平衡对最新目录信息的需求与对优化宽带的需求。用户还可以配置站点间连接的相对开销，进一步优化复制。
- 身份验证。站点信息有助于使身份验证更快、更有效。当客户登录到域时，它首先在其本地站点中搜索可用于身份验证的域控制器，通过建立多个站点，可确保客户端利用与他们最近的域控制器进行身份验证，从而减少了身份验证滞后时间，并使通信保持在 WAN 连接之外。
- 启用 Active Directory 的服务。可利用站点和子网信息，使客户端能够更方便地找到最近的服务器提供程序。

3. 将计算机指派给站点

根据其 Internet 协议(IP)地址和子网掩码，计算机将被指派给站点。对客户端和成员服务器与对域控制器处理站点指派的方式是不同的：对于客户端，站点指派是在登录期间由其 IP 地址和子网掩码动态决定；对于域控制器，站点成员身份是由 Active Directory 中其相关服务器对象的位置决定。

4. 利用子网定义站点

在 Active Directory 中，站点是通过高速网络(如局域网)有效连接的一组计算机。同一站点内的所有计算机通常放在同一建筑内，或在同一校园网络上。一个站点是由一个或多个 Internet 协议(IP)子网组成。子网是 IP 网络的细分，每个子网都有自己的唯一网络地址。子网地址归组相邻计算机的方式与邮编对相邻邮政地址归组的方式非常相近，图 6-36 显示了定义 Active Directory 站点子网内的几个客户端。

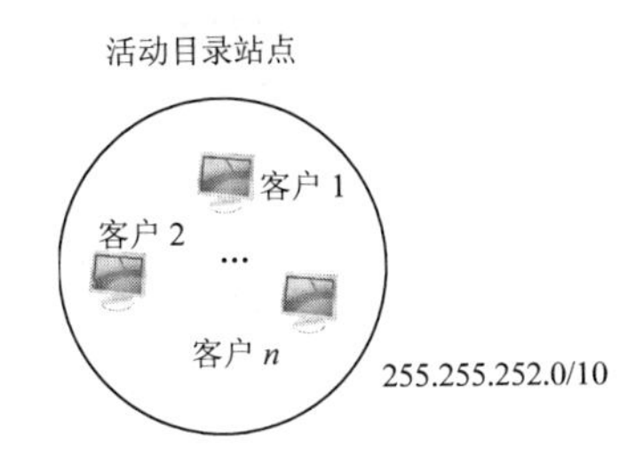

图 6-36 活动目录站点子网内的客户端

5. 知识一致性检查

知识一致性检查是运行在所有 PC 上的一个内置进程，用来创建域树的复制拓扑。可以使用站点来组织附近网络中的被高速连接在一起的 DC，网络中的活动目录架构决定了一台 DC 是否属于高速连接，连接各 DC 的网络速度达到 10Mb/s 以上带宽就称之为高速连接。站点的创建通常以子网为基础，如果多个子网高速连接在一起，就把它们组成一个站点。

6.6.2 管理站点

了解了站点的相关概念，下面将介绍站点的创建、删除、委派站点控制等操作，以实现对站点的管理。

1. 创建站点

创建站点的步骤如下。

(1) 以域管理员身份登录服务器，在“管理工具”中打开“Active Directory 站点和服务”控制台，如图 6-37 所示。

(2) 在控制台左侧的域控制器列表框中，右击 Sites 节点，在弹出的快捷菜单中选择“新站点”命令，打开如图 6-38 所示的“新建对象-站点”对话框。在“名称”文本框中输入站点名称，然后选择站点链接对象。注意，如果不选择站点链接对象，“确定”按钮将失效。

(3) 如果是第一次运行新建站点向导，会显示如图 6-39 所示的对话框，单击“确定”按钮，完成站点创建。

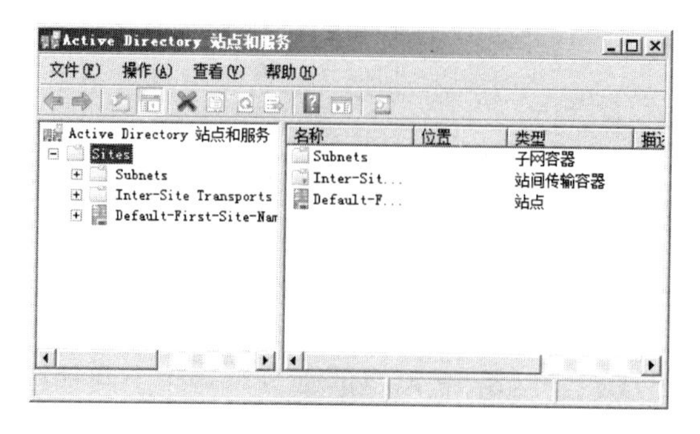

图 6-37 Active Directory 站点和服务控制台

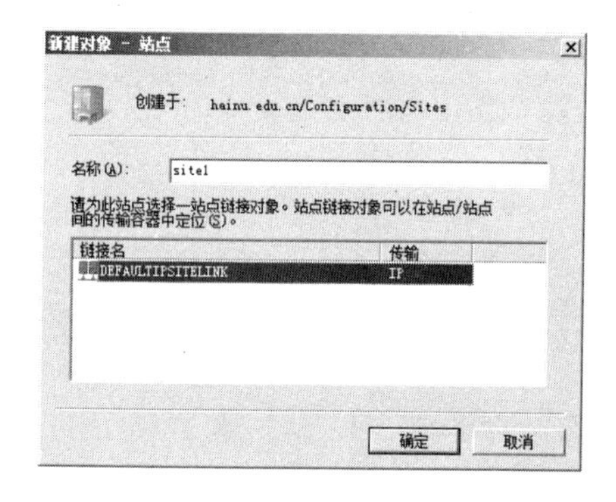

图 6-38 新建站点

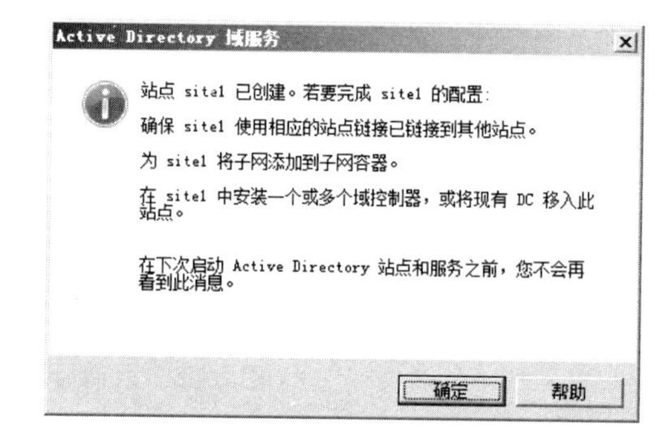

图 6-39 信息提示框

2. 创建子网并与站点关联

创建子网并与站点关联的步骤如下。

在 Active Directory 站点和服务控制台左侧的域控制器列表框中，右击 Subnets 节点，在弹出的快捷菜单中选择“新建子网”命令，打开如图 6-40 所示的“新建对象-子网”对话框。在“前缀”文本框中输入新的子网的网络前缀。同时，指派一个连接站点对象：在“站点名称”列表框中选择一个想要连接的站点，单击“确定”按钮，完成子网的创建。

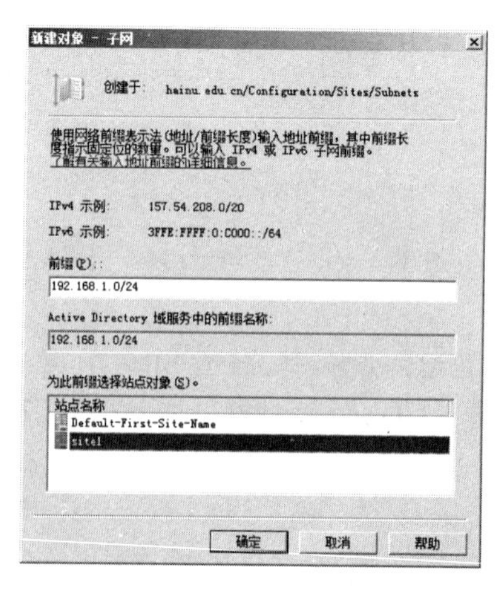

图 6-40 “新建对象-子网”对话框

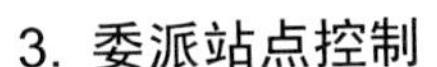

3. 委派站点控制

通过站点委派控制，可以将指定的站点的控制权限同时委派给其他用户和组，方便网络管理。设置委派站点控制的步骤如下。

(1) 在 Active Directory 站点和服务控制台左侧的域控制器列表框中，右击想要委派其控制的站点，在弹出的快捷菜单中选择“委派控制”命令来启动“欢迎使用控制委派向导”对话框。

(2) 单击“下一步”按钮，在如图 6-41 所示的“用户或组”界面中，因未对任何站点做过委派控制，所以当前的用户和组列表是空白的。

(3) 单击“添加”按钮，打开“选择用户、计算机或组”对话框，如图 6-42 所示。在“输入对象名称来选择”文本框中输入要委派的某个用户名，单击“确定”按钮，可将该用户添加到“用户和组”列表中。

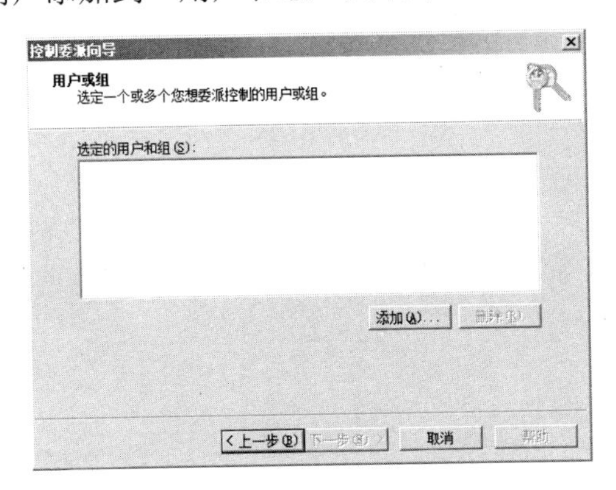

图 6-41 “用户或组”对话框

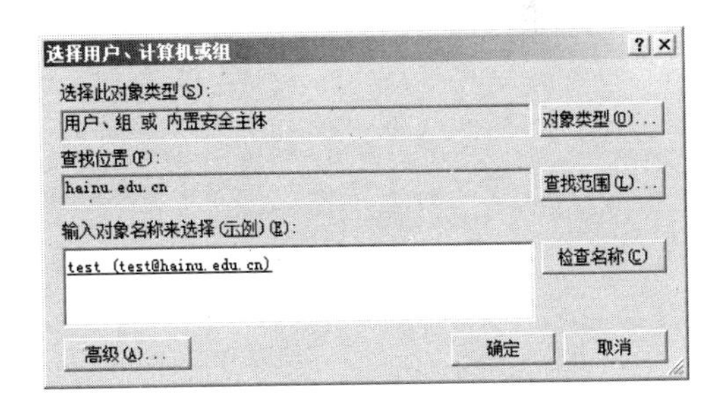

图 6-42 “选择用户、计算机或组”对话框

(4) 单击“下一步”按钮，显示“要委派的任务”界面，选中“委派下列常见任务”或“创建自定义任务去委派”单选按钮，如图 6-43 所示。

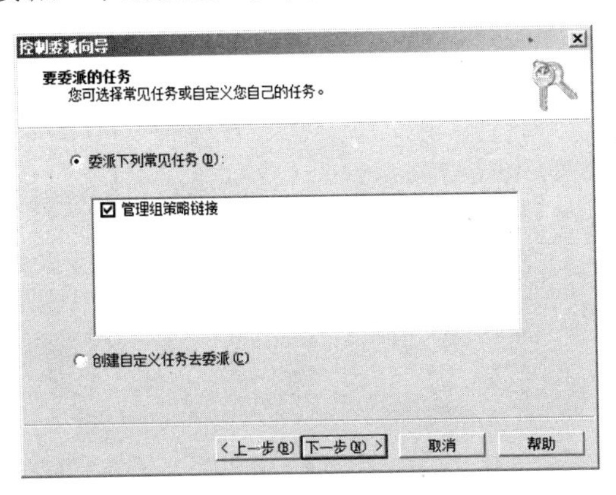

图 6-43 选择要委派的任务

(5) 单击“下一步”按钮，可在“完成控制委派向导”界面中，单击“完成”按钮，完成对计算机站点的委派控制。

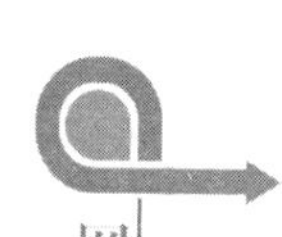

本章小结

在企业网络中，活动目录是必不可少的，它将网络中各种对象组织起来进行管理，方便了网络对象的查找，增强了网络的安全性，为用户的网络管理提供了极大的便利。本章首先介绍了活动目录的基本概念，然后通过实例详细介绍了活动目录的安装步骤、活动目录中的用户和计算机管理、活动目录信任的配置域管理，以及活动目录站点的配置域管理。

习　　题

1. 什么是活动目录？活动目录有哪些优点？
2. 什么是域、域树、森林？
3. 什么是信任？什么是域的方向及传递性？
4. 如何管理活动目录的信任与站点？

第 7 章　管理 TCP/IP 网络

学习目标：

- 熟悉 TCP/IP 的整体构架和相关协议
- 掌握 Windows Server 2008 中 TCP/IP 网络管理和配置的方法
- 掌握 Linux 中常用的网络管理工具与命令

7.1　TCP/IP 概述

7.1.1　TCP/IP 的整体构架

TCP/IP 协议并不完全符合 OSI 的七层参考模型。传统的开放式系统互联参考模型是一种通信协议的 7 层抽象的参考模型，其中每一层执行某一特定任务，该模型的目的是使各种硬件在相同的层次上相互通信。而 TCP/IP 通信协议采用了 4 层结构，每一层都呼叫它的下一层所提供的网络来完成自己的需求。这 4 层分别如下。

应用层：应用程序间沟通的层，如简单电子邮件传输协议(SMTP)、文件传输协议(FTP)、网络远程访问协议(Telnet)等。

传输层：在此层中，它提供了节点间的数据传送服务，如传输控制协议(TCP)、用户数据报协议(UDP)等，TCP 和 UDP 给数据包加入传输数据并把它传输到下一层中，这一层负责传送数据，并且确定数据已被送达并接收。

网络层：负责提供基本的数据封包传送功能，让每一块数据包都能够到达目的主机(但不检查是否被正确接收)，如网际协议(IP)。

网络接口层：对实际的网络媒体的管理，定义如何使用实际网络(如 Ethernet、Serial Line 等)来传送数据。

OSI 参考模型和 TCP/IP 协议对应关系如图 7-1 所示。

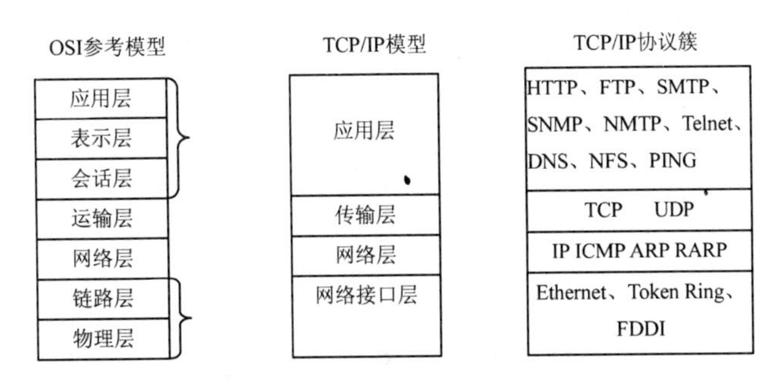

图 7-1　OSI 参考模型和 TCP/IP 协议对应关系

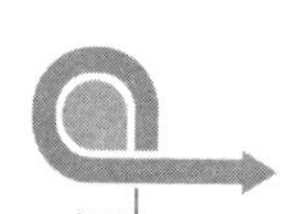

7.1.2 TCP/IP 中的协议

1. 以太网

以太网工作起来就像一个总线系统，每一台机器都通过一个分接器挂到一根电缆上。为了让机器识别自身，每块以太网卡都有一个由制造商唯一分配的地址(MAC 地址)。当一块以太网卡想要同另一块以太网卡对话时，它向整个以太网电缆发送信息，其中包括自己的 MAC 地址和接收者的 MAC 地址。当两块以太网卡试图在同一时间发送数据时，便会产生冲突。解决这种冲突的办法是两台计算机取消这一次发送，各自等待一段随机的时间，再进行发送数据的尝试。

2. TCP

TCP 协议是一种面向连接的、可靠的传输层协议。面向连接是指一次正常的 TCP 传输需要通过在 TCP 客户端和 TCP 服务端建立特定的虚电路连接来完成，该过程通常被称为“三次握手”。可靠的传输协议可避免数据传输错误。实现可靠传输的基础是采用具有重传功能的肯定确认、超时重传技术，通过使用滑动窗口协议解决了传输效率和流量控制问题。

3. UDP

UDP 协议提供非面向连接的、不可靠的数据流传输服务。这种服务不确认报文是否到达，不对报文排序，也不进行流量控制，因此 UDP 报文可能会出现丢失、重复和失序等现象。与 TCP 相同的是，UDP 也是通过端口号支持多路复用功能，但是不能建立连接，而是向目标计算机发送独立的数据包。

UDP 是一种简单的协议机制，通信开销很小，效率比较高，比较适合于对可靠性要求不高，但需要快捷、低延迟通信的应用场合，如多媒体通信等。

4. IP

IP(网际协议)是 TCP/IP 的心脏，也是网络层中最重要的协议。IP 层接收由更低层(网络接口层，例如以太网设备驱动程序)发来的数据包，并把该数据包发送到更高层——TCP 或 UDP 层；IP 层也把从 TCP 或 UDP 层接收来的数据包传送到更低层。IP 数据包是不可靠的，因为 IP 并没有做任何事情来确认数据包是按顺序发送的或者没有被破坏。IP 数据包中含有发送它的主机的地址(源地址)和接收它的主机的地址(目的地址)。高层的 TCP 和 UDP 服务在接收数据包时，通常假设包中的源地址是有效的。IP 确认包含一个选项，叫做 IP source routing，可以用来指定一条源地址和目的地址之间的直接路径。

5. ICMP

ICMP 与 IP 位于同一层，它被用来传送 IP 的控制信息。它主要是用来提供有关通向目的地址的路径信息。ICMP 的 Redirect 信息通知主机通向其他系统的更准确的路径，而 Unreachable 信息则指出路径有问题。另外，如果路径不可用了，ICMP 可以使 TCP 连接“体面地”终止。Ping 是最常用的基于 ICMP 的服务。

6. TCP 和 UDP 的端口结构

如果一台计算机只有一个 IP 地址，但同时启动多项服务或多个应用程序时，需要对每个应用程序或服务进行单独标识。无论应用程序选择 TCP 还是 UDP，这两种协议都会为每个应用程序产生的数据包打上端口号，用来标识数据包的所有者。端口就是通过特定标识符来确定应用程序进程的方法，它使得应用程序与数据之间建立关联。端口号可以使用 0～65 535 的任意数字，其中小于 1024 的端口称为知名端口，保留给常用的服务器应用程序。

7.1.3　常用的网络连接方式

1. 动态主机配置

动态主机配置协议(DHCP)是一种使网络管理员能够集中管理和自动分配 IP 网络地址的通信协议。DHCP 适用于快速发送客户网络配置的场合。当配置客户系统时，若选择了 DHCP，就不必输入 IP 地址、子网掩码、网关或 DNS 服务器。客户从 DHCP 服务器中检索这些信息。当管理员想改变大量系统的 IP 地址时，只需编辑服务器上的一个用于新 IP 地址集合的 DHCP 配置文件即可。例如，如果某机构的 DNS 服务器改变了，这种改变只需在 DHCP 服务器上而不必在 DHCP 客户机上进行。一旦客户的网络被重新启动(或客户重新引导系统)，改变就会生效。

2. 网络地址转换(NAT)

随着使用因特网的家庭用户和小型商业公司数量不断增长，虽然 ISP 能够动态地为通过拨号线路连入网络的用户分配地址，但是许多用户不愿意只使用一个地址，因为他们创建了由几台主机组成的小型网络，每台主机都需要一个 IP 地址。因此，地址短缺成为严重的问题。NAT 能使用户在内部拥有大量地址，而外部只有少量地址。而且，内部通信使用内部地址，外部通信使用外部地址。

7.2　Windows Server 2008 的 TCP/IP 网络管理

7.2.1　安装 TCP/IP 网络

如果希望在计算机上安装网络，则必须安装 TCP/IP 网络和网络适配器。Windows Server 2008 使用 TCP/IP 作为默认的广域网(WAN)协议。通常，网络的安装会在安装 Windows Server 2008 的过程中进行，同时还可以通过本地连接属性对话框安装 TCP/IP 网络。

在计算机配置 TCP/IP 网络之前，还需要下列信息。

- 域名：计算机所在域的名称，这个域可以是父域，也可以是子域。
- IP 地址类型、值：指派给计算机的 IP 地址信息，可以是 IPv4 和 IPv6 地址。
- 子网掩码：计算机连接到 IPv4 网络的子网掩码。
- 默认网关地址：充当计算机的网关的路由器或独立路由器的地址。
- DNS 服务器地址：网络上的 DNS 服务器或提供 DNS 域名解析服务器的计算机

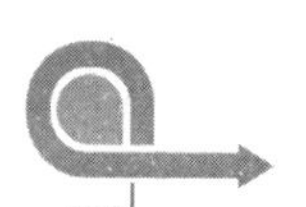

地址。

如果需要在安装 Windows Server 2008 之后安装 TCP/IP，可按如下步骤操作。

(1) 在“开始”菜单中选择“网络”命令。在网络浏览窗口中，单击工具栏上的“网络和共享中心”按钮。

(2) 在“网络和共享中心”窗口中，单击“管理网络连接”链接，如图 7-2 所示。

(3) 在网络连接窗口中，右击需要使用的连接，从弹出的快捷菜单中选择“属性”命令，打开如图 7-3 所示的连接属性对话框。

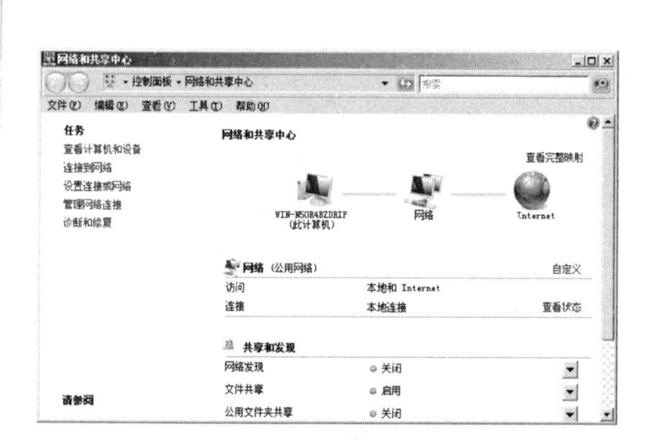

图 7-2 “网络和共享中心”窗口

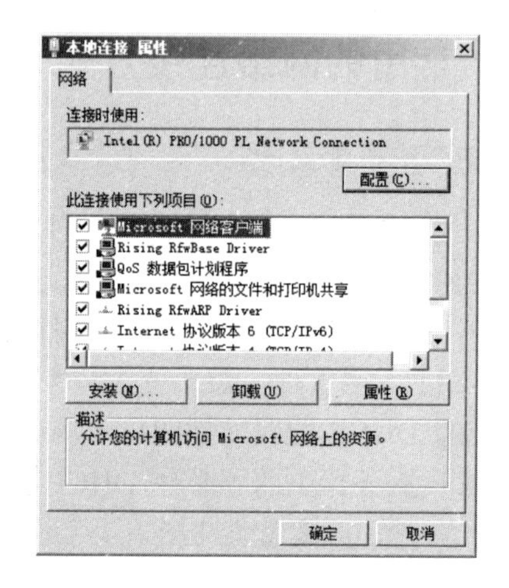

图 7-3 “本地连接 属性”对话框

(4) 如果已经安装组件列表中没有显示 Internet 协议版本 6(TCP/IPv6)、Internet 协议版本 4(TCP/IPv4)，或者都没有显示，那么就需要安装。单击“安装”按钮，选择“协议”，然后单击“添加”按钮。在随后出现的选择网络协议对话框中，选择要安装的协议，然后单击“确定”按钮。

(5) 如果需要安装 TCP/IPv6 和 TCP/IPv4，在本地连接属性对话框中，确保 Internet 协议版本 6(TCP/IPv6)和 Internet 协议版本 4(TCP/IPv4)都已选中，然后单击“确定”按钮即可进行协议安装。

7.2.2 配置 TCP/IP 网络

如果计算机具有网络适配器，并且已经连接到网络，就会自动创建本地连接。如果计算机上安装了多个网络适配器，并且被连接到同一个网络上，那么每个适配器都会有一个“本地连接”。计算机必须使用 IP 地址通过 TCP/IP 进行通信。Windows Server 2008 提供了以下几种配置 IP 地址的方法。

1. 手工配置

手工分配的 IP 地址叫静态 IP 地址。静态 IP 地址是固定的，而且除非手工修改，否则不会有任何变化。通常需要为 Windows 服务器手工分配 IP 地址。

在分配静态 IP 地址时，必须告诉计算机要使用的 IP 地址，以及对应的子网掩码，并在必要时提供用于网络间通信的默认网关。IP 地址是用于区分计算机的数字，具体的 IP 地址方案取决于网络的配置情况，通常是针对特定网段指派的。

IPv6 地址和 IPv4 地址有很大的不同，对于 IPv6，地址的前 64 位代表网络 ID，剩余 64 位代表网络接口。而对于 IPv4，地址中可变的前几位表示网络 ID，其余位数则代表主机 ID。例如，如果使用了 IPv4，而网段上的一台计算机的地址是 192.168.10.0，子网掩码是 255.255.255.0，那么地址的前 24 位代表网络 ID，这个网段中可用的地址范围界于 192.168.10.1～192.168.10.254。在这个范围内，192.168.10.255 会被保留供网络广播使用。

在分配静态 IP 地址之前，必须确认这个地址没有被 DHCP 保留或已经被使用。通过使用 Ping 命令，可以检查地址有没有被使用。打开命令提示行窗口，输入 Ping，后面跟上想要检查的地址。例如，要检测 IPv4 地址 59.50.64.32，可使用命令：

```
Ping 192.168.1.100
```

如果在 Ping 测试中收到成功的回应，这表示目标 IP 地址已经被使用，需要使用其他地址。如果网络上目前没有主机使用该地址，那么 Ping 命令应该会输出类似下面的结果：

```
正在 ping 192.168.1.100 具有 32 字节的数据：
请求超时。
请求超时。
请求超时。
请求超时。
192.168.1.100 的 Ping 统计信息：
数据包：已发送=4，已接收=0，丢失=4 (100%丢失)
```

这样的 IP 地址可以使用。

要为特定连接配置静态 IP 地址，可按以下步骤操作。

(1) 在“网络和共享中心”中，单击“管理网络连接”，在网络连接窗口中，右击想要设置的网络连接，从弹出的快捷菜单中选择“属性”命令。

(2) 根据要配置的 IP 地址的类型，双击 Internet 协议版本 6(TCP/IPv6)或 Internet 协议版本 4(TCP/IPv4)。目前广泛使用 IPv4 地址。

(3) 在如图 7-4 所示的 Internet 协议版本 4 属性对话框中，选中“使用下面的 IP 地址”单选按钮，输入要使用的 IPv4 地址，该地址必须没有被网络上的其他设备使用。系统会根据输入的 IP 地址，在子网掩码中输入默认值，如果网络中没有使用可变长度的子网，那么采用默认设置即可。否则，需要根据实际网络情况修改该值。

(4) 如果计算机需要访问其他 TCP/IP 网络，例如 Internet 或其他子网，还必须指定默认网关，在“默认网关”文本框中输入该网络的默认路由器的 IP 地址。

(5) DNS 会被用于域名解析，选中“使用下面的 DNS 服务器地址”单选按钮，然后在对应文本框中输入要使用的首选和备用 DNS 服务器地址。

(6) 完成上述设置后，单击“确定”按钮三次以保存设置。

2. 动态配置

DHCP 服务器(如果网络中有的话)可以在计算机启动时，为网络中的计算机分配动态的 IP 地址，而这个地址每隔一段时间就可能有变化。动态 IP 地址是默认配置。

要配置动态 IP 地址，只需在 Internet 协议属性对话框中，选择“自动获得 IP 地址”单选按钮，如果有必要，可选择“自动获得 DNS 服务器地址”对话框，或选中“使用下面的

DNS 服务器地址”单选按钮，输入首选和备用 DNS 服务器地址，如图 7-5 所示。

图 7-4　Internet 协议版本 4 属性对话框

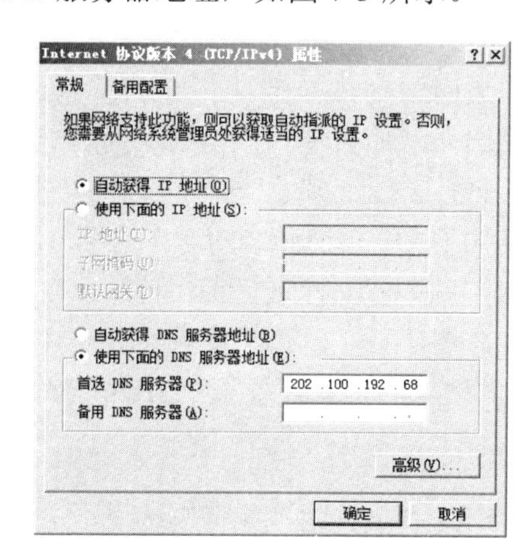

图 7-5　自动获得 IP 地址

3. 备用地址(仅限 IPv4)

如果计算机被配置使用 DHCPv4，但是没有可用的 DHCPv4 服务器，Windows Server 2008 会自动分配备用私有 IP 地址。默认备用的 IPv4 地址段范围为 169.254.0.1～169.254.255.254，子网掩码是 255.255.0.0。另外还可以指派用户配置的备用 IPv4。

要配置备用 IP 地址，需在 Internet 协议属性对话框中选择“备用配置”选项卡，选中“用户配置”单选按钮，然后在“IP 地址”文本框中输入要使用的 IP 地址，在这里给计算机分配的 IP 地址应该是私有 IP 地址，如图 7-6 所示。

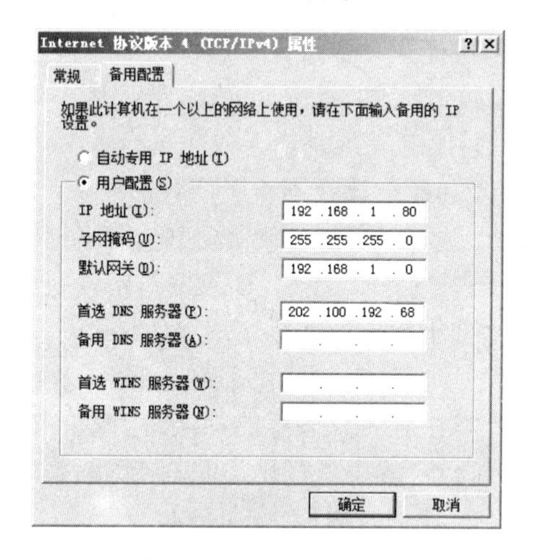

图 7-6　备用地址配置

7.2.3　配置多个 IP 地址和网关

使用高级 TCP/IP 设置，还可以给计算机上的单个网络接口配置多个 IP 地址和多个网关。这样，这台计算机就会被显示为多台，可以访问多个逻辑子网，以便将信息进行路由或提供网间服务。

为了在路由器故障的时候提供容错机制，可以对 Windows Server 2008 计算机进行配置，以便令其使用多个默认网关。在分配多个网关时，Windows Server 2008 会使用网关跃点判断什么时候使用哪个网关。网关跃点可以用于判断使用某个网关的路由权，因此系统会优先使用最低路由权或者最低跃点的网关。

配置多个网关的最佳方式取决于网络的配置。如果企业中的计算机使用了 DHCP，那么可以通过 DHCP 服务器配置额外的网关。如果计算机都使用静态 IP 地址，或者我们希望特别设置某些网关，则可以按照下列步骤操作。

(1) 在 Internet 协议属性对话框中单击“高级”按钮，打开“高级 TCP/IP 设置”对话框，如图 7-7 所示。

(2) 要添加 IP 地址，可单击“IP 地址”选项组中的“添加”按钮，打开 TCP/IP 地址对话框。在“IP 地址”文本框中输入要使用的 IP 地址后，在“子网掩码”文本框中输入要使用的 IPv4 地址的子网掩码，单击“添加”按钮，返回“高级 TCP/IP 设置”对话框。对每个需要添加的 IP 地址重复上述操作。

(3) 默认网关窗格中显示了已被手工配置的当前网关。要添加容错网关，可单击“默认网关”选项组中的“添加”按钮，打开“TCP/IP 网关地址”对话框。在“网关”文本框中输入要使用的网关地址，默认情况下，Windows Server 2008 会为网关设置跃点，而跃点决定了网关的使用顺序。如果要手工指定跃点，可选中“自动跃点”复选框，然后在相应的输入框中输入要使用的跃点。单击“添加”按钮，为每个要添加的网关重复上述操作，如图 7-8 所示。

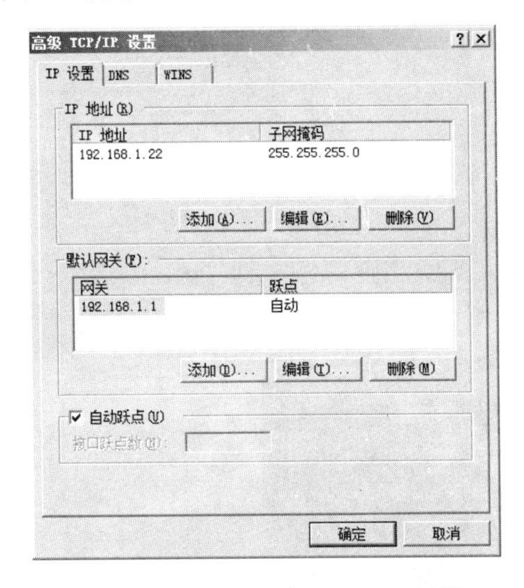

图 7-7 “高级 TCP/IP 设置”对话框

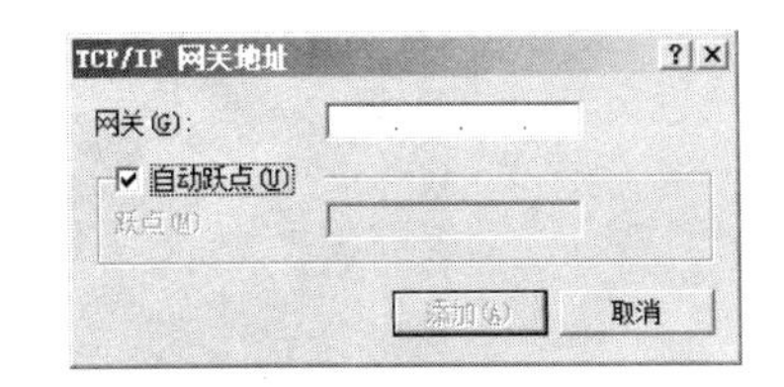

图 7-8 添加网关地址

7.2.4 管理网络连接

本地连接使得计算机访问本地网络或 Internet 上的资源成为可能，每个安装在计算机上的网络适配器都会被自动创建一个本地连接。管理员可方便地对网络连接实施管理。

1. 查看本地连接的状态、速度和活动情况

要查看本地连接的状态，可在“网络和共享中心”单击“管理网络连接”链接。在网络连接窗口中，右击想要查看状态的网络连接，从弹出的快捷菜单中选择“状态”命令，打开如图 7-9 所示的“本地连接 状态”对话框。如果连接被禁用或网线被拔出，则无法打开该对话框。

在该对话框中，显示了 IPv4 和 IPv6 的连接状态、媒体的状态、连接建立的时间、连接的速度以及在创建好连接后发送和接收的数据字节总数，在计算机发送和接收数据包的时候，窗口中的计算机图标会闪动，代表网络通信。

2. 查看网络配置信息

在如图 7-9 所示的“本地连接 状态”对话框中单击“详细信息”按钮，可以看到关于该连接的 IP 地址配置情况，如图 7-10 所示。

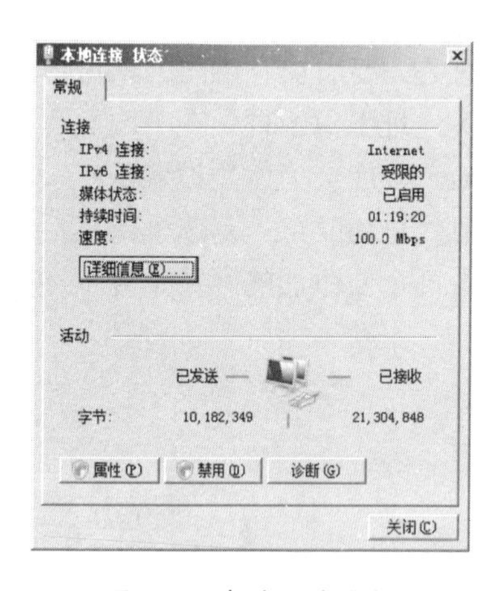

图 7-9　本地连接状态

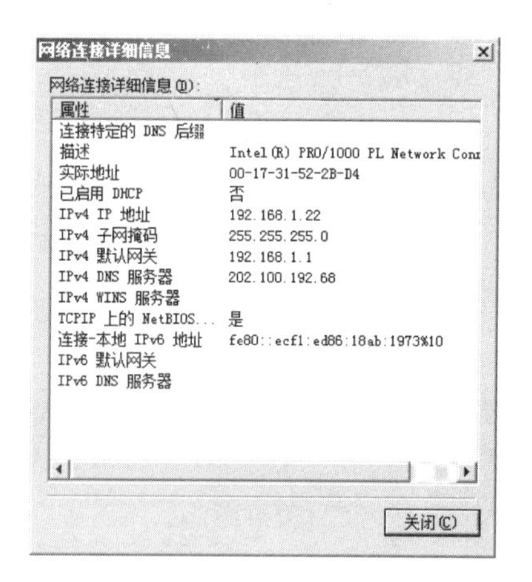

图 7-10　网络连接详细信息

此外还可以在命令行中，使用 ipconfig 命令查看高级配置信息。用“ipconfig/all”命令可查看本机安装的每个网络适配器的详细信息，如图 7-11 所示。

```
C:\Users\Administrator.WIN-N50R4BZDRIP>ipconfig /all

Windows IP 配置

   主机名  . . . . . . . . . . . . . : WIN-N50R4BZDRIP
   主 DNS 后缀 . . . . . . . . . . . : hainu.edu.cn
   节点类型  . . . . . . . . . . . . : 混合
   IP 路由已启用 . . . . . . . . . . : 否
   WINS 代理已启用 . . . . . . . . . : 否
   DNS 后缀搜索列表  . . . . . . . . : hainu.edu.cn
                                       edu.cn

以太网适配器 本地连接:

   连接特定的 DNS 后缀 . . . . . . . :
   描述. . . . . . . . . . . . . . . : Intel(R) PRO/1000 PL Network Connection
   物理地址. . . . . . . . . . . . . : 00-17-31-52-2B-D4
   DHCP 已启用 . . . . . . . . . . . : 否
   自动配置已启用. . . . . . . . . . : 是
   本地链接 IPv6 地址. . . . . . . . : fe80::ecf1:ed86:18ab:1973%10(首选)
   IPv4 地址 . . . . . . . . . . . . : 192.168.1.22(首选)
   子网掩码  . . . . . . . . . . . . : 255.255.255.0
   默认网关. . . . . . . . . . . . . : 192.168.1.1
   DHCPv6 IAID . . . . . . . . . . . : 251664177
   DHCPv6 客户端 DUID  . . . . . . . : 00-01-00-01-12-ED-C3-27-00-17-31-52-2B-D4

   DNS 服务器  . . . . . . . . . . . : ::1
                                       202.100.192.68
   TCPIP 上的 NetBIOS  . . . . . . . : 已启用
```

图 7-11　用 ipconfig 命令查看详细网络信息

3. 启用和禁用本地连接

本地连接的创建和连接都是自动的，如果希望禁用连接以便暂停它的使用，可在“管理网络连接”窗口中，右击目标连接的图标，选择“禁用”命令，如果需要重新启用该连接，右击目标连接的图标，选择“启用”命令即可。

7.3 Linux网络管理

7.3.1 Linux下基于TCP/IP的网络管理

1. 使用图形界面工具配置网络连接

在Red Hat Linux AS 4.0中配置网络连接可选择“应用程序”→“系统设置”→“网络”命令，打开如图7-12所示的“网络配置”窗口。

“设备”选项卡中列表显示了当前系统中安装的网络设备，系统安装时，会自动检测并安装以太网卡，因此可以选择Ethernet类型的网络设备。单击工具栏中的“编辑”按钮，或直接双击打开“以太网设备”对话框进行配置，如图7-13所示。如果列表中没有Ethernet类型的网络设备，可以单击工具栏中的“新建”按钮进行创建。

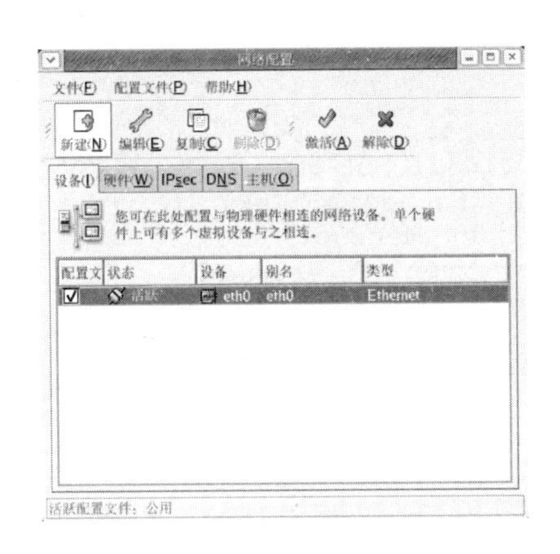

图7-12 “网络配置”窗口

图7-13 “以太网设备”对话框

如果是手工加入的网卡，默认是处于未激活状态，要激活网卡，可选择网卡，单击“激活”按钮。一个物理网卡可以设置多个设备别名，这样可以建立多个虚拟设备。比如可以配置第一块网卡eth0为eth0和eth0:1两个虚拟设备。

在“以太网设备”对话框中，有“常规”、“路由”和“硬件设备”3个选项卡。“常规”选项卡主要用来配置网卡的IP地址和相应的子网掩码。如果在本机使用DHCP服务器动态分配的IP地址，可选中“自动获取IP地址设置使用”单选按钮，并可以根据需要设置DHCP服务器的主机名和DNS服务器，通常DNS服务器可以通过DHCP自动获取；如果使用的是固定IP地址，则选中“静态设置的IP地址”单选按钮，填写由网络管理员分配给主机的IP地址，如192.168.1.100，并根据实际需要填写子网掩码和默认网关。

配置完成后，单击“确定”按钮返回“网络配置”窗口，选择 DNS 选项卡，可配置本地网络中的 DNS 服务器的相关信息，如主机名、主 DNS 和第二 DNS 等，既可以填写域名，也可以填写 IP 地址，如图 7-14 所示。

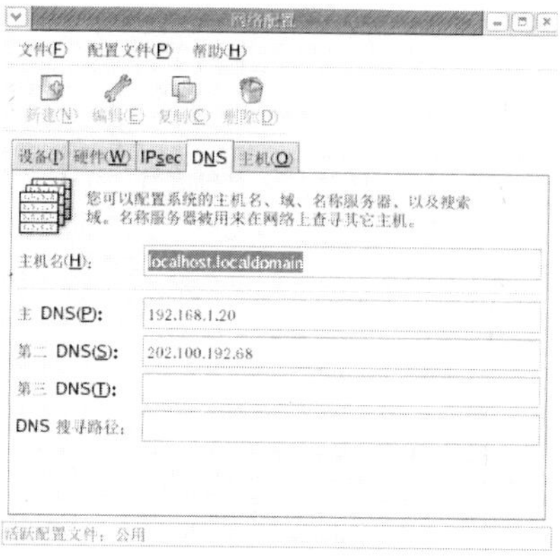

图 7-14　DNS 选项卡

2. 用 ifconfig 配置网络连接

通过 ifconfig 可以获取网络接口配置信息，并可以进行修改，类似于 Windows 下的 ipconfig 命令。在命令行界面输入 ifconfig 而不指定任何选项，将显示关于所有活动的网络接口当前状态的相当完整的描述，如图 7-15 所示。

```
[root@localhost~]#  ifconfig
eth0   Link encap: Ethernet  HWaddr   00:0C:29:23:5D:AE
      inet addr: 192.168.1.20    Bcast:192.168.1.255 Mask:255.255.255.0
      inet6 addr: fe80::20c 29ff:fe23: 5dae/64 Scope:Link
      UP BROADCAST RUNNING MULTICAST MIU:1500  Metric:1
      RX packets:933  errors:0 dropped:0 overruns:0  frame:0
      TX packets:1054  errors:0 dropped:0 overruns:0 carrier:0
      collisions:0  txqueuelen:1000
      RX bytes:107343(104.8 KiB)  TX  bytes:57390(56.0 KiB)
      Interrupt:10 Base address:0x1400

lo     Lind encap:local loopback
       inet addr:127.0.0.1  Mask:255.0.0.0
       inet 6 addr::1/128 Scope:Host
       UP  LOOPBACK  RUNNING  MIU: 16436  Metric:1
       RX packets:3316   errors:0  dropped:0  overruns:0 frame:0
       TX Pacdets:3316   errors:0  dropped:0  overruns:0 carrier:0
       collisions:0  txqueuelen:0
       RX bytes: 2434039(2.3MB)    TX bytes:2434039(2.3MB)
```

图 7-15　ifconfig 命令执行结果

ifconfig 命令提供的重要信息包括：

(1) 每个活动的接口由其名称识别。

(2) 在只有一个网卡的情况下，将看到前面加了属于 HWaddr 的 MAC 地址。

(3) 接口的 IP 地址用术语 inetaddr 表示，Bcast 为广播地址术语，Mask 为子网掩码术语。

(4) 每个接口的 IPv6 地址前用 inet6 术语表示，Scope 表示其范围。

(5) 每个接口的活动类型被列在一起，以 eth0 为例，它列为 UP BROADCAST RUNNING MULTICAST。

(6) 接收和传送包的统计数据被分别列在以 RX 或 TX 开头的行中。在另一行中，给出了接收和传送数据的总量摘要信息，包括到目前为止，该设备传送和接收的字节总数。

在 ifconfig 命令中可以指定许多选项，最为常用的选项及其说明如表 7-1 所示。

表 7-1　ifconfig 命令的常用选项

选　项	说　明
-a	该选项告诉 ifconfig 显示所有接口信息，包括活动的和非活动的。在 redhat-as4 中，ifconfig –a 返回 eth0 和 lo 的结果
-s	这是一个短列表选项，它为每个接口显示一行摘要数据。该返回信息是有关接口活动性的，并且没有配置。该输出和 netstat -i 命令的返回内容是一样的
-v	得到“详细的”选项，在满足某些类型的错误条件时返回额外信息以帮助发现并处理故障
[int]	在 ifconfig 命令后跟上一个接口的名称，就会得到该接口的信息。例如，如果只想了解 eth0 接口的信息，可以执行命令 ifconfig eth0
up	如果一个接口不是活动的，该选项将激活它。例如：ifconfig eth0 up 可以激活 eth0
down	与 up 相反，它使指定接口无效。因此，ifconfig eth0 down 将使当前活动的 eth0 无效
netmask[addr]	该选项可以为一个给定接口设置网络掩码。例如，要为 eth0 设置子网掩码可通过命令 ifconfig eth0 netmask 255.255.255.0 来完成
broadcast[addr]	用于设置指定接口的广播地址。例如：ifconfig eth0 broadcast 192.168.1.255
[addr]	在接口名称后指定一个地址，将设置该接口的 IP 地址。例如：ifconfig eth0 192.168.1.100

可通过以下命令完成网络配置。

(1) 设置网络接口地址：

```
# ifconfig eth0 192.168.1.100 netmask 255.255.255.0
```

(2) 重启网络：

```
# service network restart
```

7.3.2　Linux 常用网络命令

1. ping

ping 是非常重要的命令，它通过 ICMP 数据包来进行整个网络的状态报告。其最为基本的功能就是传送 ICMP 数据包以要求对方主机响应其是否存在于网络中。其语法结构为：

```
ping [参数] 地址
```

ping 命令的主要参数及其说明见表 7-2。

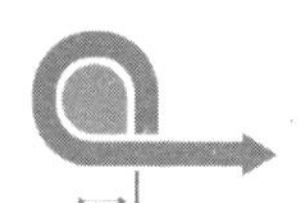

表 7-2　ping 命令主要参数

参　数	功　能
-b	对广播地址传送 ICMP echo 的包。后面接的是广播地址
-c	后面接的是执行 ping 的次数，例如-c 5
-i	后面接的是秒数，用于设置每隔多少秒传送一次包
-n	只通过数字 IP 地址传送，不进行 IP 与主机名的反查
-M [do|dont]	检查网络的 MTU 数值的大小，其中的两个参数值包括： do，代表传送一个 DF(Don't Fragment)旗标，让数据包不能重新拆包与打包；don't，代表不要传送 DF 标记，表示数据包可以在其他主机上拆包与打包
-r 网络服务	直接传送包，而不通过网关
-s	指定传送的包大小，单位为字节，默认值为 56
-t	指定 TTL 的数值，默认是 255，每经过一个节点就会自动减少
-v	显示详细的执行过程
-V	显示版本信息

例 1　对 www.sina.com.cn 丢出 5 次 ICMP 包，并显示其结果。

```
[root@localhost~]#ping-c 5 WWW.sina.com.cn
PING ara.sina.com.cn(58.63.236.38)56(84)bytes of data.
64 bytes from58.63.236.38:icmp_seq = 0 ttl = 57 time = 13.7ms
64 bytes from58.63.236.38:icmp_seq = 1 ttl = 57 time = 12.5ms
64 bytes from58.63.236.38:icmp_seq = 2 ttl = 57 time = 10.7ms
64 bytes from58.63.236.38:icmp_seq = 3 ttl = 57 time = 12.4ms
64 bytes from58.63.236.38:icmp_seq = 4 ttl = 57 time = 11.3ms

---ara.sina.com.cn ping statistics---
5 packets transmitted, 5 received , 0%packet loss, time 4005ms
rit min/avg/max/mdev = 10.737/12.155/13.709/1.024ms, pipe2
```

例 2　不通过网关，直接传送包。

```
[root@localhost~]# ping-r WWW.sina.com.cn
PING ara.sina.com.cn(58.63.236.35)56(84)bytes of data.
ping: sendmsg:Network is unreachable
ping: sendmsg:Network is unreachable
ping: sendmsg:Network is unreachable
ping: sendmsg:Network is unreachable
Ping:sendmsg:Network is unreachable
---ara.sina.com.cn ping statistics---
5 packets transmitted, 0 received, 100% packet loss, time 3999ms
```

由于 www.sina.com.cn 和当前主机不在同一网络下，因此会出现 Network is unreachable(网络无法到达)字样，因此，-r 参数只能在同一网络下使用。

值得注意的是，虽然 ping 命令常常用于检测网络是否顺畅，但并不能作为网络是否畅通的依据，因为 iehenduo 主机出于其安全考虑，会禁止对 ICMP 数据包的响应，使得 ping 无法得到统计结果。

2. traceroute

互联网中，信息的传送是通过网络中许多段的传输介质和设备(路由器、交换机、服务器、网关等)从一端到达另一端。每一个连接在 Internet 上的设备，如主机、路由器、接入服务器等，通常都会有一个独立的 IP 地址。通过 traceroute 命令可以知道信息从当前主机到互联网另一端的主机走的是什么路径。当然每次数据包由某一同样的出发点(source)到达某一同样的目的地(destination)走的路径可能会不一样，但基本上来说大部分时候所走的路由是相同的。traceroute 命令的语法格式为：

```
traceroute [参数] 主机地址 [包大小(单位为字节)]
```

其中的主要参数如下。

- -n：直接使用 IP，可不必进行主机的名称解析，以达到更快的速度。
- -w：设置探测间隔秒数，若对方主机在几秒钟内没有响应就宣告失败。默认时间为 5 秒。
- -i：用在较为复杂的环境，如果网络接口很多时，可能需要这个参数。例如，有两条 ADSL 可连接外部，主机中将有两个 ppp，可用-i 参数来选择是 ppp0 还是 ppp1。
- -g：与-i 参数相仿，也用于复杂环境，只是-g 后接的是网关的 IP。
- -m：设置包的最多跳跃次数，默认为 30 次。

例如：显示从本机到 59.50.64.40 所经过的路由。

```
[root@localhost] # traceroute 222.200.180.48
traceroute to 222.200.180.48(222.200.180.48), 30hops max, 40 byte packets
1  172.18.63.254(172.18.63.254)2.101ms    2.156ms    2.182ms
2  172.18.240.145(172.18.240.145)    9.008ms    9.411ms    9.738ms
3  222.200.160.157(222.200.160.157)    3.487ms   3.915ms    4.247ms
4  222.200.160.129(222.200.160.129) 3.985ms   4.590ms    5.024ms
5  222.200.160.138(222.200.160.138) 3.491ms   3.918ms    4.252ms
6  172.18.240.82(172.18.240.82)   9.680ms   3.212ms   3.240ms
7  222.200.180.48(222.200.180.48)   0.446ms   0.446ms    0.422ms
```

如果在默认的 5 秒钟内 traceroute 听不到节点的回应，那么屏幕上就会出现一个“*”，告知该节点无法顺利响应。由于 traceroute 用的是 ICMP 数据包，有些防火墙可能会将 ICMP 数据包屏蔽掉，因此就会造成等不到回应的情况。另外有些网关本来就不支持 traceroute 的功能，因此也会产生显示“*”的情况，所以分析时要注意。

3. netstat

netstat 命令是一个监控 TCP/IP 网络的非常有用的工具，它可以显示路由表、实际的网络连接以及每一个网络接口设备的状态信息。netstat 命令的常用参数及其说明如表 7-3 所示。

表 7-3 netstat 命令参数

参 数	说 明
-a	显示所有信息，包括一般信息、socket 信息、路由表、网络接口等
-c	将网络状态持续输出
-e	显示其他相关信息
-l	显示正在 listen 状态的 socket

续表

参　数	说　明
-M	显示隐藏的联机，必须支持 IP 伪装的功能才能使用此参数
-n	直接以 IP 地址显示，不经过名称服务器
-p	显示与 socket 相关的程序名称及 PID
-r	显示系统路由表
-t	仅显示 TCP 通信协议的联机状态
-u	仅显示 UDP 通信协议的联机状态

例 1　列出目前的所有网络联机状态(使用 IP 和端口号)。

```
[root@localhost~]#  netstat-an
Active   Internet  connections(servers and established)
Proto  Recv-Q Send-Q Local Address        Foreign Address    State
tcP        0          0 0.0.0.0:32769     0.0.0.0:*          LISTEN
tcP        0          0 0.0.0.0:111       0.0.0.0:*          LISTEN
tcp        0          0 192.168.1.20:53   0.0.0.0:*          LISTEN
tcp        0          0 127.0.0.1:53      0.0.0.0:*          LISTEN
tcp        0          0 192.168.1.20:21   0.0.0.0:*          LISTEN
tcp        0          0 127.0.0.1:631     0.0.0.0:*          LISTEN
tcp        0          0 0.0.0.0:25        0.0.0.0:*          LISTEN
tcp        0          0 127.0.0.1:953     0.0.0.0:*          LISTEN
tcp        0          0 :::22             :::*               LISTEN
Active UNIX  domain    sockets(servers and established)
Proto RefCnt Flags Type    State      1-Node   Path
Unix   2     [ACC] STREAM LISTENING  7094     @/tmp/fam-root-
Unix   2     [ACC] STREAM LISTENING  4985     /tmp/.font-unix/fs7100
Unix   2     [ACC] STREAM LISTENING  4574     /var/run/acpid.socket
Unix   2     [ACC] STREAM LISTENING  4948     /var/run/iiim/.iiimp-unix/9010
Unix   2     [ACC] STREAM LISTENING  5063     /var/run/dbus/system_bus_socket
Unix   2     []    DGRAM              5249     @/var/run/hal/hotplug_socket
Unix   2     [ACC] STREAM LISTENING  6298     /tmp/.gdm_socket
Unix   2     [ACC] STREAM LISTENING  6324     /tmp/.X11-unix/Xo
```

例 2　显示目前已经启动的网络服务。

```
[root@localhost~]# netstat-tulnp
Active  Internet  connections(only servers)
Proto Recv-Q Send-Q Local Address   Foreign Address State     PID/Program name
tcp      0        0 0.0.0.0:32769   0.0.0.0:*       LISTEN    1810/rpc.statd
tcp      0        0 0.0.0.0:111     0.0.0.0:*       LISTEN    1790/portmap
tcp      0        0 192.168.1.20:530.0.0.0:*        LISTEN    3969/named
tcp      0        0 127.0.0.1:53    0.0.0.0:*       LISTEN    3969/named
tcp      0        0 192.168.1.20:210.0.0.0:*        LISTEN    3811/vsftpd
tcp      0        0 127.0.0.1:631   0.0.0.0:*       LISTEN    1925/cupsd
tcp      0        0 0.0.0.0:25      0.0.0.0:*       LISTEN    5130/sendmail:acce
tcp      0        0 127.0.0.1:953   0.0.0.0:*       LISTEN    3969/named
tcp      0        0 :::22           :::*            LISTEN    1961/sshd
```

用 netstat 命令列出的网络联机状态的输出部分包含的项目如下。

- proto：该联机的数据包协议，主要为 TCP/UTP 等协议。
- Recv-Q：由非用户程序连接所复制出来的总字节数。
- Send-Q：由远程主机传送而来，而不具有 ACK 标志的总字节数，指主动联机 SYN 或其他标志的数据包所占的字节数。

- Local Address：本地端的地址，可以是IP，也可以是完整的主机名称。可以是IPv4的标准，也可以是IPv6的标准。由此项显示的数据还可看出这个服务是开放在哪个接口。
- Foreign Address：远程和主机IP与端口号。
- stat：状态列。主要的状态有如下几项。
  - ESTABLISED：已经建立联机的状态。
  - SYN_SENT：发出主动联机(SNY标志)的联机数据包。
  - SYN_RECV：接收到一个要求联机的主动联机数据包。
  - FIN_WAIT1：该联机正在断线当中。
  - FIN_WAIT2：该联机已挂断，但正在等待对方主机响应断线确认的数据包。
  - TIME_WAIT：该联机已经挂断，但socket还在网络上等待结束。
  - LISTEN：通常用在服务的监听端口。

4. host

host命令用来查询某个主机名对应的IP地址。命令的语法格式为：

```
host [参数] 主机名或域名 [服务器]
```

其中，通常使用参数-a表示列出该主机详细的各项主机名称设置数据；用-t参数指定查询类型，包含a、all、mx、ns。

例1 列出www.sina.com.cn的IP地址。

```
[root@localhost~]#  host  www.sina.com.cn
www.sina.com.cn is an alias for jupiter.sina.com.cn.
jupiter.sina.com.cn is an alias for ara.sina.com.cn.
ara.sina.com.cn has address 58.63.236.45
ara.sina.com.cn has address 58.63.236.46
ara.sina.com.cn has address 58.63.236.47
ara.sina.com.cn has address 58.63.236.48
ara.sina.com.cn has address 58.63.236.49
ara.sina.com.cn has address 58.63.236.34
ara.sina.com.cn has address 58.63.236.35
ara.sina.com.cn has address 58.63.236.36
ara.sina.com.cn has address 58.63.236.37
ara.sina.com.cn has address 58.63.236.38
ara.sina.com.cn has address 58.63.236.39
```

上例中得到的这一系列结果，其实是由记录在“/etc/resolv.conf”文件里的DNS主机查询到的，如果不希望用该文件中的DNS主机来查询，可在[服务器]参数中声明的用于查询的服务器。

例2 在202.100.192.68主机上查询qq.com的邮件记录。

```
[root@localhost~]#  host-t mx  qq.com202.100.192.68
Using domain server:
Name:202.100.192.68
Address:202.100.192.68#53

Aliases:
qq.commail is handled by 5 mx2.qq.com
qq.commail is handled by 10 mx1.qq.com
```

本章小结

本章介绍了TCP/IP的相关概念，并在此基础上，介绍了Windows Server 2008中使用TCP/IP网络配置工具实现网络连接和管理的方法。在Linux系统中，讲解了如何使用图形界面和ifconfig命令完成网络配置，并介绍了常用的网络管理命令。

习　题

1. 简述TCP/IP通信协议的四层结构的内容及作用。
2. 端口的作用是什么？
3. 在Windows Server 2008中设置IP地址有哪些方法？
4. 如何使用ifconfig命令为Linux主机配置IP地址和子网掩码并将其激活？
5. 举例说明ping和netstat命令的主要功能。

第 8 章　文件资源共享

学习目标：

- 了解文件共享基本功能
- 掌握 Windows Server 2008 文件共享的配置与管理
- 能够完成 Samba 服务器的配置从而实现 Linux 与 Windows 系统间的文件共享
- 能够使用 NFS 服务实现 Linux 系统间的文件共享

8.1　文件共享概述

计算机网络把各种单个的计算机连接起来，实现相互之间的通信和资源共享。随着计算机网络的发展和社会需求的不断增长，计算机网络与计算机之间的连接也显得越来越重要。计算机网络的功能主要体现在以下 3 个方面。

信息交换：这是计算机网络最基本的功能，用户可以在网上传送电子邮件，发布新闻消息，进行电子购物、电子贸易、远程电子教育等。

资源共享：所谓的资源是指构成系统的所有要素，包括软、硬件资源，如大容量磁盘、高速打印机、绘图仪、通信线路、数据库、文件和其他计算机上的有关信息，由于受经济和其他因素的制约，这些资源并非(也不可能)所有用户都能独立拥有，所以网络上的计算机不仅可以使用自身的资源，也可以共享网络上的资源，这样可以增强网络上计算机的处理能力，提高计算机软、硬件的利用率。

分布式处理：一项复杂的任务可以划分成许多部分，由网络内各计算机分别协作并行完成有关部分，使整个系统的功能大为增强。

文件共享服务是最常见的资源共享的一种形式。在封闭的 Windows 环境中，可以通过简单的配置实现文件共享。随着 Linux 操作系统的广泛使用，需要在 Windows 和 Linux 之间以及 Linux 之间进行文件共享服务，这些共享服务可以通过 Samba 和 NFS 实现。

共享文件是可以让用户通过网络访问的文件。共享文件最基本的方法是创建共享文件夹，然后让用户可以通过映射的网络驱动器访问。大多数情况下，可能并不希望每个可以访问网络的人都能读取、修改甚至删除共享文件，因此在共享文件时，可使用共享文件夹的访问权限，配合本地 NTFS 权限对共享内容的访问权限进行相应的限制。文件共享和文件安全是密切结合在一起的，为了保护重要的数据，还可以配置审核，以便可以监视哪些用户访问过文件，以及进行过什么操作。

8.2　Windows Server 2008 的文件共享

8.2.1　文件共享模式及配置

Windows Server 2008 支持两种共享模式：标准文件共享和公用文件共享。标准文件共

享可以让远程用户访问网络资源，例如文件、文件夹和驱动器。在共享一个文件夹或驱动器时，可以使得其中包含的所有文件和子文件夹都能够被特定用户访问，标准文件共享还叫做复位文件共享，因为不需要将文件移动到其他位置。

标准文件共享只能在格式化为 NTFS 文件系统的磁盘上使用，另外还可以通过两套权限设置精确设定哪些用户可以访问这些文件：NTFS 权限和共享权限。通过配合使用，这些权限可以控制哪些用户能访问这些文件，以及可进行什么程度的访问。要共享的文件不需要移动。

对于公用文件共享，则只能共享位于计算机%SystemDrive\Users\public%文件夹下的内容，因此需要被共享的文件和文件夹都需要被复制到这里。公用文件可以被任何能够登录到本机的用户访问，无论他是否使用了标准用户账户或者管理员账户。另外可以让公用文件夹通过网络访问，然而如果这样做将无法对访问进行任何限制，因此公用文件夹及其中的内容会对能够通过网络访问本机的所有人公开。

当将文件复制或移动到公用文件夹后，这些文件的访问权限会自动进行适当的调整，以匹配公用文件夹的设置，另外也有可能被增加一些额外的权限。如果计算机属于工作组环境，则可以对公用文件夹设置密码保护，然而在域环境中无法使用独立的密码保护。在域环境中，只有域用户可以访问公用文件夹。

要更改默认公用文件夹的配置，可以通过以下两种方法进行。

- 允许能够访问网络的用户查看和打开公用文件，但限制其更改或删除公用文件。在配置这样的选项时，需要给 Everyone 组对公用文件分配读取和执行以及读取权限，并需要对公用文件夹分配读取和执行、列出文件夹内容和读取权限。
- 允许能够访问网络的用户查看和更改公用文件，这样网络用户就可以打开、更改、创建和删除公用文件。在配置该选项时，需要各 Everyone 组对公用文件和公用文件夹分配完全控制权限。

Windows Server 2008 可以随时使用上述两种共享模式，不过相对公用文件共享，标准文件共享可以提供更好的安全性和保护，为了保护企业的数据，安全性自然是越高越好。要对服务器配置基本文件共享，可以使用网络和共享中心，在这里，为文件共享、公用文件夹共享以及打印机共享都提供了独立的选项，同时每个共享选项的当前状态都会被列为“打开”或“关闭”，如图 8-1 所示。

可以在网络和共享中心管理计算机上的共享配置，要访问该控制台，可单击“开始”按钮，然后单击“网络”按钮，在网络浏览器的工具栏上单击“网络和共享中心”按钮。

标准文件共享控制了对共享资源的网络访问。要配置标准文件共享，可单击相应的展开按钮，展开“文件共享”窗格，随后可以看到如图 8-2 所示的选项，按照需要，选择“启用文件共享”以启用共享，或选择“关闭文件共享”以禁用共享，然后单击“应用”按钮。

公用文件夹共享控制了对计算机上公用文件夹的访问。要配置公用文件夹共享，可单击相应的展开按钮，展开公用文件夹共享窗格，随后可以看到如图 8-3 所示的界面。从中可以根据需要选择以下任一种共享设置。

- 启用共享，以便能够访问网络的任何人都可以打开文件。通过对公用文件夹和所有公用数据针对所有可以通过网络访问该计算机的人分配读取权限的方式启用公用文件夹共享，但 Windows 防火墙设置可能会阻止外部的访问。

- 启用共享，以便能够访问网络的任何人都可以打开、更改和创建文件。通过对公用文件夹和所有公用数据针对所有可以通过网络访问该计算机的人分配“所有者”访问权限的方式启用公用文件夹共享，但 Windows 防火墙设置可能会阻止外部的访问。
- 禁用共享。禁用公用文件夹共享，防止本地网络用户访问该用户文件夹，但任何可以本地登录到这台计算机的用户仍然可以访问公用文件夹以及其中的文件。

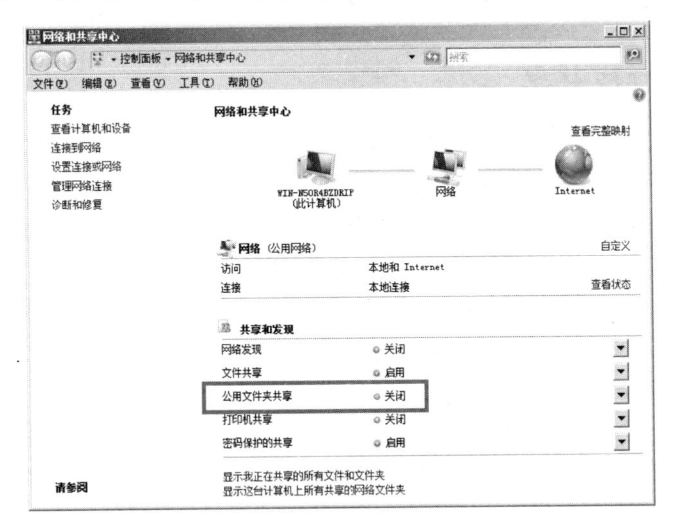

图 8-1 网络和共享中心

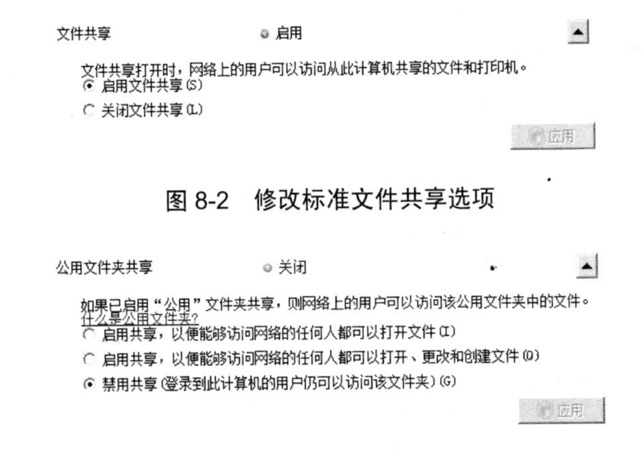

图 8-2 修改标准文件共享选项

图 8-3 修改公用文件共享选项

打印机共享控制了对连接到计算机上的打印机的访问情况，要配置打印机共享，可单击对应的展开按钮，展开打印机共享窗格，随后将看到如图 8-4 所示的界面，根据需要选择“启用打印机共享”以启动共享，或选择“关闭打印机共享”以禁用共享，然后单击“应用”按钮。

在工作组环境中，密码保护的共享可以让我们限制只让本机上具有用户名和密码的用户才可以访问共享的资源。要配置密码保护的共享，可单击相应的展开按钮，展开密码保护的共享窗格。根据需要选择“启用密码保护的共享”以启用该功能，或选择“关闭密码

保护的共享”以禁用该功能，然后单击“应用”按钮。

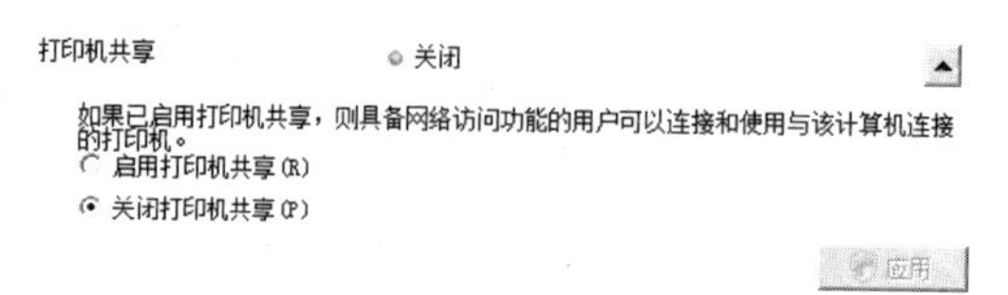

图 8-4　修改打印机共享选项

8.2.2　使用和查找共享

可以通过创建共享文件夹的方式通过网络共享文件资源，随后用户可以将共享的资源映射为网络驱动器。例如，如果某台计算机上的 D:\Data 目录被用于存储用户数据，并且希望将其共享为 UserData，这样用户就可以使用一个自己计算机上可用的盘符将该共享进行映射，例如 X，在映射好该驱动器后，用户可在 Windows 资源管理器中直接访问其中的内容，或使用其他用户像访问计算机上的其他本地目录那样访问这个共享目录。

所有共享文件夹都有共享名和文件夹路径。共享名是共享文件夹的名称，而文件夹路径则是该文件夹在服务器上的完整路径。

在上述例子中，共享名是 UserData，而对应的文件夹路径是“D:\Data”。在共享了文件夹后，该共享就会对用户自动可用。用户在映射时只需要知道该文件夹所在服务器的名称以及共享的名称即可。

在“计算机”窗口中，要映射网络驱动器，可从“工具”菜单下选择“映射网络驱动器”命令，或单击工具栏上的“映射网络驱动器”图标即可。随后可以看到如图 8-5 所示的“映射网络驱动器”对话框。在该对话框中，可以用“驱动器”下拉列表框选择可用的盘符，并使用“文件夹”下拉列表框输入网络共享的路径。在这里需要输入共享的通用命名约定(UNC)名称，例如，要访问 Studio03 的服务器上一个名为 StuData 的共享，就需要输入“\\Studio03\StuData”。如果不知道共享的名称，则可以单击“浏览”按钮，并搜索可用共享。默认情况下，Windows 会自动在登录时连接映射的网络驱动器，如果不希望使用这个功能，可选中“登录时重新连接”复选框。

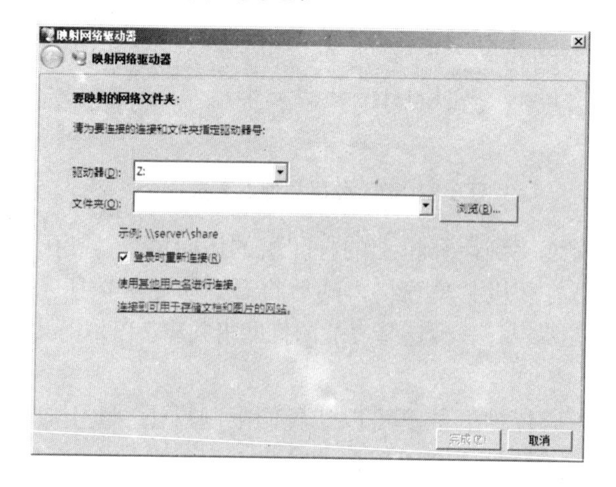

图 8-5　映射网络驱动器向导

如果启用了网络发现，用户就可以用网络浏览器浏览网络上的所有可用共享。在网络浏览器中，可以看到启用了“网络发现”功能的网上所有计算机的列表。双击某个计算机项，即可将该计算机上所有公开的共享资源都列出来，双击对应的文件夹即可连接到相应的内容。

8.2.3 隐藏和控制共享的访问

有时候可能并不希望所有人都能看到或知道某个共享，Windows Server 2008 中可创建隐藏共享。隐藏共享也可以被所有用户访问，但并不会列在常规的文件共享列表中，也不会被发布到 Active Directory 中。只需要在共享名的末尾添加一个美元符号“$”即可创建隐藏共享。例如，如果希望共享“E:\WebData”，但不希望该共享被显示在常规的文件共享列表中，就可以使用“WebData$”作为共享名。

然而，隐藏共享并不能控制对共享的访问，对共享的访问只能通过权限进行控制，同时会有两种权限应用到共享文件夹上，包括共享权限以及文件夹的 NTFS 权限。共享权限决定了对于一个共享文件夹，可以进行的最多操作；而文件和文件夹的 NTFS 权限则在共享权限定义的用户可以执行的操作基础上进一步对用户进行限制。例如，共享权限可能允许某位用户访问一个文件夹，但该文件夹的 NTFS 权限可能不允许用户查看或修改文件。

默认情况下，在创建共享时，每个可访问网络的人都将对共享的内容具有读取权限，与旧版本 Windows 相比，这是一个很重要的安全改善，因为旧版本 Windows 的默认权限是每个人都可以对共享内容具有完全控制的权限。

8.2.4 特殊共享和管理共享

在 Windows Server 2008 中，还有一些自动创建的共享，这些共享叫做特殊共享，或默认共享。大部分特殊共享都是隐藏的，因为它们主要用于管理用途，因此也可以叫做管理共享。

系统中存在的特殊共享取决于具体的配置。这意味着域控制器可能比成员服务器有更多的特殊共享，或者负责网络传真的服务器可能要比其他系统具有更多的特殊共享。

1. C$、D$、E$以及其他驱动器共享

所有驱动器，包括光驱，都有一个到其根目录的特殊共享，这些共享就是最常见的 C$、D$、E$等共享。这些共享使得管理员可以连接到驱动器的根目录并执行管理任务。例如，如果映射到 C$，那么就可以连接到“C:\”，并对该磁盘具有完全访问权限。

在工作站和服务器上，Administrators 或 Backup Operators 组的成员可以访问这样的驱动器共享。在域控制器上，只有 Server Operators 组成员可以访问这样的共享。

2. ADMIN$

ADMIN$共享也是一个管理共享，主要用于访问操作系统所在的%SystemRoot %文件夹，该共享主要用于远程管理。对于需要远程工作的管理员，这是一个可以访问操作系统文件夹的“快捷方式”，因此与其连接到 C$或 D$并寻找操作系统文件夹(通常名为 Windows、Winnt 或其他名称)，还不如每个都直接使用该共享连接。

在工作站和服务器上，Administrators 或 Backup Operators 组的成员可以访问 ADMIN$共享。在域控制器上，只有 Server Operators 组成员可以访问 ADMIN$共享。

3. FAX$

FAX$共享用于支持网络传真。默认情况下，特殊组 Everyone 会对该共享文件夹具有读取权限，这意味着任何用户只要能访问网络，就可以访问该共享。

4. PRINT$

PRINT$共享通过提供对打印机驱动的访问，用于支持打印机共享功能。在共享打印机时，系统就会将打印机的驱动放在该共享中，这样其他计算机就可以在需要的时候直接访问。

5. PUBLIC

PUBLIC 共享用于支持公用文件夹共享功能，并被用于存储公用数据，该公用文件夹的权限设置决定了哪些用户和组可以访问公用的共享文件，以及这些用户和组可以进行哪种程度的访问。在将文件复制或移动到公用文件夹时，这些文件的访问权限会被自动修改，以符合公用文件夹的要求，同时还有可能被添加一些额外的权限。

6. SYSVOL

SYSVOL 共享主要用于支持 Active Directory，域控制器上通过该共享存储 Active Directory 数据，包括策略和脚本。

8.2.5 访问管理共享

通过使用计算机管理控制台，管理员可以看到计算机上包括特殊共享在内的现存所有共享信息。在计算机管理控制台中，展开“系统工具”\“共享文件夹”，然后单击“共享”即可，如图 8-6 所示。

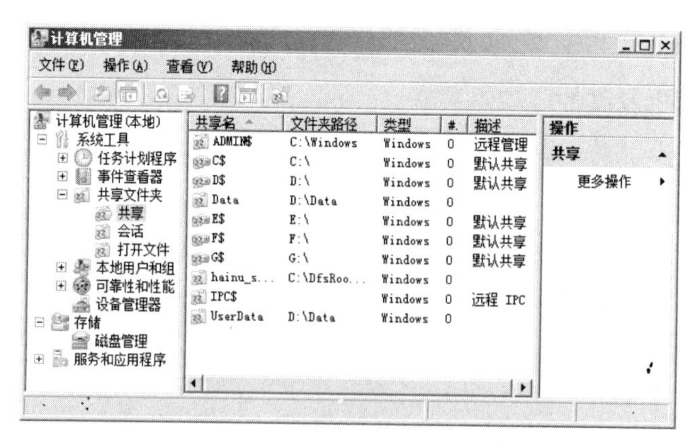

图 8-6 使用计算机管理控制台访问共享文件夹

如果希望查看远程计算机上的共享，可右击左侧窗格中的“计算机管理”节点，选择“连接到另一台计算机”命令，随后将打开选择计算机窗口，从中选择“另一台计算机”

选项，并在后面的文本框中输入要连接到的计算机名称或 IP 地址，如果不知道计算机的名称或 IP 地址，可单击“浏览”按钮，并搜索要连接到的计算机。

8.2.6 创建和发布共享文件夹

要在运行 Windows Server 2008 的服务器上创建共享，必须使用 Administrators 或 Server Operators 组的成员登录。要创建共享，可以使用 Windows 资源管理器、计算机管理控制台，或 Net Share 命令行工具。

- Windows 资源管理器适用于共享登录到的计算机上的文件夹。
- 计算机管理控制台则更适合共享本机或任何其他连接到的远程计算机上的文件夹。
- 使用 Net Share 命令，则可以从命令行或通过脚本创建共享。

1. 使用 Windows 资源管理器创建共享

通过使用 Windows 资源管理器，可以共享计算机上的文件夹。在 Windows 资源管理器中，右击要共享的文件夹，选择“属性”命令，在文件夹的属性对话框中打开如图 8-7 所示的“共享”选项卡，即可查看现有的共享设置。

单击“共享”按钮，可打开如图 8-8 所示的“文件共享”对话框，在下拉列表框中选择要与其共享的用户，或直接输入用户名，单击“添加”按钮，可将该用户添加到共享用户列表中。可在用户列表中，修改某用户的权限级别，设置该用户是“读者”、“参与者”或“共有者”。

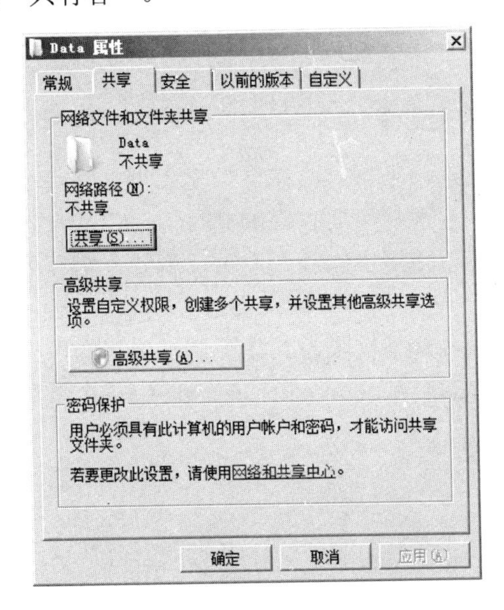

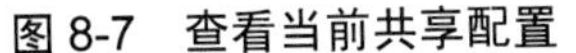

图 8-7 查看当前共享配置

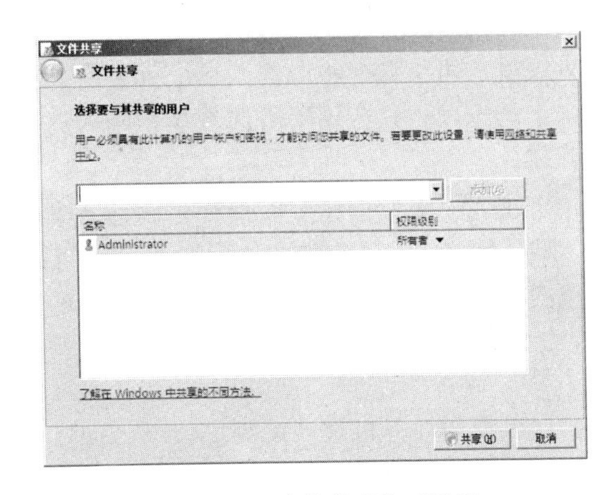

图 8-8 “文件共享”对话框

单击“共享”按钮，即可创建该共享。当 Windows 创建好共享，并使其可被用户使用后，需注意使用的共享名。这个名称通常是被共享的文件夹的名称。如果希望使用电子邮件将某个共享资源的链接发给别人，可单击“电子邮件”链接。如果希望将共享资源的链

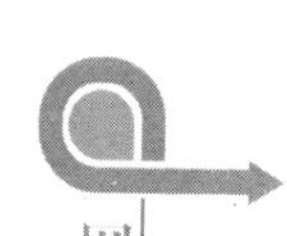

接复制到 Windows 剪贴板，可单击“复制”链接。设置完毕后单击“完成”按钮。

随后该共享就可以立刻被用户使用。在 Windows 资源管理器中，会看到该文件夹的图标上被添加了一个“小人”的标志，这表示该文件夹是被共享的。如果在“共享”选项卡上单击“共享”按钮时该文件夹已经被共享出来了，还可以在“文件共享”对话框中看到已经配置的选择。在此可进行以下操作。

- 更改共享权限：单击“更改共享权限”按钮，打开“文件共享”对话框。在这里可以按上文介绍的操作添加额外的用户或组，如果希望删除某个用户或组的访问，可在名称列表中选择该用户或组，然后选择“删除”命令。修改完毕后，单击“共享”按钮，即可重新配置共享选项，然后单击“完成”按钮。
- 停止共享：单击“停止共享”按钮可以删除该文件夹的共享配置，当 Windows 删除该共享后，单击“完成”按钮关闭“文件共享”对话框。

如果在“共享”选项卡上单击“高级共享”按钮，可以看到如图 8-9 所示的“高级共享”对话框，单击“添加”按钮可以使用不同名称和不同的权限设置再次共享该文件夹。

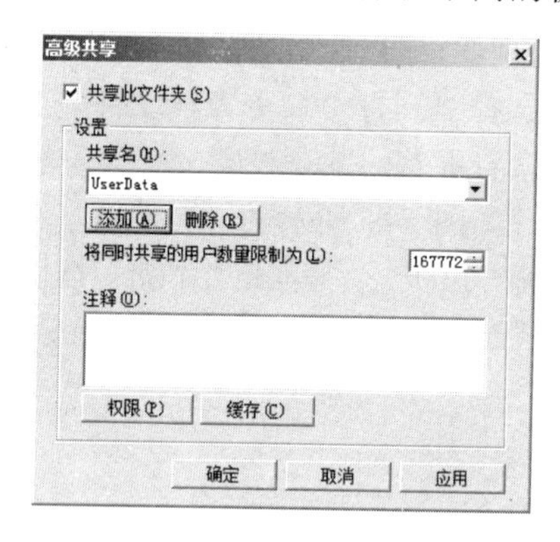

图 8-9　“高级共享”对话框

在对同一文件夹创建了多个共享后，“共享”选项卡下“共享名”文本框就会成为下拉列表框，可供选择不同的共享进行查看和配置。在选择了要查看的共享后，“共享”选项卡上的选项将只应用给所选共享。同时这里还可以使用“删除”选项，删除不需要的额外共享。

单击“权限”按钮可以查看和设置共享的权限。共享权限为共享提供了顶级的访问权限。默认情况下，只有指定的用户可以访问共享，这是 Windows Server 2008 中一个重要的安全改进，可用于确保权限不会被分配给不需要的人。

2. 使用计算机管理控制台创建共享

通过使用计算机管理控制台，可以在任何能通过网络连接到的计算机上创建共享。如果管理员在使用自己的个人计算机，没有在本地登录到服务器，而希望在服务器上创建共享，就可以使用这种方法。在启动计算机管理控制台后，右击左侧窗格中的“计算机管理”节点，选择“连接到另一台计算机”命令，随后使用“选择计算机”对话框选择要连接到的计算机，即可连接到目标计算机，随后展开“系统工具”\“共享文件夹”节点，单击“共享”，即可显示目标计算机上的现有共享。

右击“共享”节点，选择“新建共享”命令，在目标计算机上创建共享，可启用创建共享文件夹向导。在如图 8-10 所示的“文件夹路径”界面中，输入要共享文件夹的完整路径，然后单击“下一步”按钮。

在 “名称、描述和设置”界面中输入共享的名称。这是用户连接该共享所用的名称，同时在当前计算机上必须是唯一的。共享名最多可以包含 80 个字符，并且可以包含空格。如果希望 MS-DOS 客户端提供支持，则应该使用不超过 8 个字符的共享名，同时还有 3 个字符的扩展。如果希望对用户隐藏该共享(意味着在尝试使用 Windows 资源管理器或命令行浏览共享资源时，将看不到该共享)，还可以在共享名的最末添加“$”符号。同时需要注意的是，只能针对一般用户隐藏共享，如果用户具有管理员特权，则依然可以在共享列表中看到该共享。

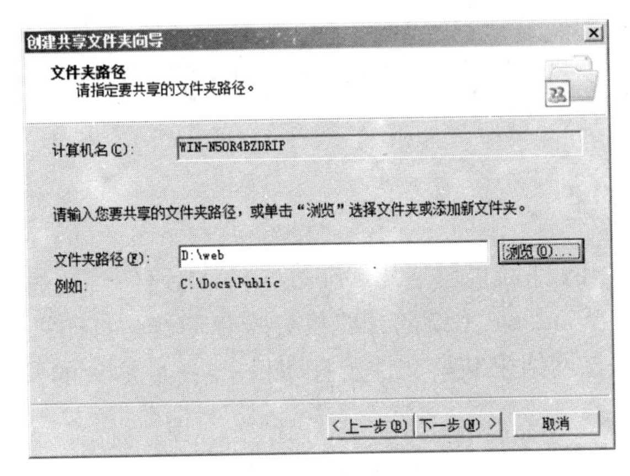

图 8-10 指定共享文件夹路径

在描述文本框中随意输入一些描述信息，描述信息将会在使用网络浏览器或者其 Windows 对话框查看网络共享时显示。

单击“下一步”按钮，打开如图 8-11 所示的“共享文件夹的权限”界面。可用选项包括：

- 所有用户有只读访问权限。这是默认选项，在通过 Windows 资源管理器创建共享时，这个权限会自动给用户设置查看文件和读取数据的权限，但用户无法在文件夹内创建、修改或删除文件。
- 管理员有完全访问权限，其他用户有只读权限。这个选项可以让管理员具有对服务器的最高管理存取级别，因此管理员可以在共享内创建、修改或删除文件和文件夹。在 NTFS 卷上，该选项还可以让管理员对文件和文件夹具有更改权限以及获取所有权权限。其他用户则只能查看文件和读取数据，不能创建、修改和删除文件和文件夹。
- 管理员有完全访问权限，其他用户不能访问。该选项可以让管理员对共享具有完全访问权限，但会禁止其他用户访问共享。
- 自定义权限。该选项可以为特定用户和组配置权限，通常建议使用该选项。

在设置好共享的权限后，单击“完成”按钮，向导会显示状态报告，单击“完成”按钮即可，如图 8-12 所示。

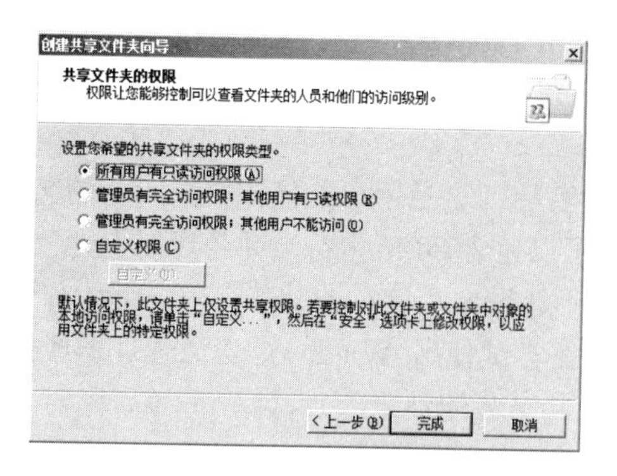

图 8-11　设置共享权限

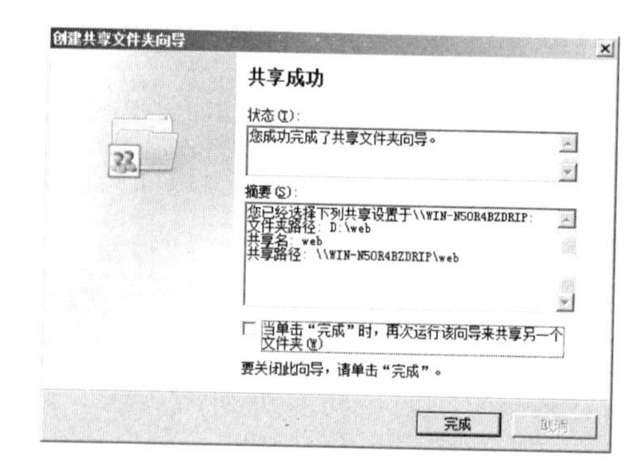

图 8-12　创建的共享摘要信息

8.3　Samba 服务器

8.3.1　Samba 概述

Samba 是一套让 UNIX 系统能够应用 Microsoft 网络通信协议的软件。它使执行 UNIX 系统的计算机能与执行 Windows 系统的计算机分享驱动器与打印机。Samba 使用一组基于 TCP/IP 的 SMB 协议，通过网络来共享文件及打印机。支持此协议的操作系统包括 Windows、Linux 和 OS/2。

Samba 的主要功能包括：

- 提供 Windows NT 风格的文件和打印机共享。Windows XP/2000/2003/2008 等通过它共享 Linux 系统的资源。
- 提供 SMB 客户功能：利用 Samba 提供的 smbclient 程序可以在 Linux 下以类似 FTP 的方式访问 Windows 资源。
- 备份 PC 上的资源，利用 smbtar 的 Shell 备份 PC 上的资源，可以使用 tar 格式备份和恢复一台远程 Windows 上的资源。
- 提供一个命令行工具。在其上可以优先支持 NT 的某些管理功能。

8.3.2　Samba 服务器的安装与启动

1. Samba 服务的安装

在 RedHat Linux AS4.0 的安装盘中提供的 Samba 服务器的 RPM 包包括以下内容。

- Samba-common：包括 Samba 服务器和客户所需的文件。
- Samba：Samba 服务端软件。
- Samba-client：Samba 客户端软件。
- RedHat-config-samba：Samba 服务的 GUI 配置工具。
- Samba-swat：Samba 的 Web 配置工具。

可以使用如下命令检查是否安装了 Samba 软件包：

```
[root@localhost~]#  rpm-qa|grep  samba
samba-common-3.0.10-1.4E
samba-3.0.10-1.4E
system-config-samba-1.2.21-1
sanba-client-3.0.10-1.4E
```

如果确认没有安装 Samba 服务，可以使用第二张安装光盘安装所需的 RPM 包：

```
# rpm -ivh samba-common-3.0.10-1.4E.i386.rpm
# rpm -ivh samba -3.0.10-1.4E.i386.rpm
# rpm -ivh samba-client-3.0.10-1.4E.i386.rpm
```

2. Samba 服务的启动

安装并配置完 Samba 服务器后，下一步就启动 Samba 服务，则必须运行 smb 服务。

(1) 使用以下命令来查看 Samba 进程的状态：

```
# /sbin/service smb status 或 # service smb status
```

(2) 使用以下命令来启动进程：

```
# /sbin/service smb start 或 # service smb start
```

(3) 使用以下命令来停止进程：

```
# /sbin/service smb stop 或 # service smb stop
```

8.3.3 Linux 客户端使用 Samba 访问 Windows 共享目录

在 Windows 系统中设置文件夹或驱动器提供共享，并对其设置别名，如/study；在 Linux 系统中启动 smb 服务，然后可使用 smbclient 命令检查服务器所共享的资源。

```
[root@localost~]#  smbclient//192.168.0.162/study-U administrator
                            Host机IP地址   共享     Windows系统
                                           别名     登录用户名
```

Smbclient 命令是 Samba 提供的一个类似 FTP 客户程序的 Samba 客户端程序，用以访问 Windows 共享或 Linux 提供的 Samba 共享。如图 8-13 所示，输入正确的口令后按 Enter 键，如果看到 smb:/>提示，表示已经成功登录。

```
[root@localhost ~]# smbelient //192.168.0.162/study-U admin
Password:
Domain=[71CDC3D590F8481] OS=[Windows 5.0] Server=[Windows 2000 LAN Manager]
smb: \>
```

图 8-13　smbclient 命令登录共享服务器

登录后，可以使用 ls 命令查看当前共享目录下的文件列表，如图 8-14 所示。

```
smb:\>ls
  .                    D     0  Fri  Jul 27 20:01:11  2007
  ..                   D     0  Fri  Jul 27 20:01:11  2007
  Ajax                 D     0  Mbn  Jul 30 10:32:50  2007
  JAVA                 D     0  Sat  Apr 21 09:44:47  2007
  JSP                  D     0  Sun  May 13 00:20:46  2007
  Linux                D     0  SaT  Aug  4  20:57:38  2007
  XML                  D     0  Sat  Apr 21 09:55:50  2007
          51999   blocks  of  size  1048576.41146  blocks  available
```

图 8-14　用 ls 命令查看共享目录文件列表

输入 help 或“?”可获得一个命令列表。例如，使用 get 命令可从服务器上下载某文件；使用 put 命令可从本地将某文件上传到服务器上；使用 exit 命令可退出 smb 服务器；要退出 smbclient，可在 smb:/>提示下输入 exit。

如果仍然觉得命令行操作对文件的管理不方便，可以使用 smbmount 命令，将 Windows 的共享文件夹或驱动器挂载到 Linux 系统指定的目录中：

```
# smbmount //192.168.0.162/study /mnt/mystudy -o username=admin
```

其中，192.168.0.162 为 Windows 服务器的 IP 地址；study 为 Windows 系统中共享文件夹的别名；/mnt/mystudy 为 Linux 系统中的挂载点，可由#mkdir /mnt/mystudy 命令自行创建；admin 为 Windows 服务器的登录用户名。

挂载后，打开/mnt/mystudy 目录，可看到 Windows 服务器端/study 共享目录中提供共享的所有文件。在如图 8-15 所示的图形界面中，对文件和目录的操作与 Windows 中网上邻居的共享操作类似。

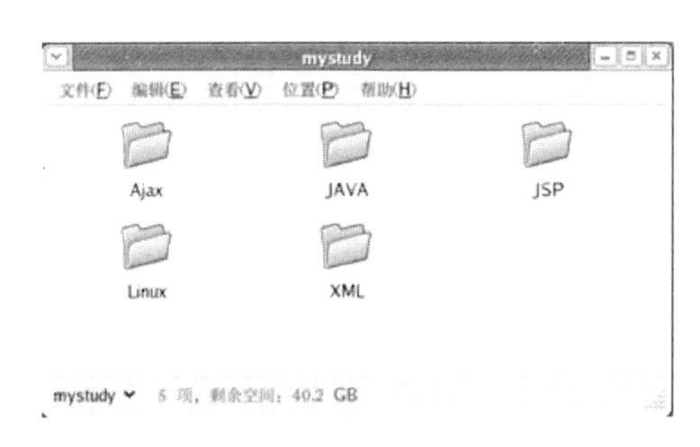

图 8-15 在 Linux 中挂载 Windows 的共享目录

8.3.4 Samba 服务器端配置

要完成 Samba 服务器端配置，需关注三个主要的配置文件：smb.conf 文件、smbpasswd 文件和 smbusers 文件。

1. smb.conf 文件

进行 Samba 配置可以通过修改/etc/samba/smb.conf 文件完成。smb.conf 是 Samba 中最重要的配置文件，通过它可以配置服务器的权限、共享目录、打印机和机器所属的工作组等各种选项。该配置文件主要由两个组成：全局设置(Global Setting)和共享定义(Share Definitions)。

(1) 全局参数的设置。

该部分提供了全局参数，主要用来设置整个系统的规划。[global]段主要内容包括：

```
[global]
   Workgroup=workgroup
//提供工作组名，mygroup 是系统提供的默认名字，用户可根据实际情况，给出与
//Windows 工作组相同的名字，以指出 Samba 将在该工作组范围中起作用
   hosts allow=192.168.1.60 192.168.1.80
//设置允许访问 Samba 服务器的主机名单，用 IP 地址给出，多个 IP 用空格分开
   load printers=yes       //允许使用共享打印机时，默认值为 yes
server string = Linux Samba Server TestServer    //指定服务信息
```

```
security = user
//指定安全模式。包括 user、Server、domain、share 四个设置值
//设置为 user 时，使用 Samba 本身的密码数据库
//设置为 share 时，数据不需要密码即可共享
//设置为 Server 和 domain 时，将用 passwordserver 设定 Windows NT 域服务器验证方式
```

(2) 共享目录参数。

```
[myshare]
//该分享名相当于在 Windows 中共享文件或文件夹时所设置的网络别名
path = /var/myshare     //Linux 系统中提供共享的实际目录
writeable = yes    //设置是否可写入
public=yes    //设置是否让所有可以登录的用户都看到这个目录
browseable = yes      //指定其他用户能否浏览该用户主目录
       valid users=@用户名      //指定能够进入到此资源的特定用户
write list=@用户名      //指定能够改写此资源的特定用户
```

2. smbpasswd 文件

在 Samba 服务器中使用了与 Windows NT 兼容的口令加密算法，因此可以像 Windows NT 一样对 Samba 的客户进行用户口令核实。Windows NT 使用一个包含用户口令 hashed 值的文件，是通过对用户的“普通文本”的口令经过加密算法得到的，称为“hashed 口令”。在 Samba 服务器上可以形成同样的 hashed 口令，保存在/etc/samba/smbpasswd 文件中。Root 用户可以使用 smbpasswd 进行添加用户、取消口令等操作。但是添加的用户必须在/etc/passwd 文件中存在。

3. smbusers 文件

这里必须提到 Samba 用户账号映射这个概念，出于账号安全考虑，为防止 Samba 用户通过 Samba 账号来猜测系统用户的信息，因而出现了 Samba 用户映射，例如将 tom 账户映射成其他的名称，然后用其他的名称，如 jack、keven 都可以登录，其权限及登录密码都与 tom 一样。

要实现账户映射，需先在/etc/samba/smb.conf 中将账户映射服务器打开，即找到 username map=/etc/samba/smbusers 这一行，将其前面的“；”去掉即可，然后修改/etc/samba/smbusers 文件，在里面添加一行 tom=jack keven。保存退出，重启 smb 服务，即可使用 jack 和 keven 登录 Linux 共享目录，其权限及登录密码与 tom 完全一致。

案例说明

假设 tom 和 jack 为 sales 组的成员，rose 和 mary 是 tech 的成员，公司要求组建 Samba 服务器，每个人都有自己的 Samba 账户，分别有 sales 组和 tech 组两个组，各组成员不得跨组访问，不给成员分配 shell。

案例实施

1) 用户及组的创建

```
# groupadd sales
# groupadd tech
```

```
# useradd -g sales -s /bin/false tom    //将用户 tom 添加到 sales 组，不分配 shell
权限
# useradd -g sales -s /bin/false jack
# smbpasswd -a tom            //将用户 tom 加入到 Samba 用户中
# smbpasswd -a jack
# useradd -g tech -s /bin/false mary
# useradd -g tech -s /bin/false rose
# smbpasswd -a mary
# smbpasswd -a rose
```

2) 创建目录并设置访问权限

```
# mkdir /home/sales /home/tech
# chgrp sales /home/sales
# chgrp tech /home/tech
# chmod 770 /home/sales
# chmod 770 /home/tech
```

3) 编辑 Samba 配置文件，设置目录共享

```
# vi /etc/samba/smb.conf
[global]
    Workgroup=workgroup
    netbios name = myLinux
server string = Linux Samba Server TestServer
security = user
[sales]
    path=/home/sales
    public=no
    valid users=@sales
    write list=@sales
    create mask=0770        //创建文件的默认权限值
    directory mask=0770      //创建目录的默认权限值
[tech]
    path=/home/tech
    public=no
    valid users=@ tech
    write list=@ tech
    create mask=0770
    directory mask=0770
```

保存后退出，重启 smb 服务，随后可在 Windows NS 或 Linux 客户端系统中链接所配置的共享目录进行测试。

8.4 NFS 服务器

8.4.1 NFS 概述

网络文件系统(Network File System，NFS)最早由 Sun 公司开发。它最大的功能就是可以通过网络让不同的机器、不同的操作系统可以彼此共享文件。因此，也可以简单地将它看做一个文件服务器。NFS 服务器可以让 PC 将网络远程的 NFS 主机共享的目录挂载到本地机器中，对本地机器的用户而言，既不用输入口令又不用记忆特殊的命令，使用这个远程主机的目录就好像使用自己的一个磁盘分区一样。例如，一组致力于同一工程项目的用

户可以通过使用 NFS 文件系统中的一个挂载为/myproject 的共享目录来存取该工程项目的文件。要存取共享的文件，用户进入各自机器上的/myproject 目录即可。

8.4.2　NFS 服务的基本原理

NFS 支持的功能很多，而不同的功能都会使用不同的程序来启动，每启动一个功能都会启用一些端口来传输数据，因此，NFS 的功能所对应的端口无法固定，而是随机取用一些未被使用的小于 1024 的端口来进行传输。但如此一来又造成客户端与服务器联机的困扰，因为客户端需知道服务器端的数据传输端口才能进行联机。

此时，我们就需要远程过程调用(RPC)服务的支持。RPC 最主要的功能是指定每个 NFS 功能所对应的端口号，并且将该信息传递给客户端，让客户端可以连接到正确的端口上去。那么 RPC 又是如何知道每个 NFS 的端口号呢？这是因为当服务器在启动 NFS 时会随机取用数个端口，并主动向 RPC 注册，因此 RPC 可以知道每个端口对应的 NFS 功能，然后 RPC 固定使用 port111 来监听客户端的需求并应答客户端正确的端口。

由于 NFS 服务器在启动时就需要向 RPC 注册，因此 NFS 服务器也被称为 RPC Server。NFS 服务器的主要任务是进行文件系统的共享，文件系统的共享与权限有着密切关系，所以 NFS 服务器启动时至少需要两个守护进程(daemouns)，一个为 rpc.nfsd，用于管理 Client 端是否能够登入；另一个为 rpc.mountd，用于管理 NFS 的文件系统以及 Client 端能够取得的权限。

因此，要配置 NFS 服务器，需要两个软件。

- NFS 主程序：nfs-utils
  提供 rpc.nfsd、rpc.mountd 这两个 NFS 守护进程与其他相关文档的说明书文件、执行文件的软件，是 NFS 的核心。
- RPC 主程序：portmap
  由于 NFS 可以被视为一个 RPC 程序，启动任何一个 RPC 程序之前，需要做好端口映射工作，这个工作就是由 portmap 负责的。

8.4.3　NFS 服务端的配置与启动

1. NFS 配置文件

NFS 软件的配置文件只有一个：/etc/exports，系统并没有默认值，所以一开始该文件不一定存在，可以使用 VI 工具自行创建。NFS 服务器的架设很简单，先编辑好主要配置文件/etc/exports，然后启动 portmap，再启动 NFS，服务器即可架设成功。主要关注/etc/exports 文件的设置。

/etc/exports 文件控制 NFS 服务器要共享哪些目录以及共享的权限，它的格式如下：

```
# [共享目录] [第一台主机(权限)]     [可用主机名] [可用通配符]
/tmp    192.168.1.0/24  localhost(rw)   *.hainu.edu.cn(ro,sync)
```

其中，每一行最前面是要共享的目录，然后是这个目录可以依照不同的权限共享给不同的主机，比如上例中，要将/tmp 目录分别共享给三个不同的主机或网段。主机后面小括

号()内设置权限参数，当权限参数不止一个时，以逗号(，)分开，且主机名与小括号须连接在一起。

主机名称的设置主要有两种方式。

- 可以使用完整的 IP 地址或者网段，例如 192.168.1.10 或 192.168.1.0/24，或 192.168.1.0/255.255.255.0。
- 可以使用主机名称，这个主机名称要在/etc/hosts 内或使用 DNS 可以找到。如果是主机名称，还可以支持通配符“*”或“?”。

权限(即小括号内的参数)常见的参数如下。

- rw：read-write，可读写的权限。
- ro：read-only，只读的权限。
- sync：数据同步写入到内存与硬盘中。
- async：数据会先暂存于内存中，而非直接写入硬盘。
- no_root_squash：登入 NFS 主机使用共享目录的用户，如果是 root 身份，那么对于这个共享目录来说，它就具有 root 的权限。该项目极不安全，不建议使用。
- root_squash：登入 NFS 主机使用共享目录的用户如果是 root 身份，那么这个用户的权限将被压缩成为匿名用户。通常它的 UID 和 GID 都会变成 nobody 那个系统账户的身份。
- all_squash：不论登入 NFS 的用户身份为何，它的身份都会被压缩成为匿名用户。通常也就是 nobody。
- anonuid：anon 指匿名者，前面关于*_squash 提到的匿名用户的 UID 设置值，通常为 nobody，也可以自行设置这个 UID 的值。当然，这个 UID 必须存在于/etc/passwd 中。
- anongid：同 anonuid，只是变成对 GID 的设置。

2. 启动 NFS

NFS 服务的启动和重启命令如下：

```
# /etc/init.d/nfs start 或 # service nfs start
# /etc/init.d/nfs restart 或 # service nfs restart
```

根据 NFS 服务的原理，我们知道，在启动 NFS 的同时，还需要 portmap 的协助，portmap 不需要设置，直接启动即可：

```
# /etc/init.d/portmap start
```

此外，既然共享的 NFS 文件可以让多个客户端使用，那么当多个客户端同时尝试写入某个文件时，就可能出现问题。因此，如果需要增加一些 NFS 服务器数据的一致性功能，还需要用到 rpc.lockd 服务，即增加一个 nfslock 服务的启动。

```
# /etc/init.d/nfslock start
```

8.4.4 NFS 客户端的设置

在客户端挂载 NFS 服务器所提供的文件系统，可按如下步骤完成。

(1) 确认本地客户端已经启动了 portmap 服务。

```
# /etc/init.d/portmap start
```

(2) 扫描 NFS 服务器共享的目录有哪些，并了解我们是否可以使用(showmount)，如：

```
# showmount -e 192.168.1.20
Export list for 192.168.1.20
/tmp     *
/home/hainu *.hainu.edu.cn
/home/public    *
…
```

(3) 在本地客户端建立预计要挂载的挂载点目录(mkdir)，如：

```
# mkdir -p /home/nfs/public
```

(4) 利用 mount 将远程主机直接挂载到相关目录，如：

```
# mount -t nfs 192.168.1.20:/home/public /home/nfs/public
```

8.4.5 NFS 服务应用

案例说明

- 假设 Linux 主机为 192.168.3.200。
- 预计/tmp 可擦写，并且以不限制用户身份的方式共享给 192.168.3.0 这个网段的所有 Linux 工作站。
- 预计开放/home/nfs 这个目录，使用的属性为只读，除了可提供网段内的工作站外，向外亦提供数据内容。
- 预计开发/home/upload 作为 192.168.3.0 这个网段的数据上传目录，其中，/home/upload 的用户及所属组的名字为 nfs-upload，它的 UID 与 GID 均为 210。
- 预计将/home/andy 这个目录仅共享给 192.168.3.102 这台 Linux 主机，以供该主机上 andy 这个用户使用，也就是说，在 192.168.3.200 及 192.168.3.102 均有账号 andy，将 andy 的默认目录/home/andy 开放给它自己使用。

案例实施

1) 在服务器端创建并配置/etc/exports

```
[root@localhost~]#  vi/etc/exports
/tmp            192.168.3.*(rw,no_root_squash)
/home/nfs       192.168.3*(ro)     *(ro,all_squash)
/home/upload    192.168.3.*(rw,all_squash,anonuid = 210,anongid = 210)
/home/andy      192.168.3.102(rw)
```

2) 在服务器端建立每个对应目录的权限

(1) /tmp

```
[root@localhost~]#  ll-d/tmp
drwxrwxrwt   11  root root 4096  9月21  23: 45/tmp
```

(2) /home/nfs

```
[root@localhost~]# mkdir-p/home/nfs
[root@localhost~]# chmod 755-R/home/nfs
```

(3) /home/upload

```
[root@localhost~]# groupadd-g 210 nfs-upload
[root@localhost~]# useradd-g210-u 210-Mnfs-upload
[root@localhost~]# mkdir-P/home/upload
[root@localhost~]# chown-Rnfs-upload:nfs-upload/home/upload
```

(4) /home/andy

```
[root@localhost~]# 11-d/home/andy
drwx------  2 andy andy 4096  9月22 00:37/home/andy
```

3) 启动 portmap 与 nfs 服务

```
[root@localhost~]# etc/init.d/portmap start
启动 portmap                                              [确定]
[root@localhost~]# /etc/init.d/nfs start
启动 NFS 服务:                                            [确定]
关掉 NFS 配额:                                            [确定]
启动 NFS 守护进程:                                        [确定]
启动 NFS mountd:                                          [确定]
[root@localhost~]# /etc/init.d/nfslock start              [确定]
```

4) 在 IP 为 192.168.3.102 客户端机器上完成挂载

(1) 确认远程服务器的可用目录

```
# /etc/init.d/portmap start
# /etc/init.d/nfslock start
# showmount -e 192.168.3.200
```

(2) 建立挂载点

```
# mkdir -p /home/test/tmp
# mkdir -p /home/test/nfs
# mkdir -p /home/test/upload
# mkdir -p /home/test/andy
```

(3) 挂载

```
# mount -t nfs 192.168.3.200:/tmp /home/test/tmp
# mount -t nfs 192.168.3.200:/home/nfs /home/test/nfs
# mount -t nfs 192.168.3.200:/home/upload /home/test/upload
# mount -t nfs 192.168.3.200:/home/andy /home/test/andy
```

本章小结

本章介绍了文件共享的相关概念。描述了 Windows Server 2008 中设置和管理共享文件的基本方法。在 Linux 系统中，介绍了使用 Samba 和 NFS 服务进行文件共享的方法。通过本章的学习，读者可熟练掌握在不同的应用场合中，选择适合的文件共享服务，提供文件资源共享的基本方法。

习　　题

1. Windows Server 2008 中，有哪些文件共享模式？
2. 如何使用 Samba 服务，在 Linux 系统中访问 Windows 系统的共享文件夹？
3. 什么是 NFS？配置 NFS 服务器需启动哪些相关程序？

第 9 章　DHCP 服务器管理与配置

学习目标：

- 了解 DHCP 服务的作用、相关概念及工作原理
- 掌握 Windows Server 2008 中安装和配置 DHCP 服务器的方法
- 掌握 Linux 下 DHCP 服务器的安装与配置

9.1　DHCP 服务介绍

9.1.1　DHCP 的作用

在 TCP/IP 网络中，配置 IP 地址和一些重要的 TCP/IP 选项是管理员的基本任务之一，比如，在 Windows XP 操作系统平台中，我们可以用网络连接的协议选项来配置这些选项，在大型的网络中，工作站的数目成百上千，这项管理任务将变得十分繁重。而像 ISP 这样提供公众服务的企业，服务的计算机分布很广，更不可能逐个手工配置，那么有什么方法能自动为各个工作站配置 IP 选项呢？

DHCP(Dynamic Host Configuration Protocol，动态主机配置协议)就是解决这一问题的一个方案，通过在网络中配置 DHCP 服务器，可以为网络内的计算机自动分配指定网段的 IP 地址，并配置一些重要的 IP 选项，如默认网关、DSN 服务器、WINS 服务器、WWW 代理服务器等。

这一功能大大简化了管理员的配置工作，而且通过客户端租约时间的控制，可以更加有效地利用地址空间，这在像 ISP 网络这样地址空间匮乏的网络中具有很大意义。例如，在电信运营商的网络中，通过宽带连接上网的用户人数远远大于运营商能够提供的公网 IP 数量，这时候使用 DHCP 服务器来管理上网计算机的 IP 地址，可以在用户下网的时候收回已分配的地址供其他用户使用，这在一定程度上缓解了 IP 地址分配的压力。由于 DHCP 避免了手动输入配置信息，还可以减少人为的配置失误，或重用 IP 地址引起的冲突等。

在许多 DHCP 服务器上，为了方便管理员进行地址管理，还提供了保留地址的功能，及保留部分 IP 地址，让它们固定地分配给一些主机，这样既可以保留固定地址分配方案中机器地址与机器名的相关性(可以给 DNS 服务和防火墙等安全产品的配置提供方便)，又可以集中地对所有客户端进行配置。

9.1.2　DHCP 服务的相关概念

使用 DHCP 服务之前，必须了解以下重要概念。

(1) 作用域(scope)：通过 DHCP 服务租用或指派给 DHCP 客户机的 IP 地址范围。一个范围可以包括一个单独子网中的所有 IP 地址(有时也将一个子网再划分成多个作用域)。

此外，作用域还是DHCP服务器为客户机分配和配置IP地址及其相关参数所提供的基本方法。

(2) 排除范围(exclusion range)：DHCP作用域中，从DHCP服务中排除的小范围内的一个或多个IP地址。使用排除范围的作用是保留这些作用域的地址永远不会被DHCP服务器提供给客户机。

(3) 地址池(address pool)：DHCP作用域中可用的IP地址。

(4) 租约期限(lease)：DHCP客户使用动态分配的IP地址的时间。在租用时间过期之前，客户必须续订租用，或用DHCP获取新的租用。租约期限是DHCP中最重要的概念之一，DHCP服务器并不给客户机分配永久的IP地址，而只允许客户在某个指定的时间范围内(即租约期限内)使用某个IP地址。租约期限可以是几分钟、几个月，甚至是永久的(不推荐使用)，用户可以根据不同的情况使用不同的租约期限。

(5) 保留(reservation)：为特定DHCP用户租用而永久保留在一定范围内的特定IP地址。

(6) 选项类型(option types)：DHCP服务器在配置DHCP客户机时，可以进行配置的参数类型。常用的参数类型包括子网掩码、默认网关及DNS服务器等。每个作用域可以具备不同的选项类型。

9.1.3　DHCP的工作原理

DHCP应用也是一种客户-服务器的应用，DHCP服务器负责监听客户端的请求，并向客户端发送预定的网络参数，管理员在DHCP服务器上必须配置所需要提供给客户端的相应网络参数和自动分配的IP地址范围、地址租约长度(即自动分配的地址有效的时间)等参数。客户端只需要将IP参数设为自动获取即可。DHCP的工作过程如下。

(1) 在客户端第一次登录网络时，向网络发送一个DHCPDISCOVER请求，该请求的原地址为0.0.0.0，目标地址为255.255.255.255(即TCP/IP广播地址)，并附加了DHCP发现信息的广播数据包。

(2) DHCP服务器接收到DHCPDISCOVER请求后，检查动态地址范围，选取第一个空闲地址，向客户端发送一个DHCPOFFER响应，由于客户端机器目前仍没有获得IP地址，因此DHCPOFFER响应仍然通过广播方式来传输，其中包含以下信息：

- 客户端硬件地址(MAC地址)。
- 提供的IP地址及其有效期。
- 子网掩码。
- 服务器标识符(通常是服务器的IP地址)。

(3) 客户端收到DHCPOFFER封包后，就会发出一个DHCPREQUEST广播封包，表示它接受服务器提供的IP地址，同时发出一个ARP请求，确认该地址未被其他机器占用，如果已占用，则发出DHCPDECLINE封包表示拒绝该地址。如果收到的DHCPOFFER封包不止一个(如网络中不止一台DHCP服务器)，客户端会自动选择第一个服务器提供的地址。

(4) 服务器收到DHCPREQUEST后，发回一个DHCPACK回应，表示地址租约生效，客户端开始使用此地址和网络配置进行工作，DHCP工作完成。其他的DHCP服务器在收

到 DHCPREQUEST 后撤销提供的 IP 地址。

(5) 如果客户端不是第一次登录，地址租约到期，那么客户端就要重新进行一次如上所述过程，否则客户端就会用上次获得的地址配置进行工作。

当客户端不能联系到 DHCP 服务器或租用失败时，将会使用自动私有 IP 地址配置(169.254.0.1～169.254.255.254 地址段)，这个机制可以使 DHCP 服务在不可用时，客户端计算机仍能通信，同时管理员也可以从计算机的 IP 地址来判断 DHCP 是否成功。

9.1.4 DHCP 客户端 IP 地址的更新与释放

DHCP 客户端从服务器获取的 IP 地址不是永久性分配的，而是从 DHCP 服务器上租用的，默认的租期因 DHCP 服务器种类的不同而异，管理员可以改变租期的长短。在以下情况下，IP 地址可能被更新或释放。

- 地址租约到期，如客户端无响应，服务器撤销分配的 IP，客户端在此后登录时须重新发出 DHCPDISCOVER 请求，申请 IP 地址。
- 客户端可以发出 IP 地址更新和释放的请求，DHCP 服务器接收到请求后收回相应的地址并重新分配。例如，在 Windows 客户端中，可以用 ipconfig/release 来释放一个客户端地址，用 ipconfig/renew 来获取新的 IP 地址。
- 管理员可以根据需要在服务器端删除相应租约而收回 IP 地址。
- IP 地址持续使用时，客户端上的 DHCP Client 服务会监视租约是否到期，然后按如下方法进行处理。
    - ◆ 租约达到 50%时，客户端向 DHCP 服务器发出 DHCPREQUEST 请求以续订租约，如果成功，服务器返回 DHCPACK 确认信息，IP 信息更新，使用新的租约，否则继续使用原租约。
    - ◆ 如果上一步没有成功，租约达到 87.5%时，客户端重复上一步的操作。
    - ◆ 如果上两步都没有成功，租约到期并且未联系到 DHCP 服务器，客户端会停止使用原租约的 IP 地址，重新发出 DHCPDISCOVER 请求，广播申请地址。

9.1.5 DHCP 服务器的应用环境

安装 DHCP 服务器的方式取决于很多因素，包括网络上客户端的数量、网络配置等。从物理服务器的角度来看，DHCP 服务并不需要占用大量系统资源，通常可作为一个额外的服务安装在现有的架构服务器上。如果一台 DHCP 服务器需要为上万台客户端服务，并涵盖大概上千个作用域，这就需要为 DHCP 服务准备专用的服务器，并配备足够的处理器和内存。大多数情况下，网络中至少应该放置两台 DHCP 服务器。如果有多个子网，那么最好每个子网放两台。

在实际工作中，用户还须考虑路由器在网络中的位置，是否在每个子网中都建立 DHCP 服务器，以及网段之间的传输速度。如果两个网段间是用慢速拨号连接在一起，那么用户就需要在每个网段设置一个 DHCP 服务器。

9.2　安装与配置 Windows 2008 DHCP 服务器

9.2.1　安装 DHCP 服务器

在安装 DHCP 服务器前应注意：

- DHCP 服务器本身必须采用固定的 IP 地址；
- 需认真、全面地规划 DHCP 服务器的可用 IP 地址；
- 需设计 DHCP 服务器在整个网络中构建的具体位置和个数。

在 Windows Server 2008 上安装 DHCP 服务的方法如下。

(1) 在“开始”菜单中依次选择“程序”→“管理工具”→“服务器管理器”命令，在弹出的服务器管理器窗口中，单击左侧显示区域的“角色”选项，在对应该选项的右侧显示区域中，单击“添加角色”按钮，打开添加角色向导；阅读“开始之前”界面中的欢迎信息后，单击“下一步”按钮。

(2) 在“选择服务器角色”界面中，选择“DHCP 服务器”角色，单击“下一步”按钮，如图 9-1 所示。

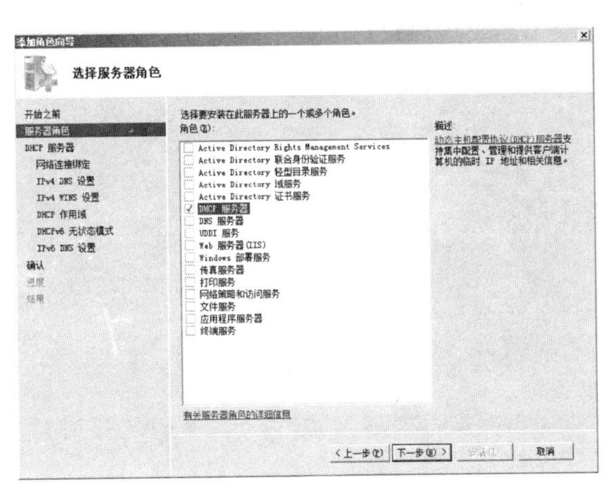

图 9-1　“选择服务器角色”界面

(3) 在“选择网络连接绑定”界面中，可看到已经设置了静态 IPv4 地址的网络地址，如图 9-2 所示。

(4) 在如图 9-3 所示的“指定 IPv4 DNS 服务器设置”界面中，输入希望让服务器提供给 DHCPv4 客户端用于自动 DNS 配置功能的默认 DNS 设置。在“父域”文本框中输入父域的 DNS 名称，如 hainu.edu.cn。在“首选 DNS 服务器 IPv4 地址”和“备用 DNS 服务器 IPv4 地址”文本框中，分别输入首选和备用 DNS 服务器地址，并可单击“验证”按钮以确保输入了正确的 DNS 地址。单击“下一步”按钮继续。

(5) 在如图 9-4 所示的“指定 IPv4 WINS 服务器设置”界面中，使用提供的选项决定该网络上的应用程序是否需要 Windows 名称解析服务器(WINS)。如果需要，就在“首选 WINS 服务器 IP 地址”和“备用 WINS 服务器 IP 地址”文本框中分别输入首选和备用 WINS 服务器的 IP 地址。单击“下一步”按钮继续。

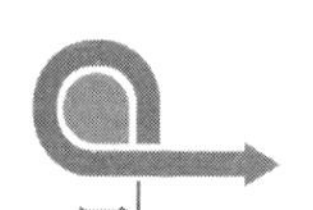

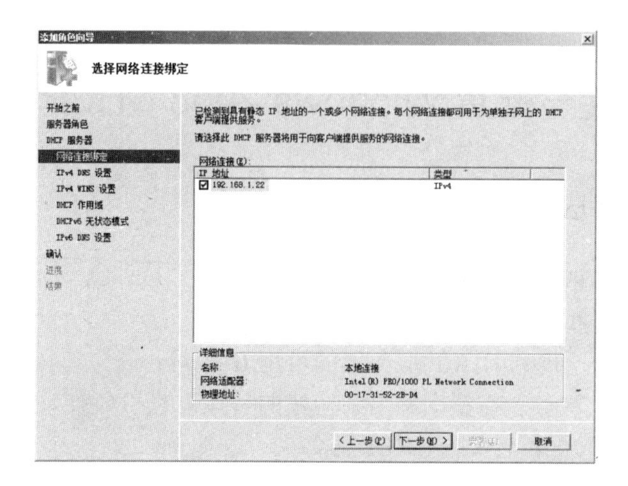

图 9-2　网络连接绑定

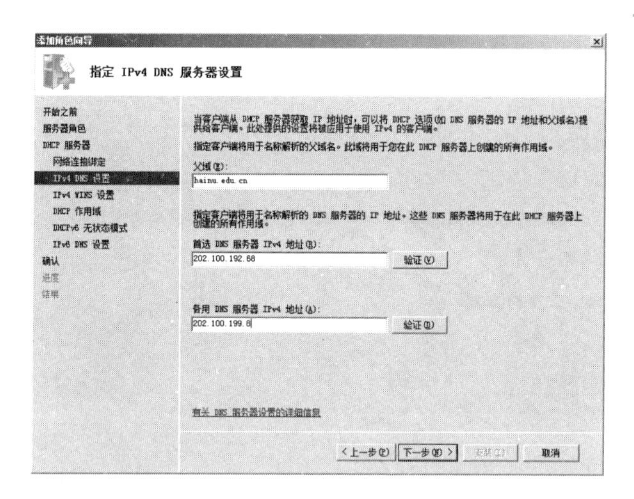

图 9-3　指定 IPv4 DNS 服务器设置

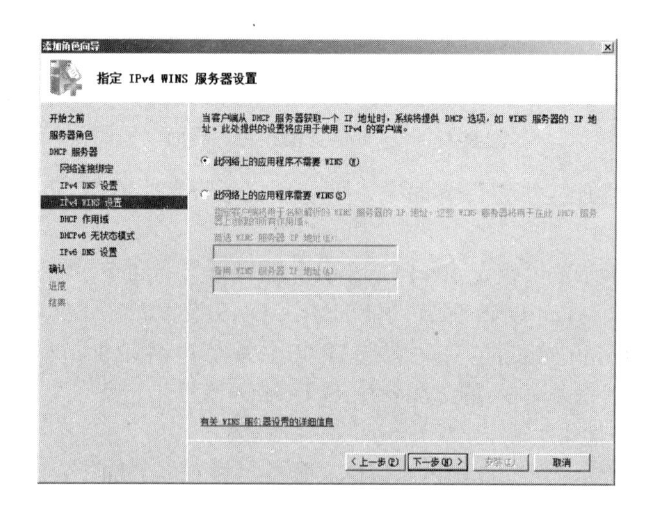

图 9-4　指定 IPv4 WINS 服务器设置

(6) 在如图 9-5 所示的“添加或编辑 DHCP 作用域”界面中，可使用提供的选项为 DHCP

服务器创建初始作用域。如果希望给 DHCP 服务器创建作用域，请单击“添加”按钮。否则，可单击“下一步”按钮，稍后再创建必要的 DHCP 作用域。

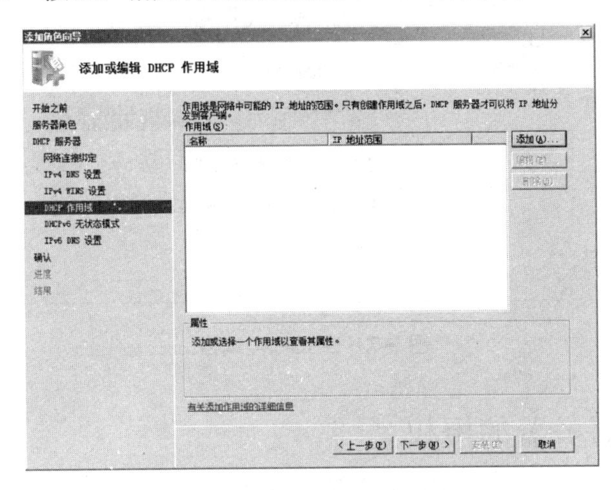

图 9-5　添加或编辑 DHCP 作用域

(7) 在如图 9-6 所示的“配置 DHCPv6 无状态模式”界面中，可以使用提供的选项决定是否启动或禁用 DHCPv6 无状态模式。如果希望 DHCPv6 客户端能够从 DHCPv6 获得 IPv6 地址和配置信息，请禁用无状态模式，否则，需启用无状态模式，这样客户端只能从 DHCPv6 获得配置信息。如果启用无状态模式，需在“指定 IPv6 DNS 服务器设置”界面中为 IPv6 设置 DNS 选项。此外，还需要输入使用的父域，以及首选和备用 DNS 服务器的 IPv6 地址。

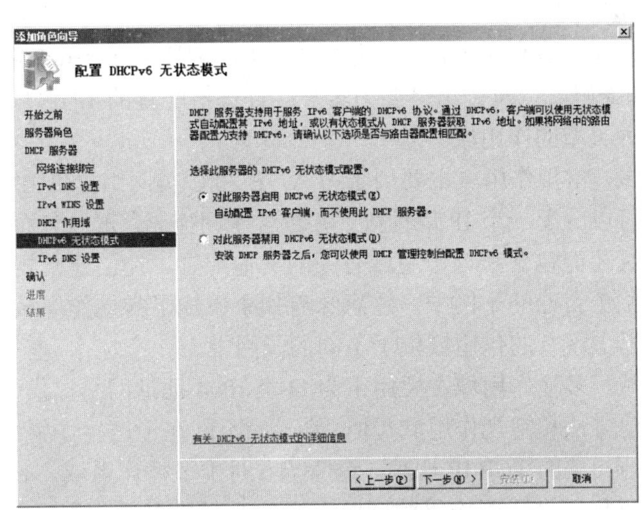

图 9-6　决定是否使用 DHCPv6

(8) 完成以上配置后，即可确认安装。

9.2.2　DHCP 服务器的控制台

安装完 DHCP 服务后，就可以从“管理工具”菜单下打开 DHCP 控制台，如图 9-7 所示。

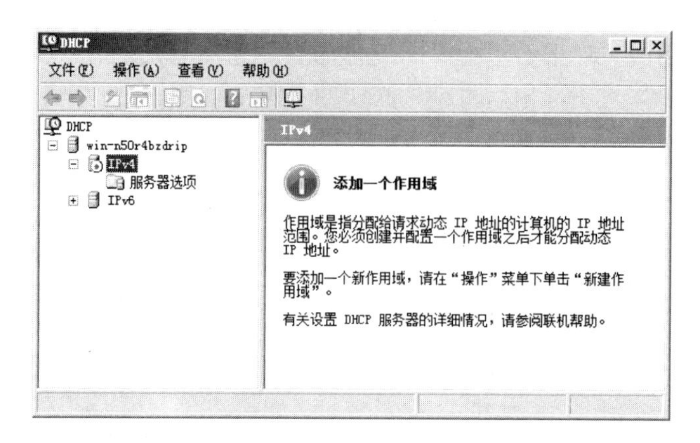

图 9-7　DHCP 控制台

9.2.3　DHCP 服务器的授权

在 Active Directory 域中使用 DHCP 服务器前，必须在 Active Directory 中给该服务器授权。在 DHCP 控制台中，连接的每个未授权 DHCP 的图标上都有一个红色的向下箭头图标，而授权的 DHCP 服务器则有一个绿色的向上箭头图标。

在 DHCP 控制台中，可在左侧的控制台树中右击服务器节点，然后从弹出的快捷菜单中选择“授权”命令，将其授权。随后如果需要删除授权，则右击控制台树中的服务器节点，从弹出的快捷菜单中选择“解除授权”命令。

9.2.4　创建和配置作用域

管理员通过创建作用域来实现在一个指定 IP 地址范围内的 DHCP 服务。作用域包括一个给定的 IP 子网和掩码，以及一组将要为客户端计算机配置的 IP 选项。对 IPv4，DHCP 服务器提供以下三种类型的作用域。

- 常规作用域。常规作用域主要用于为 A、B 和 C 类网络提供 IPv4 地址池。常规作用域通常可以分配一个 IP 地址段，并包含子网掩码，可以包含排除和保留这两个配置，并且还能包含和该作用域有关的其他配置。在创建常规作用域时，每个作用域必须位于自己的子网中，这意味着如果添加了常规作用域，那么新添加的必须和服务器上现有的作用域位于不同的子网中。
- 多播作用域。多播作用域主要用于为 D 类 IPv4 地址网络提供 IP 地址池。多播作用域的创建方法和常规作用域类似，唯一的不同在于这种作用域不需要子网掩码、保留或其他相关的 TCP/IP 选项。这意味着对于多播作用域，不需要关联特定的子网，但在避免提供子网掩码的同时，我们必须为多播作用域提供生存时间(TTL)值，该选项用于决定在将消息通过多播的方式发送给计算机的时候，最多可以通过多少个路由器。默认的 TTL 是 32。另外，因为多播 IP 地址只能用于目标地址，因此这种 IP 地址的租约比单播 IP 地址长，一般可以达到 30～60 天。
- 超级作用域。超级作用域是 IPv4 作用域的容器。如果在一台服务器配置了多个作用域，并希望将其作为整体进行激活或停用，或希望以此查看所有作用域的使用情况，那么就可以使用超级作用域实现。创建超级作用域，然后将希望作为组进行管理的作用域添加进去即可。

在创建常规作用域之前，需要对打算使用的 IP 地址范围进行规划，同时还需要对排除和保留设置进行安排。另外，还必须知道要使用的每个默认网关、DNS 服务器和 WINS 服务器的 IP 地址。如果有需要，还应该配置 DHCPv4 和 DHCPv6 中继，以便将 DHCPv4 和 DHCPv6 广播请求转发到其他网段。

在 DHCP 控制台中，可以展开服务器节点，右击 IPv4 子节点，从弹出的快捷菜单中选择“新建作用域”命令开始创建 IPv4 地址的常规作用域。在“作用域名称”界面中，为该作用域输入要使用的名称和描述信息，如图 9-8 所示。

单击“下一步”按钮，在如图 9-9 所示的“IP 地址范围”界面中，分别为作用域输入起始和结束地址。在输入完 IP 地址范围后，长度和子网掩码会自动输入完毕。

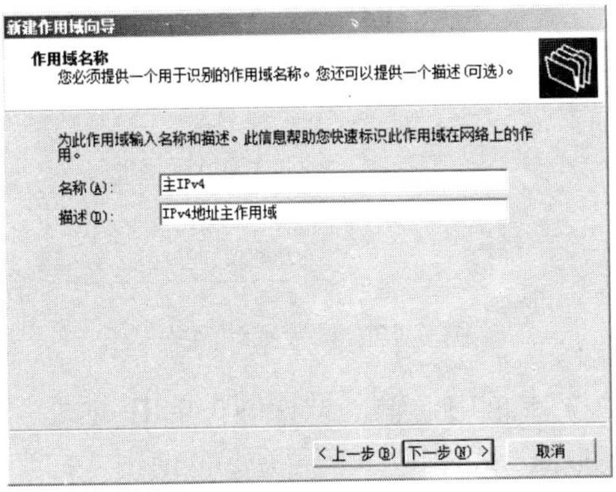

图 9-8　为作用域输入名称和描述信息

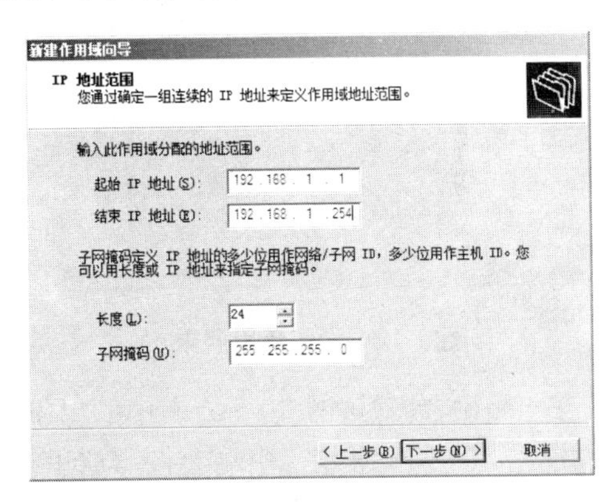

图 9-9　设置 IP 地址范围和子网信息

如果输入的 IP 地址范围位于多个子网，将会看到如图 9-10 所示的“创建超级作用域”界面，这个界面可以让我们用之前指定的每个子网组合在一起创建超级作用域。

如果输入的所有 IP 地址都在同一子网，那么单击“下一步”按钮，可在图 9-11 所示对话框中，设定排除范围。例如希望保留部分 IP 用于分配给静态 IP 地址的服务器使用，则可以使用“起始 IP 地址”和“结束 IP 地址”文本框设置希望从作用域中排除的 IP 地址范围。如果有必要，可以添加多个排除范围。

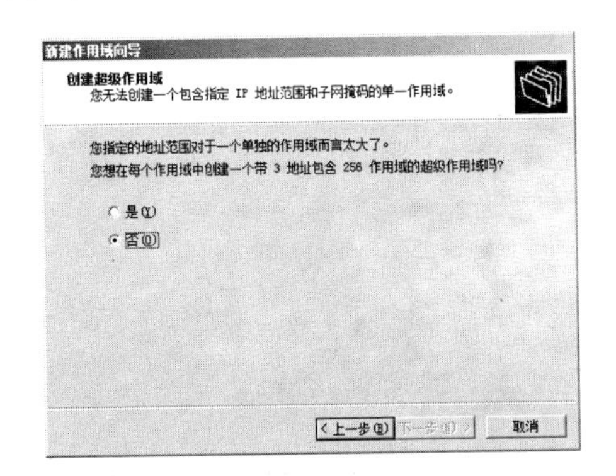

图 9-10　创建超级作用域

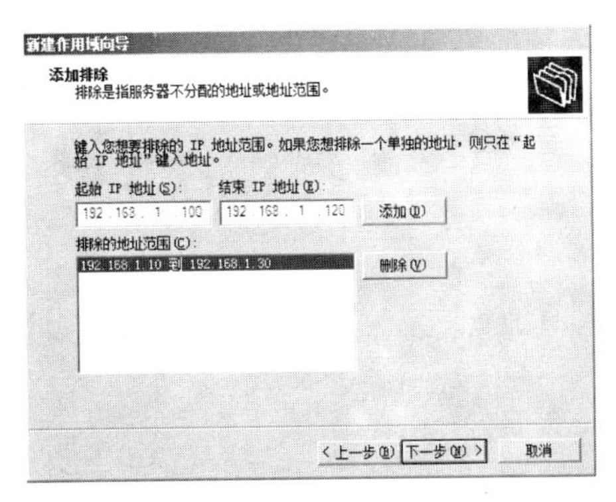

图 9-11　设置排除范围

单击“下一步”按钮，打开如图 9-12 所示的“租用期限”界面，在这里可为作用域设定租用期限。默认租用期限是 8 天，通常不接受默认值。太长或太短的租用期限都可能降低 DHCP 的效率，如果租约期限太长，那么 DHCP 服务器可能会为很多已经没有连接到网络的计算机保留 IP 地址，而导致可用 IP 地址用完；如果租用期限太短，当用户客户端尝试更新租用期限的时候，会给网络中带来很多不必要的广播通信。

单击“下一步”按钮，打开 “配置 DHCP 选项”界面。如果希望立刻配置 TCP/IP 选项，可单击“是”按钮，然后打开如图 9-13 所示的“路由器(默认网关)”界面。如果不希望立刻配置 TCP/IP 选项，可单击“否”按钮，完成作用域的创建，退出向导。

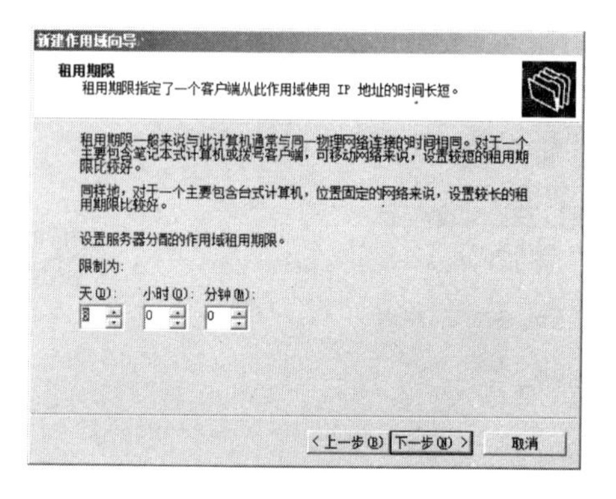

图 9-12　设置租用期限

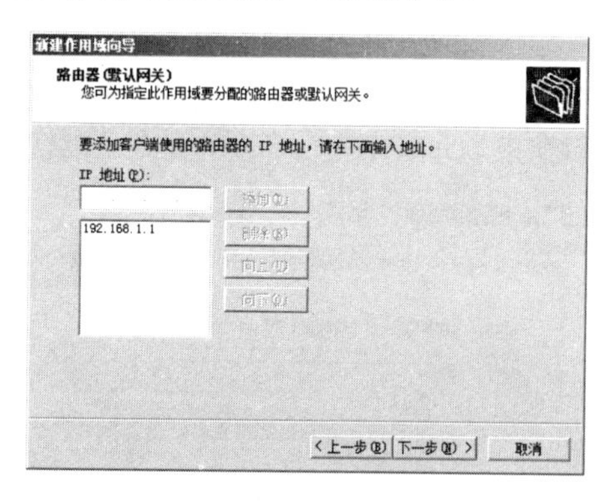

图 9-13　设置默认网关

在“路由器(默认网关)”界面中的“IP 地址”文本框中，输入默认网关的 IP 地址，然后单击“添加”按钮。客户端会按照这里指定的顺序尝试使用每个网关，可使用“向上”和“向下”按钮更改网关的顺序。

单击“下一步”按钮，打开如图 9-14 所示的“域名称和 DNS 服务器”界面。在“父域”文本框中，输入当要解析的计算机名称不完整时，要使用的父域名称。在“IP 地址”文本框中，输入主 DNS 服务器 IP 地址，然后单击“添加”按钮。如果需要指定备用 DNS 服务器地址，可重复该操作。DNS 服务器在列表中排列的顺序也决定了被使用的顺序，可通过“向上”和“向下”按钮调整顺序。

单击“下一步”按钮，打开如图 9-15 所示的“WINS 服务器”界面。在“IP 地址”文本框中，输入主 WINS 服务器 IP 地址，然后单击“添加”按钮。如果需要指定额外的 WINS 服务器地址，可重复该操作。

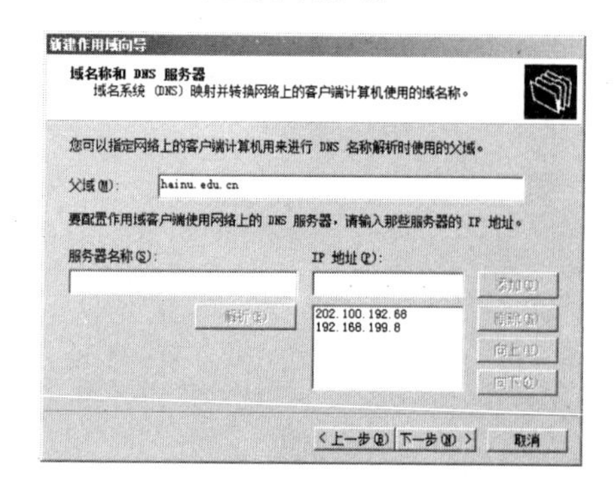

图 9-14　设置要使用的 DNS 服务器

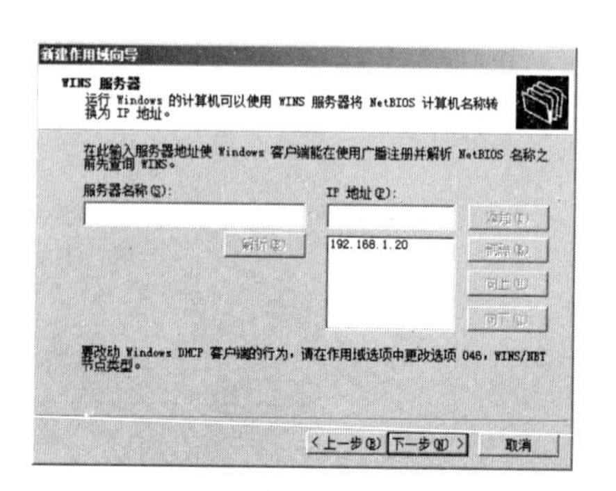

图 9-15　设置要使用的 WINS 服务器

单击“下一步”按钮，打开“激活作用域”界面。选择激活该作用域，完成该作用域的创建，并退出向导。

9.2.5　使用排除

要从作用域中排除 IPv4 或 IPv6 地址，可以定义排除范围。在 DHCP 控制台中，展开作用域节点，并选择“地址池”，即可看到该作用域的所有排除范围(如图 9-16 所示)。

在 DHCP 控制台中，可以右击想要配置的作用域下的地址池节点，然后从快捷菜单中选择“新建排除范围”命令。在如图 9-17 所示的“添加排除”对话框中，输入要添加的排除范围的起始 IP 地址和结束 IP 地址，并单击“添加”按钮即可。需注意，被排除的范围必须是该作用域范围的子集，而且目前不能被 DHCP 客户端使用。

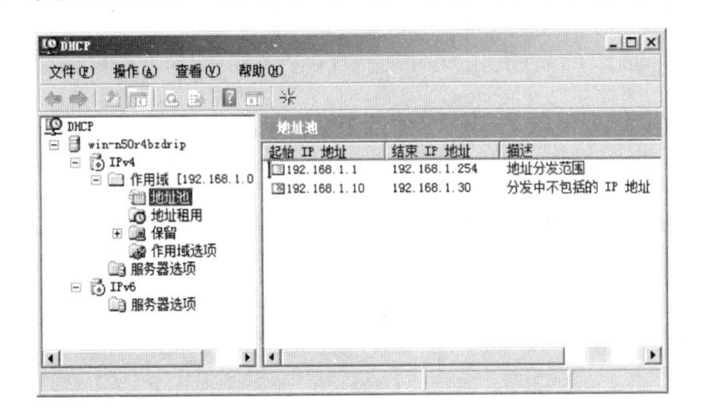

图 9-16　地址池节点下列出的排除范围

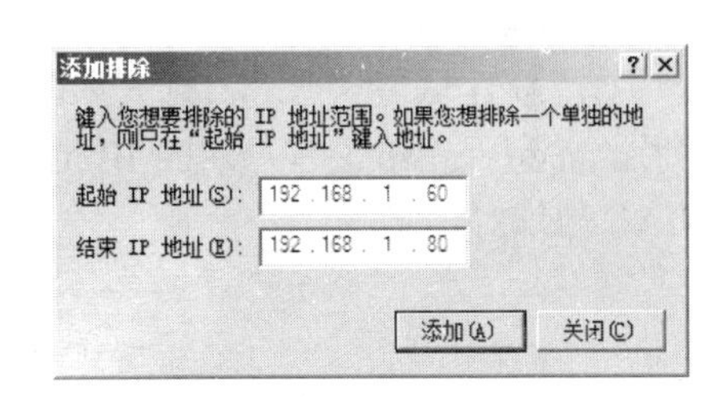

图 9-17　设置排除范围

9.2.6　使用保留

在网络中有很多主机需要一个稳定的 IP 地址，比如，提供 IP 服务的服务器，与企业安全策略(如防火墙策略)相关的计算机等，这种情况下可以使用静态 IP 的方案，也可以在 DHCP 服务中建立保留项，保证指定的计算机总是获得同一个 IP 地址。这种方案比起静态 IP 方案来，可以使 IP 地址的管理更集中，减少管理负荷。

在 DHCP 控制台中，作用域内现有的保留都会在该作用域的“保留”节点下列出来，如图 9-18 所示。

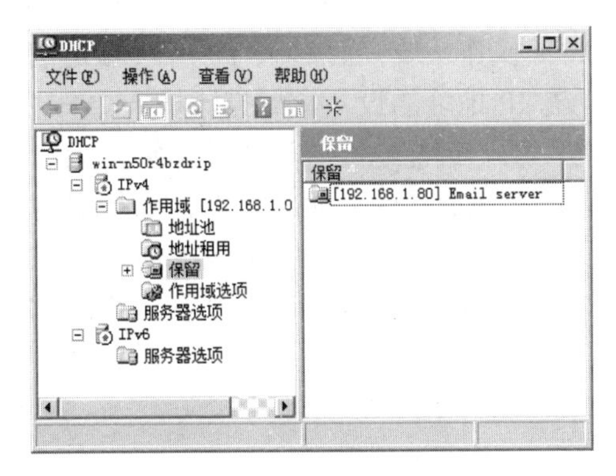

图 9-18　保留的 IP 地址

要创建保留，必须知道使用该 IP 地址的客户端的 MAC 地址或设备唯一标识符(DUID)地址。MAC 和 DUID 地址是和客户端上特定的网络接口相关的，可通过在命令行下运行“ipconfig/all”命令查看每个接口的 MAC 地址：

```
连接特定的 DNS 后缀 . . . . . . . :
   描述. . . . . . . . . . . . . . . : Intel(R) PRO/1000 PL Network Connection
   物理地址. . . . . . . . . . . . . : 00-17-31-52-2B-D4
   DHCP 已启用 . . . . . . . . . . . : 否
   自动配置已启用. . . . . . . . . . : 是
   本地链接 IPv6 地址. . . . . . . . : fe80::ecf1:ed86:18ab:1973%10(首选)
   IPv4 地址 . . . . . . . . . . . . : 192.168.1.22(首选)
   子网掩码 . . . . . . . . . . . . : 255.255.255.0
   默认网关. . . . . . . . . . . . . : 192.168.1.1
   DNS 服务器 . . . . . . . . . . . : 202.100.192.68
   TCPIP 上的 NetBIOS . . . . . . . : 已启用
```

为 IPv4 地址创建保留可在想要配置的作用域中，右击“保留”节点，从弹出的快捷菜单中选择“新建保留”命令，打开如图 9-19 所示的“新建保留”对话框，为该保留输入描述名称、希望保留给该客户端的 IP 地址(该地址在当前所选作用域中必须是有效的)、客户端 MAC 地址等信息。

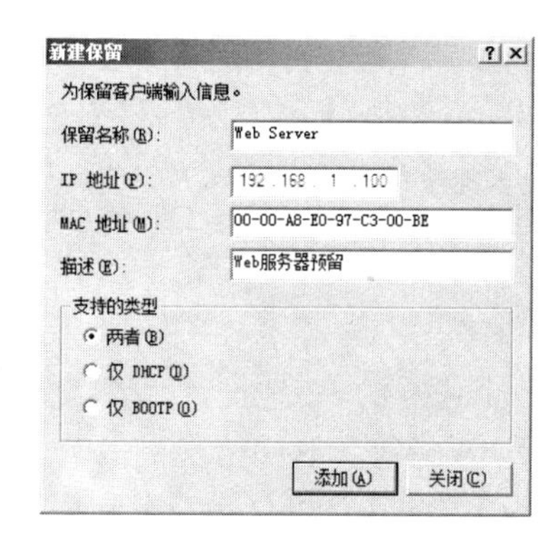

图 9-19　创建保留

默认情况下，保留会被配置为接受 DHCP 和 BOOTP 客户端，如果希望配出特定类型的客户端，则可以修改这个默认选项。DHCP 客户端是指运行标准版本 DHCP 客户端程序的计算机，如大部分 Windows 操作系统；而 BOOTP 客户端是指运行其他操作系统的计算机，也有可能指其他使用动态 IP 地址的设备，如打印机。

在设置保留的时候需要注意，目前已经有租约的计算机无法使用保留。如果客户端已经有了租约，必须强制让客户端释放租约，然后重新请求新租约。要强制客户端释放现有租约，或停止使用现有 IP 地址，可登录到客户端，然后在命令行下运行“ipconfig/release”命令。要让客户端向 DHCP 服务器请求新的 IP 地址，可登录到客户端，在命令行下运行“ipconfig/renew”命令。

9.2.7　激活作用域

作用域只有在激活后才会生效。激活作用域可在 DHCP 控制台中右击该作用域，从弹出的快捷菜单中选择“激活”命令。作用域的激活操作不会使客户端立刻使用该作用域，如果希望强制让客户端换为使用其他作用域，或者使用不同的 DHCP 作用域，必须先在 DHCP 控制台中结束客户端租约，停用该客户端目前使用的作用域。

需结束租约时，可在 DHCP 控制台中展开目标作用域对应节点，选择“地址租用”，在列出的租约列表中，右击需要结束的租约，在弹出的快捷菜单中，选择“删除”命令，即可将其结束。当客户端下一次更新租约的时候，DHCP 服务器会通知该客户端，租约已不可用，必须重新获得。

为了防止客户端继续使用以前的作用域，可在 DHCP 控制台中右击该作用域，选择“停用”命令，将其停用。

9.2.8 为所有客户端设置选项

在 DHCP 服务器上，可以用多个级别设置 TCP/IP 选项，并可为下列组件设置选项。

- 服务器上的所有作用域：在 DHCP 控制台中，展开目标服务器和 IP 对应的节点，右击“服务器选项”，在弹出的快捷菜单中选择“配置选项”命令。
- 特定作用域：在 DHCP 控制台中，展开目标作用域，右击“作用域选项”，然后从弹出的快捷菜单中选择“配置选项”命令。
- 特定的保留 IP 地址：在 DHCP 控制台中，展开作用域下的“保留”节点，右击想要配置的保留，从弹出的快捷菜单中选择“配置选项”命令。

在以上的选项中，如果设置了较大范围的选项，以下的级别将自动继承这些选项(除非单独配置)，比如，若配置了服务器级别选项，则作用域级别、保留级别在未做配置时均与服务器级别选项相同；如果在 3 个级别上均作了配置，则优先级别为“保留 IP 选项”>“作用域选项”>“服务器选项”。

无论要配置什么级别的 TCP/IP 选项，看到的对话框都类似图 9-20，在此可选择每个想要配置的标准 TCP/IP 选项，例如路由器、DNS 服务器、DNS 域名等节点类型，然后配置相应的值。

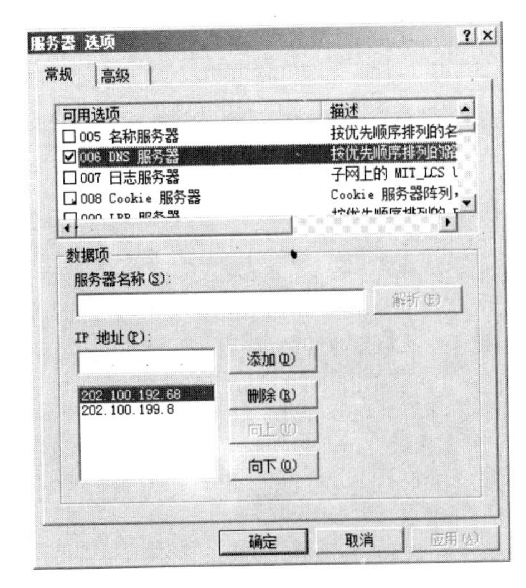

图 9-20 使用“常规”选项卡配置特定类型的服务器选项

9.2.9 管理和维护 DHCP 数据库

有关客户端的租约和保留之类的信息都保持在 DHCP 服务器的数据库中，默认配置下，这些文件都位于%system%\system32\dhcp 目录下，DHCP 每 60 分钟会自动将数据库内容备份到%system%\system32\dhcp\back 目录下。DHCP 服务器服务在维护数据库方面执行的两个例行操作包括：

- 数据库清理：DHCP 服务器会检查过期的租约以及不再使用的租约。
- 数据库备份：DHCP 服务器会定期备份数据文件。

虽然 DHCP 的数据库会被自动备份，但对于管理员而言仍需要随时手工备份。在 DHCP 控制台中，右击要备份的数据库，从弹出的快捷菜单中选择“备份”命令，然后选择用于保持备份文件的文件夹即可。

如果服务器因为数据库错误崩溃，可还原备份的数据库，然后对数据库进行协调。首先需从磁盘备份文件中，找到正确的数据库副本，启动 DHCP 控制台，右键单击需要还原的服务器，选择“还原”命令，选择副本文件，单击“确定”按钮即可。在数据库还原过程中，DHCP 服务器会被停止，然后自动重新启动。

9.2.10 DHCP Windows 客户端的设置

当 DHCP 服务器配置完成后，客户机就可以使用 DHCP 功能。可通过设置网络属性中的 TCP/IP 协议属性，选定采用“DHCP 自动分配”或“自动获取 IP 地址”方式获取 IP 地址，设定自动获取 DNS 服务器地址，而无须手工为每台客户机设置 IP 地址、网关、子网掩码等属性。

以 Windows 2003 的计算机为例设置客户机使用 DHCP，其设置方法如下。

(1) 选择“开始”→“设置”→“网络和拨号连接”，打开“网络和拨号连接”窗口。

(2) 选择“本地连接”→“属性”→“Internet 协议(TCP/IP)”→“属性”命令，打开“Internet 协议(TCP/IP)属性”对话框(如图 9-21 所示)。

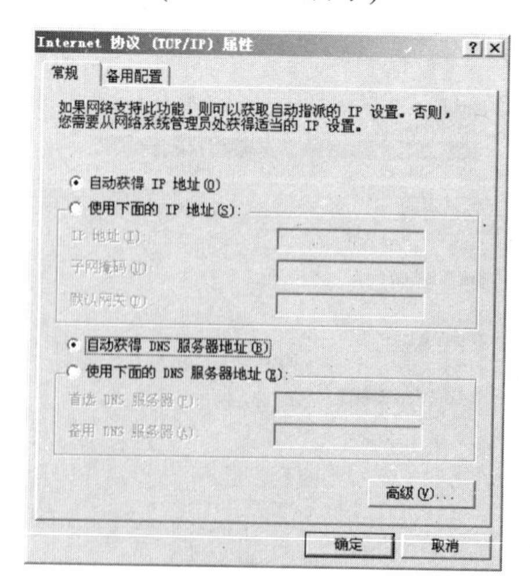

图 9-21　客户端配置自动获取 IP 地址

(3) 选择“自动获得 IP 地址”单选按钮，单击“确定”按钮，完成设置。

此时如果用 ipconfig/all 命令查看客户机的 IP 地址，就会发现它来自 DHCP 服务器预留的 IP 地址空间。

9.3　Linux 下 DHCP 服务器的安装与配置

9.3.1　安装 DHCP

在 Red Hat Enterprise Linux 4.0 的安装光盘中带有 DHCP 服务器和客户端 RPM 软件包。

- dhcp-3.0.1-12_EL.i386.rpm：DHCP 服务端软件包，位于第 4 张安装盘中。
- dhclient-3.0.1-12_EL.i386.rpm：DHCP 客户端软件包，位于第 2 张安装盘中。

通常在安装好 Red Hat Enterprise Linux 4.0 时，DHCP 客户端已经安装好，但服务器端未必安装，可以通过以下命令来检查：

```
# rpm -qa | grep dhc
```

如果显示出来的信息中包含 dhcp-3.0p11-23，则说明 DHCP 服务端已经安装；如果包含 dhclient-3.0p11-23，则表示 DHCP 客户已经安装。如 DHCP 服务端未安装，可在第 4 张安装光盘的/RedHat/RPMS 下找到 dhcp-3.0.1-12_EL.i386.rpm 包，将第 4 张光盘放入光驱后，输入如下命令完成安装：

```
# rpm -ivh dhcp-3.0.1-12_EL.i386.rpm
```

或直接选择“应用程序”→“系统设置”→“添加/删除应用程序”命令，添加网络服务的方式完成对 DHCP 服务的安装(如图 9-22 所示)。

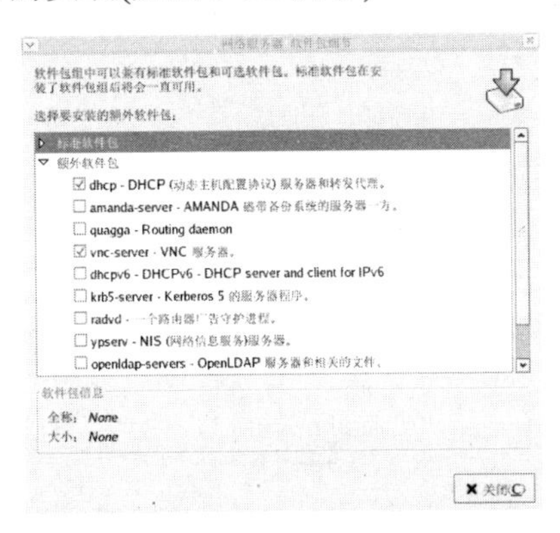

图 9-22　添加/删除应用程序对话框

9.3.2　配置 DHCP

1. 添加路由表

在配置 DHCP 服务器前，为确保 Windows 的 DHCP 客户端能够使用服务器，需要把地址 255.255.255.255 加入到服务器的路由表中。这是为了使 DHCP 服务器能够和客户端交

换信息，服务器需要传送数据包到 255.255.255.255 这个地址，在 Linux 系统中，255.255.255.255 是作为本子网的广播地址来使用的，但在 Windows 客户端可能会导致无法接收到服务器端发送出来的 DHCPOFFER 包，因此，需要在服务器端加上一条路由设置：

```
# route add -host 255.255.255.255 dev eth0
```

2. 为 DHCP 打开防火墙

对于 DHCP 服务器而言，其防火墙必须配置为允许访问 UDP 端口 67 和 68。如果使用的是 iptables 防火墙服务(默认没有打开 67 和 68 号端口)，可以先向 iptables 添加一个新的规则，以 root 用户登录，输入命令：

```
# iptables -A INPUT -I eth0 -p udp - -sport 67:68 - -dport 67:68 -j ACCEPT
```

也就是允许 eth0 接收 67、68 号端口上的请求，以及来自这些端口的请求。如果接受了这条规则(可以通过 iptables -L 命令查看)，就可以保存对防火墙的配置：

```
# iptables -save >/etc/sysconfig/iptables
```

3. 编辑配置文件

DHCP 服务器的主要配置文件是 dhcpd.conf，保存在/etc 目录下，不过刚安装完 DHCP 服务器时，该文件并不存在。可以将/usr/share/doc/dhcp-3.0.1 目录下的 dhcp.conf.sample 文件复制到/etc 目录下，然后根据需要进行修改：

```
# cp /usr/share/doc/dhcp-3.0.1/dhcpd.conf.sample /etc/dhcp.conf
```

在 dhcpd.conf 中包含两类内容：一是声明，用于描述网络、客户机、客户机地址，或把一组参数应用到一组声明中；二是参数，用于描述要执行的任务，是否执行任务，以及把哪些网络配置选项发送给客户。下面是一个 dhcpd.conf 配置文件的实例：

```
ddns-update-style interim;
ignore client-updates;

subnet 192.168.0.0 netmask 255.255.255.0 {

# --- default gateway
    option routers            192.168.0.1;
    option subnet-mask        255.255.255.0;

    option nis-domain         "domain.org";
    option domain-name        "domain.org";
    option domain-name-servers 192.168.1.1;

    option time-offset        -18000; # Eastern Standard Time
#   option ntp-servers        192.168.1.1;
#   option netbios-name-servers 192.168.1.1;
# --- Selects point-to-point node (default is hybrid). Don't change this unless
# -- you understand Netbios very well
#   option netbios-node-type 2;

    range dynamic-bootp 192.168.0.128 192.168.0.254;
    default-lease-time 21600;
    max-lease-time 43200;

    # we want the nameserver to appear at a fixed address
```

```
    host ns {
        next-server marvin.redhat.com;
        hardware ethernet 12:34:56:78:AB:CD;
        fixed-address 207.175.42.254;
    }
}
```

编辑配置文件应注意以下几点。

- # 为批注符号。
- 除了括号那一行外，其他的每行后面都要以“;”结束。
- 设置的项目都有其名称，形式为“<参数名> <参数值>”，例如：

```
default-lease-time 259200
```

- 某些项目必须利用 option 来设置，形式为“option <选项名> <选项值>”，例如：

```
option domain-name "your.domain.name"
```

- subnet 和 netmask 是声明，定义了下面的参数设置将应用于哪个子网。

DHCP 的配置内容可分为以下几个部分。

1) 整体设置(Global)

整体设置包括设置租约期限、DNS 的 IP 地址、路由器的 IP 地址、动态 DNS 更新的类型等。当静态 IP 及动态 IP 内没有规范到某些设置时，则以整体设置值为准。

2) 动态 IP 分配设置

用来设置随机分配 IP 的方式，只要给予网段(Network 以及 Netmask)并配合 range 参数就可给予限制的 IP 范围。

3) 静态 IP 的设置方式

通过硬件地址(MAC)来处理 IP 的获取。可利用 host 参数并配合参数 hardware ethernet 硬件地址和 fixed-addressIP 地址来处理。

在 DHCP 的配置文件中，较为常用的选项和声明见表 9-1。

表 9-1　DHCP 的常用配置选项和声明

选项和声明	说　明
default-lease-time	默认的租约有效期，单位为秒
max-lease-time	分配给客户机 IP 地址的最大租约时间，单位为秒
domain-name	指定子网所属域的名称
domain-name-server	指定子网的域名服务器，可以设置多个
fixed-address	为一台主机分配的固定 IP 地址
group	组声明
hardware	网络接口的硬件类型(以太网、令牌环等)
host	主机声明
host-name	给发送请求的主机设置的主机名
netbios-name-servers	设置指定子网中的 WINS 服务器地址
range	给一个子网中的客户机分配 IP 地址的范围

续表

选项和声明	说　明
routers	指定子网的路由
shared-network	共享网络声明
subnet	子网声明
subnet-mask	子网掩码声明

9.3.3　案例：一个局域网的 DHCP 服务器配置

假设在架设环境中，Linux 服务器要为局域网提供 DHCP 服务，整个硬件配置的情况如图 9-23 所示。

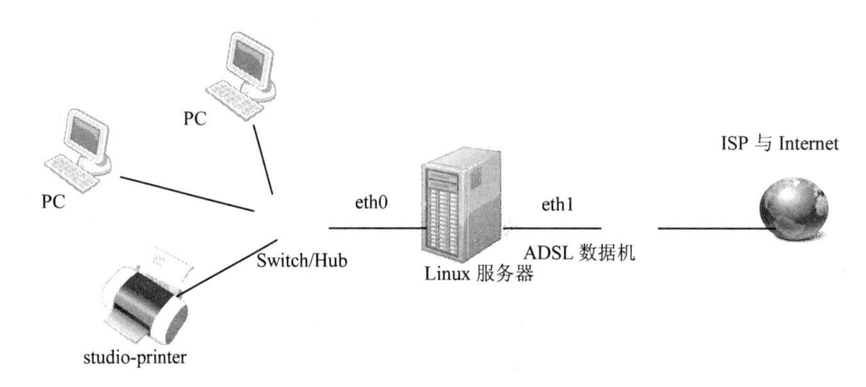

图 9-23　局域网的实体连接情况

案例描述

假设 Linux 有两个接口，其中 eth0 对内而 eth1 对外，其他的网络参数设计如图 9-23 所示。

- 内部网段设置为 192.168.1.0/24，且 router 为 192.168.1.1，此外，DNS 主机的 IP 为 202.100.192.68 及 210.37.48.192。
- 每个用户默认租约为 3 天，最长为 6 天。
- 要分配的 IP 范围是 192.168.1.10～192.168.1.100，其他的 IP 保留下来。
- 还有一台主机，其 MAC 为“00:04:59:BC:13:A8”，主机名称为 studio-printer，其 IP 为 192.168.1.20。

案例实施

用 VI 编辑器打开配置文件：

```
# vi /etc/dhcpd.conf
```

则修改配置文件如下：

```
# 1. 整体的环境配置
# 当 subnet 与 host 没有设置时，以此处的设置值为准
```

```
ddns-update-style   none;    ←不要更新动态 DNS 的设置
default-lease-time  259200; ←默认租约为 3 天
max-lease-time  518400; ←最大租约为 6 天
option routers  192.138.1.1;     ←默认路由
option broadcast-address    192.168.1.255;  ←广播地址
option domain-name-servers  202.100.192.68, 210.37.48.192;
# 设置 DNS 的 IP，这个设置会改变客户端的/etc/resolv.conf 文件内容
#可以设置多部 DNS 主机，不过需要用逗号“,”分隔开

# 2. 设置动态 IP
subnet 192.168.1.0  netmask 255.255.255.0
{
 range 192.168.10   192.168.1.100;  ←分配的 IP 范围
    option subnet-mask  255.255.255.0;  ←可重复设置 netmask 地址
    option nis-domain   "studio.hainu.edu"; ←NIS 相关参数
    option domain-name  "studio.hainu.edu"; ←在/etc/resolv.conf 给定搜索域

# 3. 设置静态 IP
host studio-print
    {   hardware ethernet   00:04:59:BC:13:A8;  ←客户端网卡 MAC
        Fixed-address   192.168.1.20;   ←给予固定的 IP
    }
}
```

在完成配置后，还需要考虑接口监听问题。当 Linux 主机具有多个接口时，一个设置可能会让多个接口同时监听。例如，当前 Linux 服务器上有 eth0 和 eth1 两个接口，其中 eth0 的设置是 192.168.1.0/24，而 eth1 接口连接外部网络设备，假设其设置是 192.168.2.0/24，若 DHCP 同时监听两个接口，此时 192.168.2.0/24 网段的客户端发出 DHCP 数据包的请求，它会获得什么 IP？因此，需要针对 dhcpd 这个执行文件设置它的监听接口，而不是让所有的接口都监听。在 Red Hat 系统中，可修改 DHCP 的参数文件：

```
# vi /etc/sysconfig/dhcpd
DHCPDARGS="eth0"
```

当 DHCP 服务启动 dhcpd 脚本时会主动调出这个参数文件。

9.3.4 DHCP 服务器的启动与观察

1. 启动 DHCP 服务

按上述方法配置好 DHCP 服务器后，就可以启动服务器了。可以使用 service 命令来启动或停止服务器。

(1) 启动 DHCP 服务器。

```
# service dhcpd start
```

(2) 停止 DHCP 服务器。

```
# service dhcpd stop
```

(3) 重新启动 DHCP 服务器。

```
# service dhcpd restart
```

2. 查看端口启动情况

启动 dhcpd 后，可以首先用 netstat 命令来查看 dhcpd 所在的端口是否在监听，以此确认 dhcpd 被正常启动，如：

```
# netstat -ul
Active Internet connections (only servers)
Proto    Recv-Q  Send-Q  Local Address    Foreign Address State
udp 0    0     *:bootps     *.* LISTEN
```

如上所示，系统正在监听 UDP 端口 bootps(BOOTP 是 DHCP 的前身，两者的工作端口是一样的)，这就说明 dhcpd 确实已经启动了。然后可以通过客户机来测试 DHCP 服务器是否能够正常工作。

3. 查看租约信息

服务器端将租约信息记录在/var/lib/dhcp/dhcpd.leases 文件中，从这个文件中，可以了解到有多少客户端已申请了 DHCP 的 IP。

```
# cat /var/lib/dhcp/dhcpd.leases
Lease 192.168.1.18
{
    Starts 2 2008/12/05 15:33:47;
    Ends 5 2008/12/08 15:33:47;
    Binding state active;
    Next binding state free;
    Hardware ethernet 00-d0-19-fa-e6-80;
    Uid "?";
    Client-hostname "studio_a";
}
Lease 192.168.1.76
{
    Starts 2 2008/12/11 09:43:52;
    Ends 5 2008/12/14 09:43:52;
    Binding state active;
    Next binding state free;
    Hardware ethernet 00-40-24-0d-5c-e8;
}
```

9.3.5 配置 Linux 客户端使用 DHCP

配置 Linux 客户端使用 DHCP 方式联网可以用菜单或图形化的网络配置工具，也可以直接编辑启动脚本文件来完成。

1. 在图形界面下进行客户端配置

首先选择“系统”→“管理”→“网络”命令，打开“网络配置”对话框。双击网络设备 eth0，出现如图 9-24 所示的“以太网设备”界面。在此界面中选择“自动获取 IP 地址设置使用”单选按钮，然后激活所配置的 eth0 设备即可。

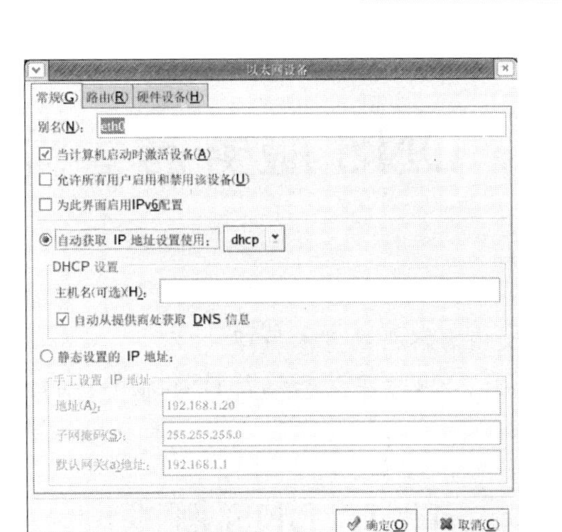

图 9-24　以太网设备界面

2. 编辑启动脚本

要使 Linux 客户端能够使用 DHCP 服务，需要编辑两个脚本文件。

- /etc/sysconfig/networking：用来设置系统启动时启动网络的参数。
- /etc/sysconfig/network-scripts/ifcfg-eth0：用来设置网络接口。

对于 networking 文件而言，应该加上以下配置内容，使系统启动时启用网络功能：

```
NETWORKING=yes
```

对于 ifcfg-eth0 文件应做如下配置，以便网络接口 eth0 启动时就会用 DHCP 进行设置：

```
DEVICE=eth0
BOOTPROTO=dhcp
ONBOOT=yes
```

本章小结

本章介绍了 DHCP 服务器的基本概念、基本原理和主要功能，详细说明了 Windows 下 DHCP 服务器的安装配置和 Linux 下 DHCP 服务器的安装配置。通过本章的学习，读者能够了解动态主机配置协议，熟练掌握 DHCP 在不同操作系统下的安装和配置方法，掌握如何利用 DHCP 动态地为网络中的设备分配 IP 地址，并在实践中灵活运用。

习　　题

1. DHCP 的主要用途是什么？
2. 当局域网内存在多台 DHCP 服务器时，会如何工作？
3. 在网络中 DHCP 客户端是如何获得 IP 地址的？
4. 当 DHCP 服务器报告地址池满时，如何清理租约？
5. DHCP 服务器选项有几个级别，作用范围分别是什么？

第 10 章　DNS 服务器管理与配置

学习目标：

- 了解 DNS 的概念及域名解析的基本原理
- 掌握 Windows Server 2008 中安装和配置 DNS 服务器的方法与步骤
- 掌握 Linux 下搭建 DNS 服务器的方法

10.1　DNS 概述

IP 地址为 Internet 提供了统一的寻址方式，使用 IP 地址可以访问 Internet 中的所有主机资源。但是，由于 IP 地址只是一串数字，没有具体的意义，对用户来说，记忆起来非常困难。而具有一定含义的主机名比较容易记忆。域名系统(Domain Name System，DNS)，可用于实现 IP 地址与主机名之间的映射。DNS 服务既可将域名转换称 IP 地址，也可以将 IP 地址转换成计算机的域名。

10.1.1　DNS 域名空间

Internet 域名是具有一定层次的倒置树状结构。Internet 将所有联网的主机的域名空间划分成多个不同的域，由最顶端的树根层层向下延伸。这样的结构称为域的名称空间(Domain Name Space)，如图 10-1 所示。

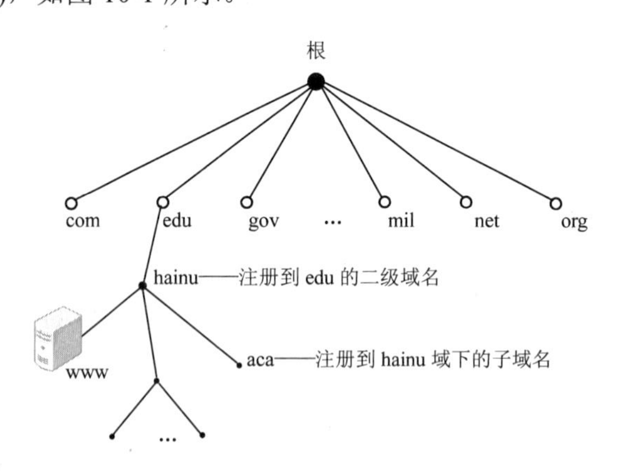

图 10-1　域名空间

全球的 IP 地址由 InterNIC(Internet Network Information Center)机构维护和管理。InterNIC 机构定义位于层次结构最高层的是域名树的根，它分为类属域和国家(地区)域。

类属域按照类属行为定义注册的主机。最初只有 7 个类属域，分别为 com(商业机构)、edu(教育机构)、gov(政府机构)、int(国际组织)、mil(军事组织)、net(网络支持组织)和 org(非营利组织)，随着 Internet 的发展，后来又增加了几个类属域，包括 arts(文化组织)、firm(企业或商行)、info(信息服务提供者)、nom(个人命名)、rec(消遣/娱乐组织)、shop(提供可购买商品的商店)和 web(与万维网有关的组织)。

国家(地区)域部分使用二字符的国家(地区)缩写，如 cn(中国大陆)、us(美国)、jp(日本)、uk(英国)、tw(中国台湾)、hk(中国香港)。

表 10-1 列出了常用顶级域名及其代表的含义。

表 10-1　顶级域名的含义

域 名 称	含　义
com	定义有关公司企业、商业机构等名称
edu	定义有关教育机构、学术单位等名称
gov	定义有关组织机构、财团法人等名称
mil	定义有关军事单位等名称
net	定义有关网络、通信等名称
org	定义有关政府机关、社会团体等名称
info	定义信息服务器提供者名称
name	定义个人特色名称
mobi	定义手机、移动通信企业或商业机构名称
cc	定义商业公司(Commercial Company)名称
tv	定义宽频新服务商名称

10.1.2　域名解析的基本原理

将域名映射为 IP 地址或将 IP 地址映射为域名，都称为域名解析。DNS 被设计为客户机/服务器模式。需要将 IP 地址映射成域名或将域名映射为 IP 地址的主机都要调用解析程序。解析程序通过一个映射请求找到最近的一个 DNS 服务器。如果该服务器有这个信息，则满足解析程序的要求；否则或者让解析程序查询其他服务器，或者查询其他服务器来提供解析信息。

1. 域名解析方式

1)　域名解析的两种方式

当客户机向 DNS 服务器提出域名解析请求时，有两种解析方式。

(1)　递归解析。客户机送出查询请求后，DNS 服务器必须告诉客户机正确的数据(IP 地址)或通知客户机找不到其所需数据。如果 DNS 服务器内没有所需要的数据，则 DNS 服务器会代替客户机向其他的 DNS 服务器查询。客户机只需接触一次 DNS 服务器系统，就可得到所需的节点地址。

(2)　迭代解析。客户机送出查询请求后，若该 DNS 服务器中不包含所需数据，它会告诉客户机另外一台 DNS 服务器的 IP 地址，使客户机自动转向另外一台 DNS 服务器查询，依次类推，直到查到数据，否则由最后一台 DNS 服务器通知客户机查询失败。

客户机发送查询请求后，等待 DNS 将结果传回，中间需要经过多次查询，为了节省查

询时间，DNS 服务器通常会把查询到的结果暂时保存一段时间，以便当其他机器发出相同请求时，直接给出结果。

2) 域名解析的完成过程

(1) DNS 客户机提出域名解析请求，并将该请求发送给本地的域名服务器。

(2) 当本地的域名服务器收到请求后，就先查询本地的缓存，如果有该记录项，则本地的域名服务器就直接把查询的结果返回。

(3) 如果本地的缓存中没有该记录，则本地域名服务器就直接把请求发给根域名服务器，然后根域名服务器再返回给本地域名服务器一个所查询域(根的子域)的主域名服务器的地址。

(4) 本地服务器再向上一步返回的域名服务器发送请求，然后接受请求的服务器查询自己的缓存，如果没有该记录，则返回相关的下级的域名服务器的地址。

(5) 重复第(4)步，直到找到正确的记录。

(6) 本地域名服务器把返回的结果保存到缓存，以备下一次使用，同时还将结果返回给客户机。

2. 正向解析和反向解析

正向解析是将域名映射为 IP 地址，如：客户机可以查询主机名为 www.hainu.edu.cn 的 IP 地址。要实现反向解析，必须在 DNS 服务器内创建一个正向解析区域。

反向解析是将 IP 地址映射为域名。要实现反向解析，必须在 DNS 服务器中创建反向解析区域。反向域名的顶级域名是 in-addr.arpa。反向域名由两部分组成，域名前半部分是网络 IP 反向书写，后半部分必须是 in-addr.arpa。如：如果要针对网络地址 192.168.1.0 的 IP 地址来提供反向解析功能，则此反向区域的名称必须是 1.168.192. in-addr.arpa。

3. 域名解析服务器

域名解析服务器是用来存储域名的分布式数据库，并为客户机提供域名解析服务。服务器也是按照域名层次来安排的，每个域名解析服务器都只对域名体系中的一部分进行管辖，根据它们的用途，可分为以下几类。

1) 主域名解析服务器(Master)

负责维护这个区域的所有域名信息，是特定域的所有信息的权威信息源。其中包括域名的配置文件，该文件就是设置正解或反解的“数据库”，管理员可以对其进行修改。

2) 从域名解析服务器(Slave)

当主域名解析服务器出现故障、关闭或负载过重时，从域名解析服务器作为备份服务器提供域名解析服务。Slave 服务器中的配置文件是从另一台域名解析服务器上复制过来的，而不是直接输入的，也就是说，该配置文件只是一个副本，这些数据是无法修改的。

3) 缓存域名解析服务器(Cache-Only)

此类 DNS 主机没有自己的数据库。它从某个远程服务器获得每次域名服务器查询的结果，并存放在高速缓存中，以后查询相同的信息时，就以这些缓存数据作为应答。

10.2　安装与配置 Windows 2008 DNS 服务器

10.2.1　DNS 服务器的安装与运行

默认情况下，Windows Server 2008 系统中没有安装 DNS 服务器，管理员可按如下步骤手工安装。

(1) 在服务器管理器的左侧窗格中选择“角色”节点，单击“添加角色”链接，随后打开“添加角色向导”。阅读欢迎信息，并单击“下一步”按钮。

(2) 在“选择服务器角色”界面中(如图 10-2)，选中“DNS 服务器”，然后单击“下一步”按钮两次。

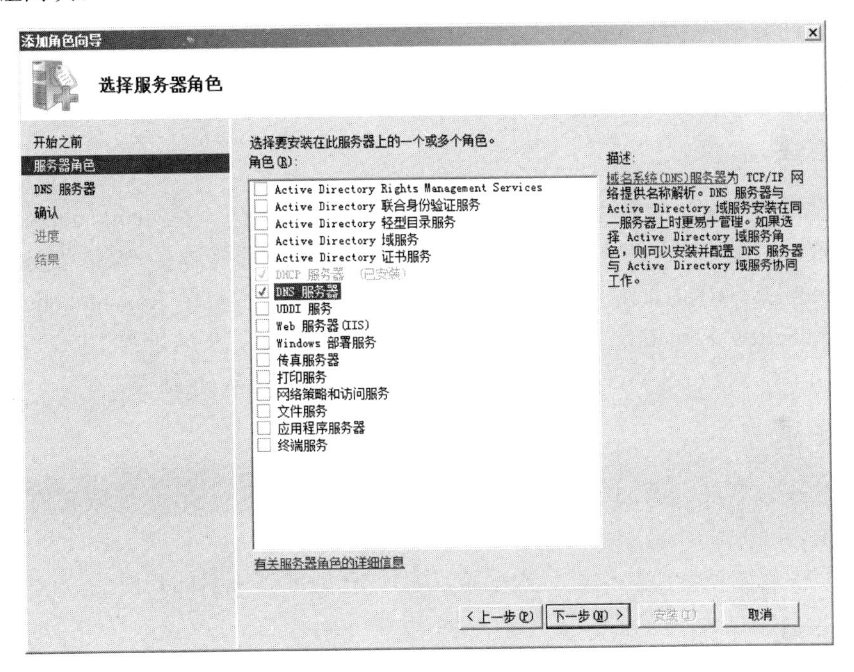

图 10-2　选择服务器角色

(3) 单击“安装”按钮，向导会自动安装 DNS 服务器。随后，DNS 服务会在服务器重启后自动运行，如果没有运行，可手工将其启动。

(4) 安装好 DNS 服务器后，可以从管理工具菜单中打开 DNS 控制台，如果 10-3 所示。

DNS 的相关配置操作可以不在服务器上进行，而通过远程进行管理和配置。只要在自己计算机上启动 DNS 控制台，右击左侧窗格中的 DNS 节点，在弹出的快捷菜单中选择“连接 DNS 服务器”命令。在随后出现的“连接到 DNS 服务器”对话框中(如图 10-4 所示)，选择“下列计算机”单选按钮，输入要管理的 DNS 服务器名称或 IP 地址，单击“确定”按钮即可。

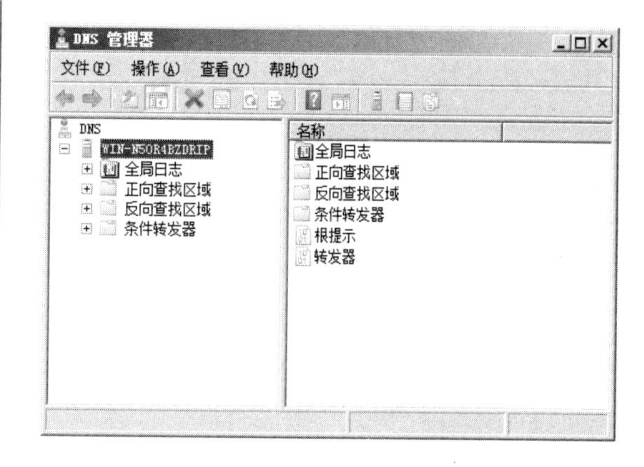

图 10-3 DNS 控制台

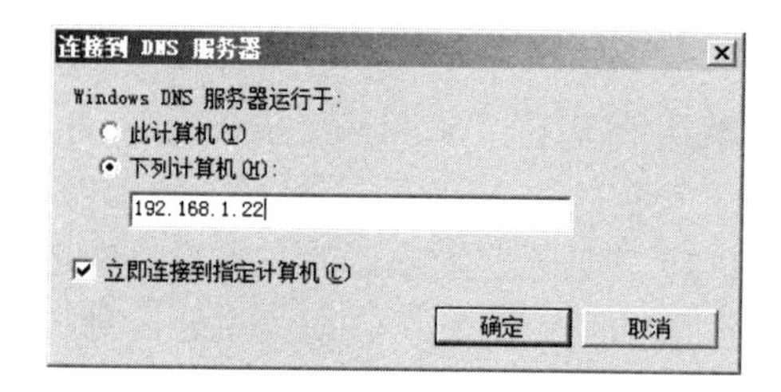

图 10-4 连接到远程 DNS 服务器

10.2.2 Windows Server 2008 中 DNS 服务器配置与管理

案例描述

HN 大学申请了两个 C 类网 IP 地址 125.217.98.0，并注册了域名 hainu.edu.cn。拟将 IP 为 125.217.98.8 的服务器作为主域名服务器。该大学有 3 台服务器， Web 服务器(主机名 web01.hainu.edu.cn，IP 地址为 125.217.98.10)、FTP 服务器(主机名 ftp.hainu.edu.cn，IP 地址为 125.217.98.20)、E-mail 服务器(主机名 mail.hainu.edu.cn，IP 地址为 125.217.98.5)。为方便用户访问，输入 http://www.hainu.edu.cn 可访问该大学的 Web 站点。

技术要求

- 创建正解区域，添加主机、别名和邮件交换机资源记录，实现域名到 IP 地址的映射。
- 创建反解区域，添加指针资源记录，实现 IP 地址到域名的映射。

案例实施

1) 创建正向查找区域

在 DNS 客户机提出的 DNS 请求中，大部分都是把主机名解析为 IP 地址，即正向解析。正向解析是由正向查找区域来处理的。创建正向查找区域的过程如下。

(1) 在 DNS 控制台中，展开目标服务器节点。右击“正向查找区域”菜单项，从弹出的快捷菜单中选择“新建区域”命令，打开“新建区域向导”，如图 10-5 所示，单击“下一步”按钮。

(2) 在如图 10-6 所示的对话框中，选择要创建的区域类型。

- 主要区域：使用该选项可以创建主要区域，并委派该服务器为这个区域的权威。
- 辅助区域：使用该选项创建辅助区域，意味着该服务器将包含区域的只读副本，并且需要使用区域传送技术进行更新。
- 存根区域：使用该选项可以创建存根区域，这样将创建区域中必要的粘连记录。

在此选中“主要区域”单选按钮后，单击“下一步”按钮。

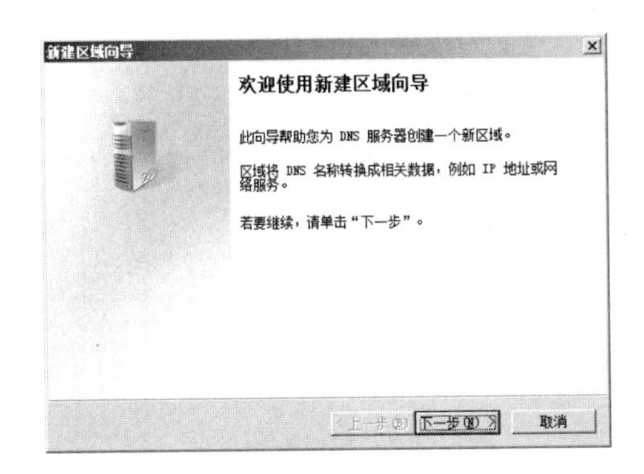

图 10-5　创建正向查找区域

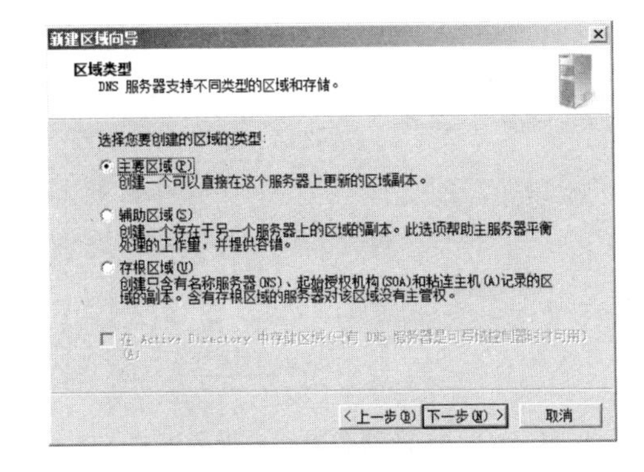

图 10-6　选择区域类型

(3) 在“区域名称”界面中(如图 10-7 所示)，输入该区域的完整 DNS 名称。单击“下一步”按钮。

(4) 在如图 10-8 所示的“区域文件”界面中可以创建新的区域文件，或使用现有的区域文件。在此可接受默认名称，并让向导在%SystemRoot%System32\Dns 目录下的文件名称。单击“下一步”按钮。

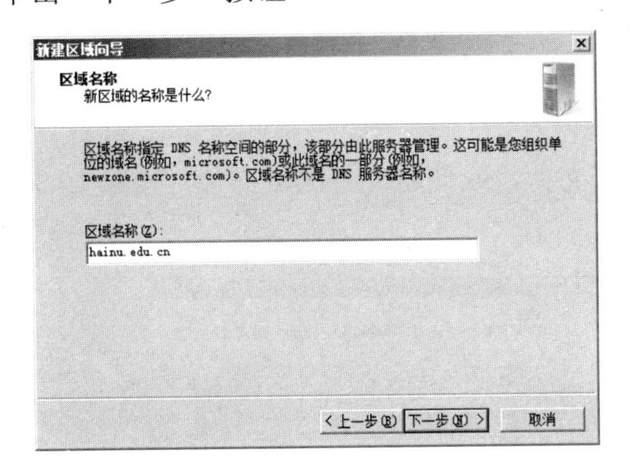

图 10-7　输入区域名称

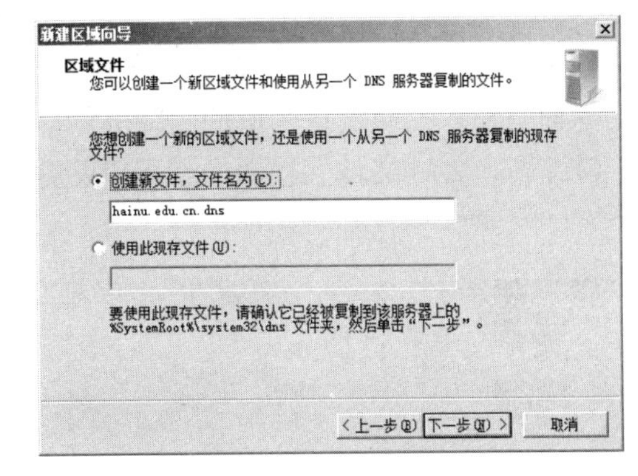

图 10-8　选择区域文件名

(5) 选择动态更新的配置方式，如图 10-9 所示，这里的可用选项如下。

- 只允许安全的动态更新：该选项仅适用于域控制器，并且要求已经部署有 Active Directory。该选项通过限制客户端的动态更新，从而实现最大限度的安全。
- 允许非安全和安全动态更新：该选项可以让任何客户端在 DNS 中更新资源记录，这意味着任何客户端的动态更新都会被接受。
- 不允许动态更新：该选项会禁用 DNS 的动态更新，只有在区域没有和 Active Directory 集成的时候才应该使用该选项。

由于本案例中并不集成 Active Directory，此处选中“不允许动态更新”，单击“下一步”按钮。

(6) 在如图 10-10 所示的对话框中单击“完成”按钮，完成对正解查找区域的创建，退出向导。

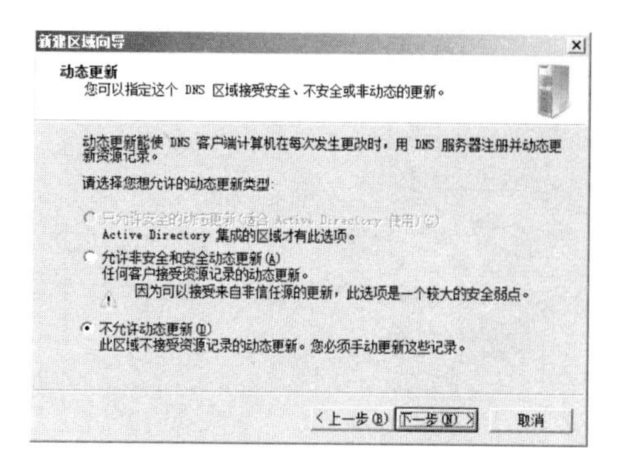

图 10-9 选择动态更新的配置方式

图 10-10 完成新建区域

2) 创建反向查找区域

如果用户希望 DNS 服务器能够提供反向解析功能，以便客户机根据已知的 IP 地址来查询主机域名，就需要创建反向查找区域。创建步骤如下。

(1) 在 DNS 控制台中，展开目标服务器节点。右击“反向查找区域”菜单项，在弹出的快捷菜单中选择“新建区域”命令，打开新建区域向导，单击“下一步”按钮。

(2) 在“区域类型”界面上，选择要创建的区域类型“主要区域”。单击“下一步”按钮。

(3) 指定需要创建的是 IPv4 反向查找区域，然后单击“下一步”按钮，在图 10-11 所示的界面中输入反向查找区域的网络 IP。

(4) 在“区域文件”界面中，可以新建区域文件，或使用现有区域文件，如图 10-12 所示。

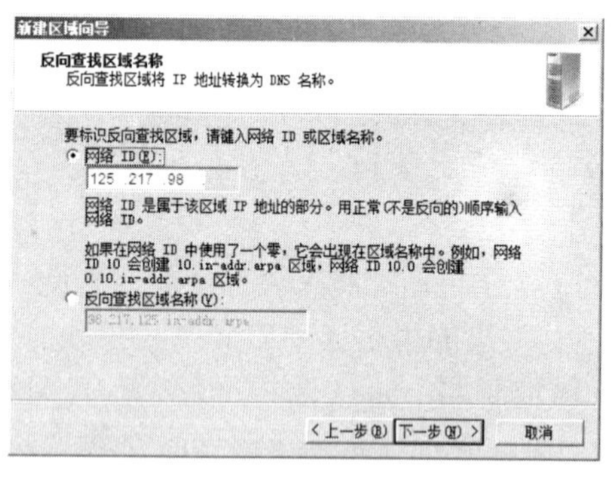

图 10-11 输入反向区域网络 ID

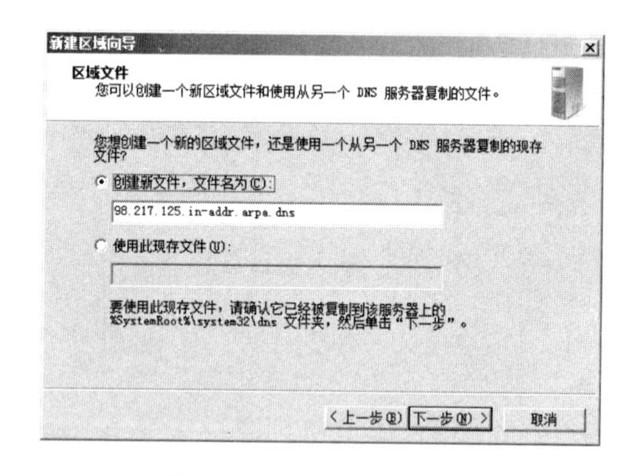

图 10-12 设置区域文件

(5) 选择动态更新的配置方式，然后单击“下一步”按钮。

(6) 完成配置，退出向导。

3) 添加资源记录

新建正向区域和反向区域后，可在区域内建立主机等相关数据，这些数据被称为“资源记录”，其中较为常用的数据包括主机(A 和 AAAA 记录)、别名(CNAME)记录、邮件交换器(MX)记录、指针资源记录等。

(1) 新建主机(A 和 AAAA)资源记录。

主机地址(A)记录中包含主机的名称和对应的 IPv4 地址；主机地址(AAAA)记录包含主机名称和对应的 IPv6 地址。对于多个网络接口或 IP 地址的计算机，会有多个地址记录。

① 在 DNS 控制台中，展开相应的正向查找区域节点，右击想要添加记录的域，从弹出的快捷菜单中选择“新建主机(A 或 AAAA)”命令。

② 输入主机名“web01”，然后输入对应服务器的 IP 地址：“125.217.98.10”，如图 10-13 所示。

③ 单击“添加主机”按钮，完成主机创建。

④ 重复上述步骤，将 HN 大学现有的服务器主机信息都输入到该区域内，如图 10-14 所示。

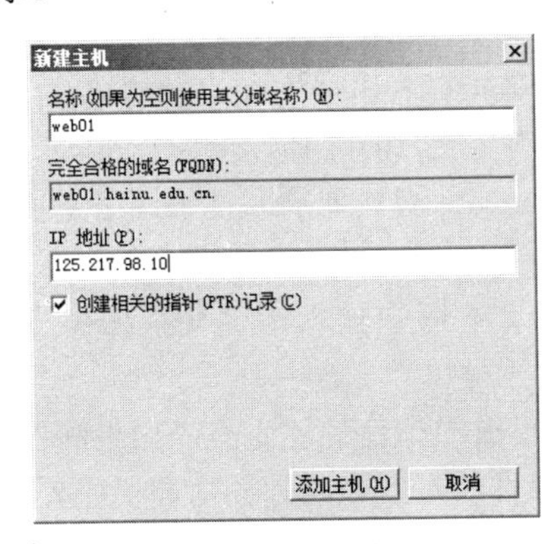

图 10-13　新建主机

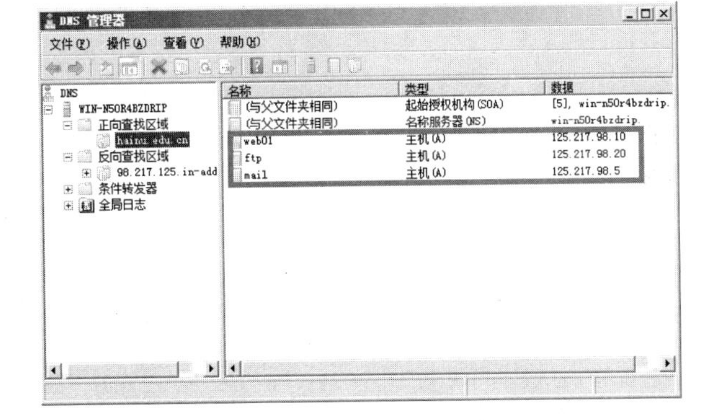

图 10-14　HN 大学所有主机记录

(2) 新建主机别名(CNAME)资源记录。

别名(CNAME)记录可以为主机名创建别名，这样一台主机在 DNS 中可以使用多个名称代表。该功能通常用于提供通用服务的主机，例如提供万维网(WWW)或文件传输协议(FTP)服务时，通常希望这些服务能够使用更友好的名称。例如，使用 www.hainu.edu.cn 作为主机 web01.hainu.edu.cn 的别名。

要为主机名在 DNS 控制台中创建别名，可展开相关的正向查找区域子节点，右击要添加记录的域，选择“新建别名(CNAME)”命令，打开如图 10-15 所示的“新建资源记录”对话框。

输入别名，如 www，然后单击“浏览”按钮，选择对应区域中与别名对应的主机名，如图 10-16 所示。

(3) 新建邮件交换器(MX)记录。

邮件交换器(MX)记录可以用于域中的小型邮件交换服务器，并能让邮件传递到域中正确的邮件服务器中。例如，如果域 hainu.edu.cn 设置有 MX 记录，所有发送到 username@hainu.edu.cn 的邮件都将被传递到 MX 记录中指定的服务器。

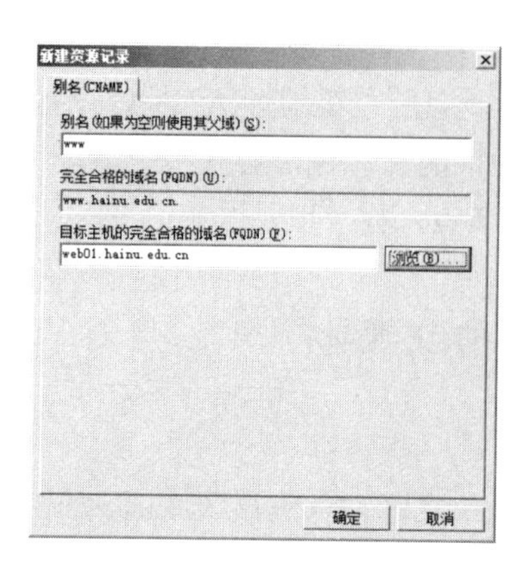

图 10-15　添加别名记录

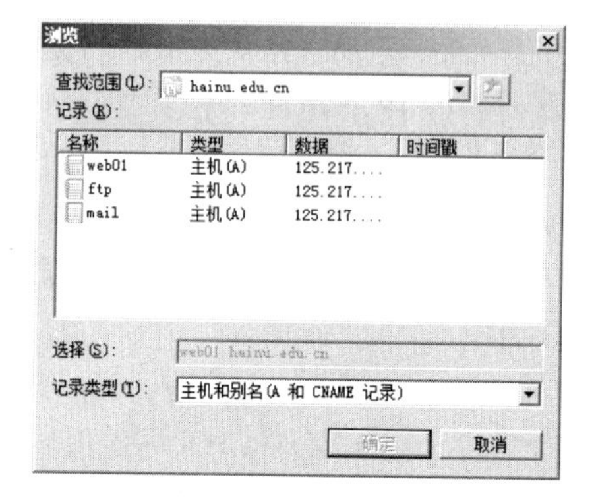

图 10-16　选择别名对应的主机名

① 在 DNS 控制台中，展开对应的正向查找区域子节点，右击要添加记录的域，在弹出的快捷菜单中选择“新建邮件交换器(MX)”命令，打开如图 10-17 所示的对话框。

② 可将“主机或子域”文本框留空，空的项目代表邮件交换器的名称等同于交换域的名称。

③ 在“邮件服务器的完全合格的域名(FQDN)”文本框中输入邮件交换服务器的 FQDN 名称(或通过“浏览”按钮选择已有的邮件交换服务器)。

④ 指定和域中其他邮件服务器相比该邮件服务器发出的邮件的优先级。如果邮件需要被路由到域中的邮件服务器，具有较低优先级数字的邮件服务器上的邮件会被优先处理。

⑤ 单击“确定”按钮完成添加。

(4) 新建指针资源记录。

指针(PTR)资源记录主要用来记录在反向搜索区域内的 IP 地址及主机，用户可以通过该类资源记录把 IP 地址映射成主机域名。

① 在 DNS 控制台中，展开相应的正向查找区域节点，右击想要添加记录的域，从弹出的快捷菜单中选择“新建指针”命令，弹出如图 10-18 所示的对话框。

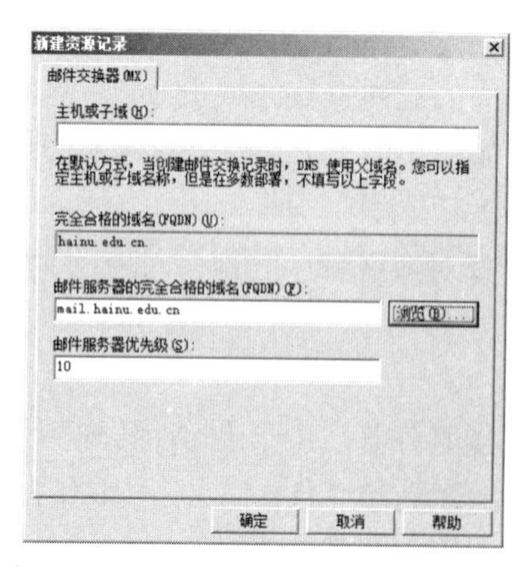

图 10-17　添加邮件交换器记录

图 10-18　添加指针(PTR)资源记录

② 在“新建资源记录”对话框中，在“主机 IP 地址”文本框中输入主机 IP 地址，在“主机名”文本框中输入 DNS 主机的域名，或单击“浏览”按钮，从对应的正向查找区

域中，选择指针需对应的主机名。

③ 重复上述步骤，设置 HN 大学现有的服务器主机指针信息都输入到该区域内，如图 10-19 所示。

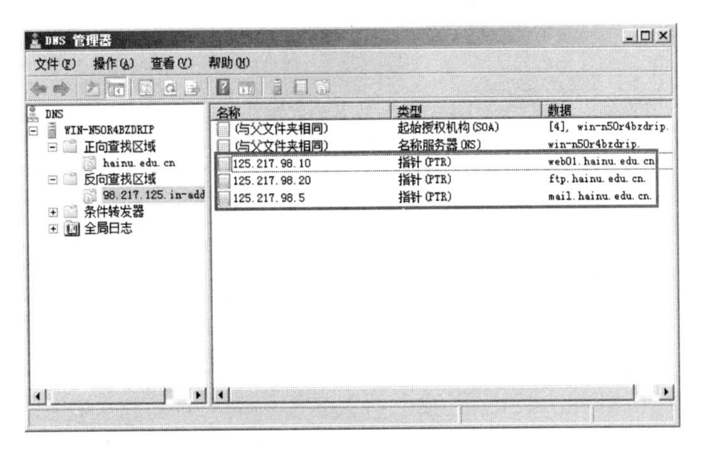

图 10-19 所有指针记录

10.2.3 创建子域或委派域

案例要求

HN 大学设有教务处、学生工作处、财务处、图书馆等教学管理机构，及几十个二级学院。这些二级机构中，有的单位只有自己的一台服务器(如教务处)，有的单位有多台服务器(如图书馆)，他们都要求有自己的子域。例如，教务处的子域为 jw.hainu.edu.cn，图书馆的子域为 lib.hainu.edu.cn，但他们要求不同，教务处希望由学校的 DNS 服务器来完成 jw.hainu.edu.cn 子域的域名解析，而图书馆希望自己建立域名服务器来管理子域 lib.hainu.edu.cn。假设图书馆 DNS 服务器的 IP 地址是 210.37.68.154，主机名为 dns.lib.hainu.edu.cn。

技术要领

(1) 创建子域 jw.hainu.edu.cn，为教务处的服务器提供域名解析。

(2) 创建委派域，将图书馆域 lib.hainu.edu.cn 的域名解析委派给服务器 125.217.98.10。

1) 创建子域

要完成教务处的子域 jw.hainu.edu.cn 内的主机域名解析，可直接在 hainu.edu.cn 区域下建立子域，然后在此域内创建主机、别名或邮件交换器记录。这些资源记录仍然存储在 HN 大学的域名服务器内。要创建子域，可在 HN 大学主域名服务器中执行如下操作。

(1) 在 DNS 控制台中，展开“正向查找区域”节点，右击“hainu.edu.cn”节点，在弹出的快捷菜单中选择“新建域”命令。

(2) 在如图 10-20 所示对话框中，输入子域名称“jw”，单击“确定”按钮即可添加子域 jw。

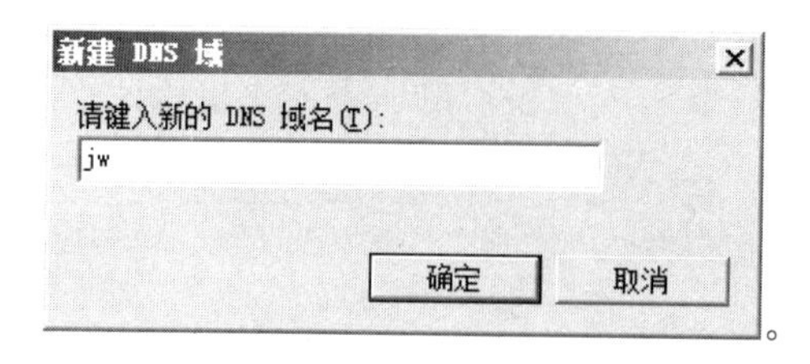

图 10-20　新建子域对话框

(3)　可在 jw.hainu.edu.cn 内创建教务处所需的主机、别名或邮件交换器记录。

2)　创建委派域

由于 HN 大学图书馆要求自己管理子域 lib.hainu.edu.cn，因此需要在主域服务器中创建一个子域 lib，并将这个子域委派给图书馆的 DNS 服务器来管理。也就是说，HN 大学图书馆的子域 lib.hainu.edu.cn 内的所有资源记录都存储在图书馆的 DNS 服务器内，当 HN 大学的 DNS 服务器收到 lib.hainu.edu.cn 子域内的域名解析请求时，就会在图书馆的 DNS 服务器中查找(当解析模式是迭代查询方式时)。配置过程如下。

(1)　在图书馆 DNS 服务器(IP 为 210.37.68.154，主机名为 dns.lib.hainu.edu.cn)上，安装 DNS 服务，创建域“lib.hainu.edu.cn”，并为其创建相应的主机资源记录。

(2)　在 HN 大学主域名服务器中，打开 DNS 控制台，展开“正向查找区域”节点，右击 hainu.edu.cn 节点，在弹出的快捷菜单中选择“新建委派”命令，打开“欢迎使用新建委派向导”界面，单击“下一步”按钮。

(3)　在“受委派域名”界面中，输入委派子域名称“lib”，单击“下一步”按钮继续，如图 10-21 所示。

(4)　在如图 10-22 所示的“名称服务器”界面中，单击“添加”按钮。

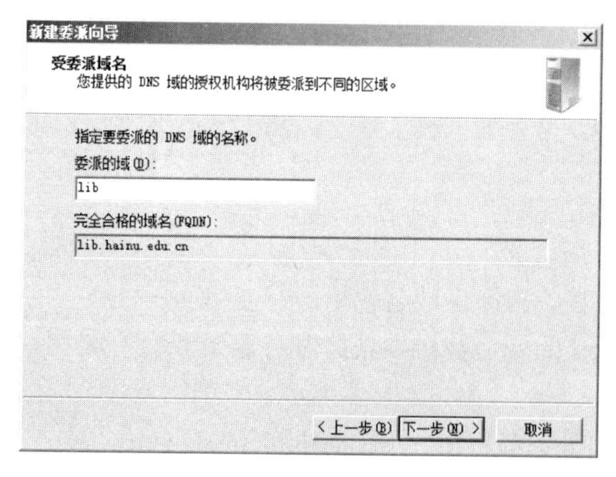

图 10-21　输入委派子域名称

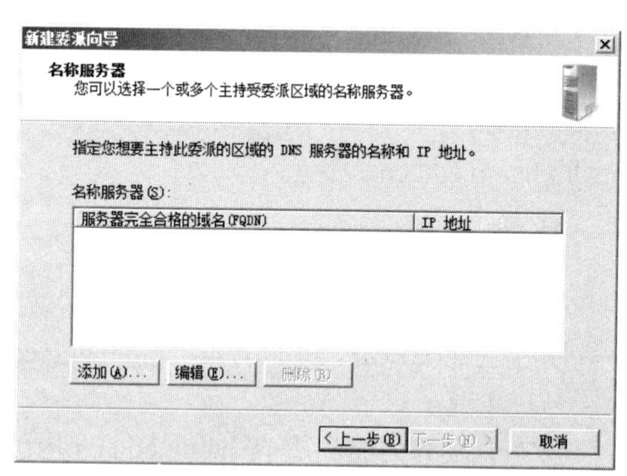

图 10-22　“名称服务器”界面

(5)　在“新建名称服务器记录”对话框中，输入委派子域的 DNS 服务器的域名 dns.lib.hainu.edu.cn 和 IP 地址 210.37.68.154，如图 10-23 所示，单击“确定”按钮，随后完成委派。

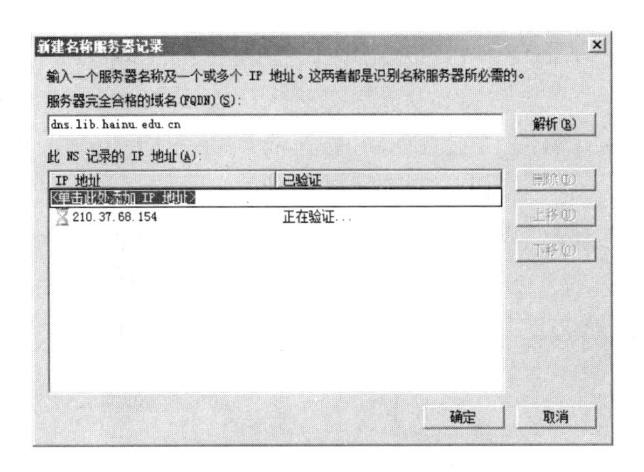

图 10-23　新建名称服务器记录

10.2.4　架设辅助域名服务器

随着校园里上网人数的增加，主域名服务器的工作负担会加重，为了提高 DNS 服务器的可用性，实现 DNS 解析的负载均衡，学校需要添置新的服务器作为辅助域名服务器，假设该服务器主机名为 dns2.hainu.edu.cn，IP 地址为 125.217.98.9，配置辅助域名服务器的方法如下。

(1)　在主域名服务器(IP 为 125.217.98.8 的 DNS 服务器)中，确认将 hainu.edu.cn 域复制到备份服务器。右击“hainu.edu.cn”域节点，在弹出的快捷菜单中，选择“属性”命令，打开“区域传送”选项卡，如图 10-24 所示，选中“允许区域传送”复选框，选择“到所有服务器”或“只允许到下列服务器”单选按钮，并添加备份服务器的 IP 地址：125.217.98.9。

(2)　在辅助域名服务器(IP 为 125.217.98.9 的 DNS 服务器)中安装 DNS 服务，并创建正向查找区域。

(3)　在如图 10-25 所示的“区域类型”界面，选中“辅助区域”单选按钮，然后单击“下一步”按钮。

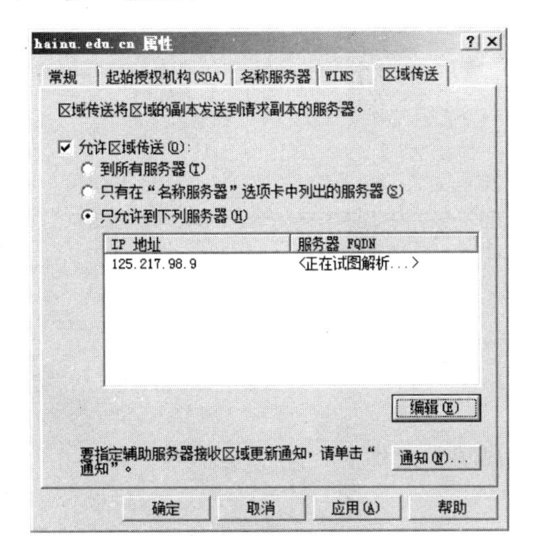

图 10-24　设置主域名服务器区域传送

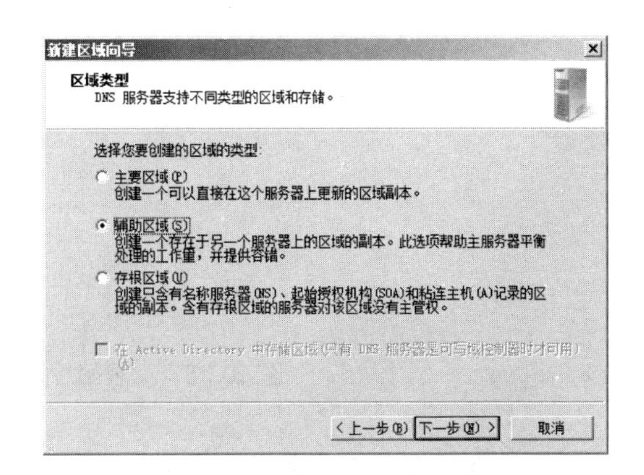

图 10-25　选择辅助区域类型

(4) 在“区域名称”界面中，将区域名称设置为主域名 hainu.edu.cn。单击“下一步”按钮，如图 10-26 所示。

(5) 在如图 10-27 所示的“主 DNS 服务器”界面中，输入主域名服务器 IP 为 125.217.98.8，单击“下一步”按钮，完成区域新建。

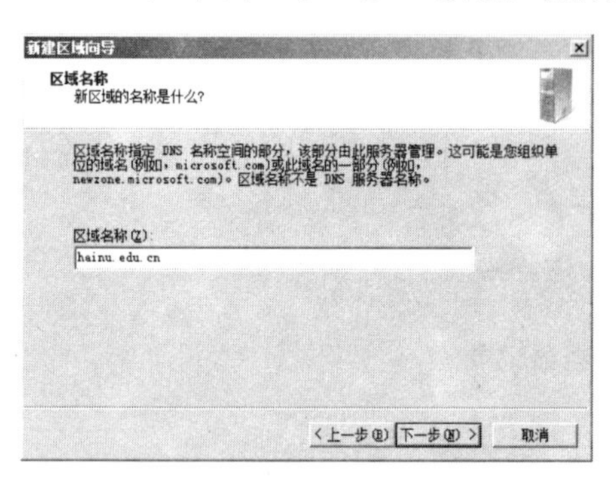

图 10-26　设置区域名称

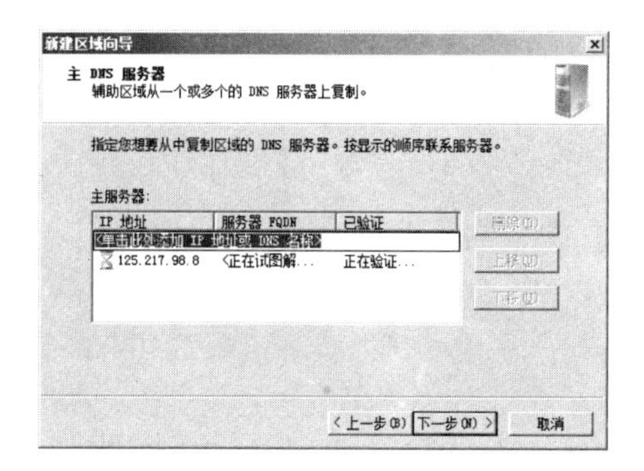

图 10-27　设置主域名服务器 IP

10.2.5　配置起始授权机构

起始授权机构(Start of Authority，SOA)记录代表了特定区域内的权威服务器。每个域必须有一条 SOA 记录，在添加区域时该记录会被自动创建。SOA 记录中还可以包括有关区域中的资源记录应该被如何使用和缓存信息，例如刷新、重试和过期时间，以及记录有效的最大时间。

要查看和设置某个区域的 SOA 记录，可展开名称服务器节点，展开相应的正向或反向查找区域，右击需配置或查看的域节点，如 hainu.edu.cn，在快捷菜单中选择“属性”命令。在属性对话框中切换到“起始授权机构(SOA)”选项卡，如图 10-28 所示，从中进行相应的设置即可。

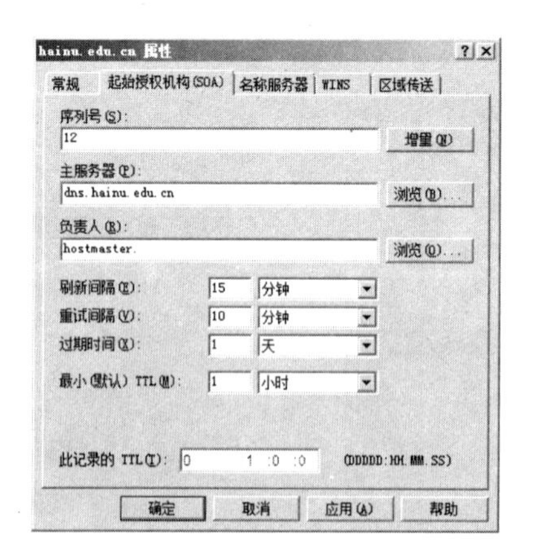

图 10-28　“起始授权机构(SOA)”选项卡

10.2.6　配置转发器

随着 HN 大学校园网络的扩展，校园网中可能配置有多台 DNS 服务器，为了网络的安全，该网络只允许其中的两台 DNS 服务器(分别为 125.217.98.8 和 125.217.98.15)直接与Internet 的 DNS 服务器进行通信，其他的 DNS 服务器只能通过这两台 DNS 服务器向 Internet 查询所需要的信息。此时需要进行 DNS 转发器配置。

1. 顺序转发器

DNS 服务器上可列出转发器 IP 地址，并确定使用 IP 地址的顺序。DNS 服务器将查询发给使用第一个 IP 地址的转发器时，会等待很短的时间，等待来自该转发器的应答，之后继续使用下一个 IP 地址转发操作。该进程会持续执行，直到接收到来自转发器的确定应答。

转发器的设置如下。

(1) 在 DNS 控制台中，右击 DNS 服务器图标，在弹出的快捷菜单中选中“属性”命令，在属性对话框中，打开“转发器”选项卡，如图 10-29 所示。

(2) 单击“编辑”按钮可添加、编辑或修改转发器的 IP 地址及顺序。

2. 条件转发器

条件转发可直接将到某个特定域的请求转发到特定的 DNS 服务器上进行解析。当 DNS 客户端对 DNS 服务器发送查询请求时，DNS 会查看是否可以使用自己的区域数据或存储在它的缓存中的数据来解析查询。如果 DNS 服务器被配置为指定的域名进行转发，则该查询会转发给与该域名有关的转发器。

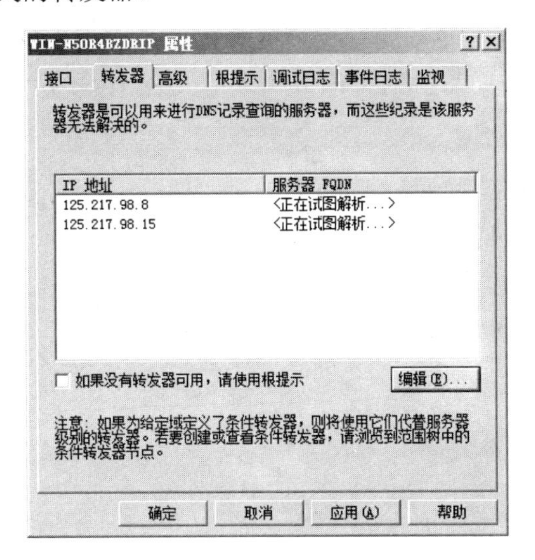

图 10-29 “转发器”选项卡

条件转发器的设置如下。

(1) 在控制台中，右击目标服务器的“条件转发器”子节点，在弹出的快捷菜单中选择“新建条件转发器”命令。

(2) 在“新建条件转发器”对话框中，设置要被转发的域名，并在 IP 地址列表中单击，输入目标域要转发的 DNS 服务器的 IP 地址，如图 10-30 所示。

(3) 可继续选择新建条件转发器为其他的域设置转发，如图 10-31 所示。

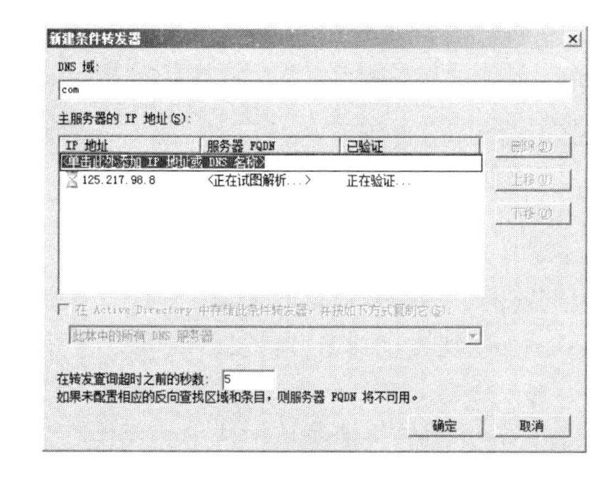

图 10-30　新建条件转发器

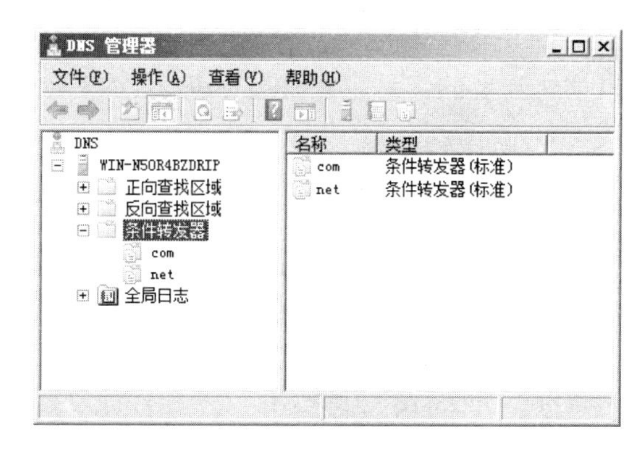

图 10-31　“DNS 管理器”窗口

10.2.7　DNS 客户端设置

成功安装和配置 DNS 服务器后，就可以在 DNS 客户机启动 DNS 服务。以最为常用的 Windows 2003 客户端为例，设置并启动 DNS 服务的方法如下：

在“网上邻居”属性窗口，打开“本地连接”的“属性”面板，选择“Internet 协议(TCP/IP)”，设置其属性。如果在 DHCP 服务器中设置了 DNS 的信息，则在对话框中选择“自动获得 DNS 服务器地址”单选按钮。否则，应在“首选 DNS 服务器”和“备用 DNS 服务器”中填写主 DNS 服务器和辅助 DNS 服务器的 IP 地址，如图 10-32 所示。

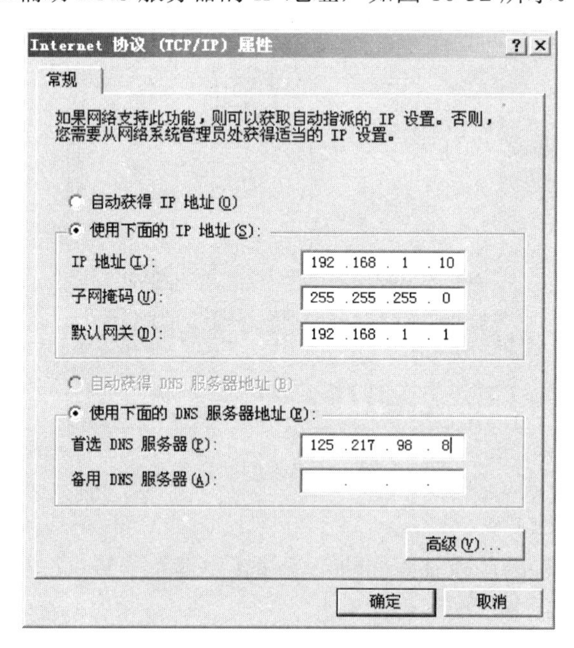

图 10-32　“Internet 协议(TCP/IP)属性”对话框

设置好客户端使用的 DNS 服务器后，可通过 nslookup 命令查询主机名和 IP 的映射，如图 10-33(a)所示。

如果查询的目标域名是一个别名(CNAME)，则前两行显示这是一个 CNAME 记录、对应的域名和 IP 地址。最后显示的是目标域名，并注明 Alias(别名)，如图 10-33(b)所示。

```
C:\>nslookup web01.hainu.edu.cn
Server:  dns.hainu.edu.cn
Address:  125.217.98.8

Name:    web01.hainu.edu.cn
Address:  125.217.98.10
```

(a)

```
C:\>nslookup www.hainu.edu.cn
Server:  dns.hainu.edu.cn
Address:  125.217.98.8

Name:    web01.hainu.edu.cn
Address:  125.217.98.10
Aliases:  www.hainu.edu.cn
```

(b)

图 10-33　nslookup 命令的使用

10.3　Linux 下 DNS 服务器的安装与配置

Red Hat Linux AS 4.0 和多数 UNIX 系统一样，都首选 BIND 来实现域名解析服务。BIND(Berkeley Internet Name Domain)是由加州大学伯克利分校开发的BSD UNIX中的一部分，目前由 ISC 组织负责维护。BIND 是一个被广泛应用于 UNIX 和 Linux 系统的 DNS 服务器软件，提供了强大而稳定的域名解析服务。

10.3.1　Linux 中 BIND 服务器的安装与启动

在配置 DNS 服务器前，首先可通过命令检查系统中是否安装了 BIND 域名服务器：

```
[root @localhost ~]# rpm -qa | grep bind
bind-libs-9.2.4-2
ypbind-1.17.2-3
bind-9.2.4-2
bind-utils-9.2.4-2
bind-chroot-9.2.4-2
```

RedHat Linux AS4.0 中自带的版本是 bind 9.2.2-2，最新的版本可从 BIND 的主页 http://www.isc.org 下载。如果在安装 RedHat Linux AS4.0 时没有安装 BIND，可从 Linux 的安装光盘中找到以下三个文件：

- bind-9.2.4-2.i386.rmp
- bind-utils-9.2.4-2.i386.rmp
- caching-nameserver-7.3-3.noarch.rpm

使用如下命令安装 rpm 软件包：

```
# rmp -ivh bind-9.2.4-2.i386.rmp
# rmp -ivh bind-utils-9.2.4-2.i386.rmp
# rmp -ivh caching-nameserver-7.3-3.noarch.rpm
```

BIND 的服务端软件是名为 named 的守护进程，它的启动、停止以及重启命令为：

```
# /etc/rc.d/init.d/named start 或 # service named start
# /etc/rc.d/init.d/named stop service named stop
# /etc/rc.d/init.d/named reart 或 # service named restart
```

10.3.2 Linux 下 DNS 服务的相关配置文件

1. 主配置文件/etc/named.conf

该文件是域名服务器守护进程 named 启动时读取到内存的第一个文件。该文件中，主要规范了域名服务器的类型、授权管理的域、相应的 Zone File 及其所在的目录等。文件的默认内容如下：

```
//定义整个 DNS 服务器的相关环境，包括查询文件放置目录等
Options
{   directory  "/var/named";
    dump-file  "/var/named/data/cache_dump.db";
    statistics-file  "/var/named/data/named_stats.txt";
    pid-file  "/var/run/named/named.pid";
    forwarders{
        202.100.192.68;
        139.175.10.20;
};
allow-query{any;};              //是否允许被查询，默认允许
allow-transfer{none;};          //是否允许传送 zone，默认不可
};

//关于 DNS 服务器的一些加密数据
Include "/etc.rndc.key"

//关于 root(.)的设置
zone"."
{   type Hinet;                 //特殊类型，root(.)专用
    file "named.root"           //文件名定义
};
//关于本机 localhost 的正反解析
zone "localhost"
{   type master;
    file "named.localhost";
};
zone "0.0.127.in-addr.arpa"
{   type master;
    file "name.127.0.0";
};
```

其中，options 部分设置值的相关参数说明见表 10-2。

表 10-2 options 内的相关参数说明

设置值	意 义
directory	指定记录文件 Zone File 放置的目录，默认目录是/var/named
dump-file	DNS 服务器会将搜索到的主机 IP 所对应的数据放置到高速缓存中，如果希望将缓存数据记录下来，可用此设置值指定文件
statistics-file	指定 DNS 的一些统计数据写入的文件
pid-file	用于记录 named 程序的 PID 文件，此文件可以在 named 启动、关闭时提供正确的 PID

续表

设置值	意　义
Forwarders	指明了备选的 DNS 服务器。当本 DNS 服务器不能解析主机请求时，将转发至备选的 DNS 服务器，由它来进行解析。每个 forward 服务器 IP 地址需要用“；”作为结束
allow-query	是否允许客户端的查询。查询的内容是读取数据库的内容。默认允许。内容可填写“any”(任何来源)、“IP/Netmask”(IP/网段)的格式
allow-transfer	是否允许 Slave DNS 的整个领域数据的传送。该值与 Master/Slave DNS 服务器之间的数据库传送有关。如果没有 Slave DNS 服务器，此处无须开放

在 options 之外，是每个正、反解文件的相关设置。每个正、反解都利用 Zone 这个设置值来处理。Zone 内的相关参数说明见表 10-3。

表 10-3　Zone 内的相关参数说明

设置值	意　义
type	设置 Zone 的类型。可选的类型有 Master、Slave 及 Hinet。最上层的 DNS(.)使用 Hinet 类型，Master 主机用 Master，Slave 主机用 Slave
file	指明该 Zone 的 Zone File，完整的 Zone File 在“[chroot_dir]/[options 内的 directory]/[file 设置值]”中，因此，root(.)配置文件存放在“/var/named/chroot/var/named/named.root”中
反解 Zone	指明反解析 Zone。由于 DNS 的域名是由后向前查找，须将 IP 反过来写，同时在最后加上“in-addr.arpa”来表示反解结束。因此 192.168.1 这个 Zone 要写出 1.168.192. in-addr.arpa

★ 关于 named 根目录的说明：

出于系统安全性的考虑，目前所使用的 Linux 版本中，都已经自动将 BIND 相关程序以 chroot 模式执行。chroot 就是 Change Root，也就是改变程序执行时所参考的根目录位置，从而限制服务的使用者所能执行的程序，防止服务的使用者存取某些特定档案(如/etc/passwd)，增进系统的安全。那么，chroot 为 BIND 服务所指定目录在哪里呢？与 named 进程是否启动 chroot 及额外的参数相关的文件为：/etc/sysconfig/named，可进行查阅：

```
[root@localhost ~] # cat /etc/sysconfig/named
ROOTDIR=/var/named/chroot
```

由此可见，named 根目录已经被变更到/var/named/chroot。由于 named.conf 配置文件 options 中 directory 设置值指定的目录为/var/named，因此，数据库文件实际的存放目录在/var/named/chroot/var/named 中。

2. Zone File 文件

一个正解或反解的配置就是一个 Zone。在 Zone File 中，描述了一个域的域名和 IP 地址的映射关系。在 named.conf 配置文件中，会在 Zone 的 file 设置值中，为对应的域声明 Zone File 文件名。例如，关于本机 localhost 的正反解析声明如下：

```
zone "localhost"
{   type master;
```

```
        file "named.localhost";
    };

    zone "0.0.127.in-addr.arpa"
    {   type master;
        file "name.127.0.0";
    };
```

在/var/named/chroot/var/named 目录下，可找到 named.localhost 文件，该文件用来说明“回传地址”的 IP 与主机名的映射，是 localhost 域的正解析数据库文件；同时，也可以找到文件 name.127.0.0，是 localhost 域的反解析数据库文件。这两个文件较为简单，我们将以此为例，说明正解数据库文件的内容与格式。

1) 正解析数据库文件

对于正、反解析文件，都可以简单地分成以下几个部分来观察。

- 关于本领域的基础设置，例如缓存记忆时间(TTL)。
- 关于 Master/Slave 的认证(SOA)。
- 关于本域的域名服务器所在主机名称与 IP 的映射(NS、A、PTR)。
- 其他正、反解析相关的资源记录(RR)。

以 localhost 域的正解配置文件 named.localhost 为例：

```
;1. 主机相关设置
$TTL  600

;2. 关于 master/slave 的授权
@   IN   SOA   localhost.     Root.localhost.(
    2006102001  ; serial     #仅作为序号
    28800     ; refresh    #服务器更新时间
    14400     ; retry #:当 slave 主机更新失败，多久再重新更新一次
    720000    ; expire     #重复 retry 多久后宣告失败，不再更新
    86400)    ; minimum    #可视为 TTL

;3. 本领域的 DNS 服务器主机名与 IP 的映射
@    IN     NS     localhost.              ;特别留意后面的小数点
Localhost.   IN     A     127.0.0.1

;4. 其他 RR 可加入的位置
```

其中，$TTL 用于设置当有外部 DNS 服务器对该 DNS 领域进行查询时，记录会放置在对方 DNS 服务器中的秒数。当某个域名内的主机经常变动时，就应该将$TTL 设置得小一点，以免变动无法被及时查询到。如果 DNS 内容较为稳定，那么该数值可以设置得大一些，以免外部 DNS 频繁查询，造成 DNS 忙碌。

关于 Master/Slave 授权方面的设置如表 10-4 所示。

表 10-4　关于 Master/Slave 授权方面的设置值

符　号	说　明
@	代表 Zone。以 named.localhost 为例，这个文件由/tec/named.conf 定义的 Zone 为 localhost，因此在本文中的@就代表 localhost

续表

符 号	说 明
.	点号(.)非常重要，它代表一个完整的主机名称(FQDN)的结束，而不仅仅是 Host Name，例如，在设置文件上规范的一个主机名称为 www 时，那么主机的 FQDN 为“www.localhost.”，如果写 FQDN 时，没有最后的小数点，则 Zone 会自动加入该主机名，使得最终的 FQDN 会变为“www.localhos.localhost.”
SOA	SOA 是 Start Of Authority 的简称，代表 Master/Slave 相关的认证、授权资料。不论 DNS 系统有没有设置 Master/Slave 的架构，都需要含有这个设置。SOA 后面共带有三个参数：“[Zone] IN SOA [主机名] [管理员 E-mail([5 个参数])]”。 主机名，即 Master DNS 的主机名称，通常填写本身主机名即可(须注意小数点)； 管理员 E-mail 本应为“root@localhost”，因为@已经被作为特殊代号(Zone)，所以此处用小数点代替@，因此 E-mail 成为“root.localhost.”；5 个更新时间分别为 serial、refresh、retry、expire、ttl

接下来需设置 DNS 服务器域及域的名称解析器(Name Server，NS)。其中包括 NS 标识和 A 标识。

- NS 标志的参数的格式为“[Zone] IN NS [主机名]”，需注意的是，NS 后面一定是一个主机名称，代表的含义是：请向后面这台主机请求 Zone 的查询。每个 Zone 至少要有一个 NS。而 NS 的主机名称必须有 IP 地址与之对应，此时需要使用 A 标识。
- A 标识是正解符号，参数格式为“[hostname] IN A [IP]”，A 标识作为最常用的标识，用来表示与该主机的 IP 对应。

正解配置的其他 RR 标志见表 10-5。

表 10-5 正解配置的其他 RR 标志

标 识	说 明
MX	MX 是 Mail Exchanger 的缩写，它的参数格式为“[hostname] IN MX [顺序] [主机名称]”。没有 Mail Server 的用户可以忽略这个标识，MX 的用途是邮件传递，MX 后面的数值越小，代表其优先级越高
CNAME	建立主机别名。参数格式为“[hostname] IN CNAME [主机名称]”

2) 反解析数据库文件

反解与正解一样，都需要 SOA 和 NS 标记，不同之处在于，反解是由 IP 映射到主机名称。以 localhost 域的反解析文件 named.127.0.0 为例：

```
$TTL  600
;关于 master/slave 的授权
@   IN   SOA  localhost.  Root.localhost.(2006102001  28800  14400  720000
86400 )

;本领域的 DNS 服务器主机名与 IP 的对应
@     IN     NS     localhost.
1     IN     PTR    localhost.
```

其中，PTR 标识是 Pointer 的缩写，它的参数为“[IP] IN PTR [主机名称]”，由于该文

件的 Zone 为 127.0.0，所以只要一个数字(最后一个 IP 的数字)即可。也就是说，文件中的 1 就代表 127.0.0.1。

10.3.3 基于 Linux 架构 DNS 服务器

案例描述

ACA 学院已注册了域名 aca.edu.cn。拟将 IP 为 59.50.64.10 的服务器作为该学院的主域名服务器，IP 为 59.50.64.12 的服务器为备用 DNS 服务器。该学院有 4 台服务器，分别用于域名服务器(主机名 dns.aca.edu.cn，IP 地址为 59.50.64.10)、Web 服务器(主机名 web01.aca.edu.cn，IP 地址为 59.50.64.16)、FTP 服务器(主机名 ftp.aca.edu.cn，IP 地址为 59.50.64.18)、E-mail 服务器(主机名 mail.aca.edu.cn，IP 地址为 59.50.64.20)。为方便用户访问，输入 http://www.aca.edu.cn 可访问该学院的 Web 站点。

技术要求

- 创建正解区域，添加主机、别名和邮件交换机资源记录，实现域名到 IP 地址的映射。
- 创建反解区域，添加指针资源记录，实现 IP 地址到域名的映射。

案例实施过程

(1) 修改主配置文件/etc/named.conf：

```
Options
{   directory "/var/named";
    dump-file "/var/named/data/cache_dump.db";
    statistics-file "/var/named/data/named_stats.txt";
    pid-file "/var/run/named/named.pid";
    forwarders{
        59.50.64.12;
};
allow-query{any;};
allow-transfer{none;};
};
Include "/etc.rndc.key"
zone"."
{   type Hinet;
    file "named.root"
};
zone "localhost"
{   type master;
    file "named.localhost";
};
zone "0.0.127.in-addr.arpa"
{   type master;
    file "name.127.0.0";
};

//规范 aca.edu.cn 域
zone "aca.edu.cn"
{   type master;
    file "named.aca.edu.cn";
```

```
};

zone "64.50.59.in-addr.arpa"
{    type master;
     file "name.59.50.64";
};
```

(2) 在 /var/named/chroot/var/named 目录下创建 aca.edu.cn 域的正解数据文件 named.aca.edu.cn，配置如下：

```
$TTL  600
@  IN  SOA  aca.edu.cn.  Root.aca.edu.cn.(20090201  28800  14400
72000086400)

@    IN   NS   aca.edu.cn.
dns IN   A    59.50.64.10
Web01    IN   A    59.50.64.16
ftp IN   A    59.50.64.18
mail     IN   A    59.50.64.20

www IN   CNAME    Web01
@    IN   MX  10   mail
```

(3) 在 /var/named/chroot/var/named 目录下创建 aca.edu.cn 域的反解数据文件 name.59.50.64，配置如下：

```
$TTL  600
@  IN  SOA  aca.edu.cn.  Root.aca.edu.cn.(20090201  28800  14400
72000086400)

@    IN   NS   aca.edu.cn.
10   IN   PTR dns.aca.edu.cn.
16   IN   PTR web01.aca.edu.cn.
18   IN   PTR ftp.aca.edu.cn.
20   IN   PTR mail.aca.edu.cn.
```

(4) 重启 DNS 服务器：

```
# /etc/init.d/named restart
```

10.3.4　Linux 中 DNS 服务的客户端设置

在客户端，要实现从主机名称到 IP 地址的映射，通常有两种方法。

- 早期的方法是直接将映射关系写在/etc/hosts 文件中。

```
[root@localhost~]#  cat/etc/hosts
#  Do  not  remove the following line, or various programs
#  that  require  net work  functionality  will  fail.
127.0.0.1           localhost.localdomain localhost
```

- 目前较为常用的方法则是通过 DNS 架构实现的，通过/etc/resolv.conf 文件告诉解析器，域名查询的顺序，以及要访问的 DNS 服务器 IP 地址。

```
[root@localhost~]#  cat/etc/resolv.conf
name server 192.168.1.20
name server  202.100.192.68
```

一般而言，Linux 的默认主机名称与 IP 的对应搜索都是以/etc/hosts 文件优先的，此优先级记录在/etc/nsswitch.conf 中：

```
[root@localhost~]#  cat/etc/nsswitch.conf
hosts:              files dns
```

上述代码中，files 使用的是/etc/hosts，而后面的 dns 则是使用/etc/resolv.conf 的 DNS 主机 IP 搜索。因此，将以/etc/hosts 优先设置 IP 对应。如果需要使用/etc/resolv.conf 优先，可以调换 files 和 dns。

在 10.3.3 节的案例中，如果在 ACA 学院的 Linux 客户机希望使用 IP 为 59.50.64.10 的主机作为 DNS 服务器，只需在客户机的/etc/resolv.conf 文件中添加：

```
nameserver  59.50.64.10
```

使用 nslookup 命令，可查询主机名与 IP 的对应，也可以列出查询的 DNS 主机的 IP。

```
[root@localhost~]#  nslookup
>  ftp.aca.edu.cn
Server:             192.168.1.20
Address:            192.168.1.20#53

Name:               ftp.aca.edu.cn
Address:            59.50.64.18
```

本 章 小 结

本章介绍了域名系统(DNS)的基本概念、基本原理和主要功能，详细说明了 Windows Server 2008 下 DNS 服务器的安装配置，以及 Linux 下 DNS 服务器的安装配置。通过本章的学习，读者能够了解 DNS 服务器的相关知识，熟悉域名解析的基本原理，熟练掌握不同操作系统下的 DNS 服务器架设，以及 DNS 客户机的配置。

习　　题

1. 什么是域名系统？描述域名解析的过程。
2. 顶级域名有哪些？其代表的含义是什么？
3. DNS 中，正向和反向解析各指什么？
4. Linux 中，DNS 主配置文件/etc/named.conf 的主要内容包括什么？
5. 域名解析服务器有哪些类型？

第 11 章 Web 服务器的安装与配置

学习目标：

- 了解 Web 服务的工作原理
- 掌握 Windows Server 2008 中 Web 服务器的安装与管理方法
- 了解 IIS 7.0 的服务扩展
- 掌握 Linux 下 Apache 服务器的安装与配置
- 能够基于 Apache 服务器完成多站点管理与配置

11.1 Web 服务工作原理

Web 服务即万维网(World Wide Web，WWW)服务，是 Internet 的多媒体信息查询工具。它起源于 1989 年 3 月，是由欧洲量子物理实验室 CERN(the European Laboratory for Particle Physics)所发展出来的主从结构分布式超媒体系统。

WWW 采用的是浏览器/服务器结构，它以超文本标记语言(Hyper Text Markup Language,HTML)与超文本传输协议(Hyper Text Transfer Protocol，HTTP)为基础，为用户提供界面一致的信息浏览系统。WWW 服务器负责对各种信息进行组织，并以文件形式存储在某一指定目录中，WWW 服务器利用超链接来链接各信息片段，这些信息片段既可集中地存储在同一主机上，也可分布地放在不同地理位置的不同主机上。WWW 浏览器负责显示信息和向服务器发送请求。当浏览器提出访问请求时，服务器负责响应客户的请求并按用户的要求发送文件；浏览器收到文件后，解释该文件，并在屏幕上显示出来。

1. WWW 浏览器

WWW 浏览器其实就是 HTML 的解释器。

在 Web 的浏览器/服务器工作环境中，Web 浏览器起着控制作用。Web 浏览器的任务是使用一个起始 URL 来获取一个 Web 服务器上的 Web 文档，解释这个 HTML 并将文档内容以用户环境所许可的效果最大限度地显示出来。当用户选择一个超文本链接时，这个过程重新开始，Web 浏览器通过超文本链接相连的 URL 来请求获取文档，等待服务器发送文档，处理这个文档并显示出来。

2. WWW 服务器

WWW 服务器从硬件角度看，是指在 Internet 上保存超文本和超媒体信息的计算机；从软件角度看，指的是提供上述 WWW 服务的服务程序。WWW 服务器软件默认使用 TCP80 端口监听，等待浏览器发出的链接请求。连接建立后，浏览器可以发出一定的命令，服务器给出相应的应答。

目前，应用最为广泛的 Web 服务器软件包括微软的信息服务器(IIS)和基于 Linux 系统的 Apache。本章将对基于这两个平台 Web 服务器的配置方法进行介绍。

11.2 Windows Server 2008 下 Web 服务器 IIS 的安装与配置

11.2.1 IIS 信息服务

从 Windows NT 开始，微软在其服务器操作系统上提供了一系列 Internet 服务组件，称为 Internet 信息服务器(Internet Information Server，IIS)。IIS 为企业提供了在 Internet 或 Intranet 上发布信息的能力，通过部署 IIS，企业可以方便地提供最常见的 Internet 服务，如 Web 服务、FTP 服务、邮件服务和 NNTP 服务等。随着 Windows 系列操作系统的不断升级，微软不断地强化 IIS 的功能、性能和安全性，并越来越将其作为操作系统的重要组成部分，到 Windows 2000 Server 操作系统所包含的 IIS 5，IIS 已经成为一个安全、稳定并能很好地与 Windows 操作系统集成的 Internet 服务器。

由于 Windows 操作系统占据了 PC 和 PC 服务器的绝大部分市场，IIS 凭借其简单的配置方法、友好的界面和 Windows 操作系统及其安全高度集成，逐步成为了应用广泛的 Web 服务器。

在 Windows Server 2008 操作系统中，微软提供了 IIS 的 7.0 版本，与过去的版本相比，IIS 7.0 加入了更多的安全设计，用户通过 IIS 7.0 新的特征来创建模块将会减少代码在系统中的运行次数，将遭受黑客脚本攻击的可能性降至最低。IIS 7.0 中有 5 个最为核心的增强特性。

- 完整模块化：熟悉 Apache 服务器的用户都知道，该软件最大的优势在于定制化，用户可以动态加载不同的模块以允许不同类型的服务内容。而以往的 IIS 无法实现这一特性，从而导致性能不能让用户满意，以及由于默认的端口过多而造成安全隐患。在 IIS 7.0 中，从核心层被分割成了 40 多个不同功能的模块，诸如验证、缓存、静态页面处理和目录列表等功能全部被模块化，这意味着 Web 服务器可以按用户的运行需求来安装相应的功能模块。这样可能存在安全隐患和不需要的模块将不会再加载到内存中去，减小了程序的受攻击面。
- 通过文本文件配置：IIS 7.0 的管理工具使用了新的分布式 web.config 配置系统。IIS 7.0 使用 ASP.NET 支持的 web.config 文件模式，允许用户把配置和 Web 应用的内容一起存储和部署。
- 图形模式管理工具：IIS 7.0 中，用户可以用管理工具在 Windows 客户机上创建和管理任意数目的网站，而不再局限于单个网站，且管理界面也更加友好和强大，用户可以添加自己的模块到管理工具中，为自己的 Web 网站运行模块和配置设置提供管理支持。
- 安全方面的增强：在 IIS 7.0 中，ASP.NET 管理设置集成到单个管理工具中，用户可以在一个窗口中查看和设置认证和授权规则，而不需要通过多个不同的对话框来进行设置。且.NET 应用程序直接通过 IIS 代码运行而不再发送到 Internet Server API 扩展上，减少了可能存在的风险，提升了性能，同时管理工具内置对 ASP.NET

3.0 的成员和角色管理系统提供管理界面的支持，这意味着用户可以在管理工具中创建和管理角色、用户，以及用户指定角色。

- 用户可以通过与 Web 服务器注册一个 HTTP 扩展性模块，在任意一个 HTTP 请求周期的任何地方编写代码。认证、授权、目录清单支持、经典 ASP、记录日志等功能，都可以使用这个公开模块化的管道 API 来实现。

11.2.2　安装 IIS 7.0

Windows Server 2008 内置的 IIS 7.0 默认情况下并没有安装，要使用 Windows 2008 架构 Web 服务器，首先需要参照下述步骤安装 IIS7.0 组件。

(1) 在“管理工具”中选择打开“服务器管理器”，选择左侧的“角色”选项，在右侧区域单击 “添加角色”按钮。

(2) 在如图 11-1 所示的对话框中，选中“Web 服务器(IIS)”。

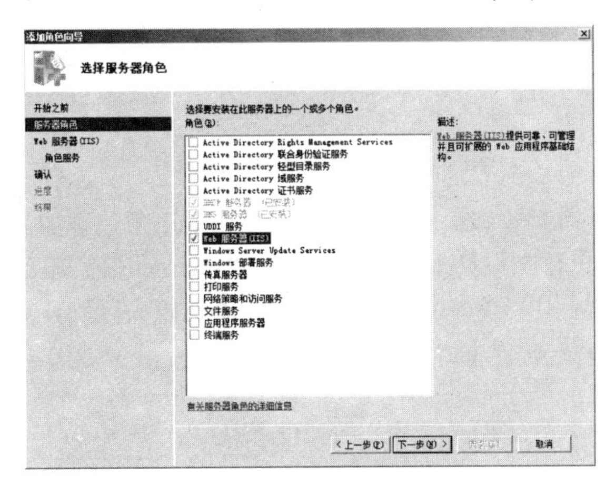

图 11-1　添加“Web 服务器(IIS)”角色

(3) 在如图 11-2 所示的对话框中选择 Web 服务器中的角色服务组件。

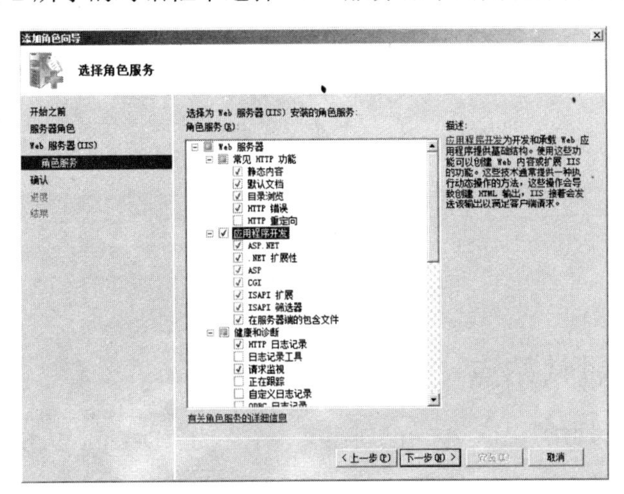

图 11-2　选择角色服务组件

(4) 如图 11-3 所示的对话框中显示了 Web 服务器安装的详细信息，确认安装这些信息后可以单击“安装”按钮。

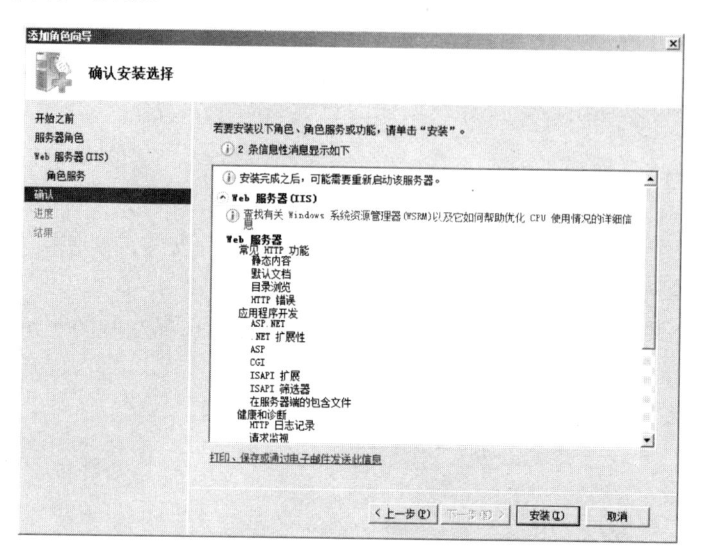

图 11-3　Web 服务器安装信息

(5) 完成 Web 服务器安装后，单击“关闭”按钮退出角色添加向导。

完成上述操作后，可在“管理工具”中，打开“Internet 信息服务(IIS)管理器”，打开 IIS 管理窗口。可以发现，IIS 7.0 的界面和以前的版本有很大区别，如图 11-4 所示。

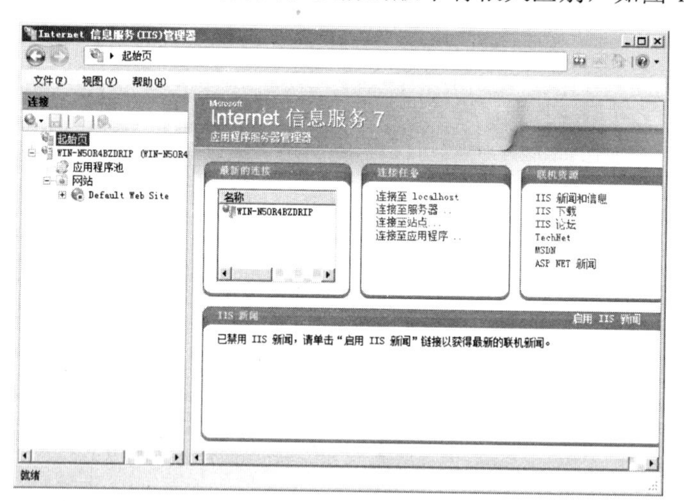

图 11-4　IIS 7.0 管理界面

11.2.3　IIS 7.0 默认站点

安装 IIS 时，在“网站”节点中，已创建了一个名为“Default Web Site”的默认站点，如图 11-5 所示。

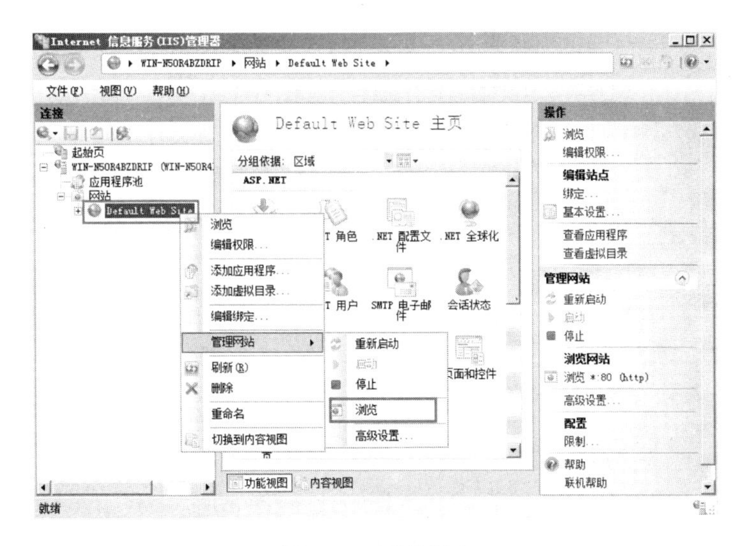

图 11-5　默认站点

在“Default Web Site”节点上右击，在“管理网站”菜单项中选择“浏览”，可在 IE 浏览器中打开 IIS 7.0 默认站点初始页面，如图 11-6 所示。注意，该站点在地址栏中的地址为 http://localhost/。

图 11-6　IIS 7.0 默认站点初始页面

在右侧的操作面板中，可选择“基本设置”选项，查看默认站点的基本信息，如图 11-7 所示，可以看到，IIS 7.0 中 Web 站点默认的主目录是 C:\Inetpub\wwwroot 文件夹。

在操作面板中，选择“绑定”选项，可查看默认站点的 IP 地址绑定等信息，如图 11-8 所示。由于该站点默认没有绑定 IP 地址，因此，只能通过地址“http://localhost”访问站点。如果希望通过 IP 地址访问该站点，可在“网站绑定”对话框中，选择当前网站绑定的信息

项，单击“编辑”按钮，在如图 11-9 所示的对话框中，为站点绑定 IP 地址。或单击“添加”按钮，为站点增加新的绑定信息。

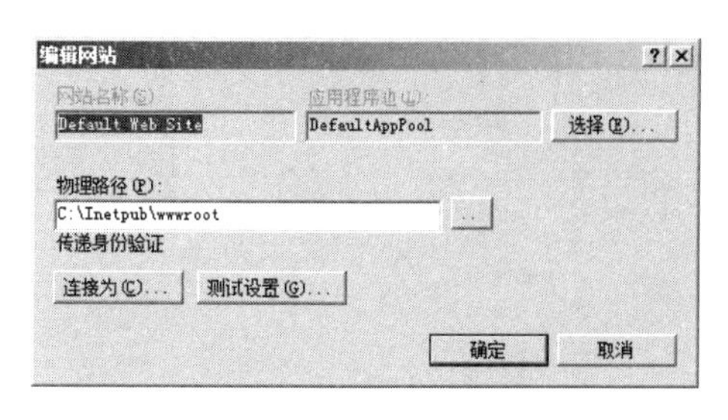

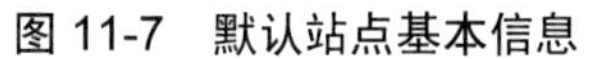

图 11-7　默认站点基本信息

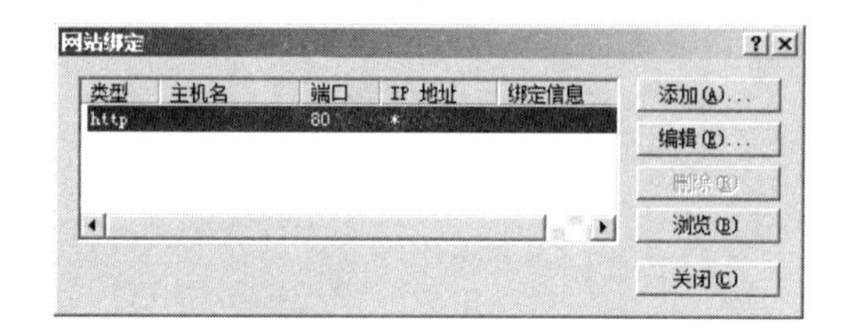

图 11-8　默认网站绑定信息

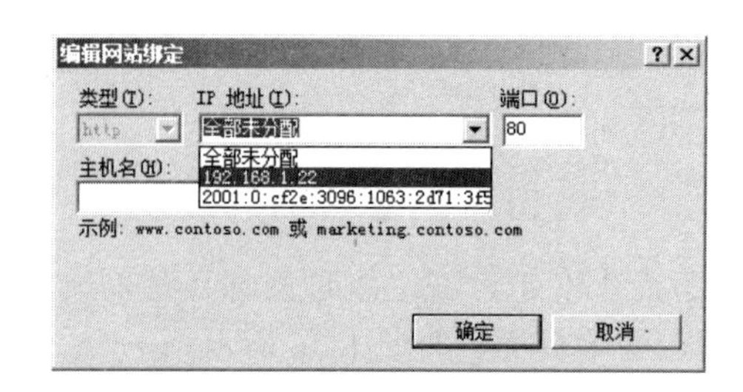

图 11-9　为默认站点绑定 IP 地址

通过网站绑定信息可获知，识别一个站点的方法可取决于三个要素，即 IP 地址、端口号和主机名，三者中只要有一个不同，即可标识不同的站点。

1. IP 地址方式

通过 IP 地址访问站点的方式最为简单，也最易于理解。在 Windows 2008 中一块网卡可以绑定多个 IP 地址，在多 IP 的地址方案中，多个 IP 地址可以对应多个 Web 站点。

2. 端口方式

TCP 端口是客户机与 Web 服务器之间的信息通道，在 C/S 和 B/S 工作模式中，每种网络服务都需要在服务器端指定一个 TCP 端口号，客户端使用同一端口与服务器建立通信联系。不同端口之间是区分站点的唯一性标识之一，具有相同 IP 地址的两个站点可以通过不同端口来区分。IIS 服务器默认端口号是 80，设置修改站点端口，只需在图 11-9 所示的对话框中，将默认端口“80”改为其他数值即可。

通常在浏览站点时不需要指定端口值。但是当站点使用 80 以外的端口值时，客户访问时必须指明该端口值。例如，浏览器浏览 IP 地址为 202.100.54.134 的服务器上，端口号为 8080 的站点时，可通过 http:// 202.100.54.134:8080 的方式来访问。

3. 主机名方式

主机名是除了 IP 地址和 TCP 端口号之外的第三个用于区分站点的唯一性标识。对于具有相同 IP 地址和端口号的站点，只要其主机头不同，同样可以得到识别。主机名绑定，是将不同的站点对应不同的域名，以连接请求中的域名字段来分发和应答正确的对应站点的文件执行结果。例如，一台服务器 IP 地址为 192.168.1.10，有两个域名和对应的站点在

这台服务器上，使用的都是 192.168.1.10 的 80 端口来提供服务。如果只是简单地将两个域名 A 和 B 的域名记录解析到这个 IP 地址，那么 Web 服务器在收到任何请求时反馈的都会是同一个网站的信息。因此需要将域名 a 和 b 绑定到它们对应的站点目录 A 和 B。当含有域名 a 的 Web 请求信息到达 192.168.1.10 时，Web 服务器将执行它对应的站点 A 中的首页文件，并返回给客户端。含有域名 b 的 Web 请求信息同理，只不过解释的是站点 B 的文件。需注意的是，在使用主机名绑定功能后就不能使用 IP 地址访问其上的站点了。

11.2.4　使用 IIS 7.0 添加和配置站点

案例说明

HN 大学信息中心新购置一台服务器，准备作为学校网站系统的 Web 服务器。已安装 Windows Server 2008 操作系统、IIS 7.0 服务器以及所需的数据库系统。现需要对外发布 HN 大学网站。

假设 HN 大学的 Web 服务器 IP 地址为 125.217.98.10，Web 服务器的主机名为 web.hainu.edu.cn，为了方便访问，希望可以通过别名 www.hainu.edu.cn 访问该网站，且所需的域名都已在域名服务器中注册。

技术要求

- 创建新的 Web 站点。
- 配置 Web 站点属性。

案例实施

通过 IIS 默认站点，我们已经可以了解到，一个 Web 站点最基本的配置信息包括站点主目录以及 IP 地址、端口号或主机名的绑定。除此之外，还需为站点配置访问权限、连接限制、默认文档、模块等信息。

1)　添加站点

在“Internet 信息服务(IIS)管理器”窗口中，右击“网站”节点，在弹出的快捷菜单中选择“添加网站”命令，如图 11-10 所示。

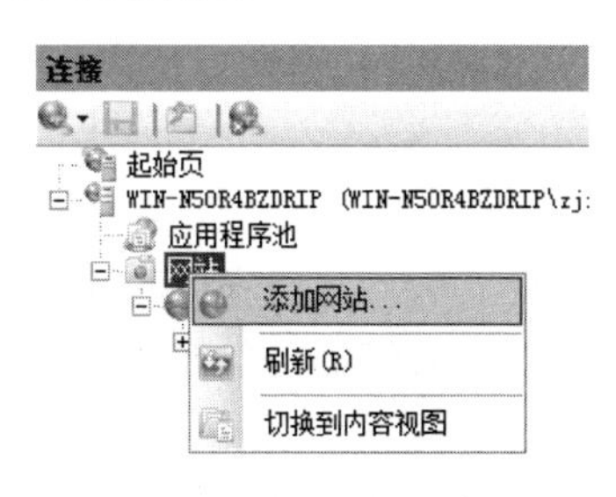

图 11-10　添加网站

在如图 11-11 所示的对话框中，填写站点基本信息。其中包括网站名称、网站物理路径以及网站的绑定信息。

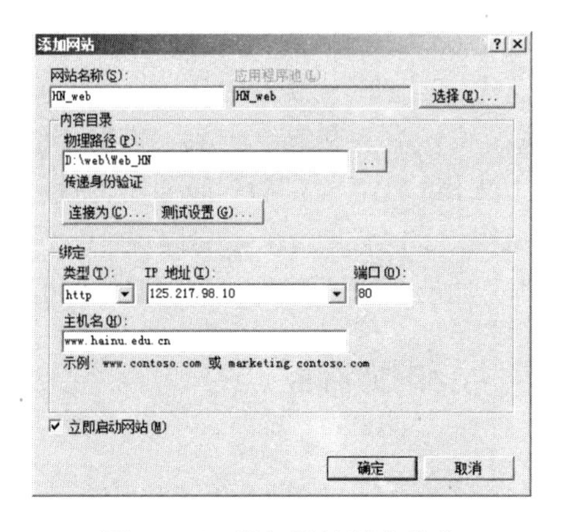

图 11-11　添加网站基本信息

2)　默认文档设置

当浏览器访问一个网站时，只指定目录而没有指定文档的文件名，这时 Web 服务器会将该目录下的默认文档提供给浏览器。在“Internet 信息服务(IIS)管理器”窗口左侧选择刚刚创建的 HN_web 节点，在控制台中部显示的该站点 IIS 选项中，双击“默认文档”选项，如图 11-12 所示。

在图 11-13 所示的默认文档管理面板中，可选择需要修改的文档名，在右侧的操作中选择删除，或调整顺序。

图 11-12　站点 IIS 选项

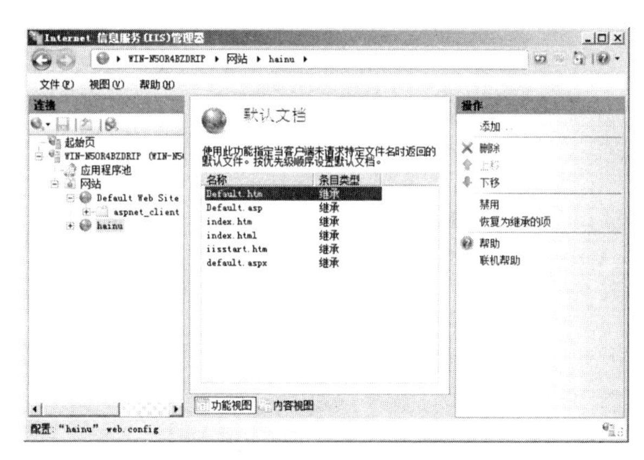

图 11-13　编辑默认文档

3)　网站限制

在“Internet 信息服务(IIS)管理器”窗口中选择 HN_web 节点，如图 11-14 所示，在右侧的操作面板中可选择“限制”选项，对该站点的带宽、连接超时时间以及连接数进行限制，如图 11-15 所示。

此外，也可以在右侧的操作面板中，选择“高级设置...”选项，在如图 11-16 所示的高级设置面板中，展开“连接限制”节点，对连接超时时间、最大并发连接数及最大带宽进行设置。

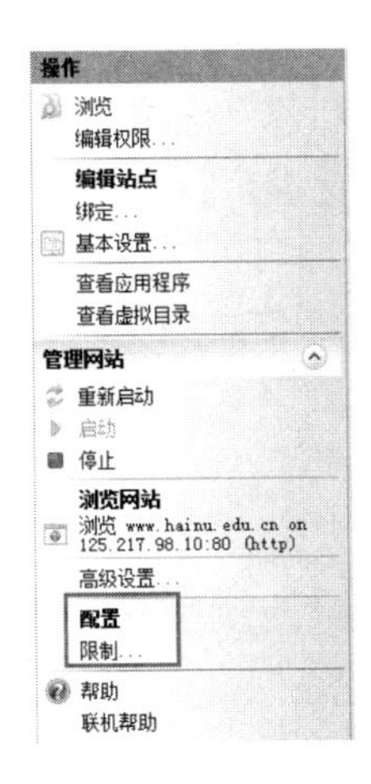

图 11-14　选择“限制”配置

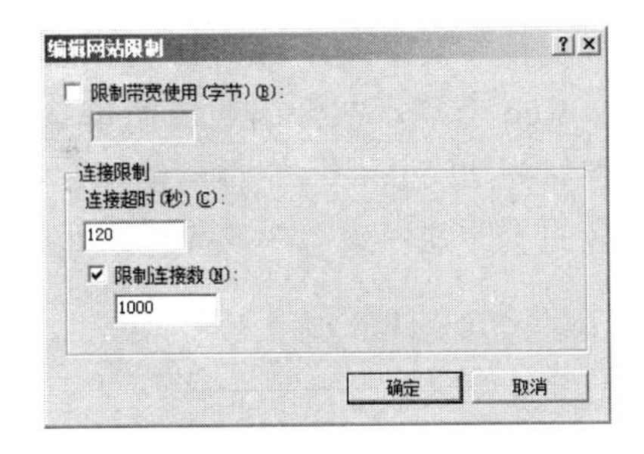

图 11-15　编辑网站限制

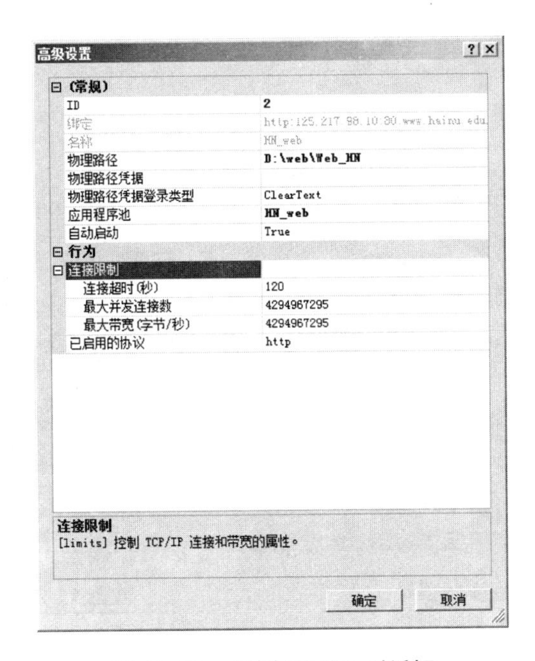

图 11-16　“高级设置”对话框

4)　身份验证

默认情况下，任何用户都可以连接网站，不需要输入账号名称和密码，目前所有的浏览器都支持这种访问方式。在安装 IIS 时，系统会自动创建一个匿名账号，该账号的名字为“IIS_IUSRS”。在站点的 IIS 选项中(如图 11-12 所示)双击打开“身份验证”，可对“匿名身份验证”进行编辑，如图 11-17 所示。可为对特定的匿名用户 IUSR 设置，如图 11-18 所示。

5)　创建虚拟目录

对于小型网站而言，Web 管理员可以将所有的网页及相关文件都存放在网站的主目录下。而对于一个较大的网站，通常需要把网页及相关文件进行分类，分别放在目录下的子文件夹中，如 HN_web 目录下的 images 和 news 文件夹，这些子文件夹称为“实际目录”，

如图 11-19 所示。

如果要从主目录以外的其他文件夹中发布网页，就需要创建“虚拟目录”。虚拟目录不包含在主目录中，但在客户浏览器中浏览虚拟目录，会感觉虚拟目录就位于主目录中一样。虚拟目录有一个别名(alias)，Web 浏览器直接访问此别名即可。例如，需要将存放在 E 盘下的“视频”文件夹发布到 HN_web 站点中，可在“Internet 信息服务(IIS)管理器”中，右击 HN_web 节点，在弹出的快捷菜单中选择“添加虚拟目录”命令，打开虚拟目录创建向导，在如图 11-20 所示的对话框中，指定该虚拟目录的别名为“video”，并选择虚拟目录所对应的实际文件夹“E:\视频”，单击“确定”按钮完成虚拟目录的创建。

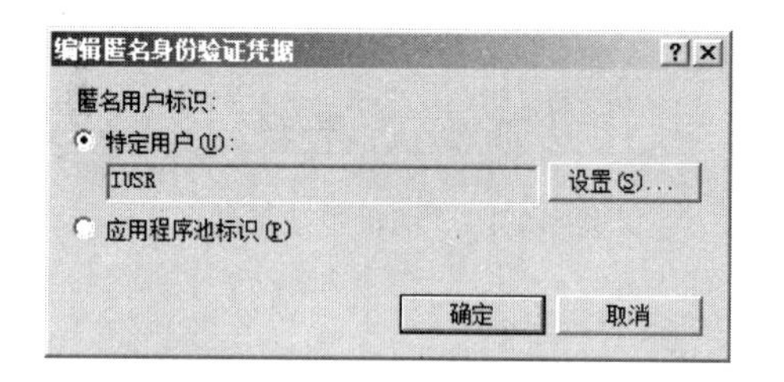

图 11-17　编辑匿名身份验证凭据

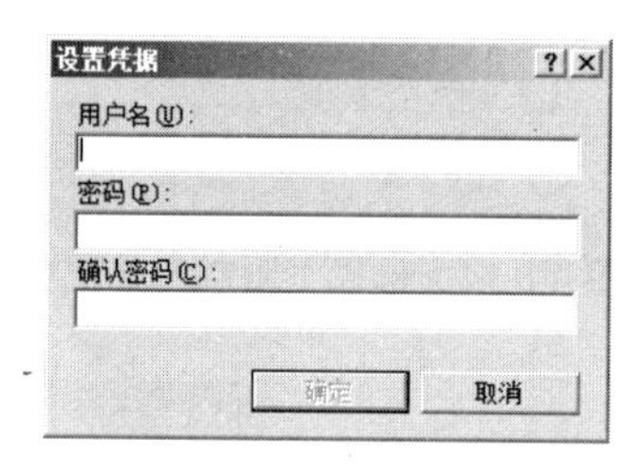

图 11-18　设置凭据

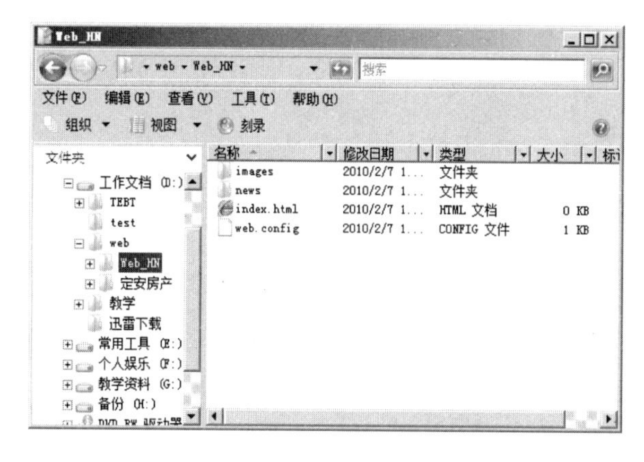

图 11-19　创建实际目录

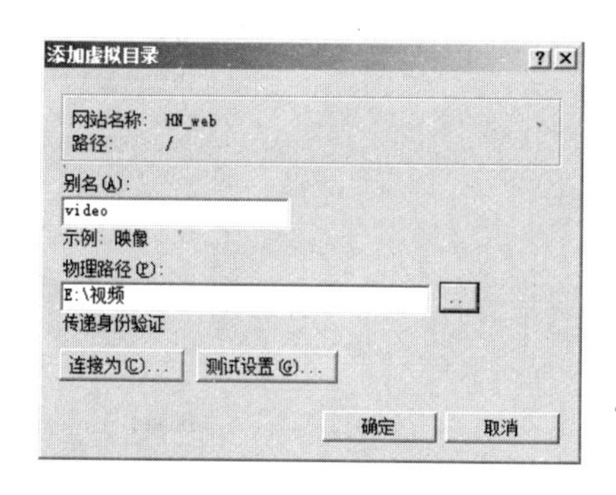

图 11-20　添加虚拟目录

6)　站点目录权限

在完成站点配置后，通过浏览器访问站点，可能会出现一些访问受限的问题。例如：

- 虽然已经在 IIS 中配置了允许匿名访问，但在使用浏览器访问站点时，打开的不是网站的内容，而是弹出一个登录对话框，要求用户输入正确的用户名、密码。
- 静态页面一切正常，但使用 asp、asp.net 编写的动态页面却出错。常常表现为页面能够正常显示，但是在进行添加信息、回复等操作时，则会返回出错信息。

此类问题通常是由于 NTFS 系统目录权限分配不当所造成的。NTFS 分区中的文件或文件夹，其默认权限主要是管理员等系统用户来添加的。而用户访问网站是通过“IIS_IUSRS”来完成的。该账户在安装 IIS 后会自动创建，它并不会自动拥有 NTFS 中文件(夹)的访问权限。因此用户访问网站时，如果网站的内容不是放在默认的 WWW 中，那么则很可能因为“IIS_IUSRS”用户无法操作该文件夹而出现上面提到的问题。

要解决这类问题，可以在“Internet 信息服务(IIS)管理器”中，选择相应的站点，单击右侧的操作面板中的“编辑”，在打开的站点目录属性对话框中，切换到“安全”选项卡，如图 11-21 所示。

单击“编辑”按钮，在站点目录的权限设置对话框中，添加用户组“IIS_IUSRS”，并在下面的窗格中为该用户组分配修改、读取和运行、列出文件夹目录、读取及写入等权限，如图 11-22 所示。

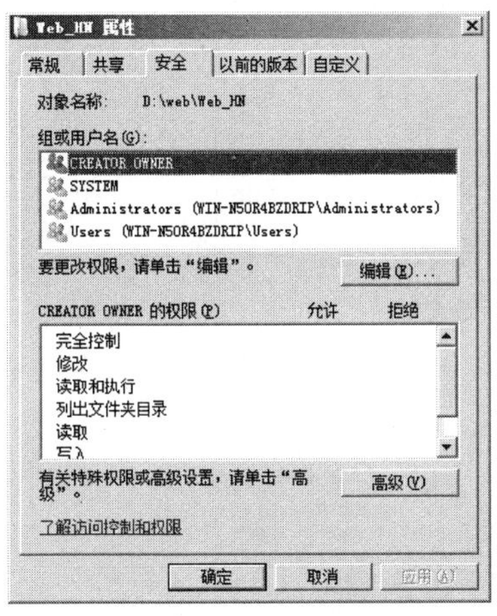

图 11-21　更改站点目录的用户访问权限

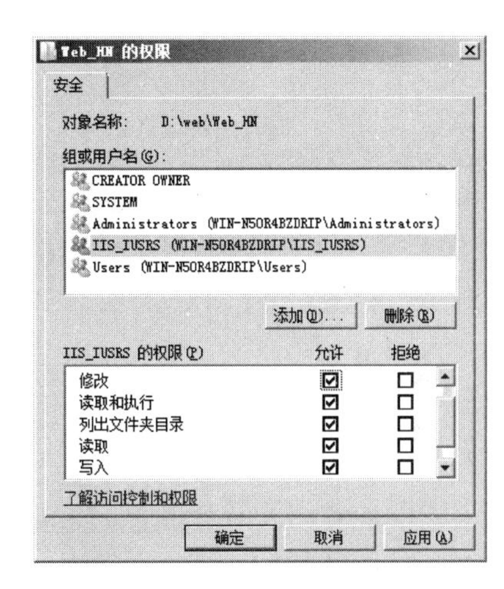

图 11-22　为 IIS_IUSRS 用户组分配权限

至此，HN 大学站点的 Web 服务器搭建已完成，如果在域名解析服务器中，已配置好对主机名 web.hainu.edu.cn 和别名 www.hainu.edu.cn 的解析，则可以通过 http://www.hainu.edu.cn 访问该 Web 站点。

11.2.5　IIS 7.0 服务扩展——PHP 运行环境配置

IIS 7.0 对 ASP、ASP.NET 的程序都有着良好的支持，但是要在 IIS 服务器中，调试运行 PHP 或其他交互式语言程序，则需要在服务器的 ISAPI 和应用程序中实施一些扩展配置。下面以 PHP 4.0 为例，介绍如何在 IIS 7.0 中添加和配置应用程序的服务扩展。

首先需准备 PHP 4.0 的安装文件，并将其解压到 C:\php 目录下。

(1) 选择需运行 PHP 程序的网站节点，在控制台中部显示的该站点 IIS 选项中双击“ISAPI 筛选器”图标。在 ISAPI 筛选器窗口中单击右侧的“添加”选项，添加 PHP 筛选器。在弹出的对话框中设置筛选器名为“php”，同时将可执行文件设置为“C:\php\php4isapi.dll”，如图 11-23 所示。

(2) 在控制台中部显示的站点 IIS 选项中双击“处理程序映射”图标，在处理程序映射对话框中单击右侧的“添加脚本映射”选项，在弹出的对话框中设置请求路径为“*.php”，将可执行文件设置为“C:\php\php4isapi.dll”,名称设置为 php，如图 11-24 所示。单击“确定”按钮后，在弹出的提示框中单击“是”按钮运行 ISAPI 扩展。

(3) 在“Internet 信息服务(IIS)管理器”的左侧树形列表中，单击“应用程序池”节点，在应用程序池窗口中单击右侧的“添加应用程序池”选项，并在弹出的对话框中设置名称为“php”，将.NET Framework 版本设置为“无托管代码”，同时设置托管管道模式为“经

典”，如图 11-25 所示。

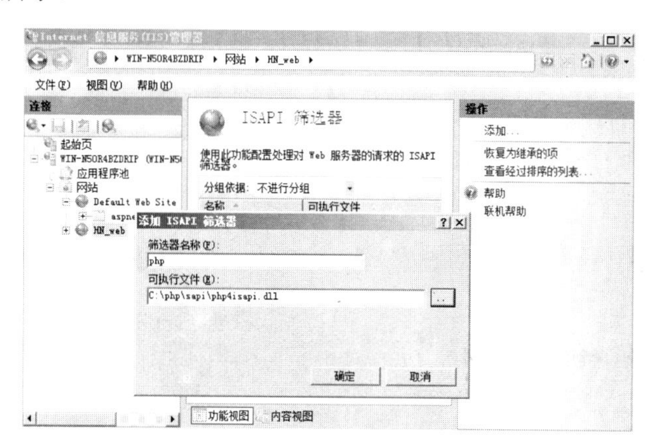

图 11-23　添加 ISAPI 筛选器

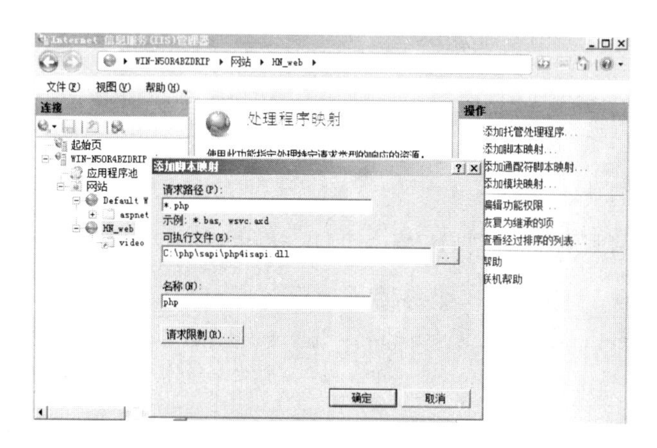

图 11-24　添加脚本映射

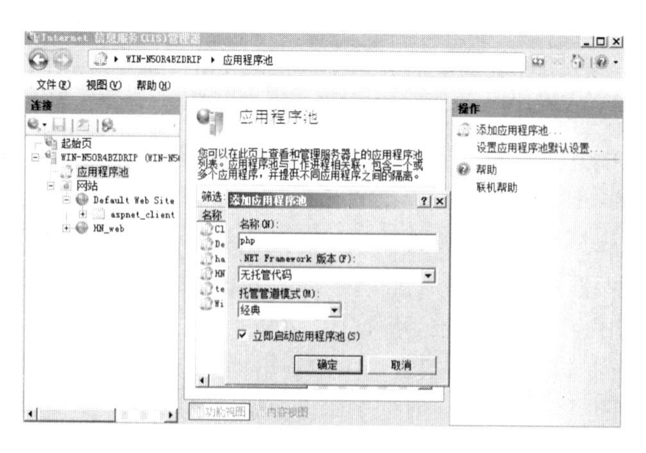

图 11-25　添加应用程序池

(4) 在“Internet 信息服务(IIS)管理器”中，单击网站节点，选择右侧操作面板中的“基本设置”选项，在图 11-26 所示的“编辑网站”对话框中，单击“选择”按钮，并在如图 11-27 所示的对话框中选择应用程序池为 php。

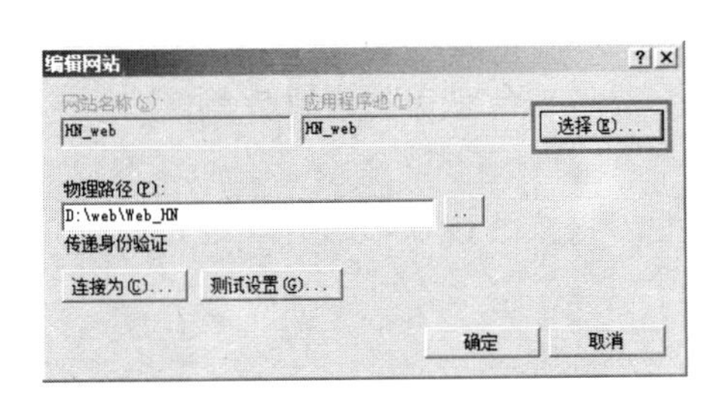

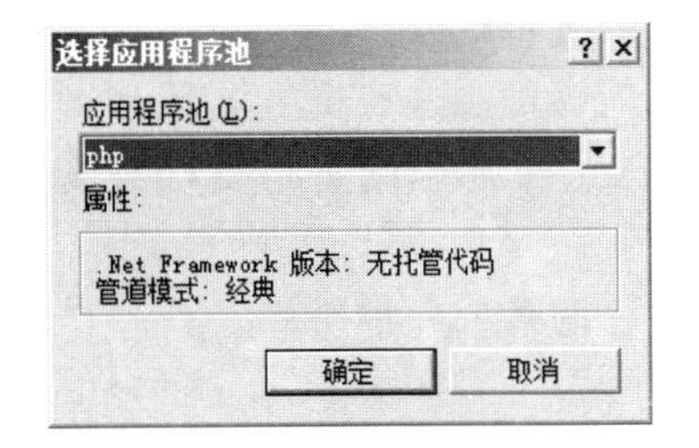

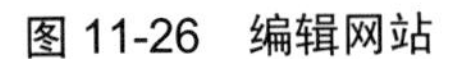

图 11-26　编辑网站

图 11-27　设置应用程序池

至此，IIS 7.0 中的配置完成，接下来需对 php.ini 进行配置。

- 将“C:\php”目录中的 php.ini-dist 文件更名为 php.ini，并将其复制到“C:\Windows”目录。
- 用记事本工具打开“C:\Windows\php.ini”文件。并去除 php_gd2.dll、php_mcrypt.dll、php_mysql.dll 和 php_pdo_mysql.dll 前面的分号，使得 php 可以支持这些扩展。
- 将 php.ini 文件中的“extension_dir”路径设置为“C:\php”。
- 将 php.ini 文件中的“session.save_path”路径设置为“C:\php\tmp”。

至此，基于 IIS 7.0 服务器扩展的 PHP 运行环境已配置完成，可编写 php 程序，放入该站点中调试。

11.3　Linux 下 Web 服务器的安装与配置

11.3.1　Apache 服务器

Apache 服务器的源码是基于 NCSA(美国超级计算中心)开发的 HTTPd 1.3(网页服务器)修改的，主要用于包括 UNIX、Linux、Windows 在内的现代操作系统的 Web 服务器。其目的是提供一个安全、高效、可扩展的服务器，能够提供和 HTTP 标准同步的 HTTP 服务。到目前为止，Apache 服务器已成为 Internet 上应用最为广泛的 Web 服务器。

近年来，Apache 正朝着新的方向发展，使其不仅能执行网页传送的基本功能，还可以利用外挂模块将触角伸到后端数据库，即使是很复杂的网页也能够建立。知名的 Apache 扩展程序包括可在服务器上执行 Java 程序的 Tomcat，以及可处理 XML 指令和信息的 Xerces。

Apache 服务器以其优越的性能和对 UNIX、Linux 提供的良好支持，它具备以下优良的特性：

- 具有大群志愿者组织在一个良好的开发模式下对其进行开发，使其能够得到稳定的发展、快速的更新；
- 它是免费并且开放源代码的，用户可以下载全部源码，并根据自己的需要进行修改；
- 稳定性高、速度快，经第三方的评测，Apache Server 的运行速度比大多数的 Web 服务器都快；
- 配置方法简洁，用户可以修改个别简单的配置文件，也可用图形化的配置工具对

其进行配置；

- 能够使用客户机主机名/IP 地址，和用户名/密码联合对访问进行控制；
- 支持服务器端脚本及 CGI 脚本；
- 用户 API 可以是外部模块启动(扩展登录能力、修改授权、缓存、连接跟踪)，用于服务器守护进程。

11.3.2 Apache 服务器的安装

1. 检测与安装 Apache

在 RedHat Linux AS4.0 中，自带了两个 Apache 2.0 的安装文件。

- httpd：Apache 2.0
- httpd-manual：Apache 2.0 手册

检测 Linux 系统中是否已经安装了 Apache 服务器可以使用以下命令：

```
[root@localhost~]#  rpm-qa|grep httpd
httpd-2.0.52-9.ent
httpd-manual-2.0.52-9.ent
httpd-suexec-2.0.52.9.ent
svstem-config-httpd-1.3.1-1
```

如果确认在 Linux 系统中没有安装 Apache 2.0，可以将第二张安装盘放入光驱，然后执行下面的命令：

```
# rpm -ivh httpd-2.0.52-9.ent.i386.rpm
# rpm -ivh httpd-manual-2.0.52-9.ent.i386.rpm
```

2. Apache 服务器的启动和停止

Apache 服务器的常用操作命令如表 11-1 所示。

表 11-1　Apache 服务器的常用操作命令

操　作	作　用
start	启动服务器
stop	停止服务器
restart	关闭服务，然后重新启动
reload	使服务器不重新启动而重读配置文件
status	提供服务的当前状态

```
[root@localhost~]#  service httpd status
httpd(pid 3334 3333 3332 3331 3330 3329 3328 3327 3324)正在运行…
[root@localhost~]#  service httpd stop
停止 httpd:                                    [确定]
[root@localhost~]#  service httpd start
启动 httpd:                                    [确定]
[root@localhost~]#  service httpd restart
停止 httpd:                                    [确定]
启动 httpd:                                    [确定]
```

用 start 命令启动 Apache 服务器后，可打开 Firefox 浏览器，在地址栏中输入 http://loacalhost 或 http://IP，可启动 Apache 服务器默认页，如图 11-28 所示。

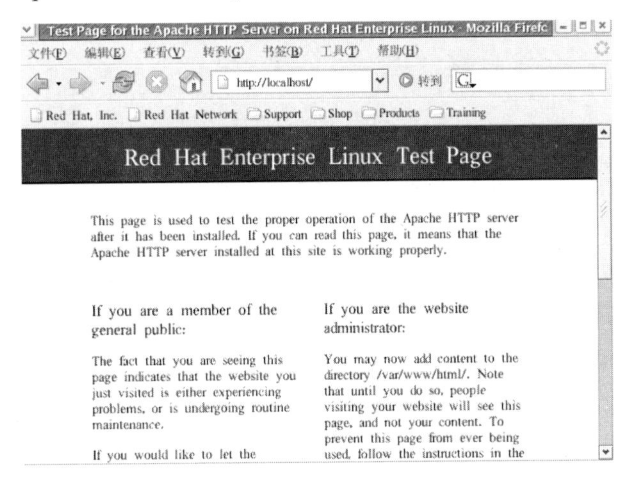

图 11-28 Apache 服务器默认页

11.3.3 Apache 服务器的配置

Apache 服务器可以通过 HTTP 配置工具和修改 httpd.conf 配置文件两种方式完成。需注意的是，由于 HTTP 配置工具在保持改变并退出程序后，会自动生成配置文件，因此在使用 HTTP 配置工具时，不能手工编辑配置文件。

1. 使用 HTTP 配置工具来配置 Apache 服务器

HTTP 配置工具需要安装 httpd 和 redhat-config-httpd RPM 包才能使用，另外还需要 X-Windows 系统和根权限。要启动这个程序，选择“应用程序”→“系统设置”→“服务器设置”→HTTP 命令。

在 HTTP 配置工具中，主要的配置内容包括：

- 在“主”选项卡中，进行基本设置。
- 在“虚拟主机”选项卡中，配置虚拟主机。
- 在“服务器”选项卡中，配置服务器选项。
- 在“调整性能”选项卡中，完成连接设置。

(1) 基本服务器设置。

在“服务器名”文本框中输入有权使用的完整域名。该选项将与配置文件中的 ServerName 指令相对应。ServerName 指令设置 WWW 服务器的主机名，用来创建 URL 的重导向。如果没有定义服务器名称，WWW 服务器会从系统的 IP 地址来解析它。

在“网主电子邮件地址”文本框中输入 WWW 服务器维护者的电子邮件地址。该选项和配置文件中的 ServerAdmin 指令相对应。该地址用于向管理员提交服务器的错误页信息。默认值是 root@localhost。

使用“可用地址”文本框来定义服务器接受进入连接请求的端口。该选项和配置文件中的 Listen 指令相对应。Apache HTTP 服务器默认在 80 端口上监听 WWW 通信。单击可

用地址选项组中的“编辑”或“添加”按钮(图 11-29)，在弹出的对话框中可对当前可用地址进行修改，或增加新的地址，如图 11-30 所示，在“地址”文本框中输入星号(*)和选择监听所有地址的效果相同。

图 11-29　WWW 服务器的基本配置

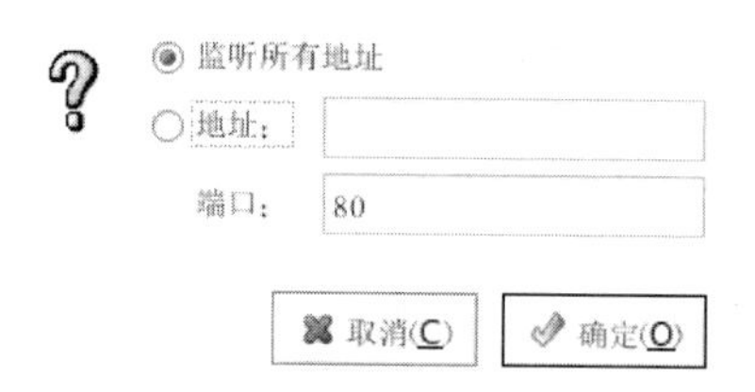

图 11-30　“可用地址”对话框

(2)　虚拟主机设置。

定义了服务器名称、网主电子邮件及可用地址后，选择“虚拟主机”选项卡，对虚拟主机进行配置和管理，如图 11-31 所示。

单击“添加”或“编辑”按钮，可在如图 11-32 所示的对话框中，编辑已有虚拟主机或添加新的虚拟主机。虚拟主机需配置的相关信息包括主机名、文档根目录、网主电子邮件地址、主机信息等，相关参数值将在 httpd 配置文件部分详细说明。

图 11-31　“虚拟主机”选项卡

图 11-32　添加或编辑虚拟主机

(3)　服务器设置。

在如图 11-31 所示的对话框中选择“服务器”选项卡对服务器选项进行设置，如图 11-33 所示。其中：

- “锁文件”的值与配置文件中的 LockFile 指令相对应，当服务器使用 USE_FCNTL_SERIALIZED_ACCEPT 或 USE_FLOCK_SERIALIZED 编译时，该指令把路径设置为锁文件所指定的目录。
- “PID 文件”的值与配置文件中的 PidFile 指令对应。该指令设置服务器记录进程 ID(PID)的文件，该文件只能够被根用户读取。多数情况下，应使用默认值。
- “核心转储目录”的值与 CoreDumpDirectory 指令对应。Apache 服务器在转储核心前会试图转换到该目录中，默认值是 ServerRoot。然而，如果允许服务器的用户所使用的身份没有该目录的写权限，核心转储就没法被写入。
- “用户”的值和 User 指令相对应。它设置服务器应答请求所用的 userid。用户的设置决定了服务器的访问权限。该用户无法访问的文件，网站来宾也不能访问。默认的 User 是 apache。

(4) 性能调整。

通过“调整性能”选项卡来配置想使用服务器子进程的最大数量，以及客户端连接方面的选项，如图 11-34 所示。

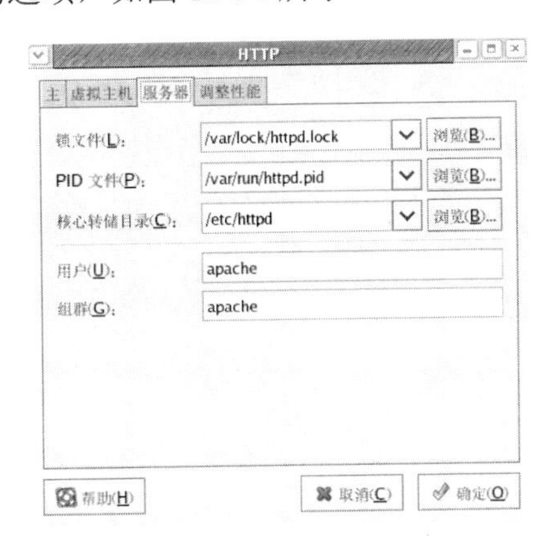

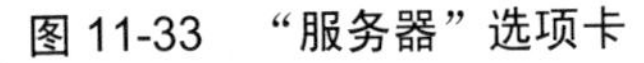
图 11-33　“服务器”选项卡

图 11-34　“调整性能”选项卡

- “最多连接数量”是服务器能够同时处理的客户请求的最多数量。服务器为每个连接创建一个 httpd 子进程。进程数量达到最大限度后，直到某子进程结束，WWW 服务器才能够接受新客户连接。该选项设置的值默认不能超过 256。该选项与 MaxClients 指令相对应。
- “连接超时”定义服务器在通信时等候传输和响应的秒数。特别是定义服务器在接收 GET 请求时要等待的时间，在接收 POST 或 PUT 请求的 TCP 包时要等待的时间，以及在回应 TCP 包的 ACK 之间要等待的时间。默认值为 300s。该选项与 TimeOut 指令相对应。
- “每次连接最多请求数量”是每个持续连接所允许的最多请求次数。默认值为 100。该选项与 MaxRequestsPerChild 指令相对应。
- 选中“允许每次连接可有无限制请求”单选按钮，将会允许无限制的请求次数。对应 MaxKeepAliveRequests 指令的值为 0。
- 选中“允许持久性的连接”复选框，并设置“下次连接的超时时间”，可设置服务器在回答了一项请求后，关闭连接之前，等待下一个请求时会等待的秒数。如果把该值设置得越大，等待前一个用户再次连接的服务器进程就越多，可能会导致服务器速度减慢。

2. 使用 Apache 服务配置文件

Apache 服务器的主要配置文件如下。

- /etc/httpd/conf/httpd.conf：系统自带，需管理员进行配置。
- /etc/httpd/access.conf：系统自带，不需要修改。
- /etc/httpd/conf/srm.conf：系统自带，不需要修改。

httpd.conf 配置文件的内容主要分为以下几个部分。

(1) 针对主机环境的设置项目。

其中包括响应给客户端的主机版本、主机名称、主机设置文件顶层目录等。

```
ServerTokens OS
#告诉客户端 WWW 服务器的版本与操作系统，通常不需要更改。
ServerRoot "/etc/httpd"
#设置服务器的根目录。
PidFile run/httpd.pid
#设置运行 Apache 时使用的 PidFile 的路径。
Timeout 300
#持续联机阶段如果等待超过 120 分钟，则中断该次联机。
KeepAlive Off
#是否允许持续性联机，即一个 TCP 联机可以完成多个文件资料的传送。
#例如，网页中含有很多图片，那么一次联机就会将所有的数据传送完，
#而不需要对每个图片都进行一次 TCP 联机。
MaxKeepAliveRequests 100
# KeepAlive 设置为 On 时，此项可决定该次联机能够传输的最大传输数量，
#0 表示不限制。
KeepAliveTimeout 15
# 在允许 KeepAlive 的条件下，该次联机最后一次传输后等待延迟的秒数，
#超过该时间则该联机将中断。
<IfModule prefork.c>
StartServers 8
MinSpareServers 5
MaxSpareServers 20
MaxClients 256
MaxRequestsPerChild 4000
</IfModule>
<IfModule worker.c>
StartServers 2
MinSpareServers 150
MaxSpareServers 25
MaxClients 75
ThreadsPerChild 25
MaxRequestsPerChild 0
</IfModule>
# 两个与服务器联机资源有关的设置项目。默认的项目对于小型网站来说已经足够用了，
# 不过如果流量比较大，则可以对这两项进行修订。
# 对模块而言，worker 模块占用的内存较小，对于流量大的网站是个较好的选择，
# 而 prefork 虽然占用较大的内存，但内存设计较为优秀，速度与 worker 差异不大，
# 可以在很多无法提供 debug 的平台上进行自我排错。
# 系统默认提供 prefork 模块，可通过修改/etc/sysconfig/httpd 来使用 worker 模块。
```

```
# 其中的参数说明如下：
# StartServers 代表启动 Apache 时同时启动的进程数量。
# MinSpareServers、MaxSpareServers 代表最大与最小的备用程序数量。
# MaxClients 设置最大的同时联机数量，也就是进程的数量不会超过此数值。
# MaxRequestsPerChild 设置每个程序能够提供的最大传输次数要求。
Listen 80
# 监听端口，默认开发在所有的网络端口上，也可以修改端口，如 8080。
LoadModule access_module modules/mod_access.so
…
# 加载模块的设置项目，Apache 提供很多有用的模块供用户使用。
Include conf.d/*.conf
# 放置到/etc/httpd/conf.d/*.conf 的设置都会被读入。
User apache
Group apache
# 前面提到的 prework、worker 等模块启动的进程的拥有者和群组设置，
# 此身份的设置决定了以后提供的网页文件能否被浏览。
ServerAdmin admin@hainu.edu.cn
# 系统管理员的 E-mail，当网站出现问题时，错误信息显示的联络邮箱。
ServerName hainu.edu.cn
# 设置主机名称，如果没有指定，默认会以 Host Name 为依据。
UseCanonicalName off
# 是否使用标准主机名称？如果主机有多个主机名，该选项设置为 On 时，
# 则 Apache 只能接收上面 ServerName 指定的主机名称联机。建议使用 Off。
```

(2) 首页权限相关设置。

```
DocumentRoot "/var/www/html"
# 此选项非常重要，它规范了 www 服务器主网页所设置的目录位置，
# 通过 Directory 可以规范目录的权限。
<Directory />
Options FollowSymLinks
AllowOverride None
</Directory>
# 该选项是针对 www 服务器的“默认环境”的，
# 因为是针对“/”的设置，因此需要设置得严格一点。
<Directory "/var/www/html">
Options Indexes FollowSymLinks
AllowOverride None
Order allow,deny
Allow from all
</Directory>
```

Directory 选项是对/var/www/html 目录的权限设置，即首页所在目录的权限，主要设置项目说明如下。

(1) Options。

表示该目录内能够进行的操作，即权限设置。设置值如下。

- Indexes：如果在此目录下找不到“首页文件”，就显示整个目录下的文件名称。“首页文件”与 DirectoryIndex 设置值有关。
- FollowSymLinks：让在此目录下的链接文件可以连接此目录外，通常被 chroot 的程序将无法离开其目录，即默认情况下，/var/www/html 下的链接文件无法连接到非此目录的其他地方。
- ExecCGI：让此目录具有执行 CGI 程序的权限。

- Includes：让一些 Server-Side Include 程序可以运行。
- MultiViews：此参数与语言资料有关，类似于多国语言支持。常用于错误信息的回报，在同一台主机中，可以根据客户端语言而给予不同的语言提示。

(2) AllowOverride。

表示是否允许额外配置文件“.htaccess”的权限复写。常用的参数值如下。

- ALL：全部的权限均可被复写。
- AuthConfig：仅有网页认证(账号密码)可复写。
- Indexes：仅允许 Indexes 方面的复写。
- Limits：允许用户利用 Allow、Deny 与 Order 管理可浏览的权限。
- None：不可复写，即“.htaccess”文件失效。

(3) Order。

决定是否可被浏览的权限设置。主要有以下两种方式。

- deny、allow：以 deny 优先处理，但没有写入规则的则默认为 allow。
- allow、deny：以 allow 优先处理，但没有写入规则的则默认为 deny。

11.3.4 基于 Apache 服务器的多站点管理与配置

案例说明

ACA 学院组织人员设计制作了学院网站和基于 Web 的教务管理系统，现需将该网站和教务管理系统发布。假设 ACA 学院的 Web 服务器主机 IP 地址为 59.50.64.40，网站和教务管理系统都存放在该主机中，其中，学院网站的虚拟主机名为 web.aca-hainu.cn，别名是 www.aca-hainu.cn，教务管理系统的虚拟主机名为 jw.aca-hainu..cn，所有域名都已在服务器中做了注册。

配置任务

在 Apache 服务器中，为学院网站和教务管理系统分别创建虚拟主机，并做相应配置。

案例实施

(1) 创建站点目录

分别创建 ACA 目录和 JW 目录，用于存放学院网站和教务系统文件内容：

```
# mkdir /var/www/html/ACA
# mkdir /var/www/html/JW
```

修改目录权限：

```
# chmod 775 /var/www/html/ACA
# chmod 775 /var/www/html/JW
```

(2) 在配置文件 httpd.conf 中添加虚拟主机配置

用 vi 编辑器打开 httpd.conf 配置文件：

```
# vi /etc/httpd/conf/httpd.conf
```

在配置文件中，添加虚拟主机信息：

```
# 规定监听本服务器 59.50.64.40 网络接口 80 端口所指定的虚拟主机。
NameVirtualHost 59.50.64.40:80
# 针对两个可浏览目录进行权限规范：
<Directory "/var/www/html/ACA">
  Options FollowSymLinks
  AllowOverride None
  Order allow,deny
  Allow from all
</Directory>
<Directory "/var/www/html/JW">
  Options FollowSymLinks
  AllowOverride None
  Order allow,deny
  Allow from all
</Directory>
# 针对两个虚拟主机的 DocumnetRoot 进行设置：
# Virtual Host web.aca-hainu.cn
# 添加学院网站虚拟主机信息：
<Virtualhost 59.50.64.40:80>
  DocumentRoot /var/www/html/ACA
  ServerName web.aca-hainu.cn
  ServerAlias www.aca-hainu.cn
  DirectoryIndex index.php index.html index.htm
</ Virtualhost >
# Virtual Host jw.aca-hainu.cn
# 添加教务管理系统虚拟主机信息：
<Virtualhost 59.50.64.40:80>
  DocumentRoot /var/www/html/JW
  ServerName jw.aca-hainu.cn
  DirectoryIndex index.php index.html index.htm
</ Virtualhost >
```

其中：

- NameVirtualHost 用于指定基于域名的虚拟主机将使用哪个 IP 地址来接受请求。
- ServerName 为主机名。
- DocumentRoot 为文档的根目录。
- DirectoryIndex 用于设置多种成功访问主页的方式。
- ServerAlias 为别名。

(3) 重新载入配置文件或重启 httpd 服务器

```
# service httpd reload 或
# service httpd restart
```

至此，基于 Apache 的 ACA 学院站点和教务管理系统的 Web 服务器搭建已完成，如果在域名解析服务器中，已配置好域名解析，则可以通过相应的主机名和别名访问该站点。

11.3.5 Apache 服务与 SELinux

在以上的操作中，我们始终将虚拟主机的站点目录创建在/var/www/html 目录下，如果尝试将站点目录转移到其他位置，例如，将 ACA 学院的网站目录从/var/www/html/ACA 转移至/web/ACA 目录，则会发现，即便是设置站点目录的访问权限为 777，以及在配置文件中设置了 Directory 选项相应的权限规范，该站点仍然无法正常浏览。

这是因为 SELinux 安全策略限制了 Apache 进程的访问权限。SELinux 为了提升 Linux 的安全级别，引入到 RedHat Linux AS4.0 系统中的安全策略，我们将在 14.3.3 节中对其进行解释。为了确保 Apache 服务器的正常运行，建议暂时将 SELinux 关闭：选择“系统设置”→“安全级别”命令，在弹出的窗口中选择 SELinux 选项卡，取消选中“启用”复选框。如图 11-35 所示。

图 11-35　关闭 SELinux

本 章 小 结

本站介绍了 Web 服务器的基本原理，在此理论基础上，通过案例，详细讲解了在 Windows Server 2008 操作系统中，通过 IIS 7.0 进行 Web 服务器配置和管理的基本方法，以及在 Linux 环境下，如何使用图形化配置工具和修改配置文件的方法，进行 Apache 服务器的配置。通过本章的学习，读者应熟练掌握不同操作系统环境下，Web 服务器的安装、配置和管理的方法。

习　　题

1. 如何在 Windows Server 2008 系统中使用 IIS 进行多站点配置与管理？
2. 如何使用 httpd.conf 配置文件进行多站点配置与管理？

第 12 章　FTP 服务器的安装与配置

学习目标：

- 了解 FTP 服务的连接模式和传输模式
- 掌握 Windows Server 2008 中 FTP 服务器的搭建
- 掌握 Linux 下 FTP 服务器的安装与配置

12.1　FTP 工作原理

FTP(File Transfer Protocol)是文件传输协议的简称。FTP 在客户/服务器模式下工作，主要用于在计算机之间传输文件。一个 FTP 服务器可以同时为多个客户提供服务。它要求用户使用客户端软件与服务器建立连接，然后才能从服务器上获取文件(称为文件下载(Download))，或向服务器发送文件(称为文件上载(Upload))。

FTP 使用两条连接来完成文件传输，一条连接用于传送控制信息(命令和响应)，另一条连接用于数据发送(图 12-1)。在服务器端，控制连接的默认端口号为 21，它用于发送指令给服务器以及等待服务器响应；数据连接的默认端口号是 20(PORT 模式下)，用于建立数据传输通道。

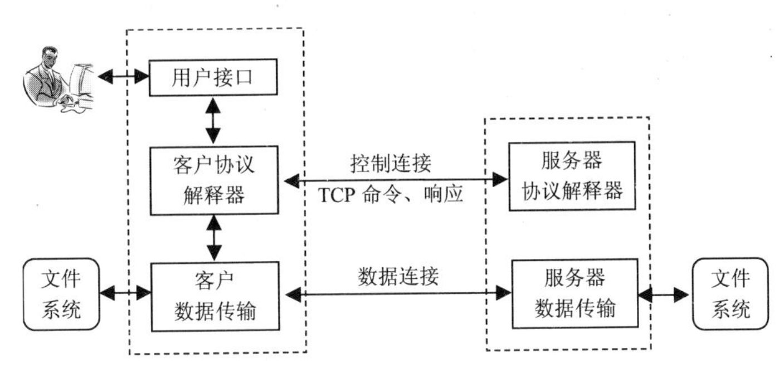

图 12-1　FTP 功能模块及 FTP 连接

12.1.1　FTP 的连接模式

FTP 的连接模式有 PORT 和 PASV 两种，其中 PORT 模式是主动模式，PASV 是被动模式，这里所说的主动和被动都是相对于服务器而言的。如果是主动模式，数据端口为 20，如果是被动模式，则由服务器端和客户端协商而定。

1. PORT 模式

当 FTP 客户以 PORT 模式连接服务器时，它动态地选择一个端口号(通常该端口号大于 1024)连接服务器的 21 端口。当经过 TCP 的“三次握手”后，控制信道被建立。现在用户需要列出服务器上的目录结构(使用 ls 或 dir 命令)，那么则需要建立一个数据通道，用于传

输目录和文件列表，此时用户会发出 PORT 指令告诉服务器连接自己的什么端口来建立一个数据通道，当服务器接收到这一指令时，就会使用 20 端口连接用户在 PORT 指令中指定的端口号，用以发送目录的列表。在完成这一操作后，FTP 客户可能需要下载一个文件，那么就会发送 get 指令，这时客户端会再次发送 PORT 指令，告诉服务器连接它的哪个新的端口。当这个新的数据传输通道建立后，就开始了文件传输工作。

2. PASV 模式

当 FTP 客户以 PASV 模式连接服务器时，初始化连接的过程与 PORT 一样，不同的是，当 FTP 客户端发送 ls、dir、get 等要求返回数据的命令时，它向服务器发送 PASV 指令，在这个指令中，用户告诉服务器自己要连接服务器的某个端口，如果服务器上的这个端口是空闲的、可用的，那么服务器会返回 ACK 的确认信息，之后数据传输通道被建立并返回用户所需要的信息；如果服务器的这个端口被另一个资源所使用，那么服务器返回 UNACK 的信息，此时，FTP 客户会再次发布 PASV 命令，这就是连接建立的协商过程。

12.1.2 FTP 的传输模式

FTP 的传输模式有两种：ASCII 传输模式和二进制传输模式。

1. ASCII 传输模式

假设用户正在复制的文件包含简单 ASCII 文本，如果在远程计算机上运行的是不同的操作系统，当文件传输时 FTP 通常会自动地调整文件的内容以便把文件解释成为另一台计算机存储文本文件的格式。但是常常会有这样的问题，用户正在传输的文件包含的不是文本文件，它们可能是程序、数据库、字处理程序或压缩文件(尽管字处理文件包含的大部分是文本，但其中也包含指定页尺寸、字库等信息的非打印字符)，因此在复制任何非文本文件时，需要用 binary 命令告诉 FTP 逐字复制，不要对这些文件进行处理，这也是下面要讲到的二进制传输模式。

2. 二进制传输模式

在二进制传输中，保存文件的位序，以便原始的数据和复制的数据是逐位一一对应的。即使目标机器上包含位序列的文件是没意义的。例如，macintosh 以二进制方式传送可执行文件到 IBM VM 系统，在对方系统上，此文件不能执行，但是，可以从 VM 系统上以二进制方式复制到另一台 macintosh 机器，文件是可以执行的。

如果在 ASCII 模式下传输二进制文件，即使不需要也仍然会转译。这会使传输效率降低，也会损坏数据，可能使文件不可用。这就意味着，用户知道传输的是什么类型的数据是非常重要的。表 12-1 给出了一些常见文件的传输类型。

表 12-1　常见文件类型

文　件	类　型
Text file	ASCII
Spreadsheet	大多是二进制

续表

文　件	类　型
Database file	大多是二进制，也可能是 ASCII
Word processor file	大多是二进制，也可能是 ASCII
Program source code	ASCII
Electronic mail messages	ASCII
UNIX “shell archive”	ASCII
UNIX “tar file”	二进制
Backup file	二进制
Compressed file	二进制
Unencoded file	ASCII
Excutable file	二进制
Postscript file	二进制

可执行文件一般是二进制文件；很多数据库程序用二进制格式存储数据，即使数据原本是文本格式。所以，除非知道软件的用途，建议对数据库文件先用二进制模式传输。然后看传输的文件能否正常工作，如果不能，再使用另一模式。

12.2　Windows Server 2008 下 FTP 服务器的安装与配置

12.2.1　使用 IIS 架设 FTP 服务器

Window Server 2008 默认安装时没有包括 IIS，而且采用一般方法安装 IIS 时，并没有安装 FTP 组件，因此在使用 IIS 架设 FTP 服务器之前，首先要按照如下步骤安装 FTP 服务器功能。

(1) 在“管理工具”中选择打开“服务器管理器”，选择左侧的“角色”选项，在右侧区域中找到“Web 服务器(IIS)”角色状态，如图 12-2 所示。

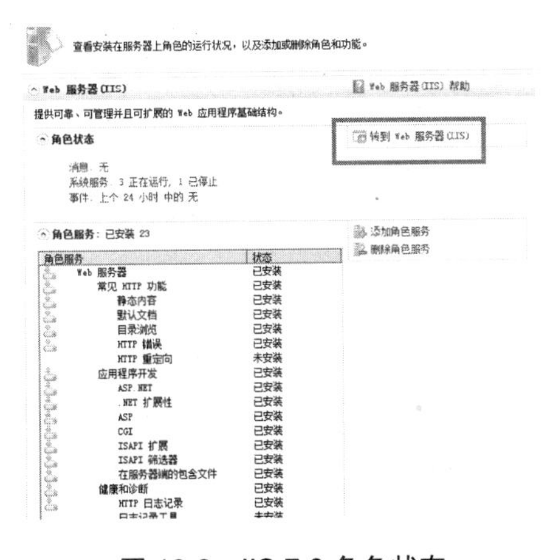

图 12-2　IIS 7.0 角色状态

(2) 在如图 12-2 所示的角色状态中，通过查看已安装角色服务，会发现“FTP 发布服务”为“未安装”角色，单击图 12-2 中的“添加角色服务”链接，打开如图 12-3 所示的“选择角色服务”界面，在“选择为 Web 服务器(IIS)安装的角色服务”窗格中，选中“FTP 发布服务”复选框。

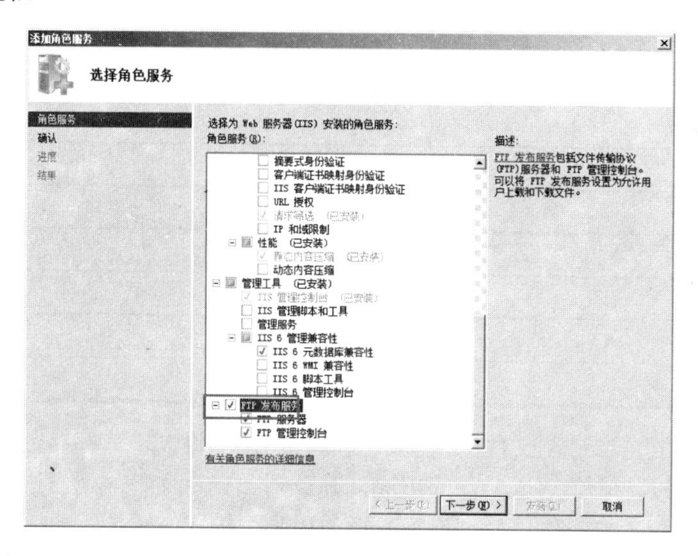

图 12-3 添加 FTP 角色服务

(3) 单击“下一步”按钮，并选择“安装”，将完成 FTP 角色服务及 IIS 相关组件的安装。从安装信息中，可以得知，FTP 服务是作为 IIS 6.0 的服务器组件被安装的。

(4) 安装完 FTP 服务后，可在“管理工具”中，打开“Internet 信息服务(IIS)6.0 管理器”，展开服务器节点，即可打开如图 12-4 所示的 FTP 服务控制台。

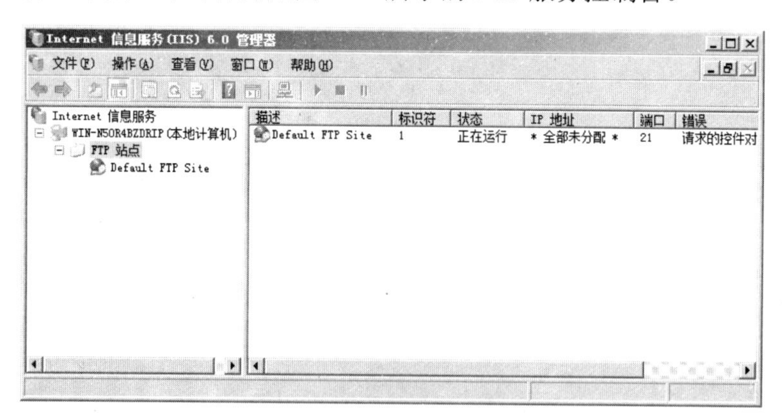

图 12-4 FTP 服务控制台

12.2.2 FTP 的默认站点

在安装 FTP 服务时，在“FTP 站点”节点中，已创建了一个名为“Default FTP Site”的默认站点。在默认站点“Default FTP Site”节点上右击，在弹出的快捷菜单中选择“浏览器浏览”命令，可在如图 12-5 所示的浏览器窗口中，浏览默认 FTP 站点资源。需注意的是，地址栏显示的 FTP 访问地址为“ftp://localhost/”，显然，此地址仅能通过本机访问该默认 FTP 站点，如果希望在其他机器上访问该站点的 FTP 资源，则需要对该站点的属性进行配置。

在默认站点“Default FTP Site”节点上右击，在弹出的快捷菜单中选择“属性”命令，可在如图 12-6 所示的窗口中，查看默认站点相关属性，并进行管理配置。

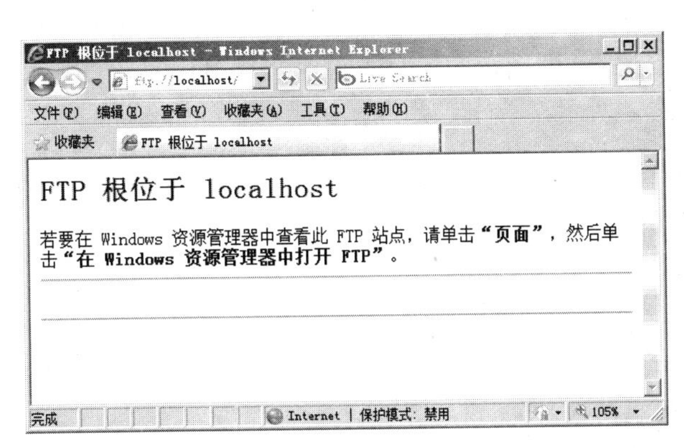

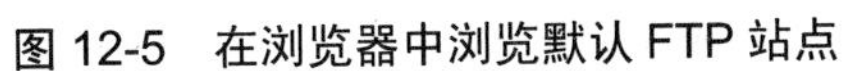

图 12-5　在浏览器中浏览默认 FTP 站点

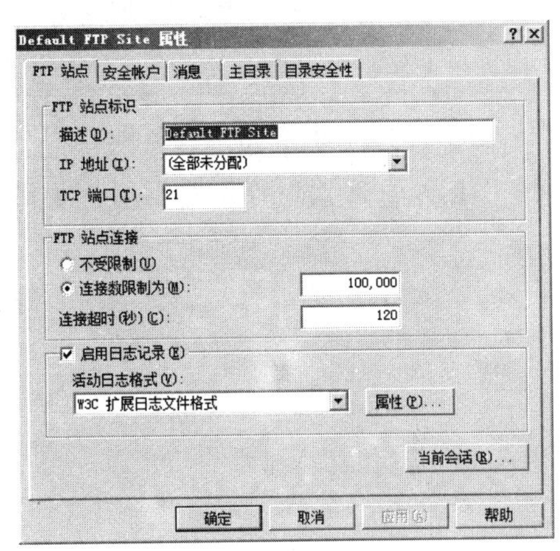

图 12-6　默认站点属性窗口

1. 设置 FTP 站点标识、连接限制和日志记录

(1)　FTP 站点标识

在“FTP 站点标识”选项组中，可设置 FTP 站点的描述、监听的 IP 地址和 TCP 端口号。

- 描述：作为 FTP 服务器的名称显示在“Internet 信息服务(IIS)管理器”控制台窗口中。
- IP 地址：Windows Server 2008 系统中允许安装多块网卡，且每块网卡可以绑定多个 IP 地址，通过设置使 FTP 客户端只能利用“IP 地址”下列列表框中的 IP 地址来访问 FTP 站点。
- TCP 端口：指定用户与 FTP 服务器进行连接并访问的端口，默认的端口号为 21。服务器也可设置一个任意的 TCP 端口号，若更改了 TCP 端口号，客户端在访问时需要在 URL 地址之后加上这个端口号，否则无法进行 TCP 连接。

(2)　FTP 站点连接

由于服务器配置、性能等的差别，有些服务器不能满足大量访问的需要，往往造成超时甚至死机，因此需要设置连接显示。

- 不受限制：允许同时发生的连接数不受任何限制。
- 连接数限制为：限制允许同时发生的连接数为某一特定值，可在文本框中输入。
- 连接超时：当某个 FTP 连接在一段时间内没有反映时，服务器就会自动断开该连接。

2. 设置“安全账户”

FTP 站点有两种验证方式：一是匿名 FTP 验证，二是基本 FTP 验证。在默认情况下，用户既可以通过匿名账号(anonymous)来登录 FTP 站点，也可以用系统中创建的用户账号和密码登录 FTP 站点。

注意： 在服务器中并没有一个名称为 anonymous 的用户账号，实际上它使用的账号名称是“IUSR_计算机名”，这个账号是在安装 IIS 时系统自动创建的。

在如图 12-7 所示的“安全账户”选项卡中，取消选中“只允许匿名连接”复选框，将打开“IIS 6 管理器”提示对话框，如图 12-8 所示，单击“是”按钮。

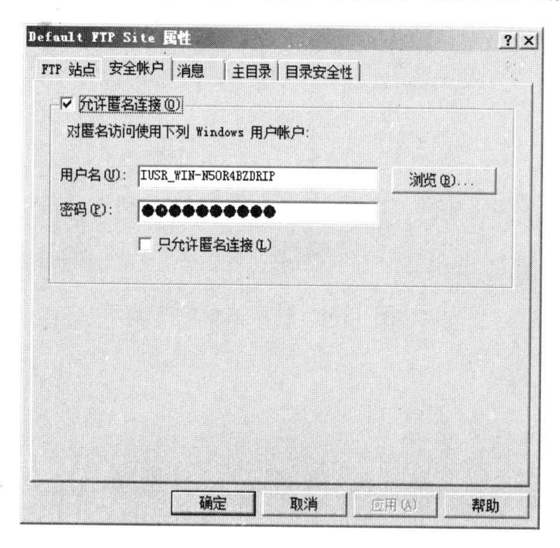

图 12-7　FTP 安全账户设置

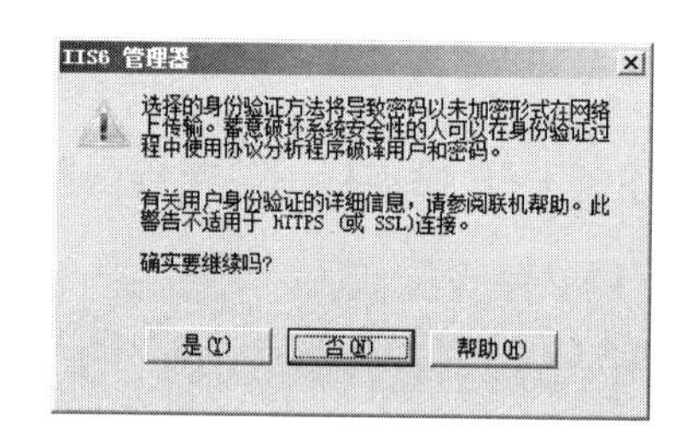

图 12-8　“IIS 6 管理器”提示框

保存设置后，匿名账户(anonymous)将无法登录 FTP 站点。在客户机重新访问 FTP 站点时，将自动打开“登录身份”对话框，这时需输入正确的用户名和密码才能访问该 FTP 站点，如图 12-9 所示。

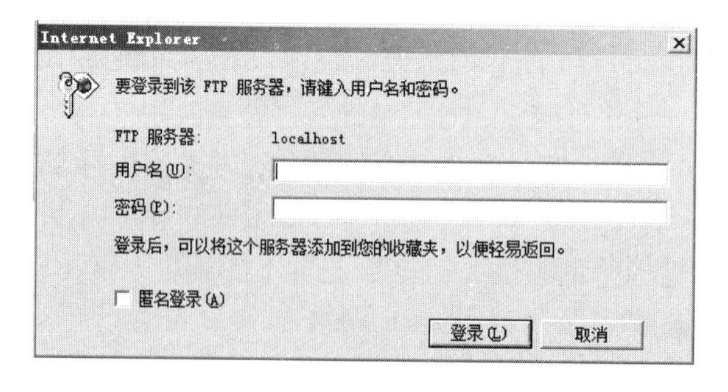

图 12-9　登录身份对话框

3. 设置“消息”

消息主要是在用户登录或退出时显示的信息，其中包括 FTP 的标题、用户成功登录后看到的欢迎词、用户退出时看到的欢送词，以及用户连接超过最大连接数时给提出连接请

求的客户机发送的错误信息(见图 12-10 和图 12-11)。

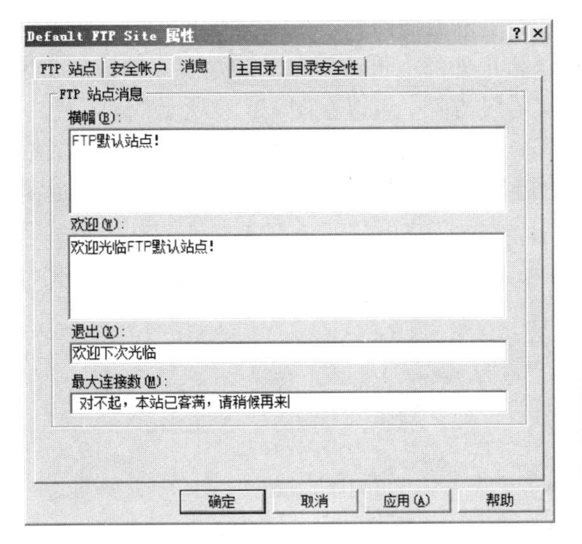

图 12-10 “消息”选项卡

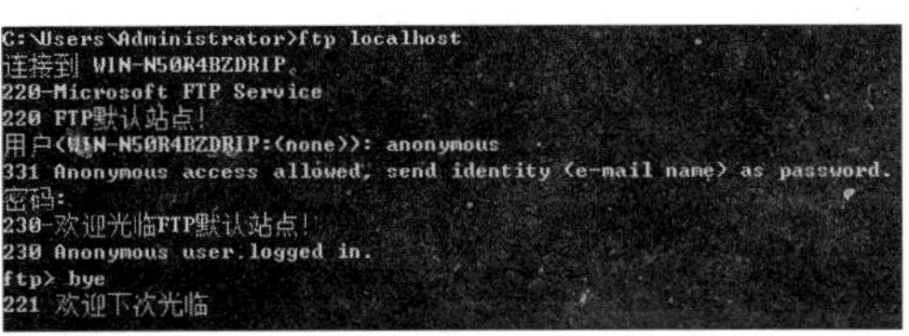

图 12-11 客户端登录 FTP 时看到的消息

4. 设置“主目录”

在“主目录”选项卡中可以设置 FTP 站点的主目录位置、访问权限和列表方式，如图 12-12 所示。

FTP 站点的主目录可以在本地计算机中，也可以在其他计算机的共享文件夹中。FTP 站点的默认主目录位于 C:\inetpub\ftproot 目录。

5. 设置“目录安全性”

通过对 IP 地址进行限制可以只允许(或禁止)某些特定的计算机访问该站点，从而避免外界恶意攻击，如图 12-13 所示。

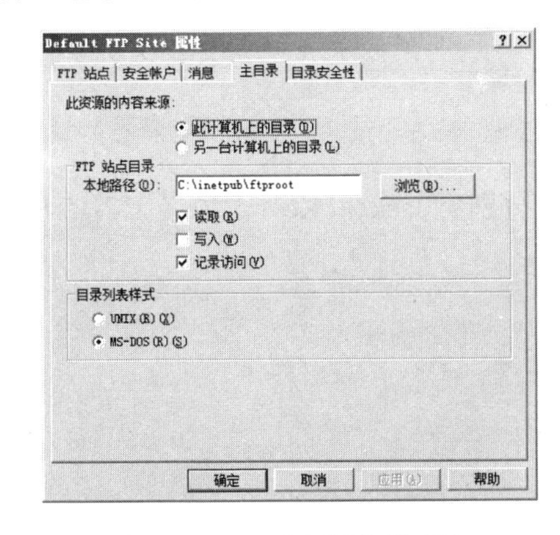

图 12-12 “主目录”选项卡

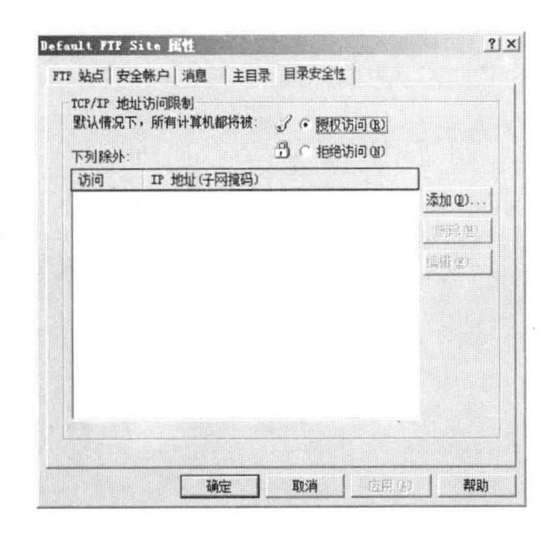

图 12-13 “目录安全性”选项卡

有两种方式可以限制 IP 地址的访问。

- 授权访问：其含义是除列表中 IP 地址的主机不能访问外，其他所有主机都可以访

问该 FTP 站点。

- 拒绝访问：其含义是除列表中 IP 地址的主机能访问外，其他所有主机都不能访问该 FTP 站点，主要用于内部 FTP，以防止外部主机访问该 FTP 站点。例如，HN 大学的 FTP 站点只允许 HN 大学内部用户访问，可以在图 12-13 所示的对话框中选择“拒绝访问”单选按钮，单击“添加”按钮，在打开的“授权访问”对话框中选择“一组计算机”单选按钮，然后设置“网络标识”和“子网掩码”。如图 12-14 所示，只允许 210.37.48.0/24 网段中的计算机访问该 FTP 站点。

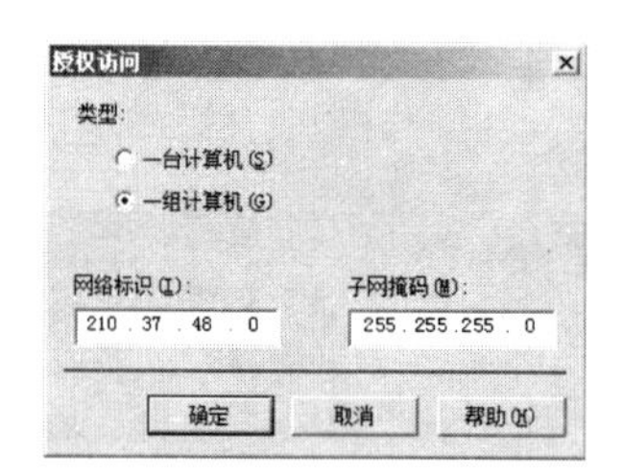

图 12-14 “授权访问”对话框

12.2.3 利用 IIS 架设用户隔离模式 FTP 站点

案例说明

A 公司是一家大型 IT 公司，为保证每位程序员开发数据的可靠性，公司准备建立一台文件服务器用于程序员的程序备份，同时提供公用数据资源的下载。在数据安全方面，要求每位程序员能访问自己的数据，不能访问其他程序员的数据。假设 FTP 服务器的 IP 地址是 202.190.68.20。

本站点中，除了基本的 FTP 配置外，还需要做“隔离用户”操作。“隔离用户”是 IIS 6.0 中包含的 FTP 组件的一项新增功能。用于实现每个 FTP 用户只能访问自己的数据，而不能访问他人的数据。

案例实施

1) 创建用户账号

首先利用“计算机管理”控制台创建两个用户，分别为 Jack 和 Keven，如图 12-15 所示。

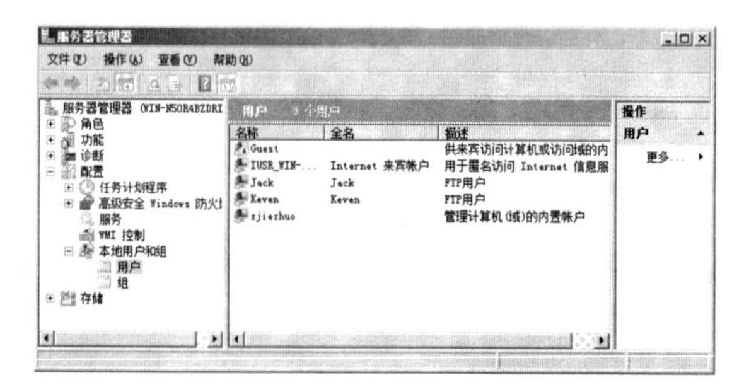

图 12-15 创建用户账号

2)　规划目录结构

隔离用户模式的 FTP 站点对目录的名称和结构有一定要求。

(1)　在 NTFS 分区中创建一个文件夹作为 FTP 的主目录(如 H:\ftproot)，然后在主目录中创建一个名为 LocalUser 的子文件夹。在 LocalUser 文件夹下创建一个名为 Public 的文件夹作为匿名用户的主目录；随后创建若干个与用户账户名称一致的文件夹，这些文件夹分别作为对应用户的主目录，如图 12-16 所示。

(2)　修改与用户账户名称相一致的文件夹的安全属性，使该用户对文件夹具有“完全控制”权限。如图 12-17 所示，设置用户 Jack 对“H:\ftproot\LocalUser\Jack”文件夹具有“完全控制”权限。

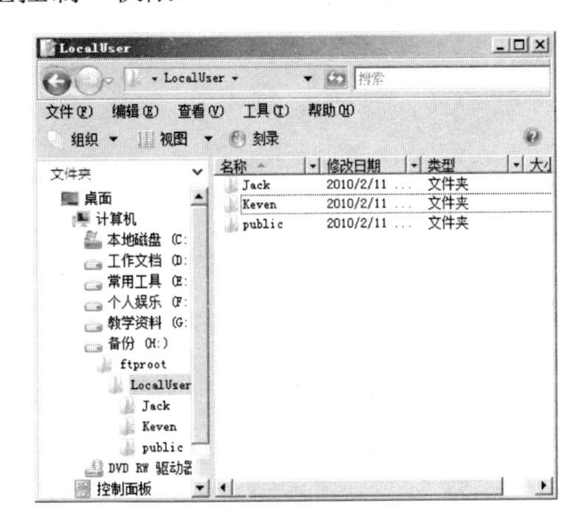

图 12-16　规划目录结构

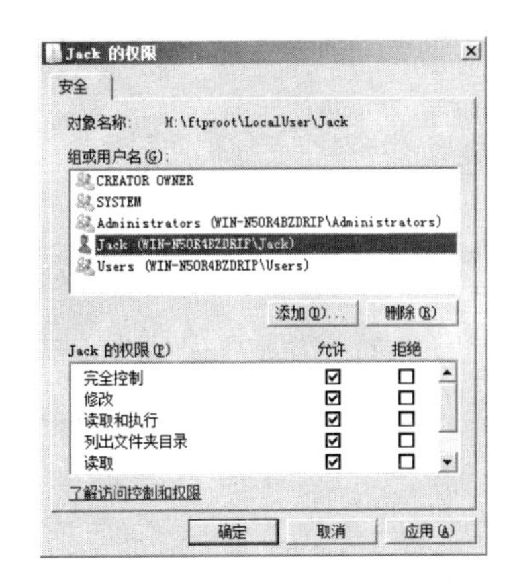

图 12-17　设置文件夹安全权限

3)　创建 FTP 站点

具体操作步骤如下。

(1)　打开“Internet 信息服务(IIS)6.0 管理器”控制台，在“FTP 站点”节点上右击，选择“新建”→“FTP 站点”命令。

(2)　在“FTP 站点描述”界面中，输入 FTP 的站点描述信息，单击“下一步”按钮，如图 12-18 所示。

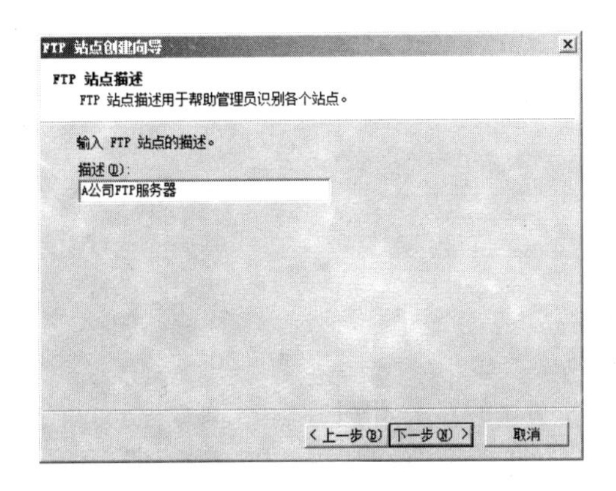

图 12-18　设置 FTP 站点描述信息

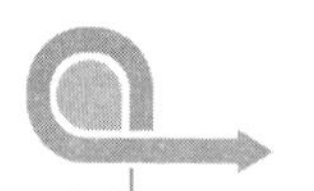

(3) 在“IP 地址和端口设置”界面中，为 FTP 服务器指定 IP 地址和端口号，单击“下一步”按钮，如图 12-19 所示。

(4) 在“FTP 用户隔离”界面中，选中“隔离用户”单选按钮，单击“下一步”按钮，如图 12-20 所示。

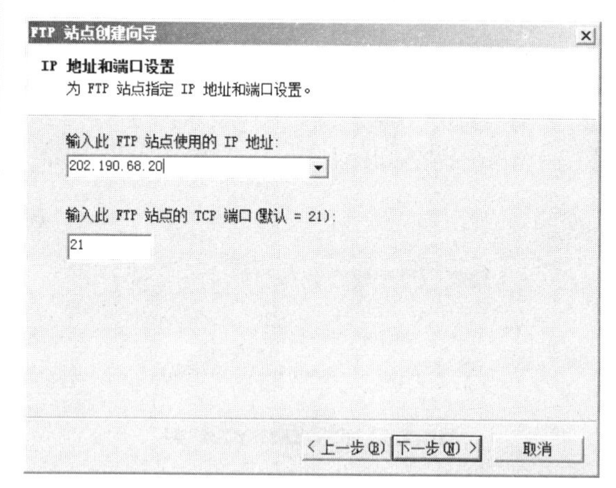

图 12-19 设置 FTP 站点 IP 地址和端口号

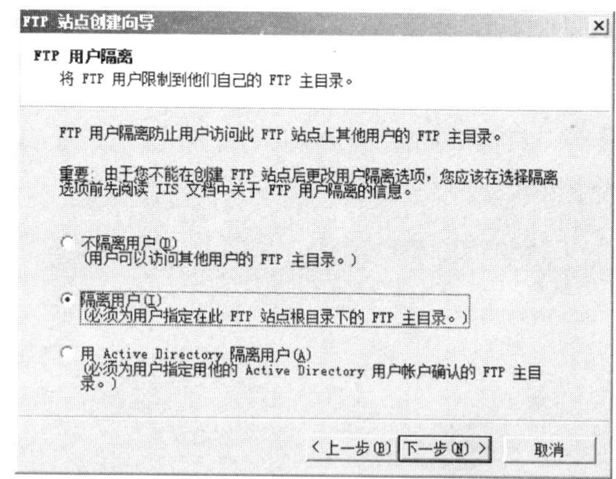

图 12-20 设置 FTP 用户隔离

(5) 在“FTP 站点主目录”界面中，指定 FTP 站点主目录路径为“H:\ftproot”，单击“下一步”按钮，如图 12-21 所示。

(6) 在“FTP 站点访问权限”界面中，选择用户访问 FTP 站点的权限。由于这里要允许每个用户都能够在各自的目录下上传文件，因此，需同时选中“读取”和“写入”复选框，单击“下一步”按钮，如图 12-22 所示。

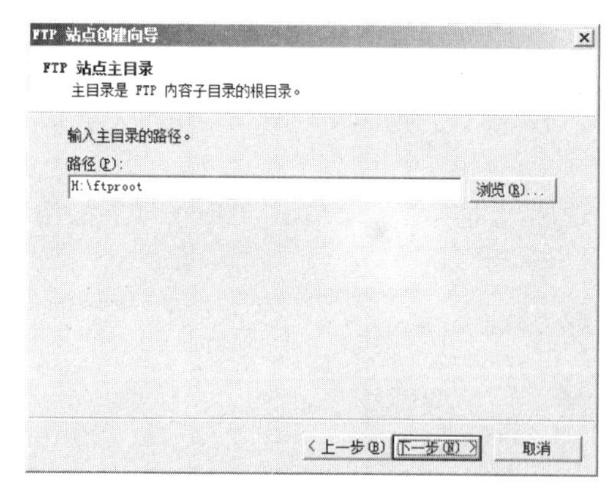

图 12-21 设置 FTP 站点主目录

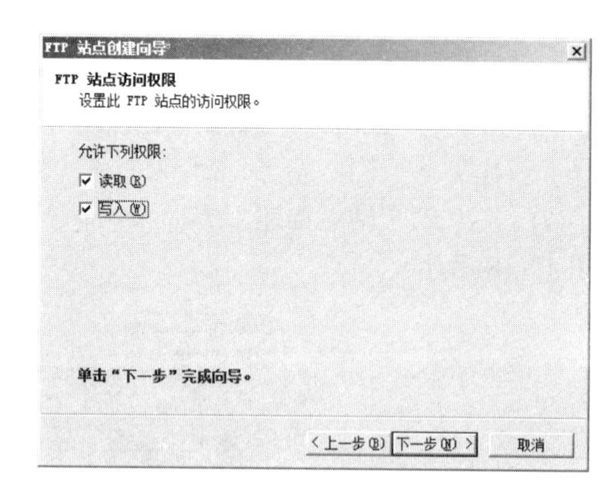

图 12-22 设置 FTP 站点访问权限

(7) 完成 FTP 站点创建。

4) 客户端登录 FTP 站点

用户隔离模式 FTP 站点创建好后，即可在客户端测试该 FTP 站点。

(1) 在局域网中的另一台计算机中打开浏览器，在地址栏中输入“ftp:// 202.190.68.20”，即可看到“H:\ftproot\LocalUser\Public”文件夹中的文件列表，如图 12-23 所示。

(2) 在浏览器窗口中，选择“文件”→“登录”命令，在登录身份对话框中，以 Jack 用户角色登录，如图 12-24 所示。或在浏览器地址栏中输入“ftp://Jack:123456@202.190.68.20”(其中，“Jack”为用户账户，“123456”为用户 Jack 的登录密码)，随后可看到“H:\ftproot\LocalUser\Jack”文件夹中的内容。

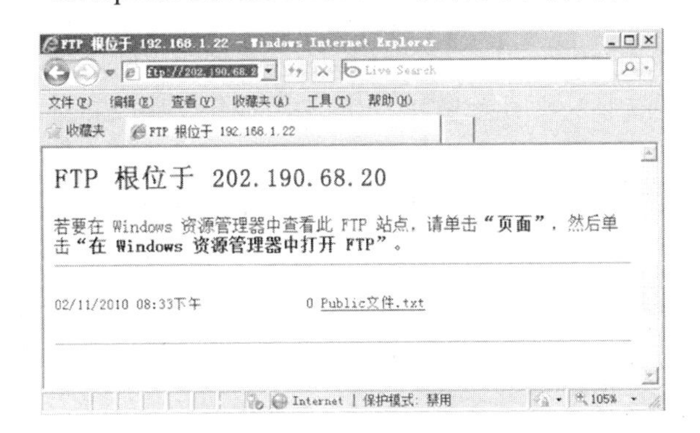

图 12-23　测试 FTP 站点

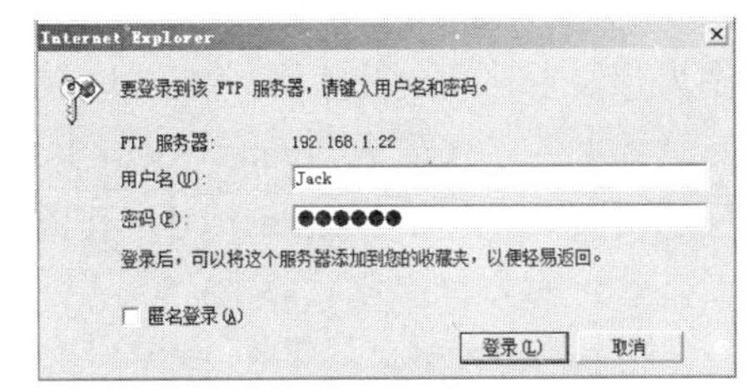

图 12-24　登录身份对话框

12.3　Linux 下 FTP 服务器的安装与配置

12.3.1　vsFTPd 服务器

vsFTPd 是 UNIX 类操作系统上运行的服务器名称，它的名字代表“very secure FTP daemon”，安全性是其设计与开发的一个重要目标。它可运行在 Linux、Solaris 等系统中，支持很多其他的 FTP 服务器不支持的特征：

- 非常高的安全性需求。
- 带宽限制。
- 良好的可伸缩性。
- 创建虚拟用户的可能性。
- 分配虚拟 IP 地址的可能性。

12.3.2　FTP 服务器的安装与启动

在进行 FTP 服务器配置之前，首先要检查系统中是否安装了 FTP 服务器。可以使用如下命令检查：

```
[root@localhost~]#  rpm-qa|grep  vsftpd
vsftpd-2.0.1-5
```

如果在安装 RedHat Linux AS4.0 时没有安装 vsFTPd，可将第一张安装盘放入光驱，然后通过如下命令来安装所需的 RPM 包：

```
# rpm -ivh vsftpd-2.0.1-5.i386.rpm
```

当 vsFTPd 服务器的 RPM 包安装成功后，就包含了匿名 FTP 站点目录/var/ftp。

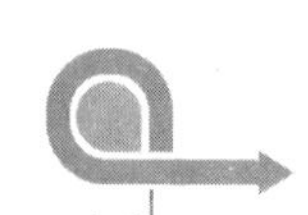

可以使用下面的命令来进行 FTP 服务器的启动、停止和重启：

```
# service vsftpd start
# service vsftpd stop
# service vsftpd restart
```

vsFTPd 有两种启动的方式，分别是 stand alone 和 xinetd。stand alone 是一次性启动，运行期间一直驻留在内存中，对接入信号反应快，缺点是损耗了较多的系统资源，常应用于实时反应要求较高的专业 FTP 服务器；xinetd 是只在外部链接发生请求时才调用 FTP 进程，因此不适合应用于同时连接数量较多的系统。

作为超级 Internet 服务器，xinetd 服务管理着多种轻量级 Internet 服务，如 Apache、ftp 等，其具体的服务配置都在/etc/xinetd.d 目录下，在该目录下，我们可以找到 vsFTPd 服务的运行配置文件/etc/xinetd.d/vsftpd，其内容如下：

```
Service ftp{
    Disable=yes #启动 xinetd 服务时自动打开本服务
    Socket-type=stream  #服务使用的数据传输方式
    Wait=no #本服务是多线程的
    User=root   #执行本服务的用户名
    Server=/usr/sbin/vsftpd
    Server_args=/ec/vsftpd/vsftpd.conf
}
```

默认 vsFTPd 是以 stand alone 来启动的，如果需要通过 xinetd 启动，在配置文件 vsftpd.conf 中，将 listen=YES 改为 listen=NO 即可。不管要使用哪种启动方式，切记不要两者同时启动，否则会发生错误。

12.3.3 FTP 服务器的配置文件

vsFTPd 的配置文件存放在/etc/vsftpd/vsftpd.conf，我们可根据实际需要对如下信息进行配置。

1. 连接选项

下面介绍如何监听地址和控制端口。

(1) listen_address=ip address
定义主机在哪个 IP 地址上监听 FTP 请求。即在哪个 IP 地址上提供 FTP 服务。

(2) listen_port=port_value
指定 FTP 服务器监听的端口号。默认值为 21。

2. 性能与负载控制

1) 超时选项

(1) idle_session_timeout=
空闲用户会话的超时时间，若是超过这段时间没有数据的传送或是指令的输入，则会被迫断线。默认值是 300s。

(2) accept_timeout=numerical value
接受建立联机的超时设定。默认值为 60s。

2)　负载选项

(1)　max_clients= numerical value

定义 FTP 服务器最大的并发连接数。当超过此连接数时，服务器拒绝客户端连接。默认值为 0，表示不限制最大连接数。

(2)　max_per_ip= numerical value

定义每个 IP 地址最大的并发连接数目。超过这个数目将会拒绝连接。此选项的设置将会影响到网际快车、迅雷之类的多线程下载软件。默认值为 0，表示不限制。

(3)　anon_max_rate=value

设定匿名用户的最大数据传输速度，以 B/s 为单位。默认无。

(4)　local_max_rate=value

设定用户的最大数据传输速度。以 B/s 为单位。默认无。此选项对所有的用户都生效。

3. 用户选项

vsftpd 的用户分为 3 类：匿名用户、本地用户(local user)及虚拟用户(guest)。

1)　匿名用户

(1)　anonymous_enable=YES|NO

控制是否允许匿名用户登录。

(2)　ftp_username=

匿名用户使用的系统用户名。默认情况下，值为 ftp。

(3)　no_anon_password= YES|NO

控制匿名用户登录时是否需要密码。

(4)　anon_root=

设定匿名用户的根目录，即匿名用户登录后，被定位到此目录下。主配置文件中默认无此项，默认值为/var/ftp/。

(5)　anon_world_readable_only= YES|NO

控制是否只允许匿名用户下载可阅读的文档。YES，只允许匿名用户下载可阅读的文件；NO，允许匿名用户浏览整个服务器的文件系统。

(6)　anon_upload_enable= YES|NO

控制是否允许匿名用户上传文件。除了这个参数外，匿名用户要能上传文件，还需要两个条件：write_enable 参数为 YES；在文件系统上，FTP 匿名用户对某个目录有写权限。

(7)　anon_mkdir_wirte_enable= YES|NO

控制是否允许匿名用户创建新目录。在文件系统上，FTP 匿名用户必须对新目录的上层目录拥有写权限。

(8)　anon_other_write_enbale= YES|NO

控制匿名用户是否拥有除了上传和新建目录之外的其他权限。如删除、更名等。

(9)　chown_uploads= YES|NO

是否修改匿名用户所上传文件的所有权。YES，匿名用户上传的文件所有权改为另一个不同的用户所有，用户由 chown_username 参数指定。

(10) chown_username=whoever

指定拥有匿名用户上传文件所有权的用户。

2) 本地用户

(1) local_enable= YES|NO

控制 vsftpd 所在的系统的用户是否可以登录 vsftpd。设置为 YES 时，在/etc/passwd 中的账号才能以本地用户的方式登录 vsftpd。

(2) local_root=

定义本地用户的根目录。当本地用户登录时，将被更换到此目录下。

3) 虚拟用户

(1) guest_enable= YES|NO

此值设置为 YES 时，任何非匿名用户登录的账号均被假设成为 guest。guest 默认会取得 FTP 这个用户的相关权限。但可以通过 guest_username 来修改。

(2) guest_username=

定义 vsftpd 的 guest 在系统中的用户名。

4. 安全措施

1) 用户登录控制

(1) /etc/vsftpd.ftpusers

vsftpd 禁止列在此文件中的用户登录 FTP 服务器。此机制是在/ec/pam.d/vsftpd 中默认设置的。

(2) userlist_enable= YES|NO

此选项激活后，vsftpd 将读取 userlist_file 参数所指定的文件中的用户列表。

(3) userlist_file=/etc/vsftpd.user_list

指出 userlist_enable 选项生效后，被读取的包含用户列表的文件。默认值是/etc/vsftpd.user_list。

(4) userlist_deny= YES|NO

决定禁止还是只允许由 userlist_file 指定文件中的用户登录 FTP 服务器。userlist_enable 选项启动后才能生效。默认值为 YES，禁止文件中的用户登录，同时不向这些用户发出输入口令的指令；NO，只允许在文件中的用户登录 FTP 服务器。

2) 目录访问控制

(1) chroot_list_enable= YES|NO

是否锁定某些用户在自己的目录中，而不可以转到系统的其他目录。

(2) chroot_list_file=/etc/vsftpd/chroot_list

如果 chroot_list_enable=YES，就可以设置这个项目了。该属性指定被锁定在主目录的用户的列表文件。

(3) chroot_local_users= YES|NO

将本地用户锁定在主目录中。

12.3.4 FTP 服务器的配置与管理

案例说明

在 HN 大学的网络中，拟搭建一台 FTP 服务器，以便为教工提供教学资源下载，以及

管理员远程更新校内各类资源。FTP 服务器 IP 地址为 210.37.64.54，可以访问 FTP 的用户分为两类，分别为匿名用户和本地 FTP 用户。其中，匿名用户可直接登录 FTP 服务器，但登录后仅能浏览和下载资源，且其浏览权限仅被限制在指定目录下。本地 FTP 用户可通过管理员为其设置的账号、密码登录 FTP 服务器，并可在其各自指定的目录中上传和下载资源。具体要求如下：

- 每个 FTP 用户的使用期限限制为 1 年。
- 将每个 FTP 用户锁定在他默认的主目录中。
- 限制匿名用户最大下载带宽为 100KB/s。
- 限制本地用户最大下载带宽为 300KB/s。
- 限制最大上线人数为 30 人。
- 限制同一 IP 的来源数为 3。
- 建立严格的可使用 FTP 的账号列表。

案例实施

1) 创建 FTP 服务器相关目录

```
# mkdir /var/ftp/ftpfile_01
# mkdir /var/ftp/ftpfile_02
```

2) 创建 FTP 用户

分别创建 FTP 用户 ftp_01 和 ftp_02，其对应的默认目录分别为 ftpfile_01 和 ftpfile_02，所属用户组为 ftp，使用期限为一年(从即日起计算，假设当前日期为 2011 年 2 月 1 日)，并设置初始密码为 123456。

```
# useradd -g ftp -d /var/ftp/ftpfile_01 -e 01/02/2011 -p 123456 ftp_01
# useradd -g ftp -d /var/ftp/ftpfile_02 -e 01/02/2011 -p 123456 ftp_02
```

3) 设置 FTP 目录的所有者和权限

```
# chown ftp_01 /var/ftp/ftpfile_01
# chown ftp_02 /var/ftp/ftpfile_02
# chown :ftp /var/ftp/ftpfile_01
# chown :ftp /var/ftp/ftpfile_02
# chmod 755 /var/ftp/ftpfile_01
# chmod 755 /var/ftp/ftpfile_02
```

4) 修改 vsftpd.conf 配置文件

```
# vi /tec/vsftpd/vsftpd.conf
Listen=YES
Listen_address=210.37.64.54

//匿名用户相关设置
anonymous_enable=YES
ftp_username=ftp
no_anon_password=NO
anon_root=/var/ftp
Anon_world_readable_only=YES
Anon_upload_enable=NO
Anon_mkdir_write_enable=NO
```

```
//本地 FTP 用户相关设置
local_enable= YES
userlist_enable= YES
userlist_file=/etc/vsftpd.user_list
#指出 userlist_enable 选项生效后，被读取的包含用户列表的文件
chroot_local_users= YES    #将本地用户锁定在主目录中

//性能和负载设置
max_clients=30
max_per_ip=3
anon_max_rate=100000
local_max_rate=300000
```

5) 添加允许登录 FTP 的本地用户

用 VI 命令打开/etc/vsftpd.user_list 文件，添加允许登录 FTP 的本地用户名，如 ftp_01 和 ftp_02。

6) 启动 vsFTP 的服务器

```
# /usr/sbin/vsftpd /etc/vsftpd/vsftpd.conf &
```

12.4 FTP 客户端的使用

FTP 的客户端软件应具有远程登录、对本地计算机和远程服务器的文件和目录进行管理以及相互传送文件的功能，并能根据文件类型自动选择正确的传送方式。一个好的 FTP 文件传送客户端软件还应支持记录传送断点和从断点位置继续传送、具有友好的用户界面等优点。互联网用户使用的 FTP 客户端程序通常有 3 种类型，即传统的 FTP 命令行、浏览器和 FTP 下载工具。

1. FTP 命令行

在 UNIX 操作系统中，FTP 是系统的一个基本命令，用户可以通过命令行的方式使用。Windows 2000/XP/2003/2008 系统也带有可在 DOS 提示符下运行的 FTP.EXE 命令文件。图 12-25 所示为 Windows 2003 系统下 FTP 命令的使用界面。

```
C:\>ftp 192.168.1.10
Connected to 192.168.1.10.
220 Microsoft FTP Service
User (192.168.1.10:(none)): anonymous
331 Anonymous access allowed, send identity (e-mail name) as password.
Password:
230 Anonymous user logged in.
ftp> help
Commands may be abbreviated.  Commands are:

!               delete          literal         prompt          send
?               debug           ls              put             status
append          dir             mdelete         pwd             trace
ascii           disconnect      mdir            quit            type
bell            get             mget            quote           user
binary          glob            mkdir           recv            verbose
bye             hash            mls             remotehelp
cd              help            mput            rename
close           lcd             open            rmdir
ftp> ls
200 PORT command successful.
150 Opening ASCII mode data connection for file list.
Chapter01
Chapter02
Chapter03
Chapter04
Chapter05
WebSite1
226 Transfer complete.
ftp: 65 bytes received in 0.00Seconds 65000.00Kbytes/sec.
ftp>
```

图 12-25 FTP 命令行

在不同的操作系统中，FTP 命令行软件的格式和使用方法大致相同，表 12-2 所示为 FTP 命令常用子命令。

表 12-2 FTP 常用子命令

类 别	命 令	用 途
连接	open	与指定的 FTP 服务器连接
	close	结束会话并返回命令解释程序
	quit	结束会话并退出 ftp
	bye	结束并退出 ftp
	user	指定远程计算机的用户
	quote	将参数逐字发至远程 ftp 服务器，可以修改用户密码
目录操作	cd	更改远程计算机上的工作目录
	dir	显示远程目录文件和子目录列表
	lcd	更改本地计算机上的工作目录
	mkdir	创建远程目录
	delete	删除远程计算机上的文件
	mdelete	删除远程计算机上的多个文件
	mdir	显示远程目录文件和子目录列表
	ls	显示远程目录文件和子目录的缩写列表
传输文件	get	使用当前文件转换类型将远程文件复制到本地计算机
	mget	将多个远程文件复制到本地计算机
	put	将一个本地文件复制到远程计算机
	mput	将多个本地文件复制到远程计算机
设置选项	ascii	设置文件默认传送类型为 ASCII
	binary	设置文件默认传送类型为二进制
帮助	Help/?	显示 ftp 命令说明，不带参数将显示所有子命令
	!	临时退出命令行，用 exit 命令返回 ftp 子系统

2. 浏览器

大多数浏览器软件都支持 FTP，用户只需在地址栏中输入 URL 就可以浏览文件目录、下载或上载文件。URL 的基本格式为 ftp://username:password@IP(servername):port。

其中，username 为登录 FTP 的用户账户；password 为用户密码；@后面为 FTP 服务器的 IP 地址或主机名；port 为端口号。

3. FTP 下载工具

目前最流行的 FTP 下载工具是基于 Windows 环境的具有图形交互界面的 FTP 文件传送软件，如 CuteFTP、LeapFTP 等软件。图 12-26 所示为 LeapFTP 的运行窗口。在“FTP 服务器”下拉列表框中输入带连接的远程服务器 IP 地址或主机名，在“用户名”和“密码”

文本框中分别输入远程主机合法的 FTP 用户名及其密码，及 FTP 服务的端口号，即可连接 FTP 服务器，执行下载或上载操作。

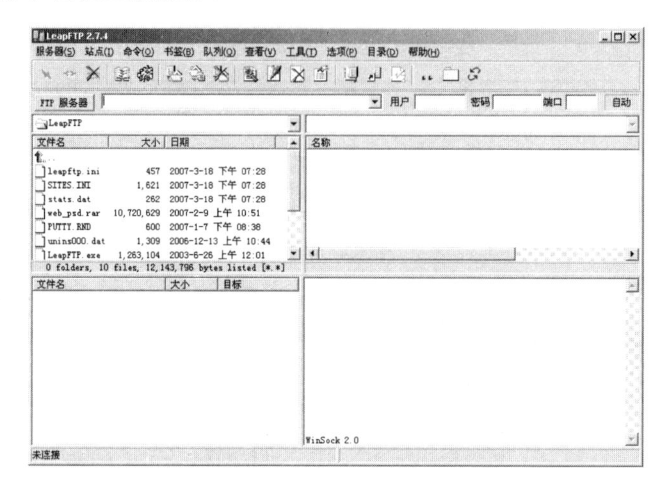

图 12-26 LeapFTP 的运行窗口

本 章 小 结

本章首先介绍 FTP 的基本概念、FTP 的工作原理，使读者对 FTP 服务有初步的认识。详细介绍了 Windows Server 2008 中，FTP 服务器安装和配置的基本方法，以及在 Linux 中如何使用 vsFTPd 服务配置文件完成 FTP 服务的配置。最后介绍了在客户端连接 FTP 服务器，并使用 FTP 资源的各种常用方法。

习 题

1. 简述 FTP 的连接模式。
2. 简述 FTP 的传输模式。
3. 如何在 Windows 系统中配置 FTP 服务?
4. 简述 Linux 中，FTP 服务器配置文件 vsftpd.conf 中的主要选项包括哪些方面。

第 13 章　邮件服务器及其安装与配置

学习目标：

- 了解邮件服务的概念、工作原理及相关协议
- 能够使用 Windows Server 2008 提供的 SMTP 组件架设邮件服务器
- 能够使用第三方软件 WinMail 架设邮件服务器，并提供 WebMail 服务
- 掌握 Linux 下 SendMail 服务器的简易架设

13.1　邮件服务器概述

13.1.1　邮件服务器简介

早期，计算机用户只能在同一台主机上的不同用户之间相互传送信息，随着计算机网络的发展，出现了能够通过网络在不同计算机主机之间传送信息的技术。人们使用“用户名+@+主机名”的方式来标识消息的接收人。如“tom@design”标识这个消息是发送给 design 机器上的 tom 用户。随着使用者的增多，网络上发送的消息也激增。由于早期的消息都是人们随意书写和发送的，并没有严格的标准，所以对消息的处理很不方便，之后人们自定了大量的标准来规范消息的发送。

随着处理的消息的内容越来越多样，网络环境越来越复杂，这些标准也逐渐被修改替代。现在，人们可以通过 E-mail 发送文本、音频、视频、多媒体等各种媒体的资料。E-mail 服务是互联网上最成功的服务之一，它可以在几秒钟内把用户的邮件传送到世界任何一个角落。

13.1.2　邮件服务器的工作原理

用户编辑的 E-mail 被转换成一个标准的邮件格式，这个邮件格式中可以包含各种样式的文件，如图像、声音、可执行程序等。邮件的内容以各种编码方式转换成 ASCII 码的形式，以便在网络上传输。邮件的接收人地址由“用户名+@+主机名”的方式改为“用户名+@+域名”。邮件服务器就是根据域名来选择邮件的传送路径的。

然后用户会利用一个应用程序把邮件传送给邮件服务器并请求服务器把邮件发送到目的地址。这个程序被称为用户邮件代理(MUA)。MUA 除了负责把用户的邮件进行编码、发送到邮件服务器之外，还负责从邮件服务器取得用户的邮件。也就是负责所有用户和邮件服务器之间的交互工作。

接收 MUA 传送邮件的服务器并不一定就是这封邮件的最终地址，这就要求这个邮件服务器能够把用户传送的邮件发往邮件的目的地址。服务器会根据邮件接收人地址中的域名在网络上查询 DNS 服务器，选择最佳的路径进行传输。多台服务器接力传输，直到到达

接收人所在的邮件服务器。我们把这种服务称为邮件传输代理(MTA)，负责把用户的邮件向目的地址投递。

目的地址域的邮件服务器接收到邮件后对邮件进行简单的判断，如发现邮件就是本服务器用户的邮件，则把邮件投递到用户的邮箱中。当用户访问服务器时，会发现有新邮件到达，MUA 下载邮件，并通过相应的解码等处理工作最终将邮件展现在接收人的面前。这个投递邮件的服务器称为邮件投递代理(MDA)，负责把邮件放入用户的邮箱。

13.1.3 邮件服务器的相关协议

在 E-mail 服务提供便捷服务的背后是一系列的标准协议和服务器的支持。

1. 邮件传输协议

SMTP(Simple Mail Transfer Protocol，简单邮件传输协议)规定了如何在网络上的两台机器之间可靠、高效地传送邮件。这里的两台机器可能是客户端到邮件服务器，也可能是邮件服务器到邮件服务器。

默认情况下，SMTP 服务器会在 25 号端口监听。在接收到邮件后，首先会根据邮件的接收人地址判断是否本域用户。如果不是本域用户就根据接收人的地址向 DNS 服务器查询，选择一个最优的网络路径，把邮件送往下一个 SMTP 服务器。直到到达目的服务器。

2. 邮件格式协议

现在人们可以通过邮件发送各种各样的信息，如图片、多媒体、文档、应用程序等，而早期面向文本消息传送的邮件格式已经远远不能应付这些复杂的格式，因而新的邮件格式标准协议 MIME(Multipurpose Internet Mail Extensions，多用途 Internet 邮件扩展)应运而生。它描述了如何安排消息格式以使消息在不同的邮件系统间进行交换。MIME 的格式灵活，允许邮件中包含任意类型的文本。

最新的 MIME 协议是一系列协议的综合，包括邮件格式协议、媒体类型协议、非 ASSCII 码邮件头协议等。

3. 邮件接收协议

邮件在发送到最终的邮件服务器上之后，我们需要把它收取到自己的机器。目前有两种常用协议：POP(Post Office Protocol，邮局协议)和 IMAP(Internet Message Access Protocol，网络消息访问协议)。

(1) POP3

POP 用于电子邮件的接收，它使用 TCP 的 110 端口。由于现在常用的是第三版，所以通常简称为 POP3。POP3 仍采用客户端/服务器工作模式，其中用户日常使用计算机都是作为客户端，而邮件服务器则是网管人员进行管理的。

通常用户需在电子邮件软件的账号属性上设置一个 POP 服务器的 URL(如 pop3.163.com)，以及邮箱的账号和密码。单击电子邮件客户端软件中的“收取”按钮之后，电子邮件软件首先会调用 DNS 协议对 POP 服务器进行 IP 地址解析，IP 地址被解析出来后邮件程序便开始用 TCP 连接邮件服务器的 110 端口。邮件程序成功地连上 POP 服务器后，

它会先使用 USER 命令将邮箱的账号传给 POP 服务器，然后再使用 PASS 命令将邮箱的账号传给服务器，完成这一认证过程后，邮件程序使用 STAT 命令请求服务器返回邮箱的统计资料(邮件总数和邮件大小等)，然后 LIST 命令会列出服务器中邮件数量。邮件程序开始使用 RETR 命令接收邮件，每接收一封便使用 DELE 命令将邮件服务器中的邮件设置为删除状态。当使用 QUIT 命令时，邮件服务器便会将置为删除标识的邮件删除。

(2) IMAP

IMAP 除了具有 POP3 的功能外，还能够请求邮件服务器只下载选中的邮件而不是全部邮件，客户即可先阅读邮件信息的标题和发送者的名字再决定是否下载这个邮件。通过 IMAP，客户机的电子邮件程序可在服务器上创建并管理邮件文件或邮箱、删除邮件、查询某封信件的全部或一部分内容，完成所有这些工作时都不需要把邮件从服务器下载到个人计算机上。通常，IMAP 服务器会监听 143 端口，它有四种状态：未认证状态、认证状态、选择状态、离线状态。

13.2　Windows Server 2008 中架设邮件服务器

在 Windows Server 2008 中强化了 SMTP 服务器功能，用户可以很方便地搭建一个功能强大的邮件发送服务器。

13.2.1　安装 SMTP 组件

Windows Server 2008 默认安装时并没有集成 SMTP 服务器组件，因此首先需要按如下步骤来安装相关的服务器组件。

(1) 在“服务器管理器”中，在左侧选择“功能”选项，在右侧窗格中单击“添加功能”链接。

(2) 在如图 13-1 所示的对话框中选中“SMTP 服务器”复选框，单击“下一步”按钮。

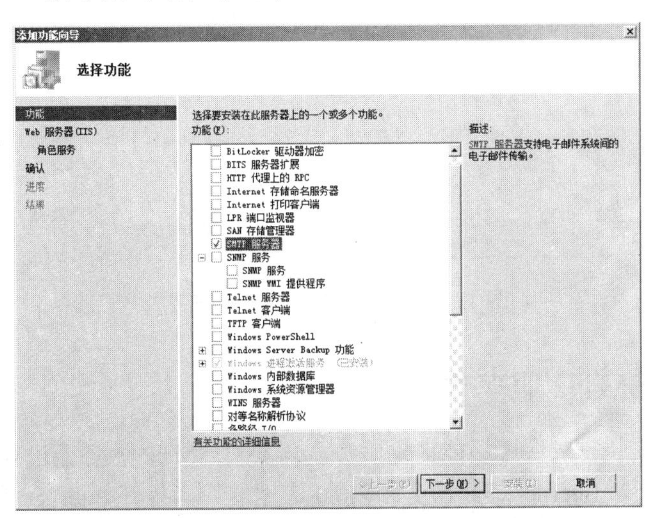

图 13-1　选中“SMTP 服务器”复选框

(3) 在如图 13-2 所示的对话框中，显示添加 SMTP 服务器必须要安装其他角色服务和功能，可以看出，SMTP 服务需要与 IIS 6.0 管理工具兼容。在此单击“添加必需的角色服务”按钮。

(4) 接下来的对话框对 Web 服务器(IIS)进行了简要介绍，单击“下一步”按钮。

(5) 在如图 13-3 所示的对话框中显示了安装 SMTP 服务器所需安装的角色服务，确认之后单击“下一步”按钮。

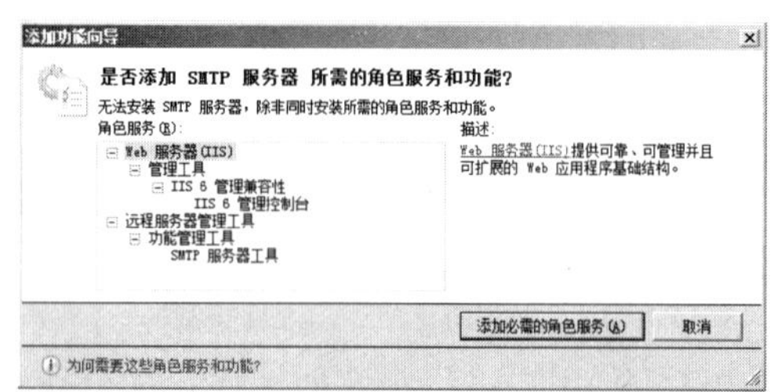

图 13-2 SMTP 服务器所需的角色服务和功能

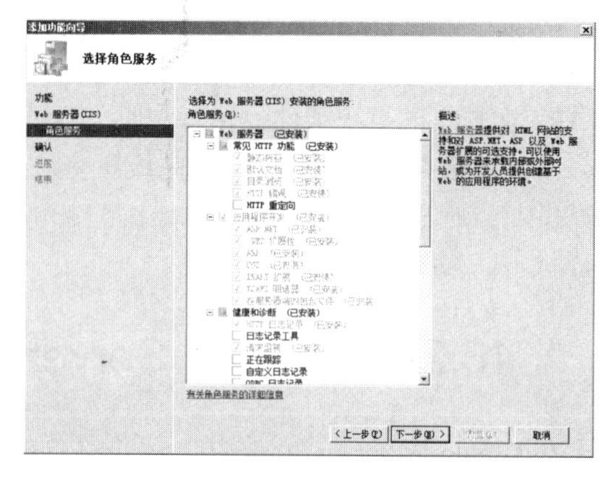

图 13-3 SMTP 服务所需安装的角色服务

(6) 在接下来的对话框中单击“安装”按钮，完成安装之后，可在如图 13-4 所示的对话框中看到安装成功的提示，单击“关闭”按钮退出添加功能向导。

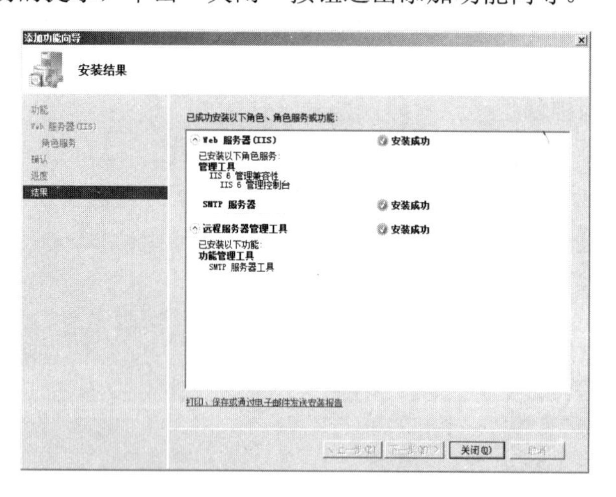

图 13-4 完成 SMTP 服务器安装

13.2.2 配置 SMTP 服务器属性

SMTP 服务器安装完成后还不能提供服务，需要对 SMTP 服务器进行相应的配置。在“管理工具”中选择“Internet 信息服务(IIS)6.0 管理器”，打开 Internet 信息服务控制台。

(1) 在如图 13-5 所示的控制台左侧树形菜单中，可以看到新增的“SMTP Virtual Server #1”节点，在该节点上右击，在弹出的快捷菜单中选择“属性”命令。

(2) 在 SMTP 虚拟主机服务器属性对话框中，在“IP 地址”下拉列表框中，给 SMTP 服务器分配 IP 地址，如图 13-6 所示。

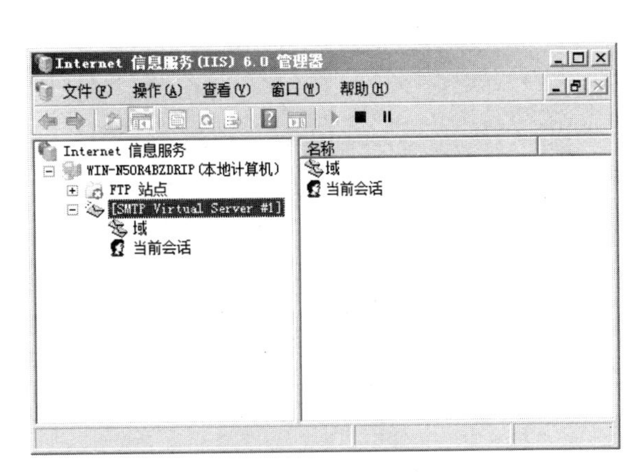

图 13-5　IIS 6.0 管理器控制台

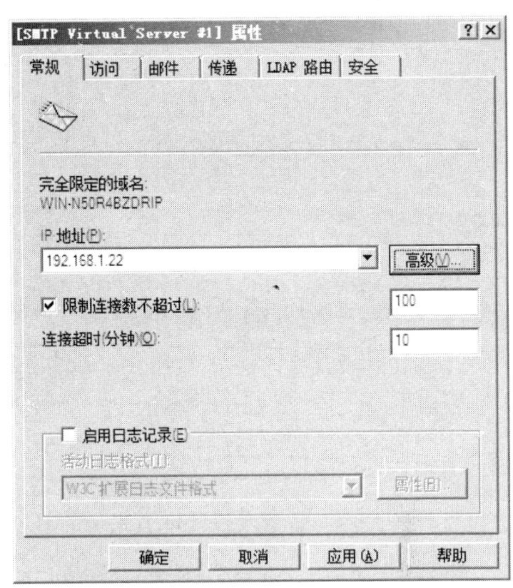

图 13-6　设置 SMTP 服务器 IP 地址

如果服务器有多个 IP 地址，可单击“高级”按钮，在图 13-7 所示的对话框中为服务器设置多个标识。

(3) 在属性对话框中选择“访问”选项卡，如图 13-8 所示，可通过“访问控制”对资源启用匿名访问，并编辑身份验证，如图 13-9 所示。在没有特殊需求的情况下，一般建议用户对此处的选项不做更改，以免错误的设置导致 SMTP 服务器无法正常工作。

此外，在“访问”选项卡中，还可以创建发布服务器和客户端事件用于安全通信的服务器证书。单击“连接”按钮，可在如图 13-10 所示的对话框中设置哪些 IP 地址的计算机、计算机组或是域能够访问这个资源。同样，单击“中继”按钮，可设置允许或拒绝通过这个 SMTP 服务器中继电子邮件的权限。

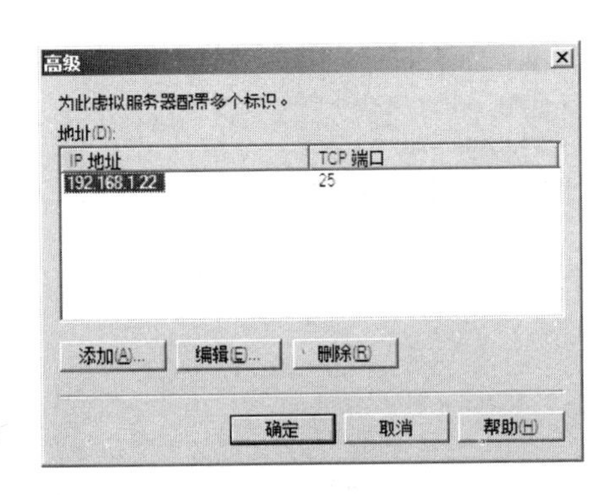

图 13-7　为 SMTP 服务器添加多个标识

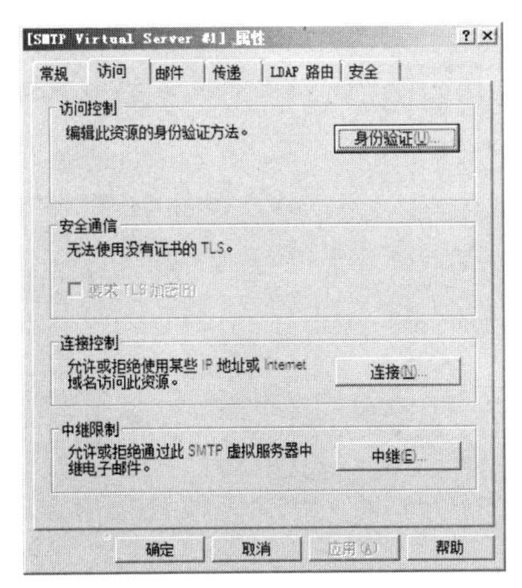

图 13-8　“访问”选项卡

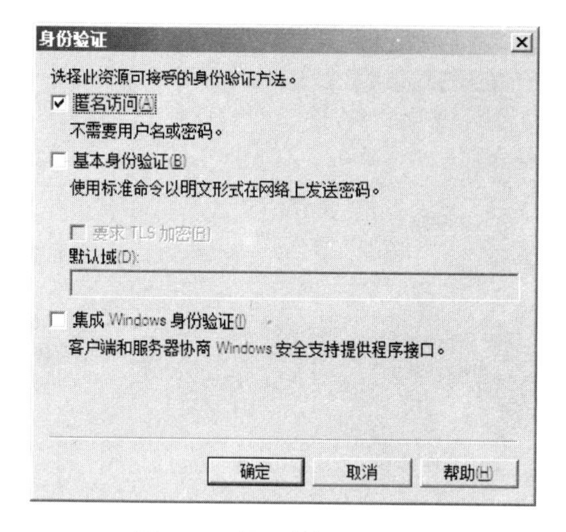

图 13-9　设置身份验证方法

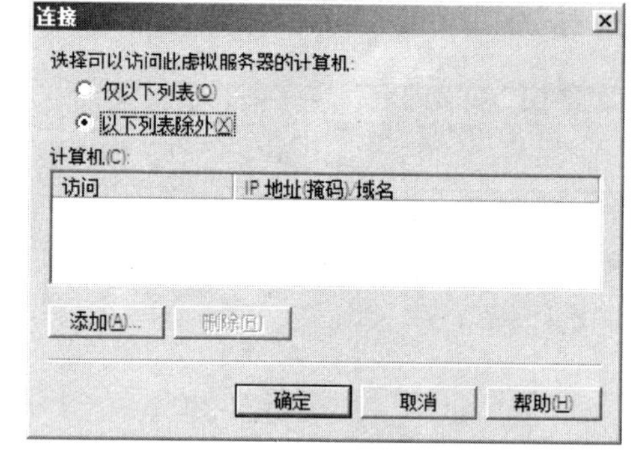

图 13-10　设置允许或拒绝访问服务器的计算机

(4) 在属性对话框中选择“邮件”选项卡，如图 13-11 所示，该选项卡中主要针对邮件的各种属性进行设置。

- 限制邮件大小：能够指定每逢进出系统的邮件的最大容量值，系统默认为 2MB。
- 限制会话大小：表示系统中所允许的最大可以进行会话的用户最大容量。
- 限制每封连接的邮件数：表示一个连接一次可以发送的邮件最大数目。
- 限制每封邮件的收件人数：限制了每封邮件同时发送的人数，也就是同一封邮件可以抄送的最多用户数。
- 死信目录：标识如果产生死信，也就是遇到无法送出的邮件时，就会将所有的信息存储在用户设置的位置。

(5) “传递”选项设置是 SMTP 服务器设置中最为重要的一项，在这个选项卡中可以设置有关发送邮件的所有选项，如图 13-12 所示。

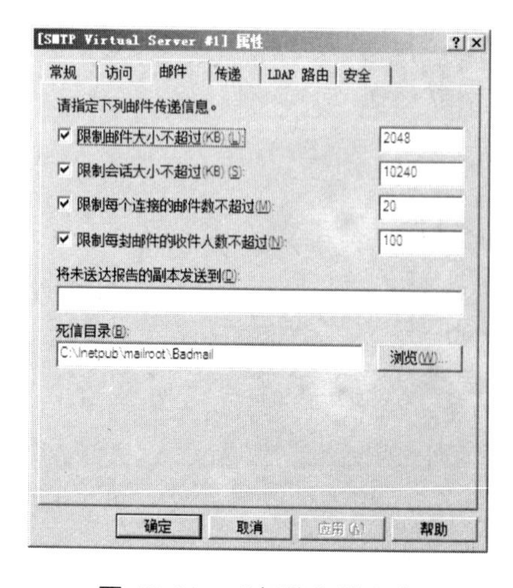

图 13-11　“邮件”选项卡

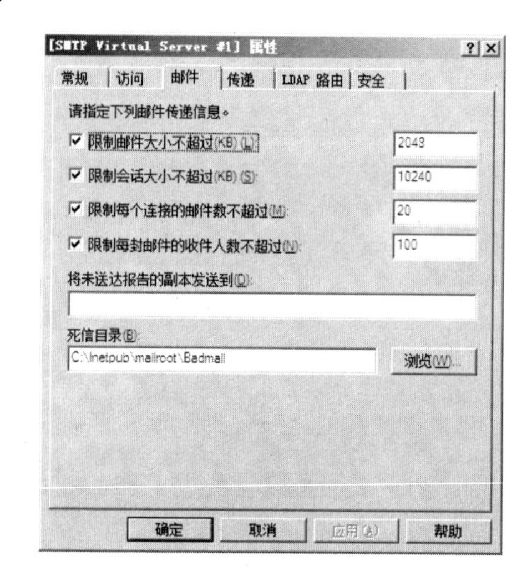

图 13-12　“传递”选项卡

- 延迟发送：可以设定多次重发的延时以及延时通知和失效超时等属性。
- 延迟通知：在设定的时间以后还没有发出邮件，系统会通知发信人邮件有延迟发送，此时用户可以采取其他办法来重新发送。
- 失效超时：如果在限定的时间内没有到达收信方的话，系统会自动将这封信件设定为失效，释放所占用的存储空间，系统的默认时间为 2 天。对本地信件的延迟也可以进行相应的设置。

(6) LDAP(轻量目录访问协议)是一个 Internet 协议，可用来访问 LDAP 服务器中的目录信息。如果用户拥有使用 LDAP 的权限，则可以浏览、读取和搜索 LDAP 服务器上的目录列表。如图 13-13 所示，在“LDAP 路由”选项卡中，可启用 LDAP 路由，以便向所指定的 LDAP 服务器询问，从而解析发件人和收件人。例如，可以将 Active Directory 目录服务作为 LDAP 服务器，然后使用 Actice Directory 用户和计算机创建一个可在 SMTP 服务器上自由扩展的组邮件列表。

(7) 在“安全”选项卡中可以赋予用户操作员权限。默认有 3 个用户具有操作员权限，可单击“添加”按钮来添加其他用户，如图 13-14 所示。

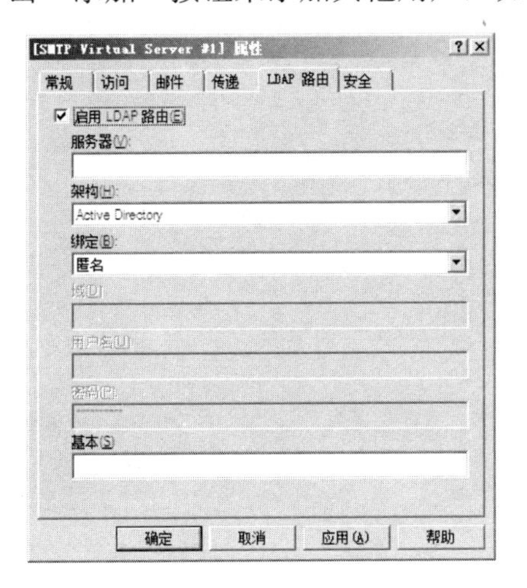

图 13-13　“LDAP 路由”选项卡

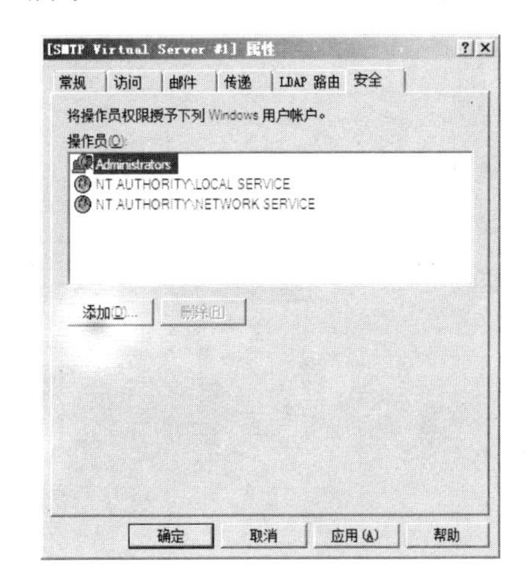

图 13-14　“安全”选项卡

13.2.3　创建 SMTP 域

完成对 SMTP 服务器属性设置后，还需要创建 SMTP 域。在 Internet 信息服务控制台中，展开“SMTP Virtual Server #1”服务器，在“域”节点上右击，从弹出的快捷菜单中，选择“新建”→“域”命令，在如图 13-15 所示的新建 SMTP 域向导中，将域类型设置为“远程”。

在如图 13-16 所示对话框中输入 SMTP 邮件服务器的域名信息，如“aca-hainu.cn”。

完成域的添加后，返回 Internet 信息服务控制台，单击“域”节点，即可在右侧窗体中看到刚才新增的域“aca-hainu.cn”，右击此域，在弹出的快捷菜单中选择“属性”命令(见图 13-17)可对域的属性进行设置，如图 13-16 所示。

在如图 13-18 所示的“常规”选项卡中，选中“允许将传入邮件中继到此域”复选框，以便 SMTP 服务器能够作为中继器。

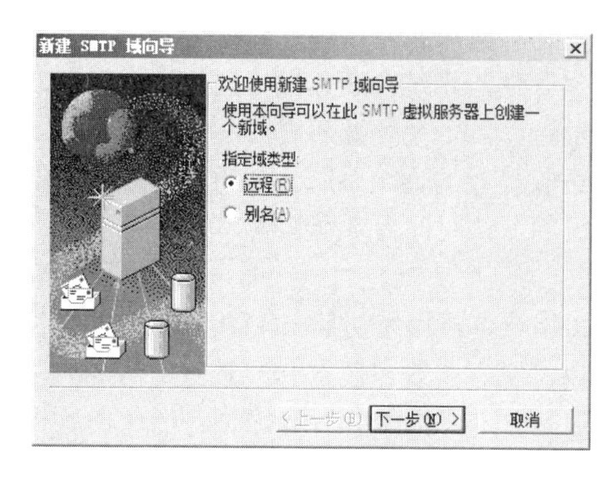

图 13-15　指定域类型

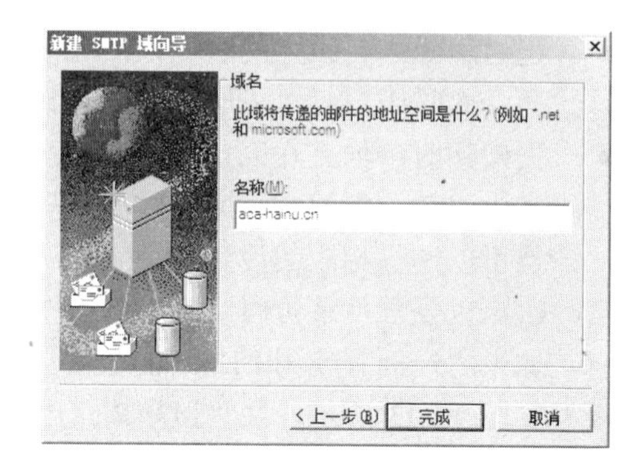

图 13-16　设置域名信息

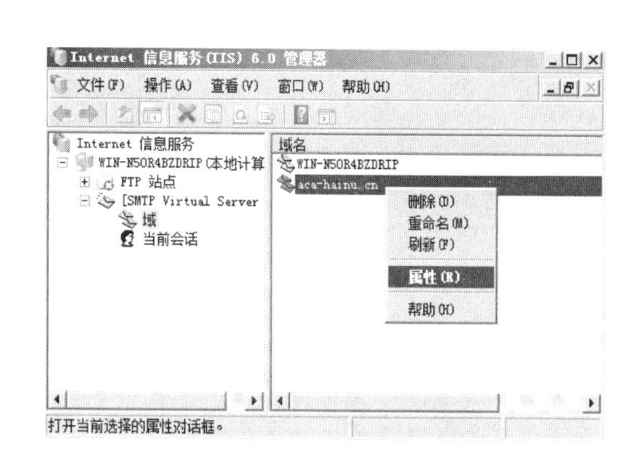

图 13-17　查看新增的域

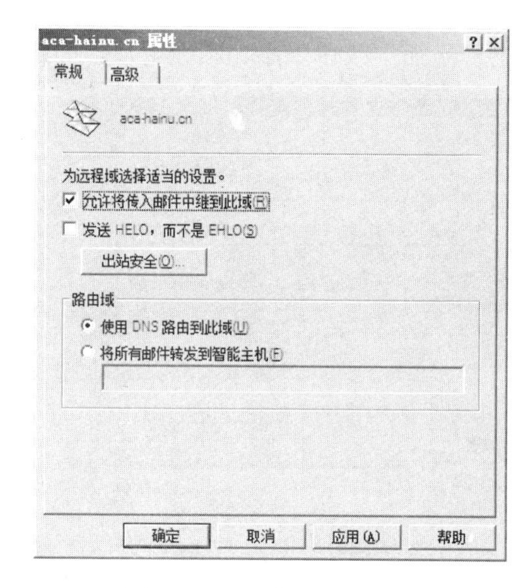

图 13-18　“常规”选项卡

如果需要保留电子邮件，直到远程服务器触发传递，可以在“高级”选项卡中选中“排列邮件以便进行远程触发传递”复选框，然后单击“添加”按钮来添加可以触发远程传递的授权账户，如图 12-19 所示。

为了能够使用该域名发送邮件，还需要在 DNS 服务器上，创建一些域邮件服务器相关的资源信息，如图 13-20 所示，其中一条主机(A)记录 mail.aca-hainu.cn，指向邮件服务器；邮件交换服务器 aca-hainu.cn 用于负责该域的邮件转发；别名记录 smtp,aca-hainu.cn 用于区分邮件发送服务器。

到目前为止，一个 Windows Server 2008 的电子邮件发送服务器基本创建完成，为了确保服务器的正常运行，可以在局域网中使用 Outlook 或 Foxmail 等电子邮件软件进行测试。需注意的是，Windows Server 2008 邮件服务的用户是基于系统用户的，可在系统的用户管理中添加 E-mail 用户。

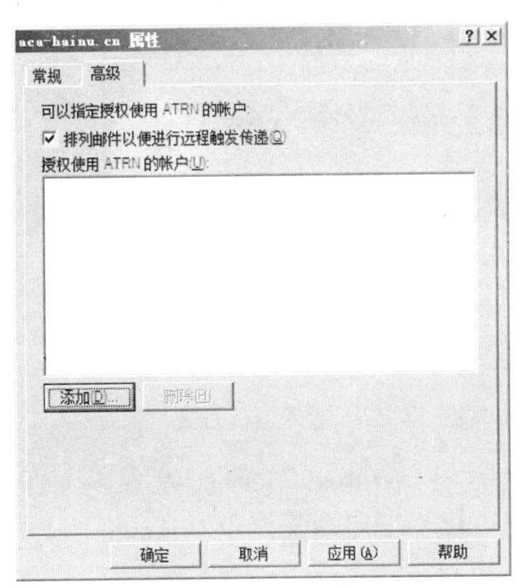

图 13-19　“高级”选项卡

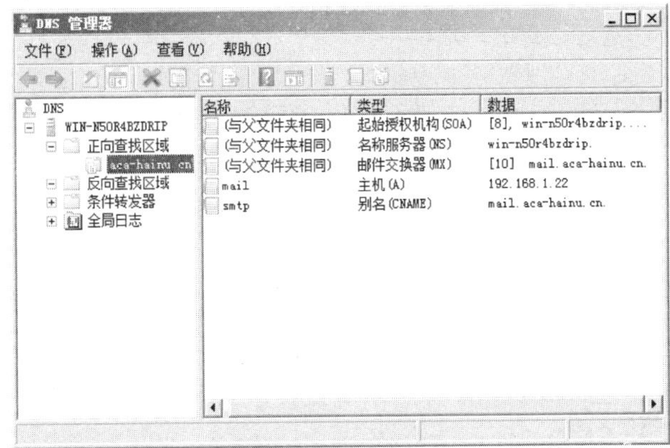

图 13-20　配置与邮件域对应的 DNS

显然，基于 Windows Server 2008 的邮件服务中，由于缺少 POP3 组件的支持，该服务无法正常完成邮件接收任务。要安装 POP3 相关组件，可在官方网站下载并安装“POP3 for Windows Server 2008”。由于 Windows Server 2008 在邮件服务上的局限性，通常我们需要借助第三方软件来搭建邮件服务器，从而实现更加完善的电子邮件服务。

13.3　使用 WinMail Server 架设邮件服务器

WinMail Server 是基于 Windows 平台，并服务于中、小型网站及其他的 Internet 和 Intranet 高性能 Web 邮件服务器。WinMail 提供大量对象及其方法和属性，支持针对 WebMail 系统进行相关 PHP 程序的开发。除支持各种邮件客户端软件，如 Outlook、FoxMail 等，更可通过 Web 进行系统和用户设置以及直接用浏览器收、发电子邮件。可从 WinMail 官方网站下载 WinMail 试用版。

13.3.1　WinMail Server 的安装与启动

安装与启动 WinMail Server 的具体操作如下。

(1) WinMail Server 主要的组件有服务器核心和管理工具两部分。服务器核心主要完成 SMTP、POP3、ADMIN、HTTP 等服务功能；管理工具主要负责设置邮件系统，如设置系统参数、管理用户、管理域等。在 WinMail 的安装向导中，可按提示选择安装服务器程序和管理端工具，如图 13-21 所示。

(2) WinMail 服务器核心运行方式主要有两种：作为系统服务运行和单独程序运行。以系统服务运行仅当操作系统平台是 Windows XP/ 2000/ /2003/2008 时才能有效；以单独程序运行适用于所有的 Win32 操作系统。同时在安装过程中，如果是检测到配置文件已经存在，安装程序会提示选择是否覆盖已有的配置文件，注意升级时要选择“保留原有设置”，如图 13-22 所示。

(3) 设置管理工具密码，如图 13-22 所示。

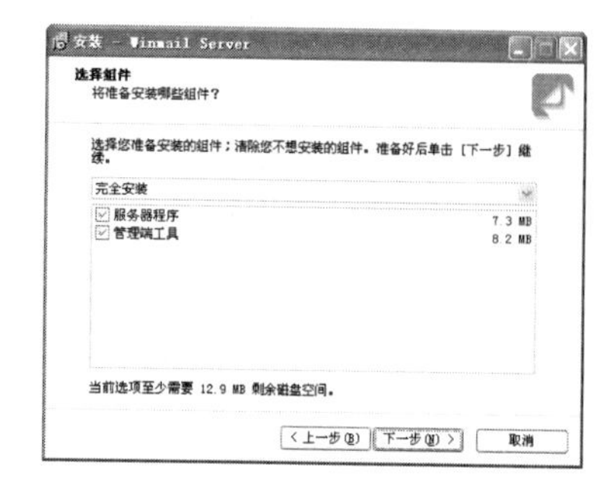

图 13-21　选择安装组件

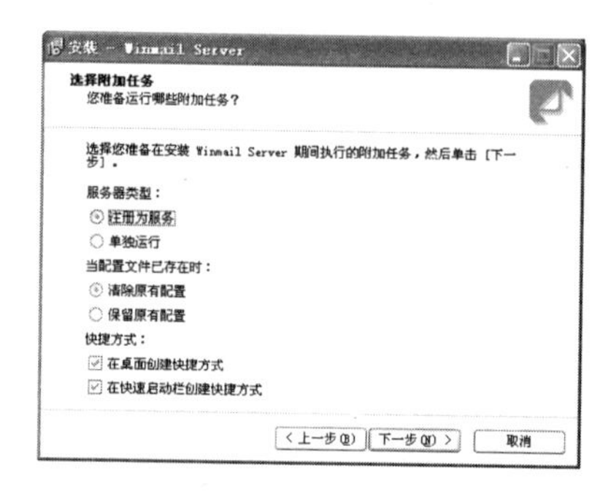

图 13-22　选择运行方式

(4) 完成安装后，安装程序会让用户选择是否立即运行 Winmail Server 程序。如果程序运行成功，将会在系统托盘区显示图标；用户也可以手工启动或停止 Winmail 服务，打开 CMD，使用命令行：

```
Net stop/start MagicWinmailServer
```

(5) 打开 Winmail Server 管理工具，输入安装时设置的管理工具密码(见图 13-23)，可打开如图 13-24 所示的 Winmail Server 管理界面。

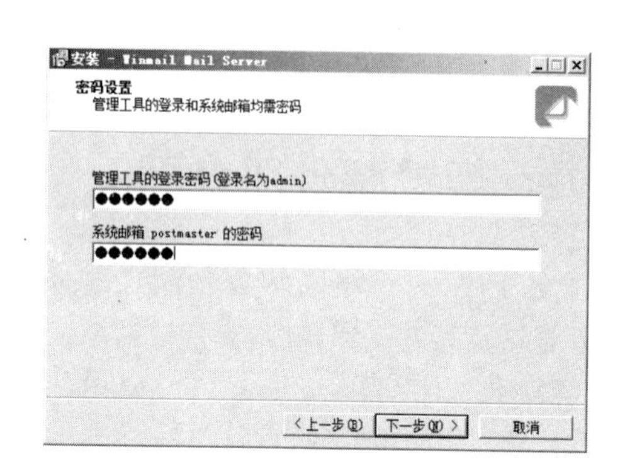

图 13-23　设置管理工具密码

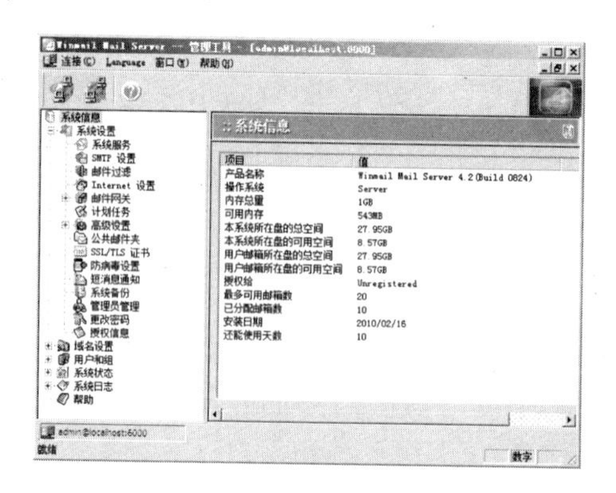

图 13-24　Winmail 管理工具

(6) 在管理工具左侧的树形菜单中选择“系统设置”→“系统服务”，可查看各种相关服务的运行状态，如图 13-25 所示。

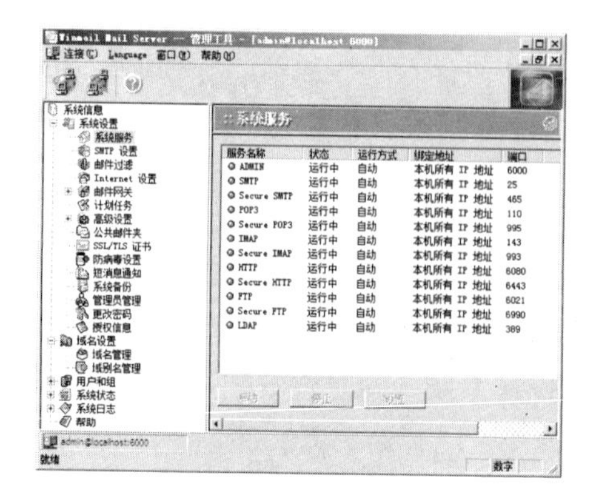

图 13-25　查看系统服务

13.3.2　WinMail 邮件服务器搭建

1. WinMail 基本设置

在 WinMail 管理工具的“系统设置”节点中选择“SMTP 设置”，可对 SMTP 基本参数、SMTP 过滤、外发递送、收/发件人过滤、转发域、信任主机、HELO/EHLO 过滤、外域递送、邮件头替换等选项进行设置，如图 13-26 所示。

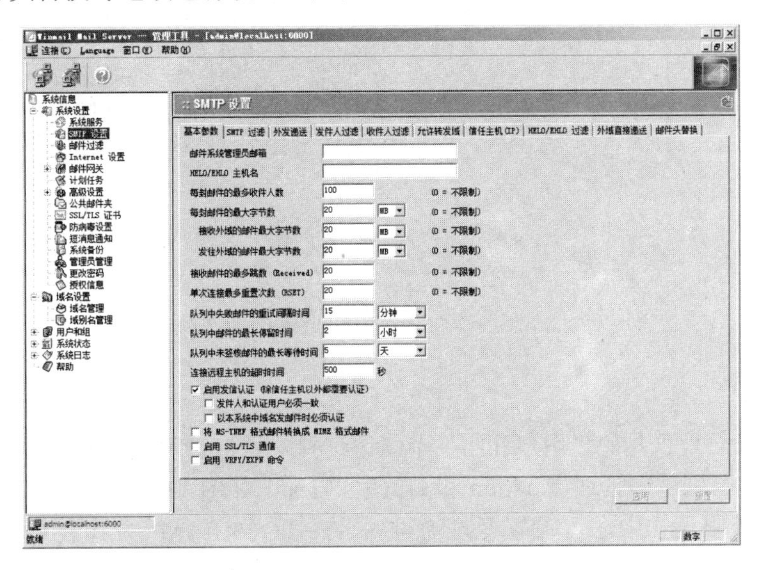

图 13-26　SMTP 设置

2. 域名管理

在 WinMail 管理工具的“域名设置”节点下选择“域名管理”，可在右侧窗体中单击“新增”按钮，增加邮件服务器的域名 aca-hainu.cn 和 student.aca-hainu.cn，如图 13-27 所示。

图 13-27　添加域名

在 DNS 服务器中，创建与邮件服务器相关的资源记录，如图 13-28 所示，其中 mail.aca-hainu.cn 为主机记录，指向邮件服务器；两个邮件交换器记录 aca-hainu.cn 和 student.aca-hainu.cn，分别负责这两个域的邮件转发；两条别名记录 smtp.aca-hainu.cn 和 pop3.aca-hainu.cn，用于区别发送和接收两个服务器，在本例中，它们都由一台服务器完成。

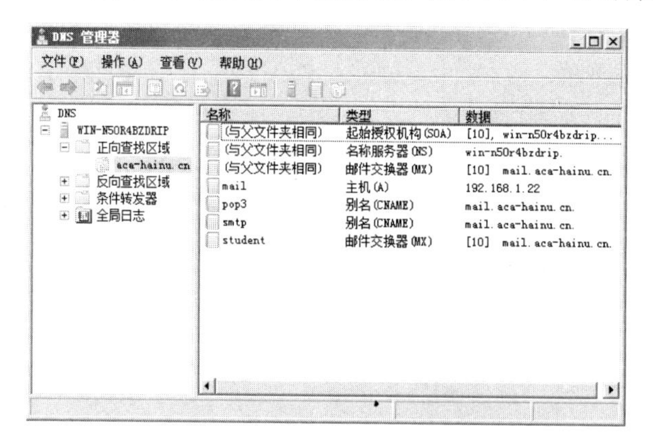

图 13-28　配置 DNS

3. 用户管理

在 WinMail 管理工具的“用户和组”节点下选择“用户管理”，可在右侧窗体中单击“新增”按钮，分别添加管理员 admin 和测试用户 test，如图 13-29 所示。

在用户的权限设置中，可设置允许通过 SMTP/POP3/IMAP 方式收发电子邮件，如图 13-30 所示，用户可以利用邮件客户端软件(如 Outlook)来收发邮件。配置完成后，可在 Outlook 中，以 test@ aca-hainu.cn 来测试 WinMail 服务器。

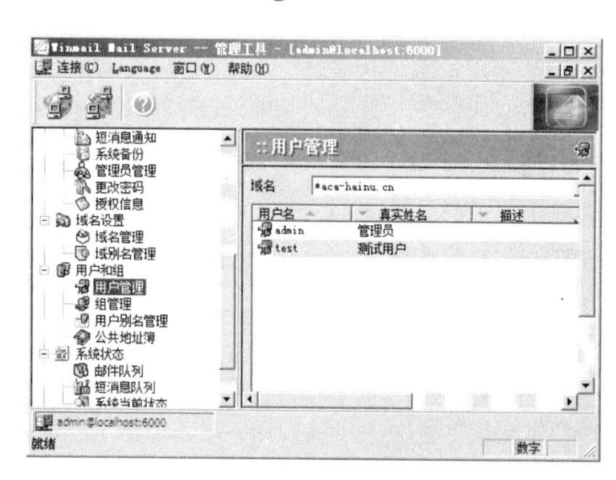

图 13-29　用户管理

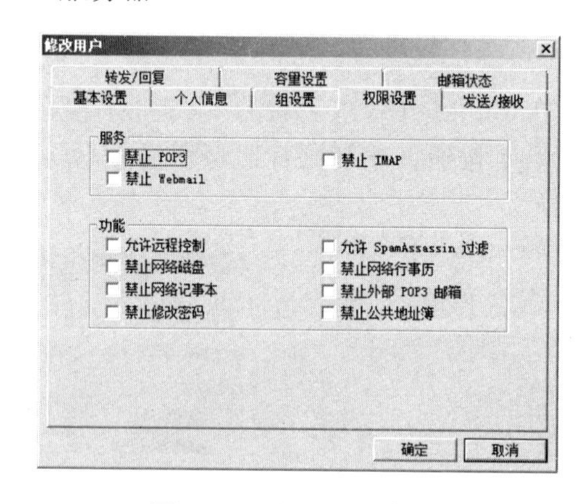

图 13-30　设置用户权限

4. WebMail 配置

WebMail 是基于 Web 的电子邮件收发系统。它的界面直观、友好，免除了用户安装 E-mail 客户软件。用户不仅可通过 Web 浏览器来收发邮件，还可以进行邮箱在线申请。

(1)　在 IIS 中配置 WebMail 站点

在“Internet 信息服务(IIS)管理器”中，添加新站点，如图 13-31 所示。WinMail 服务所带的 WebMail 程序存放在 WinMail 安装目录：Magic Winmail\server\webmail\www 中，因此站点的物理路径应设置为该目录。

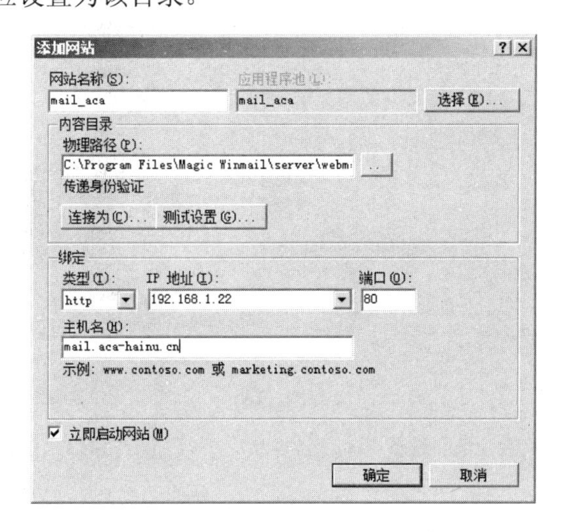

图 13-31　添加 WebMail 站点

(2)　在 IIS 中添加 PHP 组件

由于该 WebMail 系统的程序由 PHP 编写，为了让 IIS 能够支持 PHP 程序的运行，需为 IIS 添加 PHP 组件。设置过程可参考 11.2.5 节的介绍。

(3)　设置站点目录访问权限

针对 NTFS 文件系统，为了确保用户能够通过 Web 服务器访问 WebMail 站点对应的文件及目录，需在以下目录和文件的权限中增加 IUSR_* (Internet 来宾账号) 的“修改”权限。

- WebMail 系统临时文件夹：Magic Winmail \server\webmail\temp
- 邮件存储目录：Magic Winmail \server\store
- 网络磁盘存储目录：Magic Winmail \server\netstore
- 数据库文件：Magic Winmail \server*.cfg
- 数据库备份文件：Magic Winmail \server*.cfg.bak
- 智能防垃圾目录：~\server\SpamAssassin
- 允许上传附件：C:\Winnt\temp (Windows 的 TEMP 目录)

(4)　在 WinMail 管理工具的“高级设置”节点中选择“系统参数”，在“系统参数”面板中切换至“Webmail 设置”选项卡，可对 Webmail 的相关属性进行设置，如图 13-32 所示。

(5)　为了让本域的用户可以通过 Web 浏览器进行邮箱用户的注册，需在“域名管理”中编辑域名，在域名属性面板中，切换至“高级属性”选项卡，如图 13-33 所示，在“Webmail 注册新用户”选项组中，选中“允许通过 Webmail 注册邮箱”复选框。

在浏览器地址栏中，输入 Webmail 站点的 IP 地址或域名(本例中为 http://mail.aca-hainu.cn)，可进行 Web 邮箱的登录、注册和管理操作，如图 13-34 和图 13-35 所示。

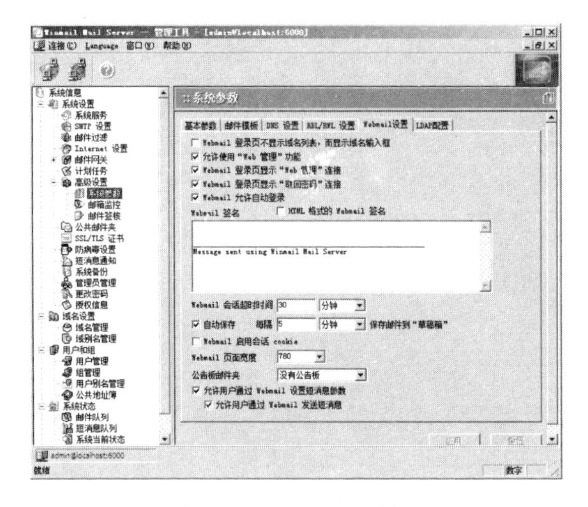

图 13-32 Webmail 设置

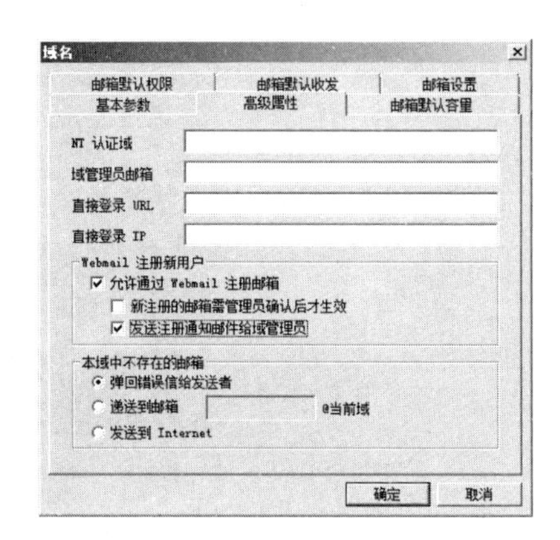

图 13-33 设置允许通过 Webmail 注册邮箱

图 13-34 Webmail 登录界面

图 13-35 Webmail 邮件管理界面

13.4 基于 Linux 的 SendMail 服务器简易架设

13.4.1 SendMail 软件结构及相关配置文件

在多数 Linux 系统中，默认都是以 SendMail 作为主要的邮件传输代理(MTA)服务器，此外，Linux 还需要 MTA 来监听 lo 接口，因此，SendMail 通常是默认安装好的。但是 SendMail 还需要很多额外的软件来辅助处理，其中，至少需要以下几个软件。

- SendMail：提供主要的 SendMail 程序和配置文件。
- SendMail-cf：提供 SendMail.cf 这个配置文件的默认整合数据。
- m4：辅助将 SendMail-cf 的数据转成实际可用的配置文件。

这三个软件是有相关性的，如果在安装的时候没有选择完整安装所有软件的话，SendMail-cf 则可能没有安装，请自行利用 RPM 进行检查，并安装好它。

几乎所有的 SendMail 相关配置文件都在/etc/mail 目录下，主要的配置文件如下。

1. /etc/mail/SendMail.cf

这是 SendMail 的配置文件。所有跟 SendMail 有关的设置都是靠它来完成的。不过该配置文件内容很复杂，不建议手动修改。

2. /usr/share/SendMail-cf/cf/*.mc

这些文件是 SendMail.cf 配置文件的默认参数数据，上面说过不建议直接手动修改 SendMail.cf，那么如果需要处理 SendMail.cf，就要通过这个目录下的参数来事先准备设置数据。当然，这些默认参数的数据文件必须通过 m4 程序转换才行。

3. /etc/mail/SendMail.mc(有 m4 指令转换)

利用 m4 指令并通过指定的默认参数文件来重建 SendMail.cf，就是通过该文件来设置处理的。

4. /etc/mail/local-host-names

邮件传输代理(MTA)能够接收信件与该设置有关。例如，有三个主机名分别为 hainu.edu.cn、mail.hainu.edu.cn 和 lib.hainu.edu.cn，那么这三个主机名都要写入该文件才行。否则会造成一些错误，例如，tom@ hainu.edu.cn 可以收信，而 tom@lib.hainu.edu.cn 却不能收信的情况，虽然这两个 E-mail 地址都传送到同一台主机上，但是由于缺少对 lib.hainu.edu.cn 主机名的设置，邮件传输代理不能接收该地址的邮件。

5. /etc/mail/access.db

用来设置是否可以 Relay 或者能否接收信件的数据库文件。由于是数据库，该文件必须使用 makemap 指令来创建，在内部 LAN 可以使用该文件来开放 Relay 的权限。

6. /etc/aliases.db

可以用于建立信箱别名。假如有一个用户账号为 aca，它还想使用 aca-studio 账号来收信，则不需要再建立一个 aca-studio 账号，直接在 aliases.db 中设置一个别名，让寄给 aca-studio 的信件直接发送给 aca 的信箱即可。由于是数据库，所以该文件需要通过 newaliases 来重建。

7. /var/spool/mqueue/

这是 SendMail 的邮件队列，当一封信被邮件传输代理(MTA)接收后，就会被放置到这里等待邮件投递代理(MDA)的处理。如果该信件是本机账号，就会被挪到/var/spool/mail/用户账号目录中，然后移除该信件。如果该信件需要 Replay，那么当信件传送到下一台 MTA 后，信件数据就会从队列中删除。当一封信暂时寄不出去时，就会先被存放在这里，并等待继续尝试送出。如果想知道目前队列内存放的信件数据，可以输入 Mailq 来查阅。

13.4.2　开放 SendMail 的监听接口与设置收信主机名称

事实上，系统默认已经启动 SendMail，但是它仅能接收来自本机的 MTA 请求。我们可以使用 netstat 命令，查看所有在监听 tcp/udp 的端口与服务的对应数据：

```
[root@localhost~]# netstat-tulnp
Active Internet connections(only servers)
Proto Recv-Q Send-Q Local Address Foreign Address State PID/Programname
tcp  0    0  0.0.0:32769     0.0.0.0*       LISTEN   1810/rpc.statd
tcp  0    0  127.0.0.1:25    0.0.0.0*       LISTEN   1995/sendmail:acce
```

在上面得到的监听 tcp/udp 端口与服务的数据列表中，端口 25 是由 SendMail 启动的，而且只监听 127.0.0.1 这个 lo 接口，显然目前它是无法接收来自 Internet 的信件的。因此，我们的重点是如何将监听的接口开启到整个 Internet 上。在此，我们需要修改 SendMail.mc 文件。该配置文件的基本语法为："设置组件('设置项目','参数一','参数二')"。这里只需要修改一处即可。

1. 修改 SendMail.mc 的参数

```
# vi /etc/mail/SendMail.mc
# 找到下面这一行设置
DAEMON_OPTIONS('Port=SMTP,Addr=127.0.0.1,Name=MTA') dnl
# 将它修改为:
DAEMON_OPTIONS('Port=SMTP,Addr=0.0.0.0,Name=MTA') dnl
```

2. 备份旧的配置文件数据

```
# cd /etc/mail
# mv sendmail.cf senmail.cf.back1
```

3. 建立新的 SendMail.cf 配置文件

```
# m4 sendmail.mc > sendmail.cf
```

4. 重新启动 SendMail 服务

```
# /etc/init.d/SendMail restart
```

处理完毕后，可以重新检查一下 SMTP 的监听端口，即可看到，监听的接口可以对整个 Internet 开放了。

```
[root@localhost mail~]# netstat-tulnp
Active Internet connections(only servers)
Proto Recv-Q Send-Q Local Address Foreign Address State  PID/Program name
tcp    0        0 0.0.0.0:32769 0.0.0.0:*      LISTEN 1810/rpc.stated
tcp    0        0 0.0.0.0:25    0.0.0.0:*      LISTEN 5130/sendmail:acce
```

此时，理论上 MTA 已经开始运行了。而既然 MTA 已经针对 Internet 来监听了，则需要对主机名称进行设置才行，否则主机默认会接收 localhost 这个主机名称的信件。

```
# vi /etc/mail/local-host-names
hainu.edu.cn
mail.hainu.edu.cn
lib.hainu.edu.cn
```

在 local-host-names 配置文件中，每一行放置一个主机名称，以后如果主机新增了不同的主机名称，并且希望该主机名可以用来收发信件，那么仍需修改 local-host-names。改写完毕后，需要重启 SendMail。

13.4.3 开放使用 MTA Relay 权限设置

邮件传输代理(MTA)的主要功能是收信与信件转发，即 Relay。在 SendMail 的默认设置中，只有 SendMail 服务器本机(localhost)可以进行信件转发，其他任何客户端都无法使用这条 MTA。也就是说，除非在这台 MTA 上使用 Mail 指令，或使用 X Window 内的邮件代理(MUA)来发信，其他的非本机用户都没有应用 Relay 的能力。那么这台 MTA 还有什么用途呢？所以，需要针对客户端的 Relay 功能进行开放。这个设置需要格外小心，以避免 MTA 变成 Open Relay 的不良状态。

SendMail 使用/etc/mail/access 文件来设置开放 Relay 或者关闭 Relay 的功能，这个文件的格式如下。

- 规范的范围或规则：SendMail 的操作。
- IP/部分 IP/主机名/Email 等：RELAY/DISCARD/REJECT。

在这两个字段之间最好使用<tab>键作为分隔，假设要让内部的 192.168.1.0/24 网段、59.50.64.40 主机，以及在海口地区教育部门(haikou.edu.cn)所管辖范围内的主机名都能使用这台 MTA，可进行如下设置：

```
# vi /etc/mail/access
Localhost.localdomain   RELAY
localhost   RELAY
127.0.0.1   RELAY
192.168.1   RELAY
59.50.64.40 RELAY
haikou.edu.cn   RELAY

# 利用 makemap 命令制作 hash 格式的数据库
# cd /etc/mail
# makemap hash access < access
```

进行上述操作后，整个内部网段以及外部的其他固定 IP 主机都能够使用该 MTA 来进行 Relay 了。

对 SendMail 进行上述设置后，MTA 已经可以接收信件了，也可以接收内部或特定 IP 的 Relay 信件。如果需要建立新的电子邮件账号，只需在系统中新增一个用户即可。

本 章 小 结

本章描述了电子邮件的基本概念和功能、基本原理和相关协议。在此基础上，通过案例，讲解了在 Windows Server 2008 中，使用 IIS 中的 SMTP 组件搭建邮件发送服务器以及使用第三方软件 WinMail 构建邮件服务器的方法。在 Linux 系统中，介绍了 SendMail 邮件服务器的安装及基本配置。使读者对不同系统环境下，电子邮件服务器的工作原理及服务器搭建方法有了一定的了解。

习　　题

1. 简述电子邮件的工作原理。
2. 邮件接收协议 POP3 和 IMAP 的功能有何异同？
3. 简述在 Windows 中，使用 IIS 的 SMTP 组件搭建邮件发送服务器的步骤。
4. 简述 Linux 中 SendMail 服务器的相关辅助软件及其作用。

第 14 章　网络操作系统安全管理

学习目标：

- 了解网络安全的定义及其重要性
- 了解 Windows Server 2008 系统提供的安全策略
- 了解 Linux 主机的安全防护措施

14.1　网络安全概述

14.1.1　网络安全的重要性

随着计算机网络连接能力、信息流通能力的提高，基于网络连接的安全问题日益突出，信息领域的犯罪随之而来，窃取信息、篡改数据和非法攻击等对系统使用者及全社会造成的危害和损失也特别巨大，且日益增加。据统计，全球约 20 秒就有一次计算机入侵事件发生，Internet 上的网络防火墙有 1/4 被突破，有 70%以上的网络信息主管人员报告因机密信息泄露而受到了损失，61%的资源在过去的 12 个月中遭到内部攻击，58%的资源在过去的 12 个月中遭到外部攻击。

大多数信息犯罪采用先进的技术手段，超过 45%的攻击和高级黑客技术有关，如窃听器(Sniffer)、口令文件窃取、漏洞扫描探测、特洛伊木马程序等互联网上可以得到的免费黑客工具。由于黑客工具和技术手段的迅速泛滥，攻击或泄露事件发生频率快速增加，攻击方法和手段也随之不断翻新，一个破解的系统漏洞会造成所有采用该系统的用户都处于危险之中，鉴于此，计算机安全问题，应该像日常家庭中的防火防盗一样，做到防患于未然。

14.1.2　网络安全的定义

网络安全是指网络系统的硬件、软件及其系统中的数据受到保护，不受偶然的因素或者恶意的攻击而遭到破坏、更改、泄露，确保系统能连续、可靠、正常地运行，网络服务不中断。网络安全主要是指网络上的信息安全，包括物理安全、逻辑安全、操作系统安全、网络传输安全。

(1)　物理安全：指用来保护计算机硬件和存储介质的装置和工作程序。物理安全包括防盗、防火、防静电、防雷击和防电磁泄漏等内容。

(2)　逻辑安全：计算机的逻辑安全需要用口令字、文件许可、加密、检查日志等方法来实现。防止黑客入侵主要依赖于计算机的逻辑安全。可以通过以下措施来加强计算机的逻辑安全：

- 限制登录的次数，对试探操作加上时间限制；
- 把重要的文档、程序和文件加密；

- 限制存取非本用户自己的文件，除非得到明确的授权；
- 跟踪可疑的、未授权的存取企图。

(3) 操作系统安全。操作系统是计算机中最基本、最重要的软件。同一计算机可以安装几种不同的操作系统。如果计算机系统需要提供给许多人使用，操作系统必须能区分用户，防止他们相互干扰。一些安全性高、功能较强的操作系统可以为计算机的每个用户分配账户。不同账户有不同的权限。操作系统不允许一个用户修改由另一个账户产生的数据。

(4) 网络传输安全。可以通过以下的安全服务来达到网络传输安全。

- 访问控制服务：用来保护计算机和联网资源不被非授权使用。
- 通信安全服务：用来认证数据的保密性和完整性，以及各通信的可信赖性。如基于互联网的电子商务就依赖并广泛采用通信安全服务。

14.1.3 网络安全策略

1. 物理安全策略

物理安全策略的目的是保护计算机系统、网络服务器、网络设备、打印机等硬件实体和通信链路免受自然灾害、人为破坏、搭线窃取和攻击等；确保计算机系统有一个良好的电磁兼容工作环境；建立完备的安全管理制度，防止未经授权而非法进入计算机控制室和各种偷窃、破坏活动的发生。

2. 访问控制策略

访问控制是网络安全防范和保护的主要策略，它的主要任务是保证网络资源不被非法使用和非法访问。它也是维护网络系统安全、保护网络资源的重要手段。各种安全策略必须相互配合才能真正起到保护作用，但访问控制可以说是保证网络安全最重要的核心策略之一。

3. 信息加密策略

信息加密的目的是保护网内的数据、文件、口令和控制信息，保护网上传输的数据。网络加密常用的方法有链路加密、端点加密和节点加密三种。链路加密的目的是保护网络节点之间的链路信息安全；端点加密的目的是对源端用户到目的端用户的数据提供保护；节点加密的目的是对源节点到目的节点之间的传输链路提供保护。用户可根据网络情况酌情选择上述加密方式。

4. 网络安全管理策略

在网络安全中，除了采用上述技术措施之外，加强网络的安全管理，制定有关规章制度，对于确保网络的安全、可靠地运行，将起到十分有效的作用。网络的安全管理策略包括：确定安全管理等级和安全管理范围；制定有关网络操作使用规程和人员出入机房管理制度；制定网络系统的维护制度和应急措施等。

14.2　Windows Server 2008 安全策略

在以往版本的 Windows 系统中虽然也提供了强大的网络服务功能，但它的安全性一直困扰众多用户。如何在充分利用 Windows 系统提供的各种服务的同时保证服务的安全稳定运行，并且最大限度地抵御病毒和黑客的入侵是用户最为关注的话题。Windows Server 2008 不仅提供了系统漏洞的修复功能，而且新增了很多易用的安全功能。

14.2.1　Windows Server 2008 系统安全设置

Windows Server 2008 中提供了功能强大的安全配置向导 (SCW)，借助此项功能，可以通过自定义服务器角色的安全设置来减小运行 Windows Server 2008 操作系统的计算机的攻击面。

安全配置向导 (SCW) 可引导用户完成创建、编辑、应用或回滚安全策略的过程。它提供了根据角色创建或修改服务器的安全策略的便捷方法。然后，可以使用组策略将该安全策略应用于执行相同角色的多个目标服务器。还可以针对恢复目的，使用 SCW 将某个策略回滚到其以前配置。使用 SCW，可以将服务器的安全设置与所需的安全策略进行比较，以检查系统中有漏洞的配置。

Windows Server 2008 中的 SCW 版本比 Windows Server 2003 中的 SCW 版本包含更多服务器角色配置和安全设置。而且，通过使用 Windows Server 2008 中的 SCW 版本，可实现：

- 基于服务器角色禁用不需要的服务。
- 删除未使用的防火墙规则和约束现有防火墙规则。
- 定义受限审核策略。

1. 启用安全配置向导

在 Windows Server 2008 服务器中，可在“管理工具”选择“安全配置向导”，或在命令行窗口中输入“SCW.exe”命令激活安全配置向导，如图 14-1 所示。

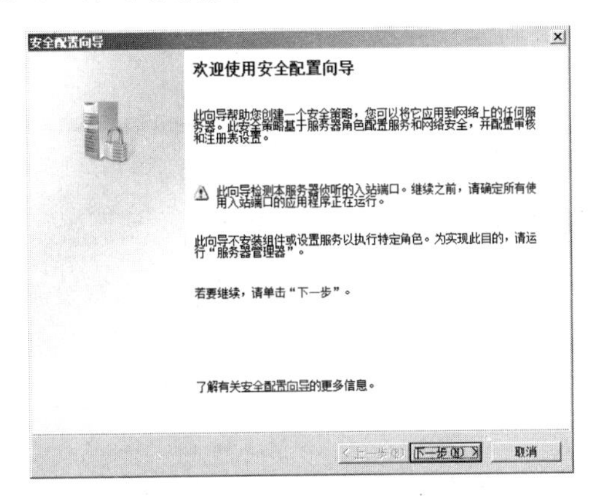

图 14-1　启用安全配置向导

第一次使用安全配置向导，首先要为 Windows Server 2008 服务器新建一个安全策略，安全策略信息将以 XML 格式存放在默认路径“C:\Windows\security\msscw\Policies”中。一个 Windows Server 2008 系统可以根据不同需要，创建多个“安全策略”文件，并可对安全策略文件进行修改，但一次只能应用其中一个安全策略。在向导中单击“下一步”按钮，在如图 14-2 所示的对话框中，可对配置操作做出选择，新建安全策略、编辑现有安全策略、应用现有安全策略，或是回滚上一次应用的安全策略。首次使用选择“新建安全策略”。

单击“下一步”按钮后，在选择服务器对话框中，确认服务器的计算机名或 IP 地址，随后安全配置向导会处理安全配置数据库，Windows Server 2008 的基础安全配置数据处理完毕后，用户即可根据实际需要来进行不同的配置，如图 14-3 所示。

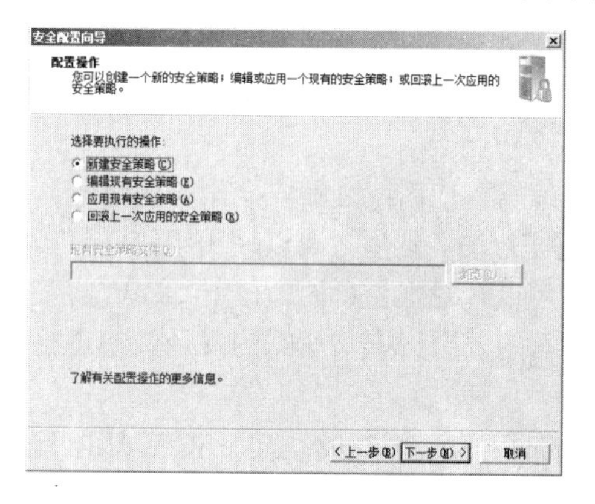

图 14-2 选择配置操作

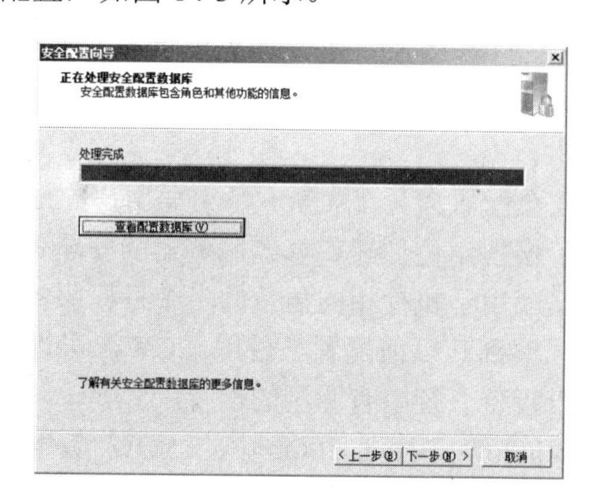

图 14-3 处理安全配置数据库

2. 基于角色的服务配置

具体操作步骤如下。

(1) 完成基础安全配置数据库处理后，系统将出现如图 14-4 所示的“基于角色的服务配置”界面，单击“下一步”按钮开始针对基于角色的服务进行安全配置。

(2) 在如图 14-5 所示的列表中提供了当前服务器中安装的服务角色，一个 Windows Server 2008 服务器可以提供多种服务器角色。对于暂时没有安装的角色服务，也可以选中相应项目，以便让配置向导一并进行处理。

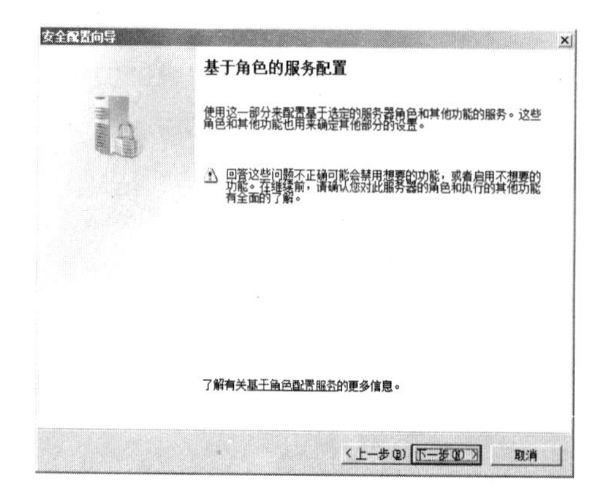

图 14-4 基于角色的服务配置

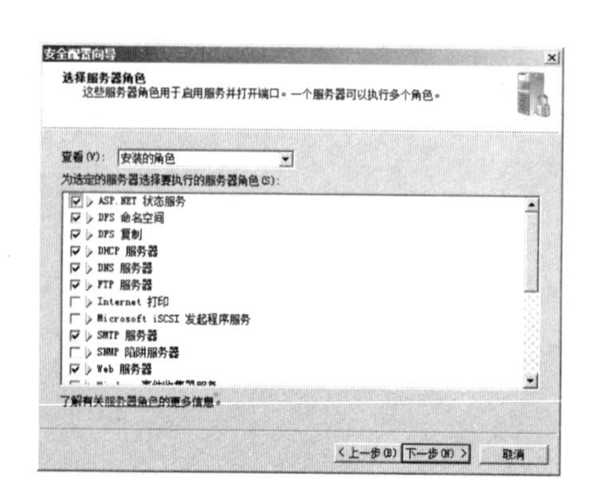

图 14-5 选择服务器角色

(3) 单击“下一步”按钮，在如图 14-6 所示的列表中选择服务器作为客户端计算机使用时所需的服务，在提供各种服务的同时，服务器也可以支持多种客户端功能，根据实际需要在列表框中选中所需的客户端功能即可。

(4) 单击“下一步”按钮，在如图 14-7 所示的列表中可以选择服务器所需要的管理项目，选择了这些管理项目后，安全配置向导将启动服务并打开相应的端口。

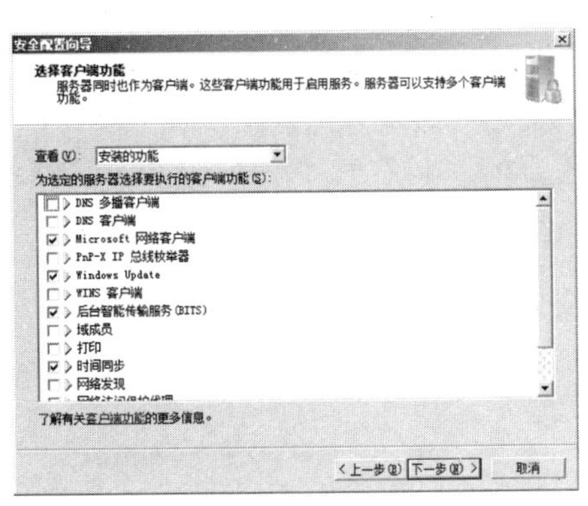

图 14-6　选择服务器的客户端功能

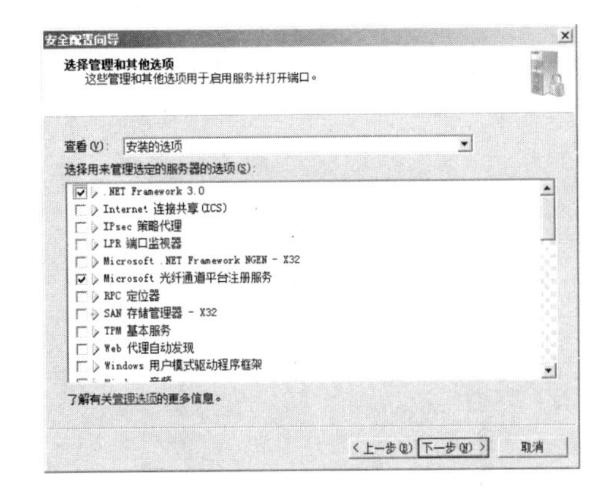

图 14-7　选择管理项目

(5) 单击“下一步”按钮，在如图 14-8 所示的列表中提供了 Windows Server 2008 服务器中运行的其他服务器，如 Windows Media 服务、SQL 数据库等。建议用户在此选中全部复选框，以确保这些服务能够正常运行。

(6) 单击“下一步”按钮，显示如图 14-9 所示的“处理未指定的服务”界面，这里的“未指定服务”是指，如果此安全策略文件被应用到其他 Windows Server 2008 服务器中，而该服务器中提供的一些服务没有在安全配置数据库中列出，那么这些没有被列出的服务该在什么状态下运行。在此可以指定它们的运行状态，建议选中“不更改此服务的启动模式”单选按钮。

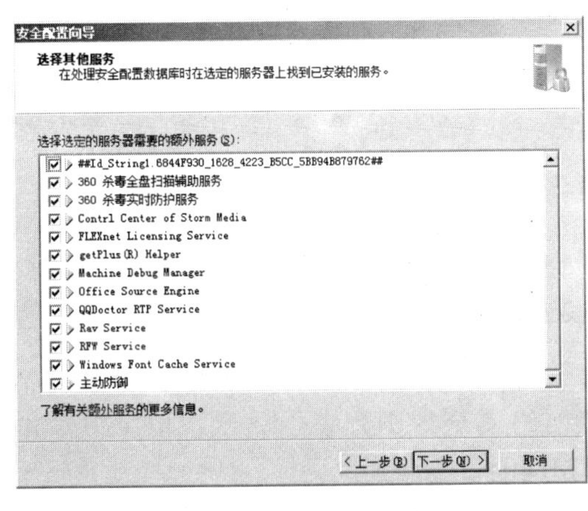

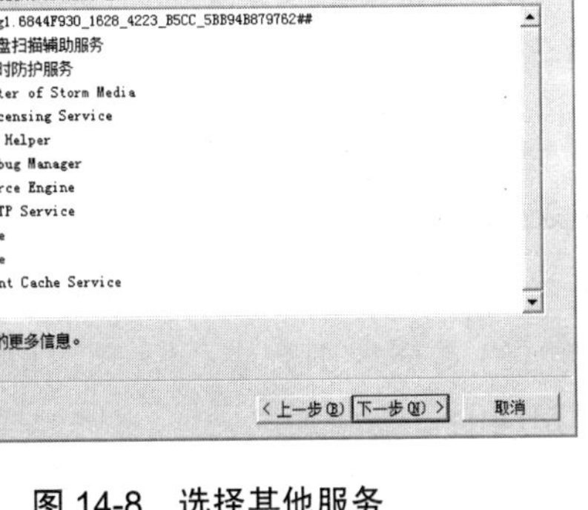

图 14-8　选择其他服务

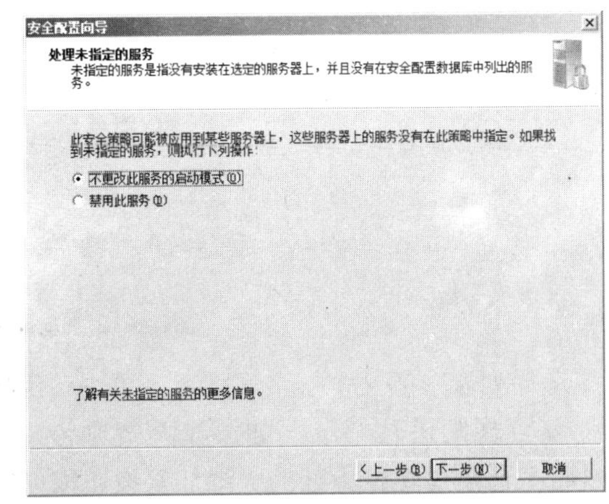

图 14-9　处理未指定的服务

(7) 在如图 14-10 所示的列表中将显示已经更改的服务项目，经过这样的处理后，Windows Server 2008 的服务项目将得到清理，服务器的稳定性和运行效率也将得到提升。

3. 网络安全配置

Windows Server 2008 服务器包含的各种服务都是通过某个或某些端口来提高服务内容的，为了保证服务器的安全，Windows 防火墙默认是不会开放这些服务端口的。因此可以在网络安全配置向导中继续完成“网络安全”配置(如图 14-11 所示)，以便开放各项服务所需的端口，这种向导化配置过程与手工配置 Windows 防火墙相比，更加简便和安全。

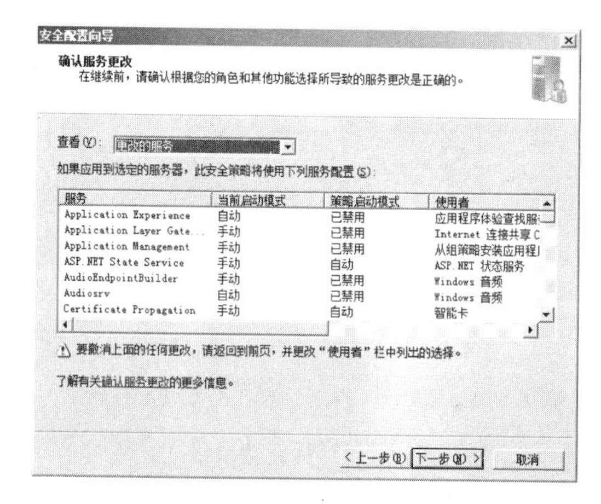

图 14-10　确认服务的更改

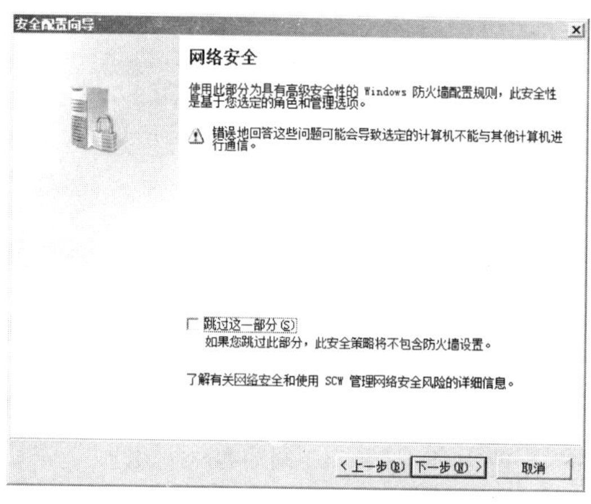

图 14-11　网络安全配置

在如图 14-12 所示的列表中提供了所有的网络安全规则，此时可以根据服务器的实际需要选中 FTP、DNS、DHCP 等服务规则。

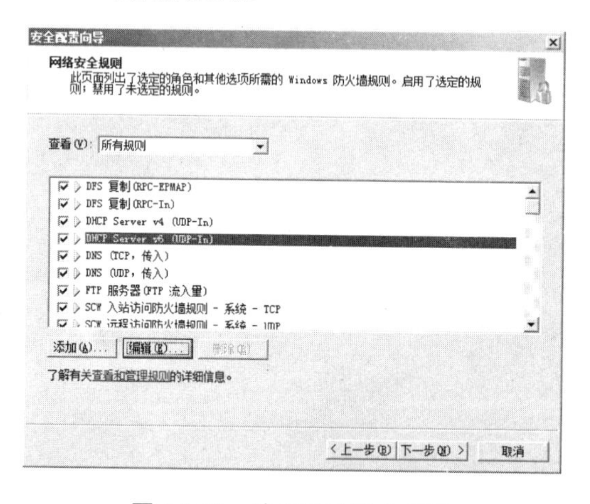

图 14-12　选择网络安全规则

选择列表中的某个安全规则后，单击“编辑”按钮，可以打开如图 14-13 所示的对话框对安全规则进行修改。如果某些规则没有在网络安全规则列表中显示，也可以单击图 14-12 所示对话框下部的“添加”按钮来创建相应的安全规则。

4. 注册表设置

Windows Server 2008 服务器在网络中为用户提供各种服务，但客户端与服务器的通信中很有可能包含诸如病毒之类的恶意访问，对系统的注册表信息进行改写和破坏。注册表是 Windows 系统的中央分层数据库，用于存储为一个或多个用户、应用程序和硬件设备配置系统所必需的信息。通过在安全配置向导中对注册表对设置(如图 14-14 所示)，可以最大限度限制非法用户访问，从而确保服务器的安全。

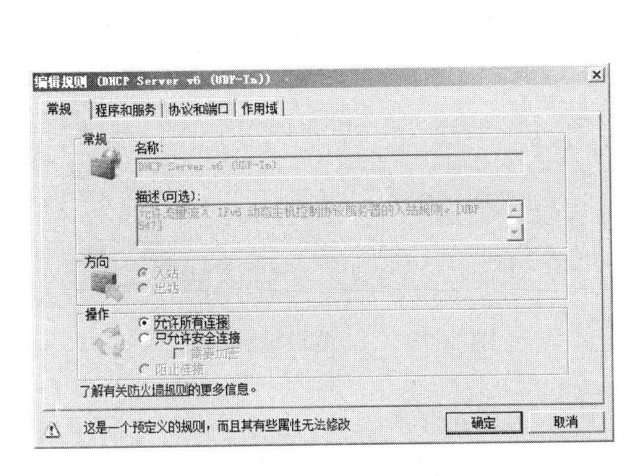

图 14-13　编辑规则

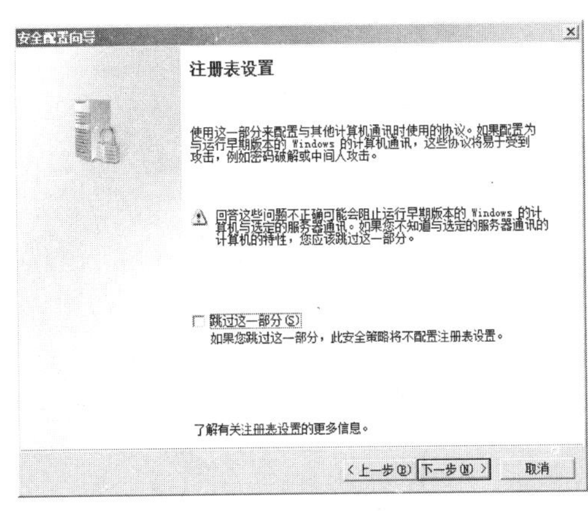

图 14-14　注册表设置

单击“下一步”按钮，在如图 14-15 所示的“要求 SMB 安全签名”界面中，需确定是否启用或要求服务器消息块(SMB)安全签名。在此，可以设置局域网络中计算机的操作系统版本，还能够根据服务器的性能来设置是否有多余的性能进行打印、通信签名等服务，一般情况下，两个复选框都需要选中。

在设置出站身份验证方式时，可在如图 14-16 所示的对话框中选择域用户、远程计算机上的本地账户或 Windows 95/98/Me 上的文件共享密码等项，通常建议选中“域账户”复选框来增强安全性。

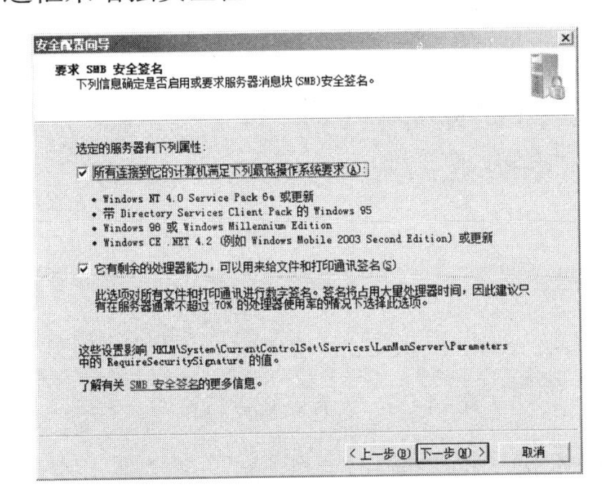

图 14-15　要求 SMB 安全签名

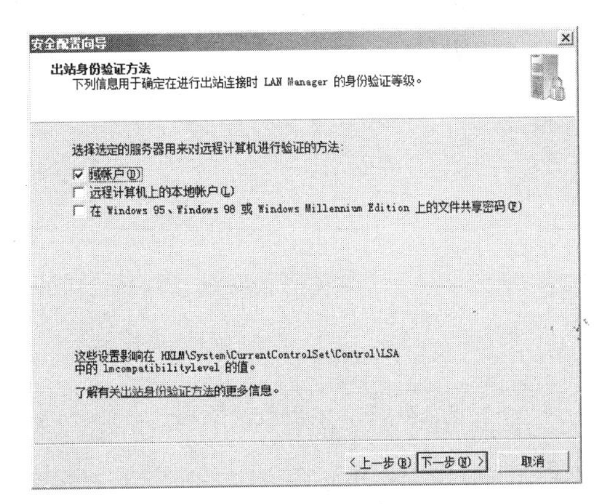

图 14-16　设置出站身份验证

设置“域用户”作为出站身份验证后，需要在如图 14-17 所示的界面中选择身份验证等级，一般选中“Windows NT 4.0 Service Pack 6a 或更新的操作系统”复选框即可。

最后，在如图 14-18 所示的列表中可查看有关安全策略使用的注册表设置摘要信息，确认后单击“下一步”按钮即可。

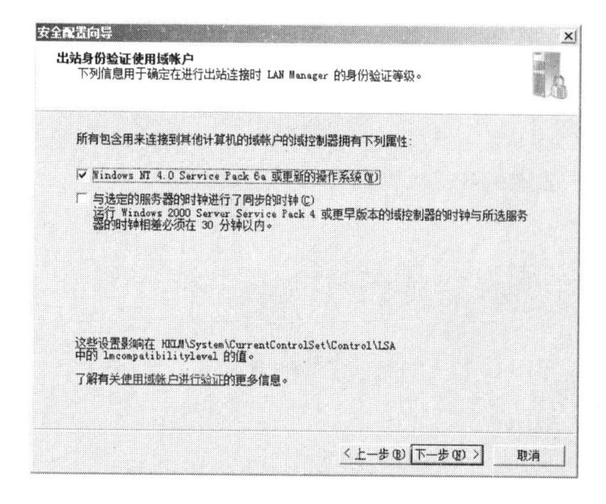

图 14-17　设置出站身份验证使用域账户

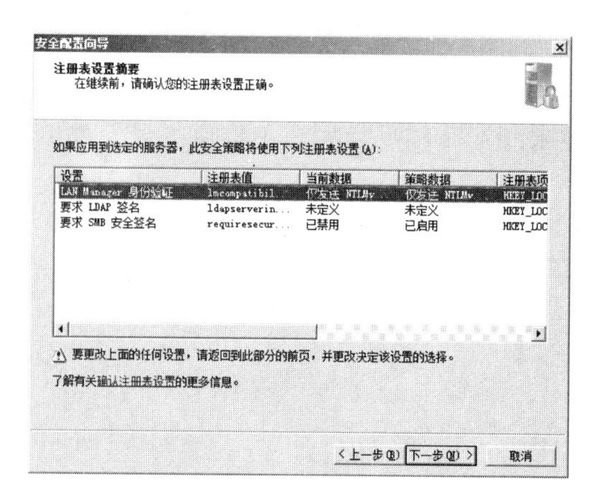

图 14-18　注册表设置摘要

5. 启用审核策略

管理员时常需要利用日志文件来分析服务器的运行状况，因此启用适当的审核策略是非常必要的，利用安全配置向导接下来的操作，能够轻松启动系统的审核策略。如图 14-19 所示，单击“下一步”按钮，开始配置审核策略。

在如图 14-20 所示的“系统审核策略”界面中要合理选择审核目标，毕竟日志记录过多的事件会影响服务器的性能，因此建议用户选择“审核成功的操作”单选按钮。如果有特殊需求，也可以选择“不审核”或“审核成功和不成功的操作”单选按钮。

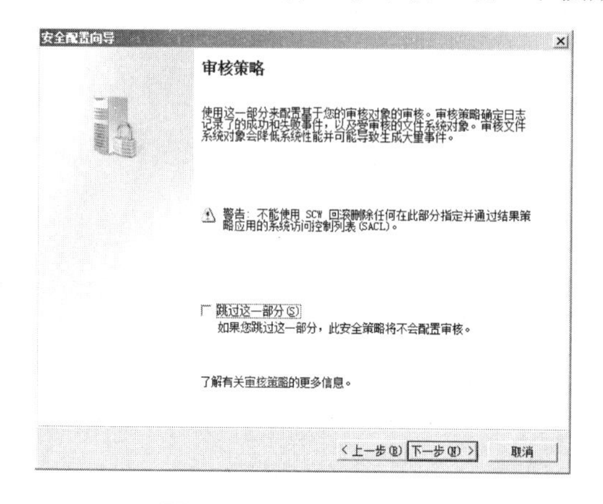

图 14-19　设置审核策略

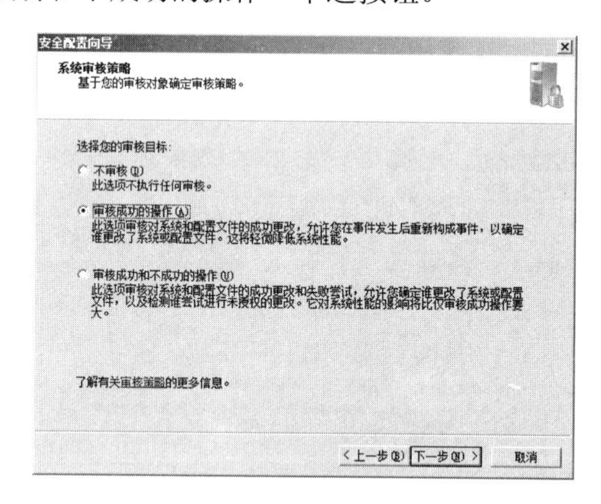

图 14-20　设置系统审核策略

在如图 14-21 所示的界面中可查看审核事件配置的摘要信息，确认后单击“下一步”按钮即可完成对审核策略的配置。

6. 保存安全策略

完成上述操作后，即完成了安全配置向导的所有相关配置，可对所做的所有配置进行保存。在“保存安全策略”界面中单击“下一步”按钮，可在如图 14-22 所示的“安全策略文件名”界面中为配置的安全策略文件命名，需注意的是，该策略文件需以.xml 为扩展名。

是 Windows 系统的中央分层数据库，用于存储为一个或多个用户、应用程序和硬件设备配置系统所必需的信息。通过在安全配置向导中对注册表对设置(如图 14-14 所示)，可以最大限度限制非法用户访问，从而确保服务器的安全。

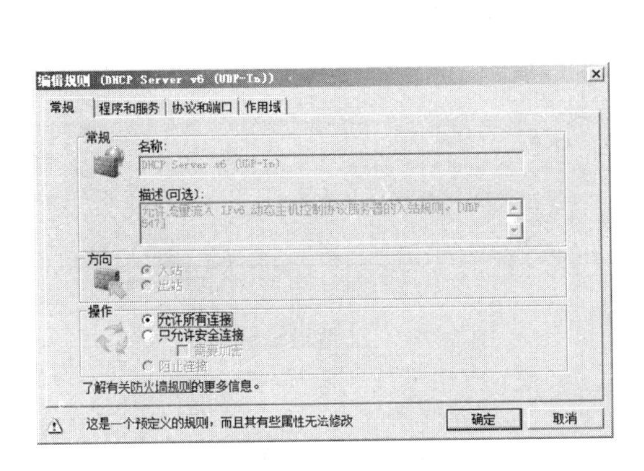

图 14-13　编辑规则

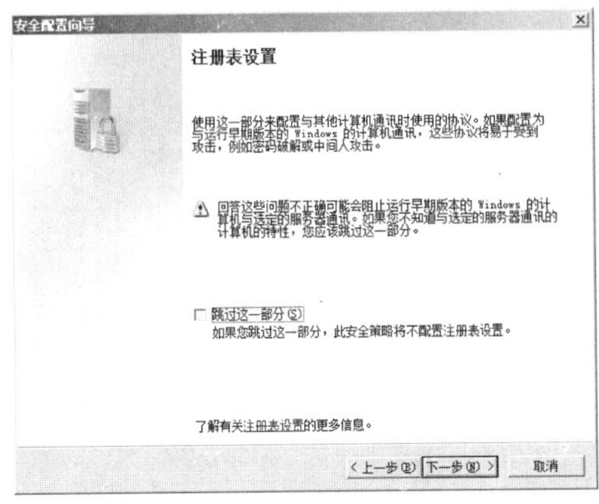

图 14-14　注册表设置

单击“下一步”按钮，在如图 14-15 所示的“要求 SMB 安全签名”界面中，需确定是否启用或要求服务器消息块(SMB)安全签名。在此，可以设置局域网络中计算机的操作系统版本，还能够根据服务器的性能来设置是否有多余的性能进行打印、通信签名等服务，一般情况下，两个复选框都需要选中。

在设置出站身份验证方式时，可在如图 14-16 所示的对话框中选择域用户、远程计算机上的本地账户或 Windows 95/98/Me 上的文件共享密码等项，通常建议选中“域账户”复选框来增强安全性。

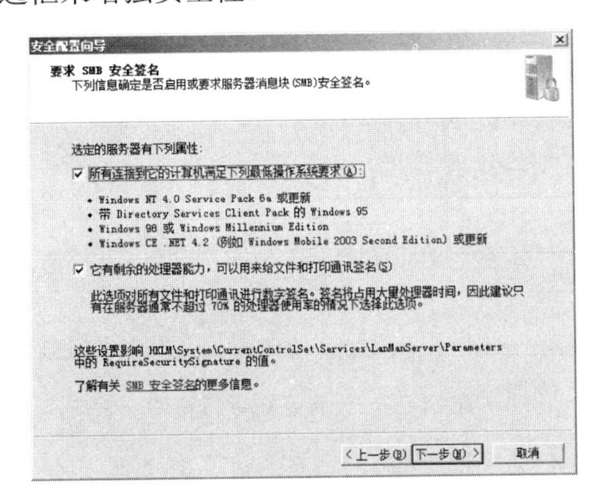

图 14-15　要求 SMB 安全签名

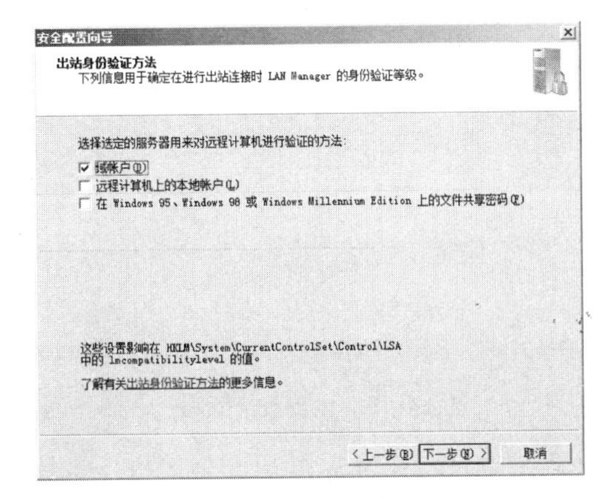

图 14-16　设置出站身份验证

设置“域用户”作为出站身份验证后，需要在如图 14-17 所示的界面中选择身份验证等级，一般选中“Windows NT 4.0 Service Pack 6a 或更新的操作系统”复选框即可。

最后，在如图 14-18 所示的列表中可查看有关安全策略使用的注册表设置摘要信息，确认后单击“下一步”按钮即可。

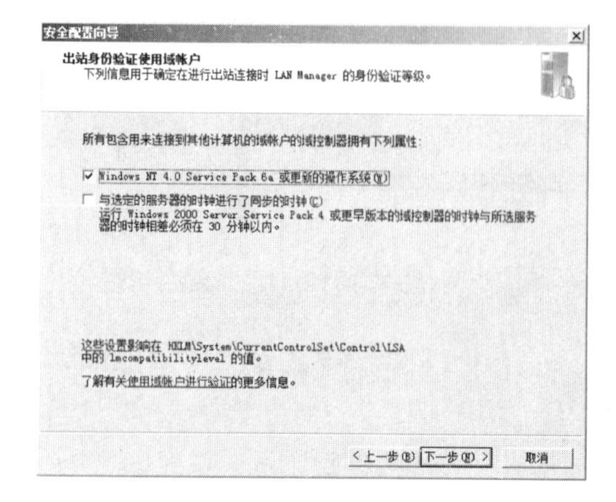

图 14-17 设置出站身份验证使用域账户

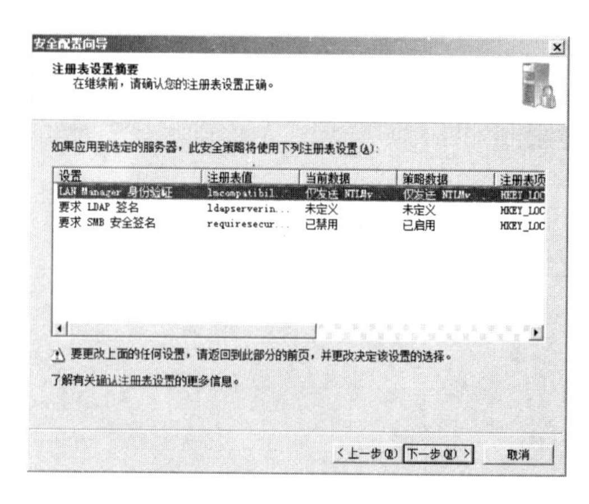

图 14-18 注册表设置摘要

5. 启用审核策略

管理员时常需要利用日志文件来分析服务器的运行状况，因此启用适当的审核策略是非常必要的，利用安全配置向导接下来的操作，能够轻松启动系统的审核策略。如图 14-19 所示，单击“下一步”按钮，开始配置审核策略。

在如图 14-20 所示的“系统审核策略”界面中要合理选择审核目标，毕竟日志记录过多的事件会影响服务器的性能，因此建议用户选择“审核成功的操作”单选按钮。如果有特殊需求，也可以选择“不审核”或“审核成功和不成功的操作”单选按钮。

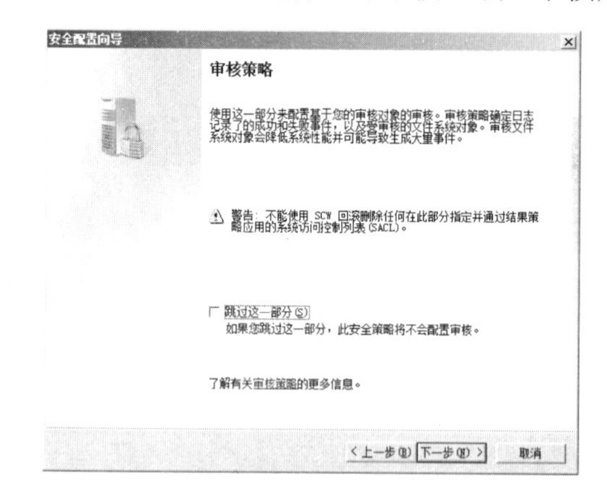

图 14-19 设置审核策略

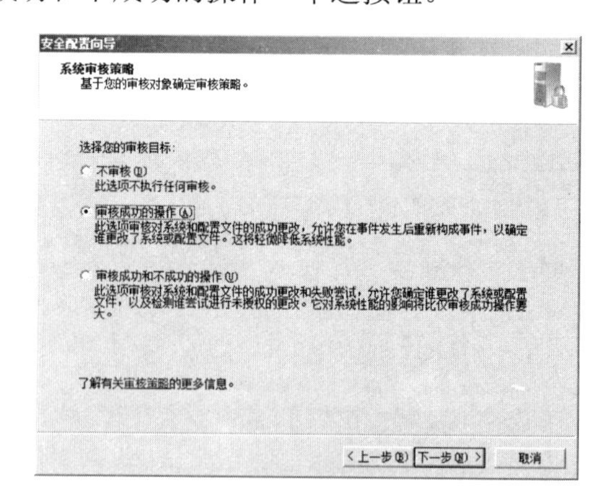

图 14-20 设置系统审核策略

在如图 14-21 所示的界面中可查看审核事件配置的摘要信息，确认后单击“下一步”按钮即可完成对审核策略的配置。

6. 保存安全策略

完成上述操作后，即完成了安全配置向导的所有相关配置，可对所做的所有配置进行保存。在“保存安全策略”界面中单击“下一步”按钮，可在如图 14-22 所示的“安全策略文件名”界面中为配置的安全策略文件命名，需注意的是，该策略文件需以.xml 为扩展名。

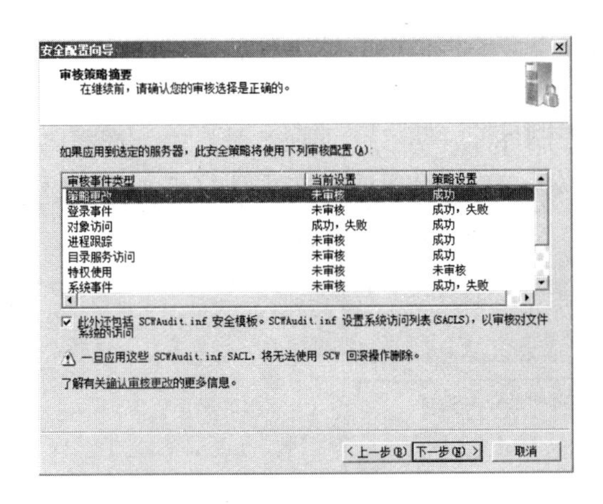

图 14-21　审核策略摘要信息

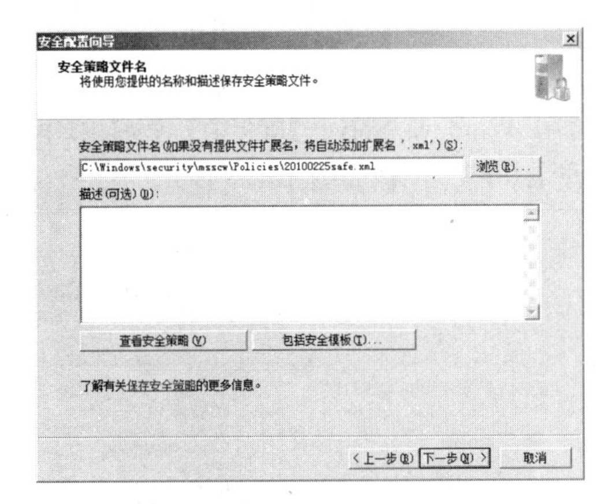

图 14-22　设置安全策略文件名

单击“下一步”按钮，在“应用安全策略”界面中选择“现在应用”单选按钮，使配置的安全策略立即生效，完成安全配置向导的配置，如图 14-23 所示。

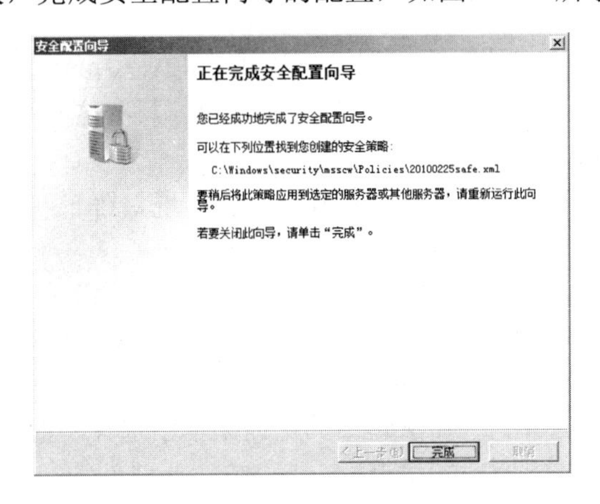

图 14-23　完成安全配置向导

14.2.2　IPSec 保护网络安全

IPSec(Internet Protocol Security)即 Internet 协议安全协议。IPSec 在 IP 层对数据进行对称加密，封装整个 IP 数据包，不需要为 TCP/IP 协议组中的每个协议单独设置安全性，应用程序使用 TCP/IP 将数据传递到 IP 协议层，并在这里进行保护。虽然 IPSec 配置相对比较复杂，但对应用程序来说是透明的，因此 IPSec 不需要更改已有的应用程序和操作系统即可在目前多数的网络模式中配置使用。

在 IPSec 的防护下，发送端计算机在传输前，也就是每个 IP 数据包达到网线之前对其实施保护，而接收端计算机只有在数据被接收和验证之后才解除对数据的保护，从而真正确保数据传输的安全。有了 IPSec 的数据保护功能，攻击者几乎不可能实现对监听到的数据的破解。

由此可见 IPSec 的主要功能包括两个方面：一个是保护 IP 数据包的内容，另一个是通过数据包筛选并实施受信任通信来防御网络攻击。这对服务器而言无疑是非常重要的功能，

Windows Server 2008 中已经内置了该功能，用户不需要再借助其他工具就可以对传输的数据加以保护。

在 Windows Server 2008 中，要打开 IPSec 控制界面，可在“管理工具”中，选择“本地安全策略”，在如图 14-24 所示的窗口中，可对“IP 安全策略，在本计算机”选项进行设置。

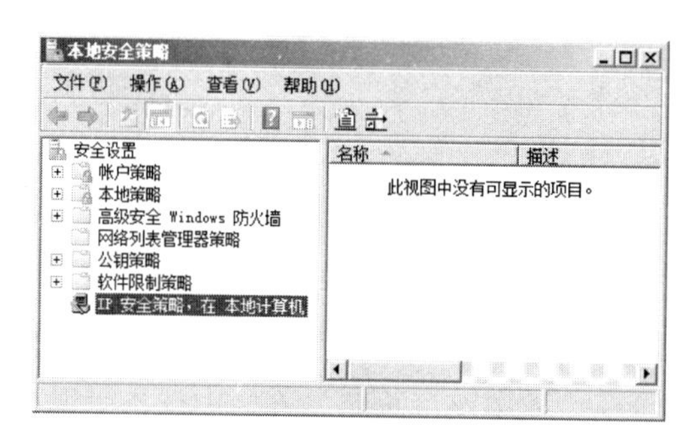

图 14-24　IP 安全策略操作台

很多用户都关心如何关闭计算机的端口或如何防止别人 ping 自己的计算机，虽然防火墙是一个解决办法，但是需要付出额外的费用和资源。其实这些需求完全可以依靠 IPSec 的数据包筛选功能来实现。

以一台 IP 为 192.168.1.20 的服务器为例，要实现对外部机器进行数据包筛选关闭 ICMP——关闭 ping 的回应信息，可在 IPSec 中做如下配置。

1. 创建 IPSec 安全筛选器

(1) 在 IP 安全策略控制台中，目前系统中没有可用的筛选策略，所以需要用户添加。右击“IP 安全策略，在本计算机”，从弹出的快捷菜单中选择“管理 IP 筛选器表和筛选器操作”命令，打开如图 14-25 所示的话框。

单击“添加”按钮，在如图 14-26 所示的对话框中，填写 IP 筛选器名称(如 ICMP 筛选器)、描述，创建 IP 筛选器列表名。

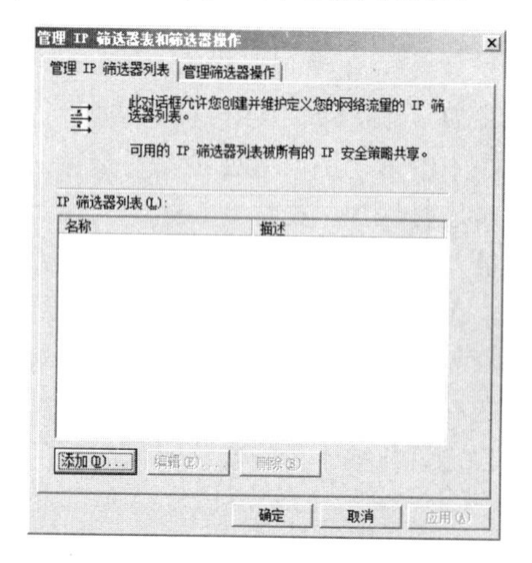

图 14-25　管理 IP 筛选器表和筛选器操作

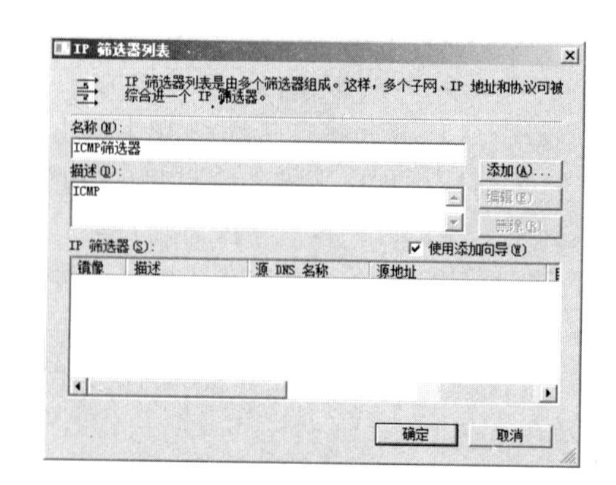

图 14-26　创建 IP 筛选器列表名称

(2) 单击“添加”按钮后，将打开 IP 筛选器向导程序，单击“下一步”按钮，在如图 14-27 所示的对话框中，从“源地址”下列列表中选择“我的 IP 地址”，即代表服务器本机 192.168.1.20 这个地址。

(3) 单击“下一步”按钮，在如图 14-28 所示的对话框中，从“目标地址”下列列表框中选择“任何 IP 地址”。

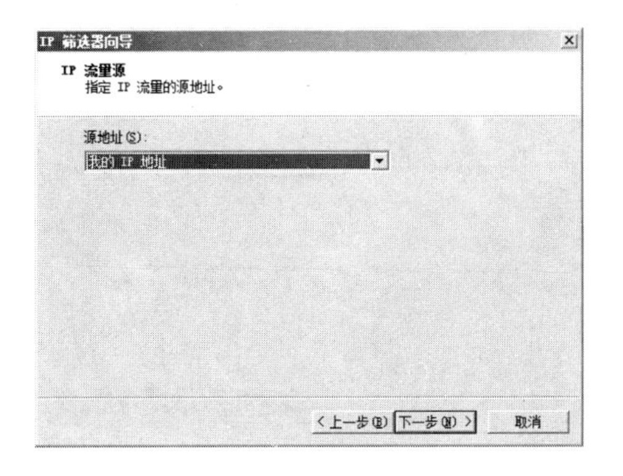

图 14-27　指定源地址

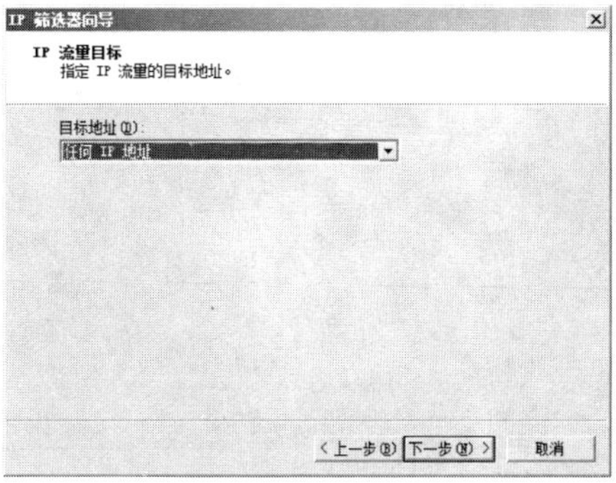

图 14-28　指定目标地址

(4) 单击“下一步”按钮，在如图 14-29 所示的对话框中，从“选择协议类型”下列列表中选择 ICMP。在此选项中包含了很多可选协议，包括 TCP、UDP 等。

(5) 至此，就完成了 IP 筛选器的建立。在 IP 筛选器向导中单击“完成”按钮关闭该向导。

(6) 接下来需要添加一个符合阻止要求的筛选器操作，此时需在“管理 IP 筛选器表和筛选器操作”面板中选择“管理筛选器操作”选项卡，并单击其中的“添加”按钮，在如图 14-30 所示的对话框中，为这个筛选器操作命名，如“禁止 ping”，同时可以输入一些描述信息。

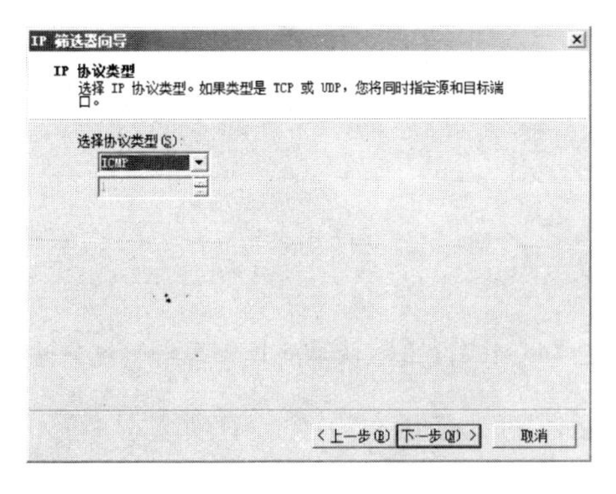

图 14-29　选择协议类型

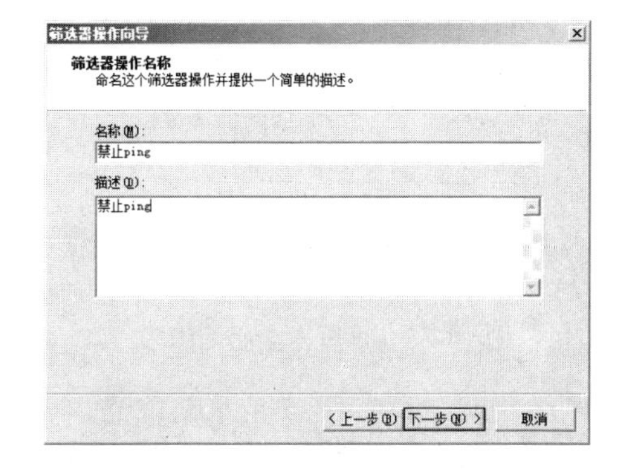

图 14-30　创建筛选器操作名称

(7) 单击“下一步”按钮，设置操作的行为，此例中，选择“阻止”行为，如图 14-31 所示。

2. IP 安全筛选器操作

完成“IP 筛选器操作”的添加设置后，需要创建一条新的 IP 安全策略。在图 14-24 所

示的操作台中，右击“IP 安全策略，在本地计算机”，从弹出的快捷菜单中选择“创建 IP 安全策略”命令，打开 IP 安全策略向导。

(1) 为此 IP 安全策略命名，如此例中为安全策略命名为“屏蔽 ICMP”，也可以加入描述信息，如图 14-32 所示。

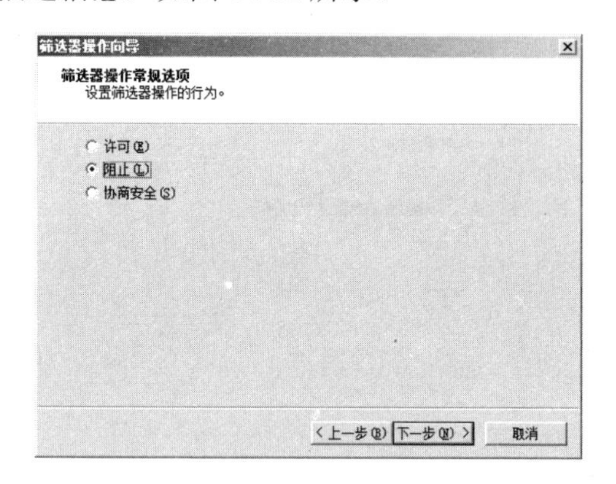

图 14-31　选择筛选器操作行为

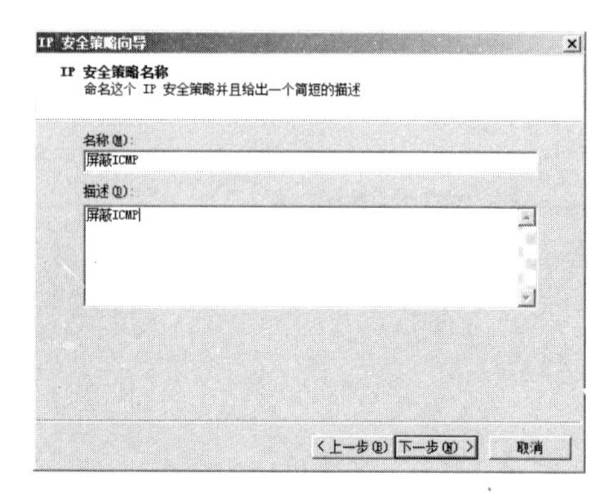

图 14-32　命名 IP 安全策略

(2) 在如图 14-33 所示的对话框中，指定这个策略如何对安全通信的请求作出响应，选中“激活默认响应规则”复选框，单击“下一步”按钮。

(3) 在如图 14-34 所示的对话框中，选择默认响应规则身份验证的方法，此处可选择以“Active Directory 默认值”安全规则设置身份验证方法。

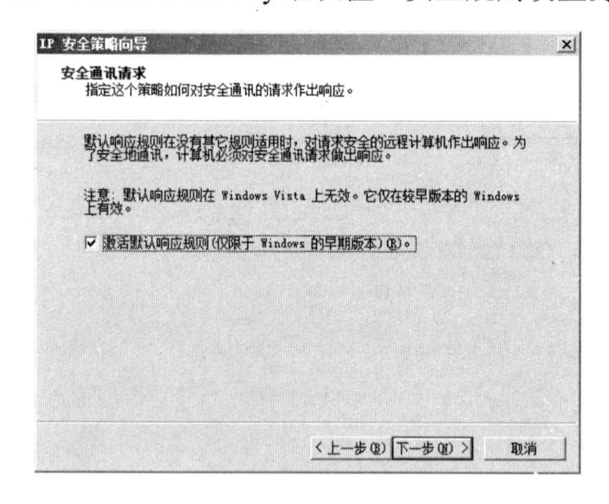

图 14-33　设置安全通信请求

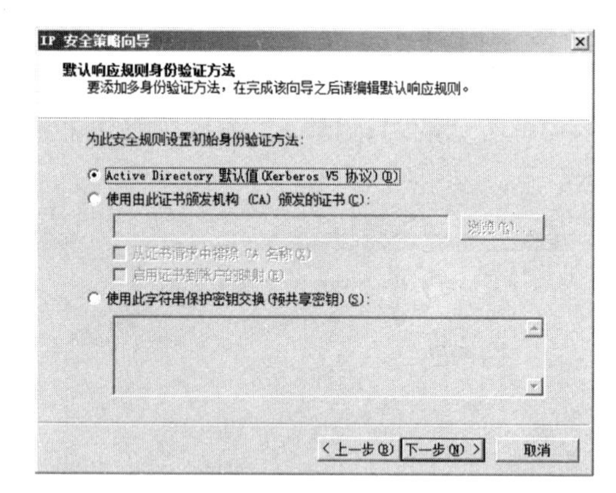

图 14-34　设置默认响应规则身份验证方法

(4) 至此，完成 IP 安全策略创建。需对刚刚创建的策略进行配置，在如图 14-35 所示的对话框中单击“添加”按钮，激活创建 IP 规则向导。

(5) 在如图 14-36 所示的对话框中选中“此规则不指定隧道”单选按钮。

(6) 在如图 14-37 所示的对话框中，选中“所有网络连接”单选按钮。

(7) 在如图 14-38 所示的 IP 筛选器列表中选取刚刚新建的筛选器“ICMP 筛选器”，并单击“下一步”按钮。

(8) 在如图 14-39 所示的筛选器操作列表中选择刚刚创建的“禁止 ping”操作，并单击“下一步”按钮。

(9) 完成整个设置后，可在 IP 筛选器列表中查看刚才设置的 IP 安全规则，如图 14-40 所示。

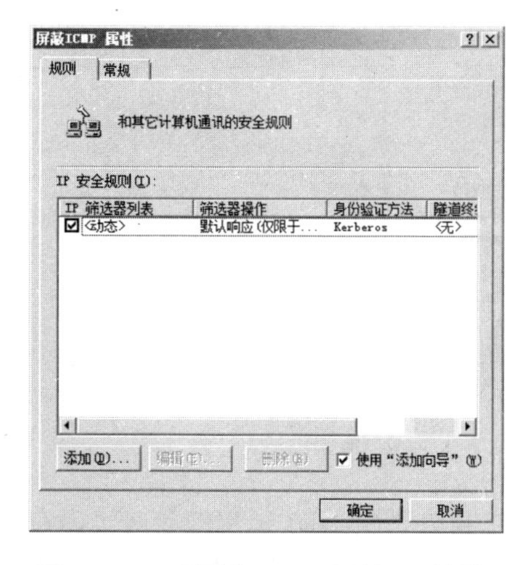

图 14-35　“屏蔽 ICMP 属性”对话框

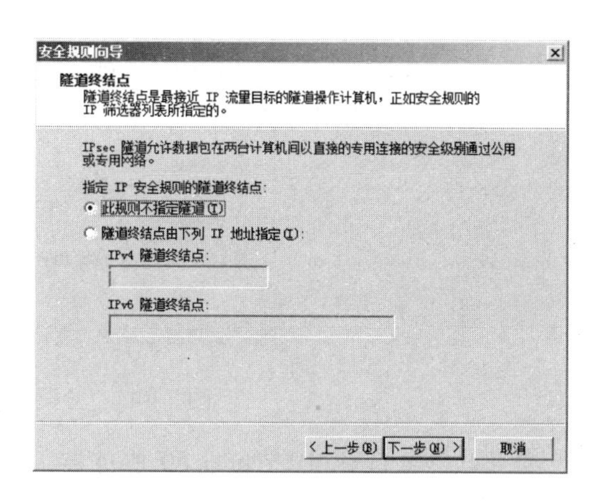

图 14-36　设置隧道终结点

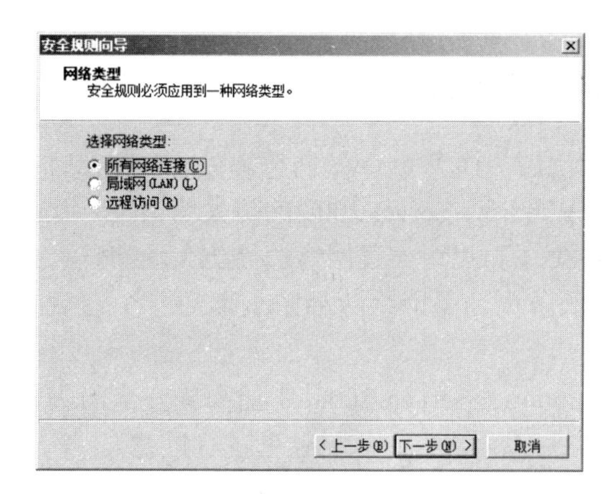

图 14-37　选择网络类型

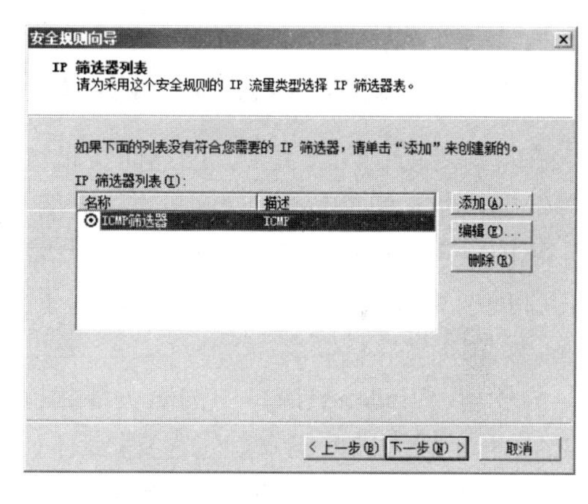

图 14-38　选择已有的 IP 筛选器

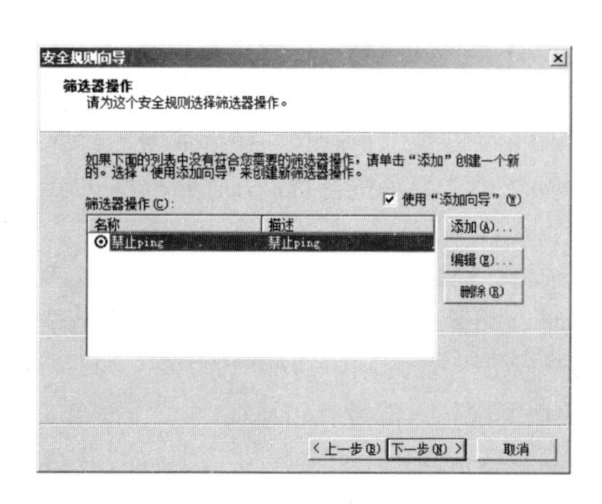

图 14-39　选择已有的筛选器操作

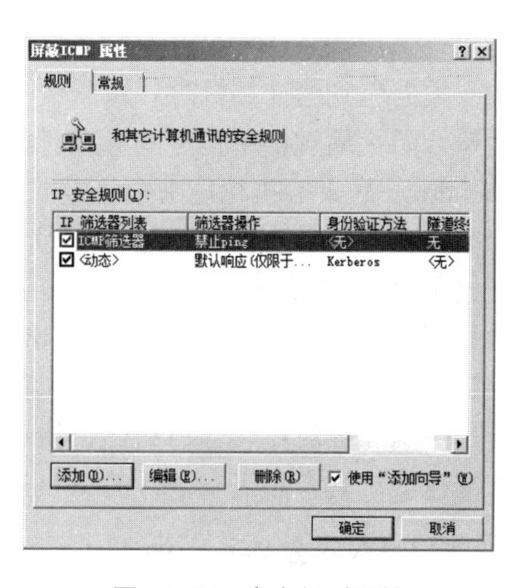

图 14-40　安全规则属性

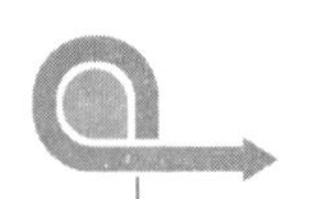

(10) 在 IP 安全策略操作台右侧的 IP 安全策略列表中，右击刚刚添加的“屏蔽 ICMP”策略名，在弹出的快捷菜单中选择“分配”命令，对新建的策略进行指派，如图 14-41 所示。

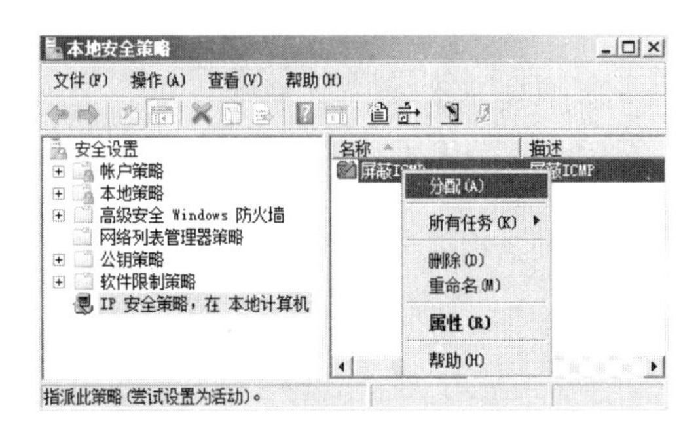

图 14-41 分配“屏蔽 ICMP”策略

至此，即完成在 192.168.1.20 服务器上，过滤来自外部机器的 ICMP 数据包，在网络中的另一台机器上尝试用 ping 命令查看该服务器的联机状况“ping 192.168.1.20”，将得不到响应。

14.2.3 Windows Server 2008 的网络防护墙

在“深层防御”体系中，网络防火墙处于周边层，而 Windows 防火墙处于主机层面。和 Windows XP 和 Windows 2003 的防火墙一样，Windows Server 2008 的防火墙也是一款基于主机的状态防火墙，它结合了主机防火墙和 IPSec，可以对穿过网络边界防火墙和发自企业内部的网络攻击进行防护，可以说基于主机的防火墙是网络边界防火墙的一个有益的补充。

与以前 Windows 版本中的防火墙相比，Windows Server 2008 中的高级安全防火墙(WFAS)有了较大的改进，首先它支持双向保护，可以对出站、入站通信进行过滤。

而且 WFAS 还可以实现更高级的规则配置，可以针对 Windows Server 上的各种对象创建防火墙规则，配置防火墙规则以确定阻止还是允许流量通过具有高级安全性的 Windows 防火墙。

传入数据包到达计算机时，具有高级安全性的 Windows 防火墙检查该数据包，并确定它是否符合防火墙规则中指定的标准。如果数据包与规则中的标准匹配，则具有高级安全性的 Windows 防火墙执行规则中指定的操作，即阻止连接或允许连接。如果数据包与规则中的标准不匹配，则具有高级安全性的 Windows 防火墙丢弃该数据包，并在防火墙日志文件中创建条目(如果启用了日志记录)。

对规则进行配置时，可以从各种标准中进行选择，例如应用程序名称、系统服务名称、TCP 端口、UDP 端口、本地 IP 地址、远程 IP 地址、配置文件、接口类型(如网络适配器)、用户、用户组、计算机、计算机组、协议、ICMP 类型等。规则中的标准添加在一起，添加的标准越多，具有高级安全性的 Windows 防火墙匹配传入流量就越精细。

1. 使用高级安全 Windows 防火墙管理单元管理防火墙

从“管理工具”选择“高级安全 Windows 防火墙”，可打开 MMC 管理单元，如图 14-42

所示。

图 14-42　高级安全 Windows 防火墙 MMC 管理单元

Windows 2008 的高级安全 Windows 防火墙使用出站和入站两组规则来配置其如何响应传入和传出的流量；通过连接安全规则来确定如何保护计算机和其他计算机之间的流量。此外还可以监视防火墙活动和规则。

假设在 Windows Server 2008 上安装了一个 Apache Web 服务器，默认情况下，从远端是无法越过防火墙访问这个服务器的，因为在入站规则中没有配置来确认对这些流量“放行”，因此可在防火墙中就为它增加一条规则。

(1) 打开高级安全 Windows 防火墙，单击入站规则后从右边的入站规则列表中可以看到 Windows Server 2008 自带的一些安全规则，因为 Apache 是一款第三方应用软件，所以需要通过右边操作区的“新规则”来新建，如图 14-43 所示。在此，可以基于具体的程序、端口、预定义或自定义来创建入站规则，其中每个类型的步骤会有细微的差别。此例中选中“程序”单选按钮。

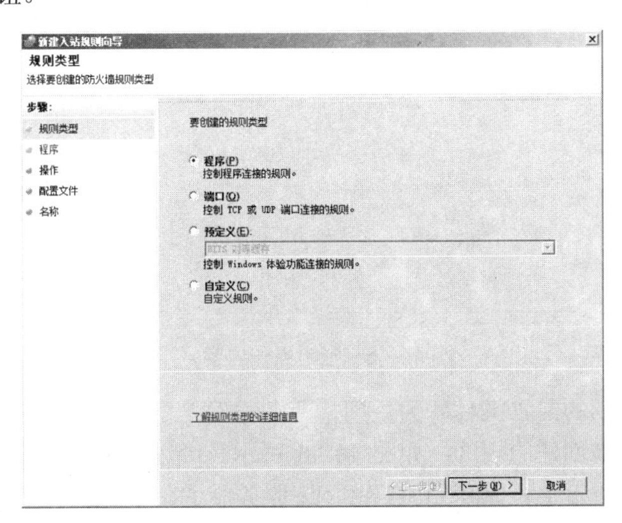

图 14-43　选择要创建的规则类型

(2) 单击“下一步”按钮，接下来需选择具体的程序路径，在此，选择 Apache 服务器的可执行文件所在位置，如图 14-44 所示。

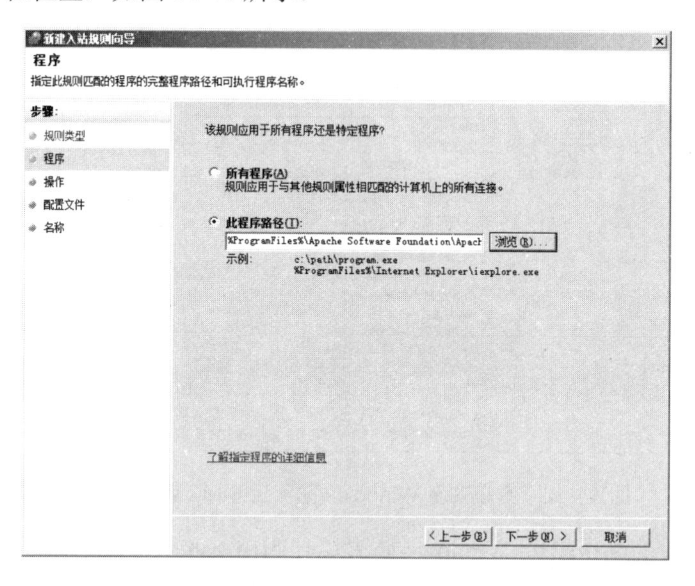

图 14-44　选择程序路径

(3) 单击“下一步”按钮，指定对符合条件的流量进行什么操作，此例中选中“允许连接”单选按钮，如图 14-45 所示。

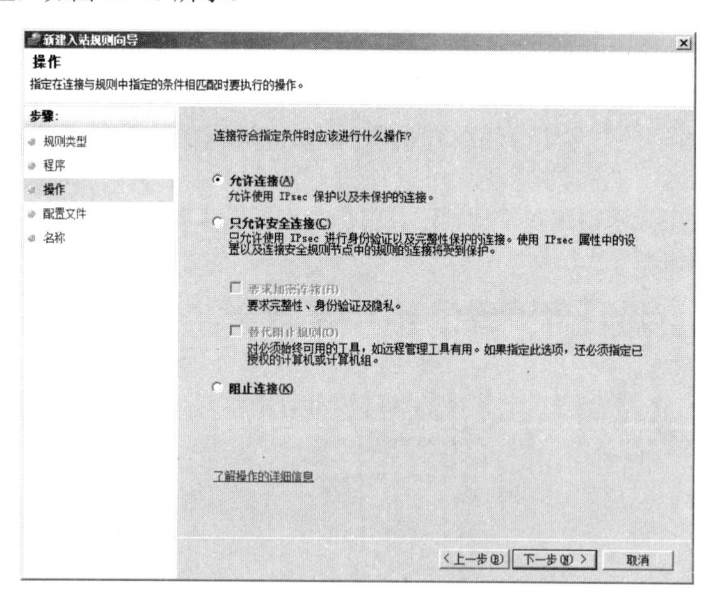

图 14-45　指定操作内容

(4) 选择应用规则的配置文件和为规则指定名称后，这条规则就创建完了，从入站规则列表中可以看到刚刚创建的规则，如图 14-46 所示。经过此配置，客户端即可正常从远程访问安装在 Windows Server 2008 上的 Apache 服务器了。

如果要对这个已经创建的规则进行修改等操作，可以在选中规则后，从右边的操作区域进行操作，如图 14-47 所示。

入站规则

名称	组	配置...	已启用	操作	替代
360安全卫士实...		公用	是	允许	否
360安全卫士实...		公用	是	允许	否
Apache		任何...	是	允许	否
CAJViewer.exe		公用	是	允许	否
CAJViewer.exe		公用	是	允许	否
FileLink5.9.1...		公用	是	允许	否
FileLink5.9.1...		公用	是	允许	否
LiveUpdate360		公用	是	允许	否
LiveUpdate360		域	是	允许	否
LiveUpdate360		公用	是	允许	否
LiveUpdate360		域	是	允许	否

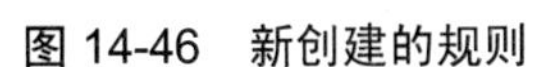

图 14-46　新创建的规则

图 14-47　修改规则

单击“属性”按钮，在如图 14-48 所示的属性面板中，可以对规则进行更详细的修改。其中包括“常规”、“程序和服务”、“用户和计算机”、“协议和端口”、“作用域”和高级”等选项卡。

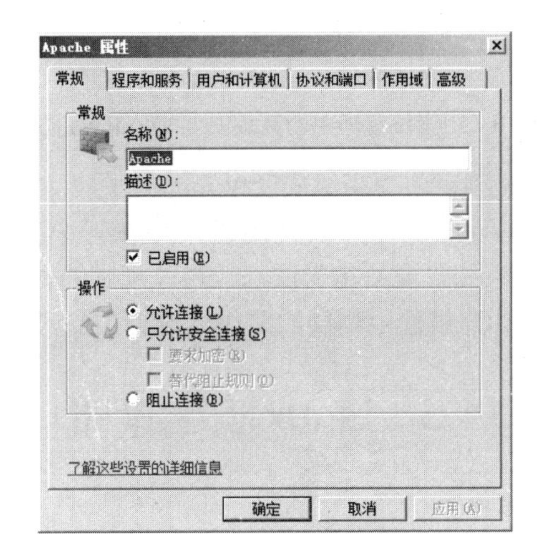

图 14-48　修改规则属性

出站规则的配置与入站规则完全相同，在此不再举例。

高级安全 Windows 防火墙中，还提供了连接安全规则的配置功能。连接安全包括在两台计算机开始通信之前对它们进行身份验证，并确保在两台计算机之间正在发送的信息的安全性。具有高级安全性的 Windows 防火墙包含了 Internet 协议安全 (IPSec) 技术，通过使用密钥交换、身份验证、数据完整性和数据加密(可选)来实现连接安全。

对于单个服务器来说，可以使用高级安全 Windows 防火墙管理控制单元来对防火墙进行设置，如果在企业网络中有大量计算机需要设置，这种方法就不再适合，应该找一种更高效的方法。

2. 使用组策略来管理高级安全 Windows 防火墙

在一个使用活动目录(AD)的企业网络中，为了实现对大量计算机的集中管理，可以使

用组策略来应用高级安全 Windows 防火墙的配置。组策略提供了高级安全 Windows 防火墙的完整功能的访问，包括配置文件、防火墙规则和计算机安全连接规则。在“管理工具”中选择“组策略管理”，展开“策略”\“Windows 设置”\“安全设置”节点，可查看和配置“高级安全 Windows 防火墙”，如图 14-49 所示。

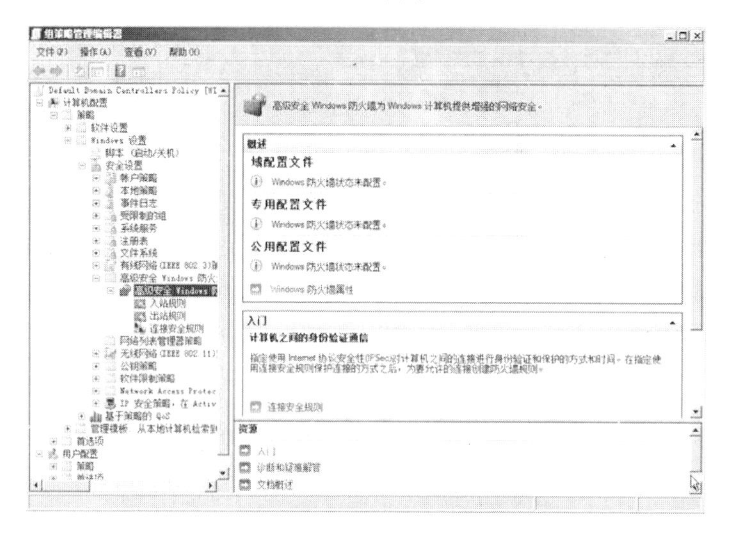

图 14-49　组策略管理中的高级安全 Windows 防火墙

实际上，在组策略管理控制台中为高级安全 Windows 防火墙配置组策略的时候是打开的同一个控制单元。值得注意的是，如果使用组策略在一个企业网络中配置高级安全 Windows 防火墙的话，本地系统管理员是无法修改这个规则的属性的。通过创建组策略对象，可以配置一个域中所有计算机使用相同的防火墙设置。

14.3　Linux 安全策略

14.3.1　Linux 安全问题

Linux 系统主要的安全问题在于解决病毒和黑客的侵害，保护系统免受攻击。病毒的主要传播途径已由过去的软盘、光盘等存储介质变成了网络，多数病毒不仅能够直接感染网络上的计算机，也能够在网络上进行复制。同时，电子邮件、文件传输以及 Web 页面中的恶意 Java 小程序和 ActiveX 控件，甚至文档文件都能够携带对网络和系统有破坏作用的病毒。这些病毒在网络上传播和破坏的路径有多种，使得网络中的防病毒工作变得更加复杂；网络防病毒工具必须能够针对网络中各种可能的病毒入口进行防护。

对于网络黑客而言，他们的主要目的在于窃取数据和非法修改系统。其手段之一是通过嗅探器来窃取合法用户的口令，以合法身份为掩护进行非法操作；其手段之二是利用网络操作系统中某些合法但不为管理员和合法用户所熟知的操作指令。例如，UNIX 系统的默认安装过程中，会自动安装大多数系统指令，其中有约 300 个指令是大多数合法用户根本不会使用的。但这些指令往往被黑客利用，可以借助一些专门的系统风险评估工具，来帮助管理员找到哪些指令是不应该安装的，哪些指令是应该降低其用户使用权限的。在完

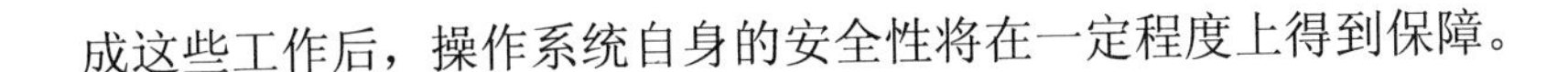

成这些工作后，操作系统自身的安全性将在一定程度上得到保障。

14.3.2　数据包进入 Linux 主机流程

当一个来自网络的联机请求想进入 Linux 主机时，如果能够了解这个网络数据包要经过怎样的流程，就可以更好地了解要如何保护主机安全。以一台提供 Web 服务的 Linux 主机为例，该主机上由 httpd 程序开启 port 80，为客户端提供站点访问等相关功能，httpd 程序的配置文件为 httpd，那么当客户端的联机请求到达 Linux 主机上的 Web 服务器时，其具体流程如图 14-50 所示。

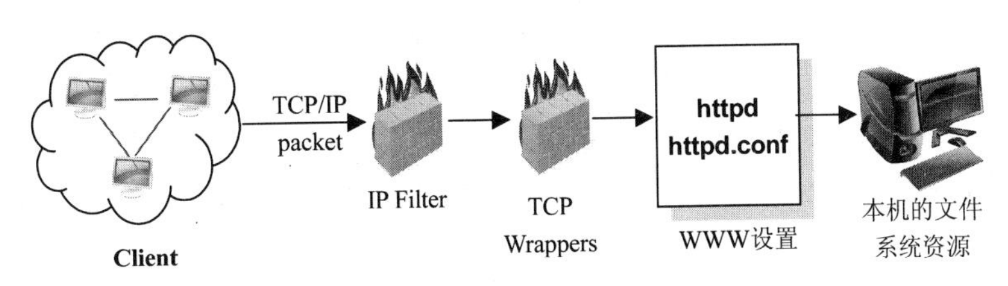

图 14-50　网络数据包进入 Linux 主机的流程

1. 数据包过滤防火墙：IP Filtering 或 Net Filter

进入 Linux 主机的数据包，都会先通过 Linux 内核的默认防火墙，IP Filtering 或 Net Filter，也就是 iptables 软件所提供的防火墙功能。iptables 防火墙可以针对网络数据包的 IP、port、MAC 以及联机状态，如 SYN、ACK 等数据进行分析，过滤掉不受欢迎的网络数据包。

2. 第 2 层防火墙：TCP Wrappers

通过 IP Fileter 之后，网络数据包开始接受 TCP Wrappers 的检验，也就是/etc/hosts.allow 与/etc/hosts.deny 的设置文件的功能。这个功能针对 TCP 的 Header 进行再次分析，也可以设置一些机制来抵制某些 IP 或 Port，以便决定进来的数据包是被丢弃还是通过检验。

3. 服务的功能

以上两个操作基本上是 Linux 默认的功能，而服务的功能属于软件功能，例如，可以在 httpd.conf 配置文件中规定某些 IP 来源不能使用 httpd 服务来获取主机的数据，那么即使该 IP 通过前面两层的过滤，也依旧无法获得主机上的资源。

4. 使用主机的文件系统资源

客户端使用浏览器连接到 Web 服务器最主要的目的是读取主机的 www 文件。www 文件就是数据。所以，最终网络数据包是要读取主机文件系统的数据。假设要使用 httpd 程序来取得系统的文件数据，但 httpd 默认有一个系统账号名为 httpd 来启动，那么 Web 数据的权限就必须让 httpd 这个程序读取才行。即便之前的设置都已完成，而权限设置错误，用户仍然无法浏览 Web 数据。

14.3.3 Linux 主机的安全措施

根据以上所描述的数据包进入主机流程，在 Linux 系统中，较为常用的安全措施包括文件系统权限设置、软件更新、防火墙设置以及 SELinux。

1. 文件系统权限设置

任何黑客的入侵都可以认为是非法存取文件，这些文件包括重要数据信息、主页页面 HTML 文件等。这是计算机安全最为重要的问题。Linux 的文件系统权限决定了用户对某些文件或文件夹的操作能力和操作允许范围。文件权限通过设置文件权限标志位实现。标志位由 10 位构成，第 1 位是文件类型，剩余的 9 位一组，第 2～4 位依次为文件所有者对此文件的读、写、执行的权限标志位；第 5～7 位依次为文件与所有者同组用户对此文件的读、写、执行的权限标志位；第 8～10 位依次为其他用户对此文件的读、写、执行的权限标志位。

对此权限属性，在文件系统管理章节中已做过详细介绍，但很多用户仍会在主机上建立权限为 drwxrwxrwx 的目录，从而使得用户上传和浏览数据能够更加方便，这是非常危险的。仍以提供 Web 服务的 Linux 主机为例，没有限制文件权限的站点目录中，很容易被非法的访问者写入恶意的脚本，并非法允许这些脚本执行，从而使主机的安全性受到极大破坏。

对于 Web 站点目录的目录权限，建议设置为，文件所有者可对文件和目录进行任何操作，同组和其他用户可读，但不可写入和执行，即“drwxr--r--”。

此外，未被授权使用的用户进入系统，都是为了获取正当途径无法取得的资料或进行破坏活动，因此良好的口令管理、登录活动和报告、用户和网络活动的周期检查等措施也都是防止未授权存取的关键。

2. 软件更新

使用旧版本的系统及软件，在 Internet 上提供开放服务，势必会造成 Linux 服务器在短时间内被绑架。因为软件都是存在漏洞的，获取破解程序的途径也非常多，例如，虽然管理员会把密码设置得非常复杂，几乎不可能被破解，但是，黑客利用 httpd 程序的漏洞，借助一些破解工具，轻易就可以得到 root 的权限，而且在没有输入密码的前提下，入侵系统。

因此，管理员需要经常更新软件，及时为系统打好补丁，才能使相当一部分的破解程序对系统不会产生破坏。

3. 防火墙设置

网络安全除了随时注意软件漏洞，以及网络上的安全通报之外，还应该依据自己的环境来定制防火墙机制。防火墙可以分为硬件防火墙与软件防火墙两种，我们主要讨论软件防火墙。软件防火墙本身就是保护系统网络安全的一种机制，它在网络之间执行访问控制策略。实现防火墙的实际方式各不相同，通常可以被认为是这样一对机制：一种机制是拦阻传输流通过，另一种机制是允许传输流通过。

依照防火墙对数据包的获取方式不同，Linux 的系统防火墙可分为代理服务器(Proxy)和 IP Filter 两类。代理服务器仅是代理客户端向 Internet 请求数据，Proxy 将可代理的协议限制得很少，而由于内部与外部计算机并不能直接互通，所以可以实现较好的保护效果。而 IP Filter 是利用数据包过滤的方式来实现防火墙的功能。

在 Linux 中，通常使用内核中内置的 iptables 软件作为防火墙数据包过滤机制，由于 iptables 是内核内置的功能，因此它的效率非常高，适合一般小型企业环境。它利用一些数据包过滤规则设置来定义什么数据可以接收，什么数据必须剔除，实现保护主机的目的。下面将对 iptables 的使用做简要说明。

通常在安装好 Linux 后，系统会自动启动一个简单的防火墙规则。首先可用“# service iptables start”命令启动防火墙，然后列出防火墙过滤表中的规则，命令格式如下：

```
iptables [-t tables] [-l] [-nv]
```

其中，

- -t：后面接 table，例如 net(地址转换的 table)或 filter(本机直接的联机)，若省略此项目，则默认使用的是 filter。
- -l：列出当前 table 的规则。
- -n：不进行 IP 和 HOSTNAME 的反查，显示信息的速度会更快。
- -v：列出更多信息，包括通过该规则的数据包总个数、相关的网络接口等。

```
[root@localhost~]# service iptables start
应用 iptables 防火墙规则:              [确定]
[root@localhost~]# iptables-L-N
Chain  INPUT(policy ACCEPT)
target     prot   opt   source          destination
RH-Firewall-1-INPUT    all--    0.0.0.0/0       0.0.0.0/0

Chain  FORWARD(policy ACCEPT)
target          prot   opt    source       destination
RH-Firewall-1-INPUT  all--  0.0.0.0/0      0.0.0.0/0

Chain  CUTPUT(policy  ACCEPT)
target       prot   opt   soure         destination

Chain   RH-Firewall-1-INPUT(2  references)
target  prot    opt  soure       destination
ACCEPT  all     --   0.0.0.0/0  0.0.0.0/0
ACCEPT  icnp    --   0.0.0.0/0  0.0.0.0/0       icmp    type255
ACCEPT  esp     --   0.0.0.0/0  0.0.0.0/0
ACCEPT  ah      --   0.0.0.0/0  0.0.0.0/0
ACCEPT  udp     --   0.0.0.0/0  224.0.0.251     udp     dpt:5353
ACCEPT  udp     --   0.0.0.0/0  0.0.0.0/0       udp     dpt:631
ACCEPT  all     --   0.0.0.0/0  0.0.0.0/0       state   RELATED, ESTABLISHED
ACCEPT  tcp     --   0.0.0.0/0  0.0.0.0/0       state   NEWtcp dpt:22
ACCEPT  tcp     --   0.0.0.0/0  0.0.0.0/0       state   NEWtcp dpt:80
ACCEPT  tcp     --   0.0.0.0/0  0.0.0.0/0       state   NEWtcp dpt:21
ACCEPT  tcp     --   0.0.0.0/0  0.0.0.0/0       state   NEWtcp dpt:25
ACCEPT  all     --   0.0.0.0/0  0.0.0.0/0       reject-with
icmp-host-prohibited
```

由于防火墙规则的顺序是非常重要的，所以在需要定义防火墙时，通常需要先将已有

的规则清除，然后再一条一条设置。清除本机防火墙 filter 的所有规则可使用如下命令：

```
# iptables -F        →清除所有的已定规则
# iptables -X        →清除所有用户“自定义”的 tables
# iptables -Z        →将所有链的计数和流量统计都归零
```

接下来可以进行数据包的基础比对设置，可先从最基础的 IP 与网段特征开始比对，命令格式如下：

```
iptables [-AI 链] [-io 网络接口] [-p 协议] [-s 来源 IP/网段] [-d 目标 IP/网段] -j
[ACCEPT | DROP]
```

其中，

- -AI 链：针对某条链进行规则的“插入”或“累加”。
  - -A：新增一条规则，该规则增加在原规则的最后面。
  - -I：插入一条规则。如果没有指定规则的顺序，默认使插入变成第一条规则。
- -io 网络接口：设置数据包进出的接口规范。
  - -i：数据包所进入的那个网络接口，例如 eth0、lo 等接口，需要与 INPUT 链配合。
  - -o：数据包传出的那个网络接口，需要与 OUTPUT 链配合。
- -p 协议：设置此规则适用于哪种数据包格式。主要数据包格式有 tcp、udp、icmp 以及 all。
- -s 来源 IP/网段：设置此规则的数据包来源地，可以是 IP 也可以是网段。若规范为“不许”时，加上“!”即可。例如，-s ! 192.168.100.0/24 表示不接受 192.168.100.0/24 发来的数据包。
- -d 目标 IP/网段：指定的是目的地 IP 或网段，同-s。
- -j：后面接操作，主要的操作有接受(ACCEPT)、丢弃(DROP)及记录(LOG)。

例如，设置来自 192.168.1.0/24 的数据包可接受，但是来自 192.168.1.10 的数据包丢弃：

```
# iptable -A INPUT -I eth0 -s 192.168.1.10 -j  DROP
# iptable -A INPUT -I eth0 -s 192.168.1.0/24 -j  ACCEPT
```

在防火墙的设置中另一个重要的内容是，利用不同的 TCP 和 UDP 所拥有的端口号来进行某些服务的开放或关闭数据包。

例如，只要来自 192.168.1.0/24 的 1024：65535 端口的数据包，想要联机到本机的 ssh 服务端口，就予以阻止，可以使用如下命令：

```
# iptables -A INPUT -i eth0 -p tcp -s 192.168.1.0/24 --sport 1024:65534 --dport
ssh -j DROP
```

其中，

- --sport 端口范围：限制来源的端口号码，端口号码可以是连续的。
- --dport 端口范围：限制目的地的端口号码。

此外，还可以对 ICMP 数据包规则进行比对。ICMP 的格式很多，很多 ICMP 数据包的类型格式都是进行网络检测用的，通常不会将所有的 ICMP 数据包都丢弃，但是可以把 ICMP type8(echo request)的数据包丢弃，从而实现远程机器不知道当前主机的存在，也不会接受 ping 命令的响应。

```
# iptables -A INPUT -p icmp --icmp-type 8 -j DROP
```

其中，--icmp-type 后面需接 ICMP 的数据包类型，也可以使用代号表示。

在完成对防火墙的配置后，可用如下命令，保存相应设置：

```
# iptables -save >/etc/sysconfig/iptables
```

4. SELinux

RedHat Enterprise Linux AS 3.0/4.0 中安全方面的最大变化就在于集成了 SELinux 的支持。SELinux 的全称是 Security-Enhanced Linux，是由美国国家安全局(NSA)开发的访问控制体制。SELinux 可以最大限度地保证 Linux 系统的安全，它将 Linux 系统的安全从 C2 级提升到 B1 级。

SELinux 的策略分为两种，一个是目标(targeted)策略，另一个是严格(strict)策略。目标策略仅针对部分系统网络服务和进程执行 SELinux 策略，而严格策略是执行全局的 NSA 默认策略。

例如，在 Apache 服务器中配置站点，如果不使用系统默认的 /var/www/html 作为站点的 Document Root，而是自己新建一个目录(/myweb)，修改/etc/httpd/conf/httpd.conf 中的配置后，启动 Apache 服务器访问该站点时出现报错："Document root must be a directory"或"站点无法访问"。

虽然已经将/myweb 目录下的所有文件和目录权限设置为 0755，赋予了所有用户读取的权限，但是在 SELinux 环境下，尽管目录权限允许 Apache 访问/myweb 下的内容，但 SELinux 的安全策略会继续检查 Apache 是否可以访问。SELinux 的 targeted 策略限制了 Apache 进程的访问权限。针对 Apache 的进程所使用的 SELinux target policy 规定了 Apache 的进程只能访问 httpd_sys_content_t 类型的目录或文件。

要解决这一问题，可以把目录或文件的策略类型改成 httpd_sys_content_t 类型：

```
# chcon -t httpd_sys_content_t  /myweb
```

随后用 ls –laZ 命令查看文件目录的策略类型：

```
drw x r-xr-x   root    root    root:object_r:httpd_sys_content_t myweb
```

此时/myweb 目录才能作为站点目录被 httpd 服务使用。

本 章 小 结

本章简单描述了网络安全的基本概念和网络安全的基本策略。并以 Windows Server 2008 中内置的安全功能为依据，讲解了 Windows 平台下可实施的系统安全保护方案。在 Linux 环境下，以数据包进入主机的流程为例，说明在 Linux 中在文件系统访问权限、软件更新、防火墙、SeLinux 等方面的安全策略。通过本章的学习，能够使读者初步掌握网络安全的基本知识以及网络操作系统安全管理的常用技能。

习　题

1. 网络中存在的安全问题有哪些?

2. 简述 Windows Server 2008 系统中提供了哪些安全管理功能。

3. 以一台提供 Web 服务的 Linux 主机为例，说明服务器的搭建过程中应从哪些方面提供安全保障。

参考文献

[1] [美]William R. Stanek 著，刘晖，欧阳，译. Windows Server 2008. 北京：清华大学出版社，2009

[2] 平山工作室，赵江，张锐. 非常网管 Windows Server 2008 配置与应用指南. 北京：人民邮电出版社，2008

[3] [美]Orin Thomas John Plicelli lan Mclean，J. C. Mackin Paul Mancuso David R. Miller 著，刘晖，欧阳，译. Windows Server 2008 企业环境管理(MCITP 教程). 北京：清华大学出版社，2009

[4] 张伍荣. 网管实战宝典 Windows Server 2003 服务器架设与管理. 北京：清华大学出版社，2008

[5] 王国全，姚昌顺，徐军. 网管实战宝典 Windows Server 2003 管理与配置. 北京：清华大学出版社，2008

[6] 林晓飞，倪春胜，张军. Red Hat Enterprise Linux 4.0 系统配置与管理. 北京：清华大学出版社，2007

[7] 林晓飞，万辉，张鑫金. Red Hat Enterprise Linux 4.0 架站实务. 北京：清华大学出版社，2007

[8] 鸟哥. 鸟哥的 Linux 私房菜——服务器架设篇. 北京：机械工业出版社，2008

[9] 廉文娟，花嵘，张广梅. 网络操作系统. 北京：北京邮电大学出版社，2008

[10] 丰士昌. 最新 Linux 命令查询辞典. 北京：中国铁道出版社，2008